図版1 Apple II マイクロコンピュータ、サードパーティーのモニタとDisk II 5.25インチフロッピードライブ。Apple IIは1977年リリース。Disk IIは1978年に初製造。画像提供：スミソニアン研究所国立アメリカ史博物館医療科学部門。

図版2 映画『デスク・セット』（上，1957）と『地球爆破作戦』（下，1970）の場面。20世紀半ばの通俗文化におけるメインフレーム・コンピュータの表現を示すもの。画面キャプチャ：著者。

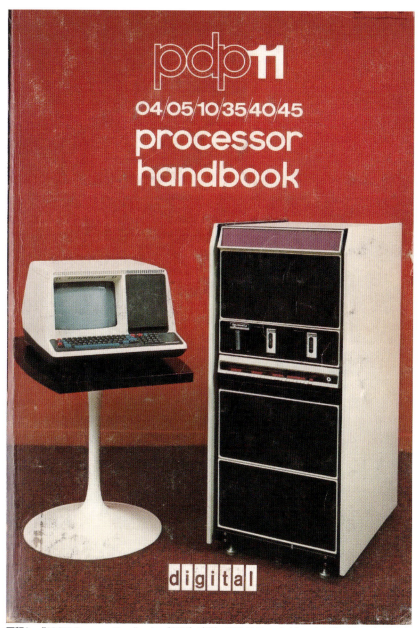

図版3 『PDP11 Processor Handbook』(1975) 表紙。PDP-11ミニコンピュータとデスクトップの入出力端末を示す。デジタル・イクイップメント社 (DEC) が1970年から製造。PDP-11の規模の小ささは、20世紀を経る中での計算システムの小型化の加速を示している。画像提供：ヒューレット・パッカード社。

図版 4　インテル EPROM 8748 マイクロプロセッサチップ。指先に乗るほど小さい。日付不詳。画像提供：コンピュータ歴史博物館。

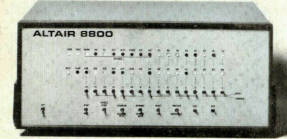

図版5 「Popular Electronics」誌1975年1月号表紙。Altair 8800のリリースを報じている。これは個人による購入を意図した初の広く宣伝されたマイクロコンピュータであり、当時は「ミニコンピュータ・キット」として宣伝された。画像提供：www.worldradiohistory.com。

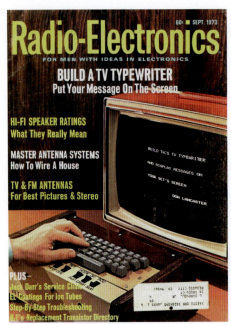

図版6　「Radio-Electronics」誌1973年9月号表紙、1970年代半ばに人気のあったDIYテレビ端末プロジェクトであるドン・ランカスターの「TVタイプライター」を示している。画像提供：www.worldradiohistory.com。

図版7　白い箱に入ったApple 1の基板が、ジョブズ家のベッドルームに積まれているところ。1976年。卓上のハンダごてとハンダリールに注目。おそらくチップを基板にハンダ付けするのに使われたもの。テレビは完成した基板の試験用だろう。箱に入った基板が「完成」したApple 1なのか、これからハンダ付けするところなのかは不明。画像提供：スティーブ・ウォズニアック。

vi

図版8　Apple II、取り外し式のカバーを取ったところ。この特長により、Apple IIの中心基板に利用者はすぐにアクセスできた。Apple IIの後部にあるのはシステムの拡張スロット8本で、周辺機器や各種拡張機能の追加を容易にした。画像では、スロット3本に基板が挿さり、残り5本は空いている。写真Tony Avelar、画像提供：Bloomberg（Getty Images経由）。

図版9　*VisiCalc*のソフトウェアとドキュメンテーション。製品の茶色いビニール装3リングバインダーは、マイクロコンピュータのホビイストよりはビジネスマンの道具や材料を喚起させる。画像提供：スミソニアン研究所国立アメリカ史博物館医療科学部門。

vii

図版10 初の*VisiCalc*の広告。広告会社レジス・マッケンナがデザインし、「BYTE」誌1979年9月号に掲載。
画像: Jason Scottのコレクションより。

図版 11　ケンとロバータ・ウィリアムス。「Softalk」1981年2月号掲載の写真。写真：Brian Wilkinson、画像提供：コンピュータ歴史博物館。

図版 12　*Mystery House* のビニール袋包装、1980年頃。画像提供：Brad Herbert、SierraMuseum.com。

ix

図版13 アップルコンピュータ社のApple IIマイクロコンピュータ発表キャンペーン。「BYTE」誌1977年6月号掲載、画像：Jason Scottのコレクションより。

You've just run out of excuses for not owning a personal computer.

Clear the kitchen table. Bring in the color TV. Plug in your new Apple II® and connect any standard cassette recorder/player. Now you're ready for an evening of discovery in the new world of personal computers. Only Apple II makes it that easy. It's a complete, ready to use computer, not a kit. At $1298, it includes video graphics in 15 colors. It includes 8K bytes ROM and 4K bytes RAM—easily expandable to 48K bytes using 16K RAMs (see box). But you don't even need to know a RAM from a ROM to use and enjoy Apple II. For example, it's the first personal computer with a fast version of BASIC permanently stored in ROM. That means you can begin writing your own programs the first evening, even if you've had no previous computer experience.

The familiar typewriter-style keyboard makes it easy to enter your instructions. And your programs can be stored on—and retrieved from—audio cassettes, using the built-in cassette interface, so you can swap with other Apple II users.

You can create dazzling color displays using the unique color graphics commands in Apple BASIC. Write simple programs to display beautiful kaleidoscopic designs. Or invent your own games. Games like PONG—using the game paddles supplied. You can even add the dimension of sound through Apple II's built-in speaker.

But Apple II is more than an advanced, infinitely flexible game machine. Use it to teach your children arithmetic, or spelling for instance. Apple II makes learning fun. Apple II can also manage household finances, chart the stock market or index recipes, record collections, even control your home environment.

Right now, we're finalizing a peripheral board that will slide into one of the eight available motherboard slots and enable you to compose music electronically. And there will be other peripherals announced soon to allow your Apple II to talk with another Apple II, or to interface to a printer or teletype.

Apple II is designed to grow with you as your skill and experience with computers grows. It is the state of the art in personal computing today, and compatible upgrades and peripherals will keep Apple II in the forefront for years to come.

Write us today for our detailed brochure and order form. Or call us for the name and address of the Apple II dealer nearest you. (408) 996-1010. Apple Computer Inc., 20863 Stevens Creek Boulevard, Bldg. B3-C, Cupertino, California 95014.

Apple II™ is a completely self-contained computer system with BASIC in ROM, color graphics, ASCII keyboard, lightweight, efficient switching power supply and molded case. It is supplied with BASIC in ROM, up to 48K bytes of RAM, and with cassette tape, video and game I/O interfaces built-in. Also included are two game paddles and a demonstration cassette.

SPECIFICATIONS
- **Microprocessor:** 6502 (1 MHz).
- **Video Display:** Memory mapped, 5 modes—all Software-selectable:
  - Text—40 characters/line, 24 lines upper case.
  - Color graphics—40h x 48v, 15 colors
  - High-resolution graphics—280h x 192v; black, white, violet, green (12K RAM minimum required)
  - Both graphics modes can be selected to include 4 lines of text at the bottom of the display area.
  - Completely transparent memory access. All color generation done digitally.
- **Memory:** up to 48K bytes on-board RAM (4K supplied)
  - Uses either 4K or new 16K dynamic memory chips
  - Up to 12K ROM (8K supplied)
- **Software**
  - Fast extended BASIC in ROM with color graphics commands
  - Extensive monitor in ROM
- **I/O**
  - 1500 bps cassette interface
  - 8-slot motherboard
  - Apple game I/O connector
  - ASCII keyboard port
  - Speaker
  - Composite video output

Apple II is also available in board-only form for the do-it-yourself hobbyist. Has all of the features of the Apple II system, but does not include case, keyboard, power supply or game paddles. $598.

PONG is a trademark of Atari Inc.
*Apple II plugs into any standard TV using an inexpensive modulator (not supplied).

apple computer inc.™

Circle 272 on inquiry card.

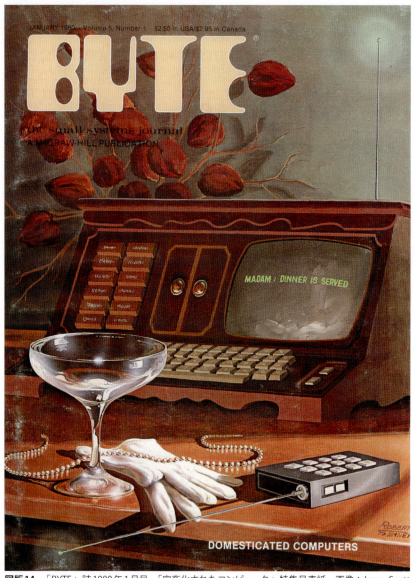

図版14 「BYTE」誌1980年1月号、「家畜化されたコンピュータ」特集号表紙。画像：Jason Scottのコレクションより。

図版15 「Family Computing」誌1983年9月創刊号表紙。画像：Jason Scottのコレクションより。

xiii

図版 16 *The Print Shop* とその作者たち、デヴィッド・バルサム（右）とマーティン・カーン（中）。「Microtimes」誌1985年4月号表紙掲載。左にいるのはプログラマのコーリー・コサック。画像：Mary Eisenhartのコレクションより、スキャン：Jason Scott。

図版 17 スピナカー・ソフトウェア社の最初の広告の一つ、子ども向けの広範な製品ラインを示したもの。「COMPUTE！」誌1982年10月号3～4ページに掲載。画像：Jason Scottのコレクションより。

図版 18 スピナカー・ソフトウェア社の教育製品の拡大マーケティング・キャンペーン2例。それぞれ「Family Computing」誌1983年9月号39ページと同1985年2月号7ページに掲載。画像：Jason Scottのコレクションより。

図版19 2021年ビンテージコンピュータ・フェスティバルイーストの委託販売フロアで販売されている、Apple II 5.25インチフロッピードライブ4台。著者が2021年10月9日撮影。

Apple IIは
何を変えたのか

パーソナル・ソフトウェア市場の誕生

レイン・ヌーニー◉著

山形浩生◉訳

The Apple II Age: How the Computer Became Personal

by Laine Nooney
Translation by Hiroo Yamagata

福村出版

THE APPLE II AGE: How the Computer Became Personal
by Laine Nooney
© 2023 by Laine Nooney. All rights reserved.
Licensed by The University of Chicago Press, Chicago, Illinois, U.S.A.
through The English Agency (Japan) Ltd.

ソフトーク社創業者マーゴ・コムストック　1940-2022　追悼

彼女のApple IIへの情熱が遺した軌跡が本書を可能にしてくれた。

Apple IIは何を変えたのか

目次

はじめに		6
第1章	パーソナル前史	24
第2章	Apple IIを育てる	50
第3章	ビジネス—— *VisiCalc*	76
第4章	ゲーム—— *Mystery House*	111
第5章	ユーティリティ—— *Locksmith*	147
第6章	家庭—— *The Print Shop*	180
第7章	教育—— *Snooper Troops*	219
未結論		257
エピローグ——委託販売フロアにて		262

謝辞	272
アーカイブと情報源について	278
注	280
文献	312
訳者あとがき	326

| 索引 | 331 |

本書では、商業的に発売されたソフトウェア名を斜体で表記している。理由は注の第1章7
（280ページ）を参照。

はじめに

　「ときどき、すべてを変える革命的な製品がやってくる」とスティーブ・ジョブズは発表した。

　それは2007年1月9日の朝、年次のサンフランシスコにおけるマックワールド大会でのことだった。アップルコンピュータ社CEOで主任ビジョナリーであるジョブズは、歴史的な一瞬に向けて狙いを定めていた[*1]。各種のクリエイティブ業界からの参加者が、前夜9時からモスコーンウェストのコンベンションセンター前に泊まり込んだ。大会議場内ではジョブズの到来までにコールドプレイとグナールズ・バークレーを耐え忍ばねばならなかったが、ジョブズのiPod Shuffle開発のまとめやiTunesの売上の紹介、さらには『ズーランダー』や『HEROES』のクリップまみれのApple TVの売り込みに対して義務的に、彼らは情熱さえこめて喝采した。そして、みんなが睨んでいたとおり、そうしたすべてはみんなの記憶するたった一つのものについての、長い引き伸ばされた予告編にすぎなかった。スティーブ・ジョブズはiPhoneを発表しようとしていたのだ。

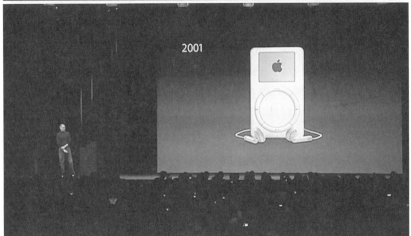

スティーブ・ジョブズ2007年iPhoneキーノートの導入部の光景。アップル社の技術的イノベーションの歴史を、MacintoshとiPodでハイライトしている。スクリーンキャプチャは著者。ビデオはProtectostar, Inc.が2013年5月16日にYouTubeに投稿、https://www.youtube.com/watch?v=VQKMoT-6XSg.

　ジョブズが、3つのちがった技術的な伝統——電話、携帯音楽プレーヤー、インターネット通信デバイス——の融合だと紹介したiPhoneは、人々がその「革命的」な潜在力を理解する枠組みを得るために、概念的な導入路を必要とするものだった。そこでジョブズは、ちょっとしたアップル史のおさらいから始めた[*2]。ステージ背後では、スライドがいまやアイコンとなった

1984年のMacintoshの写真に変わり、続いて2001年のiPodが登場した。この選択は意図的なものだった。いずれも、コンピュータ技術と生活との関わりについての西洋の規範を一変させ、人々の動作を変え、ワークフローを変えた。ジョブズの短縮版タイムラインにおいては、iPhoneはこのイノベーションの軌跡の自然な継承であり、ある世紀の終わりから次の世紀の始まりにまたがるハードウェア進化の連鎖における要石的な技術なのだった。iPhoneはアップル社の多くの軌跡を一つの衝動に編み合わせると約束したのだった。MacintoshのGUIからiPodのダイヤルを経てiPhoneのタッチスクリーンに到るまで、ジョブズはこの3つすべての開発を、自然で不可避なものだとして提示し、こうしたものの地位を、単なる「製品」を超越したものにする、形而上学的な継承をほのめかしたのだった。これはその美徳だけを通じて語られた社史であり、テクノ世俗的な『アダムの創造』で、最初の人間がマウスで手を伸ばし、神がそれをスワイプして戻すというわけだ。

　だがここで我々は立ち止まり、ジョブズ版のできごとが成立するために目をつぶらねばならないあらゆる「歴史」を考えるべきだ。必然的に避けられているのは、失敗したり破綻したりした各種のアップル製品、設計図からモノにならなかったアイデア、革命を引き起こすのよりはむしろ、アップル社が翌四半期を切り抜けるために意図されていた、追加的な変更などだ。クラムシェルのラップトップ、Lisaワークステーション、QuickTake、Newton、Pippinを考えてみよう。だが特にその不在が他のどれよりもことさら雄弁な製品が一つある。Apple IIだ（図版1参照）。Macintoshの7年前の1977年に発表されたApple IIは、アメリカで最もアイコン的なパソコンシステムとなり、自分自身の所有するコンピュータで可能なことの最先端を定義づけるものとなった。

　1976年のアップルコンピュータ社創業のように、Apple IIの開発はしばしば、スティーブ・ジョブズとその知名度で劣るパートナー、スティーブ・ウォズニアックの共同作業だとされることが多い。実際には、この製品はほぼ完全にウォズニアックの天才的な電気工学の才能の成果なのだった——だがジョブズが強引なほどウォズニアックの才能の商業化に献身していなければ、おそらくあれほどの衝撃をもって市場に登場することはなかっただろう。アップルコンピュータ社をパソコン初期の最も成功した企業の一つにしたの

はじめに

自分自身の巨大な歴史の横に小さくなって立つスティーブ・ジョブズ。自分とアップル社共同創業者スティーブ・ウォズニアックの1976年写真の前で話しているところ。この歴史的な写真では、ウォズニアックとジョブズはアップルコンピュータ社の最初の製品、Apple 1マイクロコンピュータとともにポーズを取っている。2010年1月27日、カリフォルニア州サンフランシスコのイェルバ・ブエナ・芸術センター劇場におけるiPadタブレットの発表で撮られたジョブズの写真。撮影トニー・アヴェラー、写真提供Bloomberg、Getty Images経由。

は、MacintoshではなくApple IIだったのだ。これを基盤として、同社はその驚くほどの長命を支えられるようになったのだった。だがこのシステムは、ジョブズの苦しい短縮版歴史に登場するわけにはいかない。Apple IIは、この舞台操作を通じて彼が作り出そうとしていたその神話体系そのものを、あまりに複雑なものにしてしまう。ジョブズの演説におけるこうした不在、その失敗した出発や排除されたものに注目するということは、日常的なハイプとノスタルジアのブレンド以上に複雑なコンピュータ史を主張することなのだ。多くの読者にとって、パーソナルコンピュータの歴史は本当にパーソナルなものだ。それは目撃されたものだが、同時に体感されたもので、心の中に生きる技術的な過去とのノスタルジックな一体化なのだ。それは不意打ちのように甦ってくる。テレビ番組の背景に登場する見慣れたコンピュータ、AOLのダイヤルアップ音を録音したYouTubeビデオ、古いファイルの箱の中にあった3.5インチフロッピーディスク。こうしたもっと単純な技術的時代の親密な記憶は、パソコンが歴史的な目新しいものとして流通するための

地盤を当然のように形成する。そして個人としての想い出以外にも、パソコンの過去は絶え間なく、ジョブズのように過去を使って、特定の未来を売り込もうとする者たちに利用され続けている。

この枠組みを超えようとするのは、コンピュータそのものだけでは独自の歴史を語れないかもしれないと示唆することである——そしてその最も熱心な預言者は、必ずしもその意味を唯一保持する存在ではないと示唆することだ。1970年代および1980年代における、我々がいまのアメリカでパソコンと呼ぶものの台頭は、すさまじくごちゃごちゃしている。だが英雄の称賛、企業の称揚、「革命」の主張にばかりこだわると、コンピュータ技術の影響や歴史の働きについての理解——および実際の認識——の広がりを制約してしまう。ナイーブなこだわりは、そうした技術が存在する理由や、それをそこにもたらした力、それが持っているとされる変革的な権威についての、カリスマ的な操作（ジョブズは特にこれがうまかった）を受けやすくしてしまう。こうした歴史がこれまで問われることがなかったのであれば、それを排除することで何が得られたのか（そしてだれがそれを得たのか）について問い直す価値はある。

そこで発見されるかもしれないのは、偉人の物語、その偉大な技術、彼らが引き起こした偉大な革命の物語は、我々のためのものというより、彼ら（およびその株主）のための物語だということだ。パソコンの台頭の歴史は、技術的な話だったり人間の天才によるものだったりするのと同じくらい、社会的、地理的、文化的、金融的なものでもある。それはハードウェアとソフトウェアの物語だ。子どもと投資銀行家の話だ。ハードコアのホビイスト、何も知らない熱狂者、抵抗する労働者の物語だ。法の文言とコードの精神の物語であり、ドラマチックな成功と悲惨な失敗の物語だ。それは人々とお金の物語でもある。それを持っていた人、欲しかった人、そしてアメリカのパソコン技術がそれをもっと活用するようになってきた話でもある。

本書は皆さんをこの旅路に連れ出そうとする。そのためにApple IIとそれ用に設計されたソフトウェアを、汎用コンピュータをアメリカにおいて消費財に変えた最初の条件を拡大するレンズとして使おう。これは1970年代半ばに始まり、1980年代半ばに続く。その間に、腹の決まらないアメリカの大衆の間にマイクロコンピュータの利用は目に見えて広まった。これはまた、

急速な産業形成の時代でもある。一夜にして生まれた起業家たちが、消費者コンピュータのサプライチェーンを、それまでまったく存在しなかったところにあわててつくり出そうとしたのだ。言い換えると、時代の中のこの瞬間は、個人のコンピュータ所有のまさに発端をしるすものとなる——技術的にも、経済的にも、社会的にも。

そして、この誤解され、しばしば歪曲されている領域を導くガイドとして、Apple IIのハードとソフトに勝るものはない。まさにジョブズが言及しないことを選んだ存在であるApple IIこそは、当時の他のどんなコンピュータよりも、コンピュータを珍奇な技術的存在から大量消費財に変え、文化的なアーキテクチャとした変化を記録する存在となっている。

＊　　＊　　＊

60年前には、だれもコンピュータを手に持ったことはなかった。コンピュータというのは部屋や冷蔵庫やライトバン並の大きさだったからだ。あらゆる消費者グレードのコンピュータ技術——パソコンからゲームボーイ、デジタル時計まで——の基礎となるマイクロプロセッサはまだなかった。だが夢見る対抗文化の未来学者と熱烈なベンチャーキャピタリストの利害の交差と、アマチュア無線愛好家の中に自作コンピュータの小さな市場があるかもしれないと思ったアメリカのハイテク起業家から、雑誌の購読者を増やしたかった雑誌編集者たちまでの思惑を通じて、まったく新しい消費者産業が1970年代と1980年代を通じて生まれ、その中心となったのが、やがてパーソナルコンピュータとして知られるようになる存在なのだった。我々自身の人生を通じて、こうした技術はポピュラー文化と大量消費のアイコンとして台頭した。ポケットにすべりこみ、机や車に埋め込まれ、世界をまわすお金すべてを追跡しつつ、暇つぶしも提供するこうした機械は、情報時代における娯楽の団標的存在となった。

コンピュータ、特に消費者コンピュータ、パーソナルコンピュータの各種形態は、日常生活を一変させたといってもまったく過言ではない。だが半世紀前のこのちょっとした時期に、だれかが初めて台所のテーブルでコンピュータの箱を開けたとき、テレビとタイプライターの合いの子に見えるこ

の機械が、どのように自分の創造的な可能性や仕事の効率性を拡大するのか、多くの消費者はなかなか理解できなかった。産業のほうはと言えば、パーソナルコンピュータの夢を提供している当の企業もはっきりした見通しはなくバラバラで、ときにはほとんど利益も上げていなかった——衰退するアメリカの産業経済の金銭的な希望に積極的に支えられていたときですら。だが、スティーブ・ジョブズやビル・ゲイツといったありがちな話を除けば、我々はパソコン産業が現在の規模の半分にすらどうやって成長したのか、どうやってそれが産業化し、企業化し、資本化したのかについて、ほとんど何も知らない。

　すでに述べたように、本書の読者の多くは、パソコンの歴史が目の前で「起こった」のを目撃したという内的な感覚により惹きつけられたはずだ。そしてこれは時に、こうした産業の台頭に関与した人すべてに言える。だが歴史的な知識は他の形でも蓄積する。YouTube ビデオや Netflix のドキュメンタリー、1970年代や1980年代を歴史的な背景として使う映画やテレビ番組、「Wired」や「The Atlantic」などの記事、場合によるとウォルター・アイザックソンの『イノベーターズ』やスティーブン・レビー『ハッカーズ』のような本などを通じても蓄積するのだ。パソコン史はまた、実業家、投資家、思想リーダーたちにより、絶えず引き合いに出され、そのやり方はジョブズがiPhone 発表で行ったのとおおむね同じだ。議論はきわめて選択的で絶えず前向きになっている。我々は幾度となく、無数の形で無数の声により、パソコンはその発明の当初からすぐに革命的な技術と見なされ、アメリカの大衆に熱心に受け入れられたと聞かされてきた。

　これは事実ではない。1970年代と1980年代は、アメリカ世帯における大量コンピュータ採用の時期ではなかった。実際、1970年代末と1980年代初頭の投資家や起業家、未来学者たちによる強気の推計は、市場がその後毎年、倍々ゲームで増えるという強気の予想をかなり下回るものとなっていた[*3]。1980年代半ばでもコンピュータの個人所有は二桁になるかならないかの水準で、アメリカ商務省によれば、1990年代末になってもアメリカ世帯の3分の1にしか到達していない[*4]。コンピュータは企業や学校にはもっとすばやく浸透した。これはアメリカ企業や機関が、コンピュータが職場の運営を改善したり、グローバルな教育競争力を高めたりといった主張に弱

かったせいだ。だが家庭では、真実を言えばパソコンは普遍的な家庭用技術ではなかったというのが実情だ。そしてこれは単に価格の問題ではなかった。コンピュータはテレビやラジオや電子レンジではなかった。かなり商業化された形ですら、パソコンはすぐに使えるものではなく、使いやすくもなかったし、何か具体的な問題を解決するわけでもなかった。コンピュータの最大の強みは、その商業的な台頭の瞬間においては、むしろその最大の弱みでもあった。コンピュータは、それを使う人の使い方以上のものにはなれなかったのだ。尻込み、あいまいさ、混乱、苛立ちが何度も反応として繰り返されていたし、それはコンピュータの可能性について興奮している人の間にすら見られた。

　だが、アメリカ社会のごく一部ですら、パーソナルコンピュータで何かしようと納得するに到った過程は、単に無知な大衆が通称コンピュータ革命のパワーと重要性を理解するようになりました、というだけの話ではない。むしろそれは、コンピュータが本質的で有益で安全──そしてパーソナルなものだとして提示する、すさまじい努力の物語なのだ。これを実現するために、このエマージング技術はすぐに、各種の主流文化政治的規範にすり寄った。パソコンは、アメリカの世界的経済リーダーシップを温存するための手段として賞賛された。1970年代の脱工業化を逆転させ、アメリカの起業家精神を促進するものと思われたのだ。産業のステークホルダーたちは熱心に法律を活用し、政府に自分たちの財務的な利益を保護するようロビイングして、そのために消費者を犠牲にするのも厭わなかった。離婚とシングルマザーの空前の増加という1980年代の人口動態をシュールなまでに裏切るものとして、パソコンは核家族への理想的な追加物として果てしなく位置づけられ続けた。そしてパソコンは、崩壊する全米教育システムを救える装置だと賞賛された──そのすべては、アメリカ例外主義という大義を維持するために使われた。こうした発想は、かつての、あるいはあり得たかもしれないパソコンの純粋な本質の上に形成された、悪質な情報操作や悪意ある成長物ではない。それはパソコンがどうあるべきか人々が想像し、実際にそうなったものを当初から形成してきた動機なのだ。

　本書〔原書〕の副題「コンピュータはいかにしてパーソナルになったか〔*How the Computer Became Personal*〕」は歴史的な疑問をどうしても引き

起こす。パーソナルコンピュータとは何だろうか、という疑問だ。今日のこの用語は純粋な一般用語で、通常は個人利用を意図したあらゆるデスクトップのコンピュータを指す。だがこれはかなり可塑的な概念でもある。ラップトップをパソコンと呼ぶ人もいるかもしれないし、決してそれが間違っているわけではない。生徒たちを問い詰めると、タブレットや各種の計算デバイスを「パーソナルコンピュータ」に含める。今日、コンピュータを「パーソナル」にするものは、利用者の親密性の度合いで定義される傾向にある。パーソナルコンピュータは自分独自のコンテンツやメタデータを蓄積し、操作するためのコンピュータを意味するものとなった。そのコンテンツは、メモ、写真、電話番号、社会的なつながりなどを含む。しばしばそうしたデバイスは、その個人の所有物か、あるいは雇用者が提供するデスクトップやラップトップなら、少なくともその人の責任下にあるものと想定されている。だから「パーソナル」コンピュータは財務的にも法的にも文化的にも、大規模インフラ（メインフレームやスーパーコンピュータに体現されるもの）やネットワーク的なもの（クラウドコンピューティングサーバーの規模だろうとATMといった規模だろうと）とは別物になっている。ほとんど述べられないが通常は含意されているのが、パソコンの持つ汎用的な性質だ。つまりそれが各種のちがった作業を行えるはずで、理想的には利用者によってプログラミングできるはずだということだ。この意味で、パソコンはAlexa、Nintendo Switch、iPadのような専用マシンとはちがう。こうした専用マシンでも多種多様なアプリケーションを実行できるのではあるが。「パーソナルコンピュータ」は漠然とした容器となり、日常的な形で所有し利用するデジタルデバイスの分類となり、そうしたデバイスの歴史について多くを語るラベルではなくなった。

　この現代における概念的な曖昧さは、パーソナルコンピュータそのものの議論の分かれる歴史の延長である。パーソナルコンピュータの学術的な記述は、現存するものはしばしば、GUI、特にMacintoshの発明を、技術ジャンルとしてのパーソナルコンピュータの出発点とする。だから歴史的な制度は、ダグ・エンゲルバートやアラン・ケイのような計算機科学研究者から始まり、ゼロックスPARCにおけるGUIの初期利用から、その概念がアップルコンピュータ社のLisaやMacintoshという形で商業化されるまでの系譜に注

目する[*5]。この軌跡以外では、多くの研究はパーソナルコンピュータの台頭を、1960年代西海岸対抗文化が影響力の高いシリコンバレーのコンピュータテクノロジストとの複雑な社会的重なり合いにつなげる——この軌跡はフレッド・ターナーの『カウンターカルチャーからサイバーカルチャーへ』によるものとする説が有力だが、おそらくはジョン・マルコフの『パソコン創成「第3の神話」——カウンターカルチャーが育んだ夢』から生じた可能性のほうが高い。

こうしたアプローチは特に、初期のパーソナルコンピュータを、解放のツールとして解釈し、それが後に収奪されて商業化されたのだ、とする傾向が根深い。

こうした技術的、文化的な前史は、パーソナルコンピュータの歴史において我々がたどれる一つの道筋を示すものだが、同時に選択的でもありパーソナルコンピュータの実際の商業的な起源への取り組みをほとんど除外してしまっている。GUIが出発点だと主張する人々は、アップルコンピュータ社がMacintoshを発表した1984年の時点でパーソナルコンピュータ産業はすでに10年近い歴史を持っていたことを思い出そう。このプラットフォームは、すでに存在していた完全な産業インフラの恩恵を受けていた。開発者と出版社の関係の標準化やロイヤリティ構造から、確立した流通小売りネットワーク、ソフトウェア分類の正規化から、そうしたものすべてに目を向ける完全に発達したジャーナリズムの一部門などだ。さらに、対抗文化もそれ以前のエンゲルバートやケイのような学術研究の軌跡も、1970年代半ば以降の全国的なパーソナルコンピュータの商業化においては大きな勢力ではなかった。テクノ対抗文化のメンバーの一部は、ホビイストコミュニティの中で重要な役割を果たし、コンピュータ教育活動を率い、独自製品を開発し、有力な講演者や未来論者になりさえしたが（たとえばジム・ウォーレン、ボブ・アルブレヒト、テッド・ネルソン、リー・フェルゼンスタインなどがすぐに頭に浮かぶ）、彼らは当時のパーソナルコンピュータ発達を形成する、何百、いや何千人ものステークホルダーのごく一部でしかない。こうした物語はパーソナルコンピュータの起源を商業化以前または反商業の神話に包み、そのため我々は、こうした産業をスケーリングできるようにした、当初から存在する資本の流れにその分だけ注目してこなかったのだ。

本書は商業製品としてのパーソナルコンピュータに注目するので、ここで私がたどる歴史は、当初は一部の読者がお馴染みの通俗ジャーナリズム的な歴史と似たものに思えるかもしれない。そうした歴史はしばしばこの物語を、具体的な技術製品とその発明家の年代記として語るのだ。こうした歴史は一般に、私がやるのと同様に、パーソナルコンピュータの商業的な起源を1975年、Altair 8800の発明と、もっと重要なものとしてその広告に置く。Altair 8800は初の広く宣伝された、個人向け汎用コンピュータだった。そこから物語は通常、いわゆる1977年の御三家へと移る。これは初の主流となる消費者グレードのデスクトップコンピュータ、ラジオシャックのTRS-80、コモドール社のPET、Apple IIを指す用語だ。こうした歴史はそこから、著者の趣味に応じて様々な方向に向かうが、通常は天才発明家、その画期的な発明、そして彼らが手にした（または失った）大金を強調し続ける。

　本書の狙いもそうした道筋の多くと重なるが、それを通り抜ける経路は、通俗ジャーナリズム的な歴史とは大幅にずれたものとなる。私にとっては、このショーのスターはApple IIではない。それはステージを照らすスポットライトでしかないのだ。したがって、これはまちがいなく、Apple IIがコンピュータ革命の条件をつくり出したかという物語ではない。くらくらするような世界初の主張はないし、歴史的重要性の賞賛もない。むしろこれは、Apple IIが最適な歴史的対象だという物語であり、アメリカにおけるパーソナルコンピュータの台頭についての、技術的でもあり、文化経済社会的であり、十分に広く一般化できるが、それでも個別性を持ち、特別で固有な記述を位置づけるためのプラットフォームだという物語なのである。文化と産業的な視点を編み合わせることで、本書は片方のアプローチだけでは提供できないような深い描写を提供する。

　通俗的なものだろうと学術的なものだろうと、パーソナルコンピュータに関する想定を配線し直すには、どうしてもそれを語るために使う言語にも取り組まねばならない。したがってこの先、本書はパーソナルコンピュータではなくマイクロコンピュータという用語を使い、パーソナルコンピューティングではなくマイクロコンピューティングという用語を使う。およそ1970年代半ばから1980年代初頭まで、パーソナルコンピュータという用語は利用者、ホビイスト、プログラマ、ジャーナリスト、マーケターが使っていた

各種の用語の一つでしかない。他にはアプライアンスコンピュータ、個人コンピュータ、ホーム・コンピュータ、小規模システム、あるいは私の好むマイクロコンピュータという用語もあった。マイクロコンピュータは大きさや費用の面で、個人利用に適切なあらゆる汎用計算機システムすべてについての最もジェネリックな用語である。

　さらに「パーソナルコンピュータ」の意味はこの時期には安定していなかった。1981年にIBMは初のマイクロコンピュータ、IBM PCを発表し、そうしたマシンのビジネス市場を支配しようとした。この瞬間には「パーソナルコンピュータ」（IBMはそれをPCと短縮した）はオフィスにおける個人利用を意図したデスクトップのコンピュータの市場分類と関連づけられた。こうしてパーソナルコンピュータはホームコンピュータと対比される存在となった。ホームコンピュータは、非業務用途、たとえばホビイストのプログラミングやゲームや基本的な家庭マネジメントアプリケーションなどに意図されたデスクトップのコンピュータとなる[*6]。こうした区別は単なる言葉尻ではない。オフィス用途に設計されたマイクロコンピュータと、家庭用に設計されたマイクロコンピュータは別種の存在であり、技術仕様、モニタとしてテレビを使うかどうか（ホームコンピュータのほうでよく見られた）、提供されるソフトウェア、メーカーが提供する製品サポートの水準、価格といった基準で差があった。つまりこうした区別は、そうしたデバイスがどのように、だれのために設計、流通、販売されたかという点で意味合いがちがうし、また業界アナリストたちがどのようにマイクロコンピューティング製品や企業の販売台数や売上を定量化するときの基準にも影響する。1980年代半ばの低価格PC互換機やクローンが生産されるようになって、やっと「パーソナルコンピュータ」は再びデスクトップのコンピュータの分類すべてを含むようになった。

　だが私はまたマイクロコンピュータという用語を、こうした技術から一種の異人的な距離の感覚を維持するために受け入れる。過去と現在との間に緊密な連続性を構築するのではなく、私はこうした技術にあまり深入りしない。概念としても製品としても、それが今日の我々から見て完全にそれとわかるものではないし、過去のあらゆる影に現在を見ることに対しては警戒すべきだと固執したいからである。言い換えると、コンピュータがパーソナルだと

いうのがどういう意味かは、すぐに明らかだったわけではないのだ。同様に、コンピュータはひとりでに、何か単なる技術的な意志力によってパーソナルになったわけではない。パーソナルという概念は、業界の成長に社会的、イデオロギー的、そして通常は金銭的な投資を行っていた者たちが追求していた、漠然とした中心なき戦略の一部なのであり、きわめて馴染みのない技術を、何か人々が個人的に望むべきものとして位置づける手法なのだった。この意味で、しばしば言われるコンピュータ「革命」は革命と言うよりも、なぜそもそも人々がコンピュータを必要としたのかという、反復的な正当化サイクルの継続に近いものなのだった。

＊　　＊　　＊

　だがApple IIを、こうした複雑な歴史を逍遥するための理想的な対象にしているものは何なのだろうか？　このプラットフォームは、アメリカにおけるマイクロコンピュータ産業の台頭に拍車をかけた唯一のものでも、原因となったものでもないが、Apple IIは本書の目的にことさら好適なものとなる多くの性質を持っているのだ。その主たるものは、プラットフォームの柔軟性だ。マイクロコンピュータの消費者市場がちょうど、ハードコアのホビイストから好奇心を抱いたアーリーアドプターへと変わり始めている瞬間に、Apple IIは出来合いのコンピュータとして扱え（道具は必要ない）、かつホビイストの高度なプラットフォームにもなった（本当にやりたければハードウェアハックもできた）。Apple IIのユニークな高解像度グラフィクスモード、その8つの拡張スロット、アップルの早期に出荷されたフロッピーディスクドライブ周辺機器はすべて、経験豊かなホビイストと技術的な初心者との関心両方を含む市場において、驚くほど両生類的なマシンの生産に貢献した。結果として、Apple IIは家庭と職場のコンピュータ市場両方にまたがる、数少ないマイクロコンピュータの一つと広く考えられていた。オフィスでも使えるほど堅牢で、家庭でのゲームにも使えるほどエキサイティングで、ガレージでいじるおもちゃになれるほどの拡張性を持つ存在だ。
　だがハードウェアとしてのApple IIの歴史は、実はマイクロコンピューティングが家庭、企業、学校でどのように足場を獲得したのかについて、実は大

したことを語ってはくれない。そのためには、ソフトウェアがどのように開発されたかの理解が必要となる——そしてここでも、アップルは例外的な事例を提供する。アップルコンピュータ社は、ソフトウェア開発者がエネルギーとスタートアップ資本をどのプラットフォームに専念させるべきかについて、決定的な決断を下さねばならなかった時代に、花開くサードパーティーのソフトウェア市場を支える存在となった。この時代には「PC互換機やクローン標準」も相互運用性も存在しなかった。Apple II のソフトはコモドールでは動かず、また Atari 800 でも TRS-80 でも TI-99 でも、その他それが設計対象にしていたまさにそのハードウェア以外では機能しなかったのだ。こうした制約のため、初期の開発者は通常は、自分のソフトをまず一つか二つの個別プラットフォーム用に書いたのだ。ときには、ある一つのマシン専用にソフトを書くこともあった。逆に、あるプラットフォームのソフトウェアの量と品質は、初期のマイクロコンピュータ消費者にとって重要な検討事項だった。サードパーティーのソフトウェア市場を育むことで、アップル社は開発プラットフォームとして競合他社に差をつけた。たとえばラジオシャックは、TRS-80用のサードパーティーのソフトウェアが同社の店頭で販売できないようにしたし、アタリ社は8ビットシリーズのグラフィクスルーチンのソースコードを公開しなかった。アップルの堅牢なシステムと、アップル社がアップルプログラマになった人々の創造的なひらめきに対して手出しをしないというアプローチは、同社が業界を支配するにあたり必要としていた、きわめて技術能力の低い顧客のための製品や市場を創り出すのに一役買った。

　1983年末になると Apple II と Apple IIe ファミリーは、市場に出ているマイクロコンピュータの中で最大のプログラムライブラリー——2000本強——を持つようになった。つまりその利用者は、マイクロコンピューティング世界における最も幅広い可能性とやりとりできたということだ。この大量のソフトウェアは、利用者が自分のパソコンで何をしたか、あるいはもっと雄弁なこととして、利用者が自分のコンピュータで何ができると期待したかについて、垣間見せてくれるものだ。すべての製品が成功したわけではないが、1970年代末から1980年代半ばという時期は、異様に生産的かつ実験的なソフトウェア生産の時代だった。泡沫開発企業が「そもそもコンピュータなんて何の役に立つの？」という質問を満足させられるソフト

を作ろうと右往左往していた時代だったのだ。この短い時代がこれほど驚く
べき多様な答え——おそらくは自明とも言えるスプレッドシート、ワープロ、
ゲームといった貢献から、レシピ整理、バイオリズム描画ソフト、性的シナ
リオ生成ソフトといった驚くほどニッチな代物まで——は、こうしたマシン
の発明者を、内面的な人間の欲望を外面化しただけの情報時代の預言者とし
て描く、通俗的な記述とはちがい、コンピュータが驚くほどの論争、不明確
な効用、未来主義的な妄想、保守派想像力、利用者にとっての頻繁な苛立ち
の対象だったことを示す。ソフトウェアはこの物語の基本的な一部だった。
というのもマイクロコンピュータの仮想的なユースケースが実体化したのは
ソフトウェアを通じてのことだからだ。ソフトウェアを通じて消費者たちは
自分自身やその生活が、コンピュータを通じた充実の対象になるのだと想像
し始めたのだった。

　このハードウェアとソフトウェアの相互構築的な関係が、本書の構成を導
くものとなる。基本的な基盤を敷くために、本書は1950年代から1970年
代のアメリカコンピュータ史を駆け足でめぐるところから始め、そもそもマ
イクロコンピュータのようなものが可能になった過程を説明する。次の章は
少し速度を落とし、アップルコンピュータ社の創業、Apple IIの発明、スティー
ブ・ウォズニアック、スティーブ・ジョブズ、アップル初の大規模投資家マ
イク・マークラがそれぞれ果たした役割にもっと詳しく注目する。この2つ
の章はどちらも共通の目標を持つ。アメリカ消費者ソフト産業がApple IIの
庇護の下で台頭した、不可欠な技術、社会、経済的文脈を明らかにすることだ。
だが本書はアメリカの消費者ソフト産業を一枚岩で中央集権化されたものと
して扱うのではなく、5つの並行したソフトウェア史に分裂する。そのそれ
ぞれが、個別のソフトウェア分類と関連し、個別のソフトウェア製品の物語
を通じてそれが語られる。

- ビジネス：*VisiCalc*
- ゲーム：*Mystery House*
- ユーティリティ：*Locksmith*
- ホーム：*The Print Shop*
- 教育：*Snooper Troops*[7]

ここでの方策は、個別のソフトウェア分類の台頭そのものを、コンピュータとは何のためにあるのかと人々が考え、人々がコンピュータを使い、彼らが自分たちをどのように利用者として想像したか（あるいは想像するよう求められたか）の歴史として見る、ということだ[8]。

それぞれの場合、各種ソフトウェア分類の目的は、1970年代半ばから末にかけてかなりあいまいな形で始まったが、すぐに1980年代半ばには開発者、出版者、ジャーナリスト、投資家、産業アナリスト、利用者自身のもつれた努力を通じて定型化していった。こうした経済学と産業の物語に絡まっているのが、人々だ。選好、欲望、ニーズが、売上表に集計された集計値として台頭してくる消費者たちだ。編集部への手紙で質問を提起して意見を表明した利用者、消費者の気分や願望を仲介した雑誌所有者、編集者、ジャーナリストたち、そしてもちろんプログラマ、投資家、マーケター、企業創業者たちなど、新しいソフトウェアの世界を想像しただけでなく、それを作り、資金をつけ、販売した人々だ。

1980年代半ばになると、支配的な枠組みが形成され、個別ソフトウェア利用者市場がしっかり確立した。その後数十年にわたり、それが劇的に変わることはなかった。本書の記述はこの時期に終わる。それは主にこうした集約傾向のせいだが、他の検討事項もこの閉幕に影響している。1980年代半ばになると、開発プラットフォームとしてのApple IIの中心性が弱まったのだ。これは特に個別システムの技術仕様がずっと類似のものになったからだ。加えて、新しいハードウェア競争の形態が先端マシンとしてのApple IIの寿命を切り詰めることになった。アップル社が1984年に、GUIと完全に閉ざされた内部ハードウェアを持つMacintoshを発表し、明らかにアップル社──特にスティーブ・ジョブズ──が、何をもってコンピュータを「パーソナル」にするのかという、まったくちがった未来の見通しを示した[9]。さらにIBM PCとそのMS-DOSオペレーティングシステムがますます主流となり、さらに安いPC互換機やクローン互換クローンや類似機をコンパック、タンディ、デルなどが出すようになって、未来のコンピュータインフラを構築する新しい「標準」が創り出された。

＊　＊　＊

　ある意味で本書はもつれあう矛盾のかたまりのように思えるかもしれない。個別のハードウェア（Apple II）に注目すると主張するが、もっと一般的にソフトウェアについての本となっている。ある意味では利用の歴史だと主張するが、アメリカの産業形成の歴史と言ったほうが正確かもしれない。各章はそこで注目されている分類と事例研究独自のものとなっているが、それぞれの間にはかなりの共通領域がある。企業史、売上分析、各種の特権がどんな個人にどんな機会を提供するかを形成したやり方への注目だ。本書はApple II産業に注目するが、多くの瞬間でこのプラットフォームの個別性が、ソフトウェア市場のより大きな仕組み理解に有益ではないと思えばその境界を越える。

　本書の物語はまた、発明家、消費者、そしてこの新興産業がより大きな投機経済の中で果たす役割の間を往き来しなくてはならない。技術史は個人や個人集団の創造的で技術的な問題解決が物質的に重要となり、技術的に可能な領域を一変させる瞬間だらけだ。マイクロコンピュータの初期の歴史は、一部の人々が各種の理由から他の人々よりも解決しやすかった、各種の難問だらけとなっているし、またある個人が消費者の欲望を読み取ったり予測したりする能力が、機会の幅を一変させた瞬間も多い。消費者自身についていえば、見たこともないソフトウェアを購入しようとし、分厚く理解不能なマニュアルを読み、助けを求めてコンピュータ雑誌に投書し、キーボードに手を叩きつけ、バックアップディスクを作るために著作権法を破る人々の好奇心や意欲に真摯な検討を加えたい――彼らはそれをすべて、マイクロコンピュータがそれだけの手間をかける価値のあるものになると希望して行ったのだ。

　だがこうした瞬間は決して真空の中で起こるものではない。本書に登場する個人の実に多くがストレートで、中流から上流階級の教育水準の高い白人で、かなり支援を得やすい個人的な環境で活動している人物なのは、偶然ではない。本書は検討している個別歴史的アクターの背景、環境、構造的な優位性に特に注目する。そしてそれがときには驚くような結論をもたらす。た

とえば本書が検討する起業家の多くにとっては、シリコンバレーではなくハーバード大学へのアクセスが決定的な属性だった。このため本書は、パーソナルコンピュータを「実現」させたもののほとんどが、エリート投資家階級の金銭的な利益だったと確信しているし、それが揺らぐことはない。彼らは社会革命を生み出すことにはあまり関心がなく、1970年代と1980年代初期の経済的不確定性の中で、自分たちの財務的な立場を確保することに関心があったのだ。

　こうした緊張関係は、歴史的なストーリーテリングにおいては解決不可能な場合もあるが、それが本書〔の原題〕『Apple IIの時代（The Apple II Age）』である。これはコンピュータの物語ではなく、アメリカのマイクロコンピュータ時代のガタガタしたツアーなのだ。これ以外の形でこの物語を語るのは不可能だろう。きれいな注目を拒絶することこそが本書の作業の中心となる。これは歴史的な作業として困難であり、ヒロイックでもなく、明らかでもないが、過去も現在もどんな技術であれ、不可避で、変えられず、非政治的だという感覚を解体するのに貢献する。コンピュータが常に、勝利ではなく文脈の物語なのだと理解することで、現在における解釈の地平は広がる。したがってこれをすべて理解するには、この作業にこだわる必要がある。Apple IIに埋め込まれているのは、それをエンジニアリングした孤高の天才（スティーブ・ウォズニアック）、それを設計したカリスマ的強引者（スティーブ・ジョブズ）、それに資金をつけた鋭い投資家（マイク・マークラ）の聖人伝的な記述をようやく越えて、もっと大きな歴史的挑戦に取り組もうとする歴史なのだ。その挑戦とは、マイクロコンピュータがその他すべてにどう影響したかを理解することだ。

第1章

パーソナル前史

Apple IIが市場に登場したのは1977年、アメリカ人の大半はコンピュータのことなど考えていなかったとまちがいなく断言できる年のことだった。もちろんだからといって、コンピュータが彼らの生活に何も影響を与えなかったと示唆するものではない。メインフレームやミニコンピュータは、航空券予約から保険金請求処理までほとんどあらゆるものを、10年以上にわたって自動化してきた[*1]。国勢調査はコンピュータにより計算され、建物や自動車はますますコンピュータ支援で設計され、大学や学区は着実に独自のコンピュータネットワークを購入しつつあった。一部の職業では簡略化された単一目的のコンピュータ端末の利用はよく見られたし、特にデータ入力や文書処理に関わる分野ではそれが顕著だった。そして消費者のレベルでは、電卓や小売りUPCスキャナ、ゲームセンターはほとんどどこにでもあった。コンピュータ技術は「パーソナル」コンピュータの形は取らなくても、どこにでもあった。

だが1970年代——国際原油価格変動とベトナム戦争の展開を特徴とし、ずっと不景気、スタグフレーション、失業の激しい波にさらされ続けた10年——の間は、一般人は自分でコンピュータを所有することにあまり熱意を

示さず、大して興味も抱いていなかった。それを示すものとして、1976年に「Creative Computing」誌編集者デヴィッド・アールは何百人もの成人や若者にインタビューを行い、コンピュータについての考えを聞くことで、オートメーションがアメリカの雇用に与える影響の見通しから、コンピュータがヘルスケアを改善するかまで調査を行った[*2]。すると、インタビューを受けた少なくとも三分の一は、コンピュータの仕組みについて基本的な理解すらないことがわかった。さらに人々は、家にコンピュータがあったら何をするかと尋ねられて、まごついた。一部の回答者は、この質問が電卓やロボットの話だと思い込んだ。ある回答者はこう述べた。「うん、そうですね、仕事から家に帰ってきたときに［コンピュータに］マティーニでも作ってもらおうかな」[*3]。

このようにアメリカにおける消費者マイクロコンピュータは、奇妙な事態を反映したものとなっている。コンピュータは人々のところにきていたが、だれも気にしなかった。家庭、学校、職場における広範なマイクロコンピュータの採用は、一瞬で生じたものではないし、口承による主張にもかかわらず、マイクロコンピュータは少なくとも家庭では20年近くもあまり普及していなかった。一部の歴史研究者は1977年が「パーソナルコンピュータが世間の意識に到来した決定的瞬間」を示すと主張しているが、この位置づけはアメリカ史におけるこの技術時代におけるきわめて複雑な部分からかなり目をそむけている。そもそも人々は、自分がコンピュータで何をするのか想像するのに実に苦労していたということだ[*4]。

1970年代において、マイクロコンピュータという技術的現実、経済的な形態、文化的な分類がどのように生じたかを理解するには、まずその時点以前のコンピュータがどんなものだったかを理解する必要がある。マイクロコンピュータの開発を、あるタイムラインに沿って展開する因果的な年代記として想像するのではなく、コンピュータとエレクトロニクス技術の複数の歴史的軌跡が時間の中で絡み合う様子を考えねばならない。中でも特筆すべきなのは、1960年代のデータ処理とインタラクションにおける本質的な変革であり、これはバッチ処理のメインフレームから時分割式インタラクティブなミニコンピュータへの移行に込められた変革で、これがコンピュータ利用の習慣をこの10年の間に変えた。2つ目は、小型化という現象であり、これ

も1960年代を通じ1970年代に入っても続き、すさまじい金銭的なインセンティブにより、ますます小さく、高速で安定したコンピュータ部品の生産に関する研究が促進されたのだった。また、初期のホームブリューマイクロコンピュータ活動を促進した、個人所有への欲望もたどる。これは1970年代のホビイストたちが、自分の所有できるコンピュータで何ができるかについての新しい可能性を生み出すことで生じたものだ。最後に利益追求の必要性を検討する。そこでは起業家と確立したエレクトロニクス企業が、1970年代半ばに市場需要だと思ったものに応えようとした。こうした広い主題や現象を前面に引き出すことで、本書の記述は個別のできごとや発明家よりも習慣や文脈や慣習を強調する。それにより、この章はコンピュータ史において、Apple IIの開発に貢献した、本当に重要だったものを選別する。これから見るように、重要だったものは常に単なる技術的な問題だけではなかったのだ。

＊　＊　＊

　人々がコンピュータで何をしようか想像するのに苦労していたのは、1940年代に計算機技術が登場しても、人々がほとんどそれに触れる機会がなかったことと、それと関連したアメリカ政府、軍事防衛、科学研究とのつながりのせいが大きい[5]。コンピュータ初の主流テレビ登場は1952年11月4日、CBSが巨大なUNIVACを、ドワイト・D・アイゼンハワーとアドライ・スティーブンソン選挙戦報道のためにスタジオに持ってきたときだった。だがこのギミックはコンピュータ利用の正常化にまるで貢献しなかった[6]。UNIVACは評論家たちの頭上にそびえ、理解不能のパターンでチカチカまたたき、話しかけても答えようとしなかった。このコンピュータの疎外するような描写は、その後何年にもわたりコンピュータの架空の表現を蝕み続けることになる。ロマンチック・コメディ『デスク・セット』（1957）からSF叙事詩『2001年宇宙の旅』（1968）、冷戦スリラー『地球爆破作戦』（1970）までそれは変わらない（図版2参照）。こうした映画のどれでも、コンピュータは所有者に反逆したり、人間知性の自律性を脅かしたりする。1950年代と1960年代のほぼあらゆる民間産業や政府機関でコンピュータは広まっていたにもかかわらず、通俗的な描写はそれを恐ろしげな脅威として描いたし、

1960年代に発表されたメインフレームコンピュータ、IBM 7094データ処理システム。複数の制御パネルと1ダース以上のテープリール記憶ユニットは、メインフレーム設備のすさまじい大きさと規模を実証している。1965年頃の写真、コンピュータ歴史博物館提供。

ほとんどの人はそれ以外の視点を発達させるために必要な生きられた体験を欠いていた[*7]。

この時期の映画で描かれたコンピュータは、巨大で不吉であり、部屋全体を占領し、壁の全面にわたって広がり、人間たちにその輝くライトの光を浴びせていた。こうした描写は誇張ではあるが、決してまったく不正解ではない。これはCBSのUNIVACを使った小技が証明している。20世紀半ばのコンピュータはメインフレームに規定されており、これは巨大で（部屋一杯を占めるのが普通）、中央集中化された計算設備であり、大規模な機関や政府、商業データ処理用に設計されていた[*8]。メインフレーム1台で、企業内やある地域全体に広がった何百人もの利用者の計算ニーズに応えられた。

だが個人のアクセスは稀だった。1960年代初頭のアメリカには、メインフレームがごくわずかしかなかったし（全国でおよそ6,000台）、とんでも

27

なく高価だったのだ[*9]。

たとえばIBMの人気機種360メインフレームシリーズのリース料は、1960年代末には機種や構成にもよるが月額3,000ドルから138,000ドルだった[*10]。おかげで計算機時間は、専門利用者以外の人に無駄遣いさせられない商品となった。プログラムを書く人々ですら、自分たちのコードを計算するメインフレームに直接アクセスできることはほとんどなかった。むしろそのプログラムはパンチカード（当時支配的だった紙ベースのデータ保存プラットフォーム）に書き込まれ、オペレーター（しばしば女性）に渡され、それがプログラマと神聖なマシンとの仲介役となった[*11]。1970年代半ば以前に、個人がコンピュータを所有どころかリースもしなかった圧倒的な理由は、コンピュータの価格なのだ。コンピュータは企業、大学、連邦研究所、地方政府、公的機関では花開いたが、人々の家庭では見られなかった。

だが1960年代末から、コンピュータのアクセシビリティを取り巻く規範は変わり始めた。これは2つの技術的な発展のおかげだった。時分割処理として知られる新種のデータ処理手法台頭と、新しいコンピュータ技術分類であるミニコンピュータの発達だ。時分割処理はコンピュータのデータ処理手法の変革であり、それがさらには計算力の物理的なユーザビリティとインタラクティブな体験を変えた。時分割処理以前には、メインフレームはデータを線形に処理した。オペレーターは多くのちがった利用者が提出するパンチカードのプログラムを受け取り、それを束にして、スタックとして処理した。バッチ処理として知られるこの手法は、コンピュータが何もしていない時間を最小化したが、プログラマたちは結果を受け取るのに数時間待たねばならなかった。だが時分割処理で、コンピュータは処理能力をネットワーク上で複数利用者の間で分割し、その処理活動を利用者から次の利用者への急速に切り替え、それをすばやく行うので、人間の知覚は大した遅れを経験しないのだ[*12]。

データ処理におけるこうした技術的変化は社会文化的な側面を持っていた。言い換えると、コンピュータとの相互作用の体験が変わった。メディアスタディーズ研究者ケヴィン・ドリスコルが述べたように、「理想的なケースでは、時分割システムは複数利用者に、マシンを独占してアクセスしているような幻想を与えてくれた」[*13]。時分割処理により、コンピュータへの物理的な近接性は、もはや物理アクセスの前提ではなくなった。ネットワーク

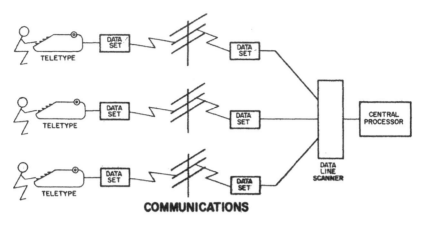

時分割処理の分散処理アーキテクチャを示した図。複数の利用者がテレタイプと電気通信ネットワーク経由で中心処理装置に接続する。『PDP10時分割処理ハンドブック』DEC社、マサチューセッツ州メイナード（1970）1-8より。画像提供：ヒューレット・パッカード社。

上で分散された利用者たちは、コンピュータのすぐ近くにいる必要もなく、お互いに顔を合わせる必要もなかった。オペレーターの仲介がなくても、利用者は何か端末を使うことで、コンピュータの記憶と処理能力に直接アクセスできた。通常その端末はテレタイプ装置で、キーボード（入力用）とプリンタ（出力用）が１つになってはいたが、CRTモニタを持つ端末も存在はしていた[14]。あわせると、このデータ処理力学の変化と利用者とコンピュータの距離関係変化のからみあいは、即座のインタラクティブ性と個人化された利用の感覚をもたらした——こうした性質は後に、「パーソナル」なコンピュータ利用としてのマイクロコンピュータ台頭にとって本質的なものと理解されるようになる。

　時分割処理は最初は1960年代初期のメインフレーム用に開発されたが、この慣行が本当に広まったのは、ミニコンピュータという新しい種類の計算機システムが登場したときだった（図版３参照）。通常は大型冷蔵庫程度の大きさだったミニコンピュータは、小さく、安く、大学や学区や中規模オフィスのデータ処理ニーズにはメインフレームよりも適していた[15]。設置例はそれぞれ独特ではあったが、一般に1970年の２万ドルのミニコンピュータは、ほんの数年前に作られた20万ドルのメインフレームに匹敵する処理能

力を持つというのが一般的な理解だった[16]。経済的な利得は特に重要だった。1960年代末に、ローエンドのIBMメインフレームをリースすると月額5,530ドルかかったが、ディジタル・イクイップメント社（DEC）PDP-8の基本構成は、たった18,000ドルで即座に買い取れたのだ[17]。

　だがこうした比較便益にもかかわらず、ハードウェアメーカーは当初、メインフレームと競合するものとしてミニコンピュータを開発したわけではなかった。それぞれのコンピュータの分類は、独自のアフォーダンスと制約を持つものとされた。ポール・セルージが述べるように、ミニコンピュータが重要だったのはそれが「まったく新しい応用分野を開き」、「人々の大きな集団——最初はエンジニアや科学者、後にそれ以外の人々——を計算機と直接インタラクションするように導いたから」なのだった[18]。PDP-8は、1960年代の最も人気あるミニコンピュータの一つとなるが、やがて5万ヵ所以上に設置された。そのマシンの宣伝用写真の一つは、それが理論的にはポータブルだと誇示して見せるため、フォルクスワーゲン・ビートルの後部座席に押し込んで見せていた。

　時分割処理とミニコンピュータは、コンピュータ処理能力へのアクセシビリティを根本的に変え、その過程でコンピュータプログラミングに必要とされる一般ノウハウを広めるのにも貢献した。コンピュータ史研究者リシ・ランキンは、時分割処理のミニコンピュータ利用の普及と人気が、特に教育環境において、「コンピューティング市民」構築の基盤となったと論じている。彼らにとってはアクセス可能な利用者指向のコンピュータ技術が「協力、インスピレーション、コミュニティ、コミュニケーション」を内包するものとなるのだ[19]。これがさらには、パーソナルコンピュータ利用やソーシャルコンピュータ利用の形態について、こうした用語に関する我々の標準的な理解よりはるかに早期に基盤を敷いたのだった。時分割処理とミニコンピューティングが合わさって、インタラクションとアクセスの規範が変わり、人々が後にコンピュータ利用の「パーソナル化」と同一視するような、親密で個人化された性質の多くが導入された——そしてそうした性質は、計算デバイスが小型化するにつれて増幅される一方だった。

*　*　*

　個人化された所有に耐えるほど小さく、安価で、有用な、大衆市場向け汎用コンピュータを実現するには、マイクロプロセッサという電子イノベーションが決定的な役割を果たした（ここから「マイクロコンピュータ」という名前が登場した）。初期マイクロコンピュータ時代の非技術的利用者に対しては、マイクロプロセッサはときにコンピュータの「心臓」「頭脳」あるいは「すべての活動が起こるところ！」と説明された[20]。こうした用語は単純化されているが、マイクロプロセッサの技術的本質の一部を表現している。コンピュータの中核機能をミニチュア化し、それがしばしば切手ほどの大きさの孤立した場所に中央集権化できるようにする、ということだ（図版4参照）。

　マイクロプロセッサ開発は、1950年代にさかのぼる電子小型化と半導体製造へのアメリカ政府に後押しされた研究投資の長い軌跡の一部だった。これは、米軍がそうした財の市場の70パーセントを構成していた時代だ[21]。現代的な電子計算機が1940年代に初めて開発されたとき、それが巨大だったのは、他にどうしようもなかったからだ。UNIVACのような初期の計算機は何千ものディスクリート素子を必要とした——UNIVACの場合は真空管、それも5,000本で、それぞれが電球くらいの大きさなのだ。

　その後の数十年にわたり、小型化、材料科学、半導体製造の研究（その相当部分は、もっと軽量で高速、信頼性の高い軍事宇宙技術に対するアメリカ政府の需要に動かされていた）のおかげで、電子回路のサイズは劇的な縮小が可能となった。UNIVAC（1951）のごつい真空管は、DEC PDP-1（1959）のトランジスタと電線の基板に道を譲り、それがIBM 360（1964）集積回路またの名をマイクロチップに道を譲った。1959年にテキサス・インスツルメンツ社で初めて特許を取得された集積回路は、特にこの年代記における特に重要な開発であり、今日ですら使われる計算機コンポーネントのための標準的な物理アーキテクチャを確立した[22]。

　1960年代になると集積回路はコンピュータ組立の主要な技術経済的な単位となった。小型化で、メインフレームコンピュータの市場が消えたわけではない——大規模な計算機設備は今日ですら存在する。だが小型化は1960年代のミニコンピュータや、1970年代の電卓、デジタル腕時計、ビデオゲー

ムといった消費者エレクトロニクスなど、小型計算デバイスの市場を開いた。集積回路を作った半導体メーカーは、軍事および民生部門全体にまたがる需要を大量に持つ、激しく競争的な市場に動かされていた。こうしたメーカー同士の競争がさらに研究を促進した。各社は自分の市場シェアを確保または維持してくれそうな最新の発展を追求したからだ[23]。この激しい競争の時期に、マイクロチップの密度はざっと18ヵ月から24ヵ月毎に倍増し、一方の費用は指数関数的に下がった（これによりインテル共同創業者ゴードン・ムーアが行った予想は実現し、「ムーアの法則」と呼ばれる経済原理が確立された）[24]。1960年代末になると、マイクロチップはコンピュータの中央処理機能が、複数のチップに広がるのではなく単一のチップに載せられるほどの密度となった。つまりマイクロプロセッサの可能性をもたらす技術的な条件が実現されたのだ[25]。

　そしてチップメーカーの売上が増えると、それだけ製造も安上がりとなり、マイクロチップの複雑性が上がっても、価格はむしろ下がった。1975年には、「コンポーネントあたりの価格は百分の一以下に下がり、0.20ドルだったのが、1セントのきわめてわずかな一部程度にまでなったのだ」[26]。消費者の用語で言うなら、1970年に100ドルした電卓は、1979年には10ドルで買えたということだ[27]。このイノベーションの道筋は不可避なものではなかったが、いったん始まったら、小型化への動きは文化的に必要であり、技術的に不可避だと解釈された。

　だがこうした技術の利用価値は、その規模の経済にあった。マイクロプロセッサ開発以前は、マイクロチップは普通、ある特定デバイス向けのカスタム設計となっていた。たとえば、初めて商業的に発表されたマイクロプロセッサ、インテル4004は、もともと日本の電卓会社のための、費用対効果の高いエンジニアリングソリューションとして、インテルが設計したものだった。それまでの電卓用の初期の製造図面は、7種類のちがったICチップを必要とし、それぞれが専門特化して回路基板に固定され、そのデバイスだけにしか使えないものになっていた。それに対して、単一の汎用論理チップ（つまりはマイクロプロセッサ）を提案することで、インテルは同じチップを、電卓を越えた目的のために売り出せるようになった。だから、何万ものカスタム設計チップを、個別電卓の製造台数だけ生産するかわりに、インテルは何

十万もの単一チップを作って、それを多種多様なデバイスに使えた。イン
テルは壮大にも4004を「一つのチップに載ったマイクロプログラム可能な
コンピュータ！」と宣伝した——なかなか巧妙なマーケティングのごまかし
だ。4004は、まともに使うためには他に3つのICを必要としていたのだか
ら[28]。だがこの印象は、技術的な細部はさておき、主旨としては本当だった。
かつては一部屋全体を占める金属シャーシ全体に広がっていたものが、いま
や指先におさまるようになったのだ。

　パーソナルコンピュータの台頭を、自明で不可避なものだと想像する進歩
的な歴史は、マイクロプロセッサ技術に基づくパーソナルコンピュータ開発
の機会を逃したとして、インテル、ゼロックス、DECのような半導体企業や
ミニコン企業を叱るかもしれない。DEC共同創業者の一人ケン・オルセンは、
1970年代半ばの広く報道され——大いに文脈を無視された——発言「個人
が自宅にコンピュータを持つべき理由など何一つない」の汚名をそそぐこと
はついになかった[29]。だが1970年代初頭のこうした企業は、消費者の購入
に向けた自己完結的なコンピュータユニットの生産に商機があるなどと思わ
ない理由が十分にあった。そんな潜在的デバイスは、こうした企業がその時
点で持っていたビジネスモデルやサービスネットワーク、営業ノウハウとは
相容れないものだというだけではない。そうした発想自体が技術的に、そも
そも実現性がないと思われたのだった。単一の「ワンチップコンピュータ」
の初期の能力はきわめて限られていたし、性能もメモリアドレスも、最も安
いミニコンピュータより低かった[30]。DECは堅牢なコンピュータアーキテ
クチャの設計で名高く、最大の効率性を発揮するよう各チップをカスタマイ
ズしていた。汎用マイクロプロセッサへの転換は、一番得意としている技術
の放棄と思われただろう[31]。インテルのエンジニアたちですら、マイクロ
プロセッサの主要な市場は制御デバイスだと思っていた——電子レンジや目
覚まし時計や自動車を調整するチップだ[32]。

　したがってインテルは、他のマイクロプロセッサメーカー同様、消費者自
身がそんな技術へのアクセスを求めるなど想像していなかった。それをプロ
グラムするのはきわめてむずかしかったからだ。こうした思い込みの結果と
して、初期のマイクロプロセッサ流通ネットワークは1個単位や少量の購入
に向けたものにはなっていなかった。おかげで1970年代初頭には、個人が

マイクロプロセッサを手に入れるのはかなりむずかしかった。それでも、メーカーの重役たちが予想しなかったこと——そしてある意味で予測する理由もなかったこと——として、エレクトロニクスの起業家的なホビイストたちが、コンピュータで実験する個人利用のための製品としてマイクロプロセッサを流通させるようになったのだった。

＊　　＊　　＊

エレクトロニクスホビーは、戦後のアメリカ男性の間では、小さいが熱心なサブカルチャーとして、活発な娯楽対象となっていた。中でも最も目立ったのはアマチュア無線やCB無線活動だが、ずっと広範な電子工作、修理、キット製作なども含まれていた[33]。こうした活動は、20世紀半ばのエレクトロニクスに対する世間的な関心の一部であり、それは目新しい商品や設備に対する消費者支出への結束した投資に後押しされたものだった。エレクトロニクスが「日常生活に革命を起こす」未来のビジョンを普及させるため、何百万ものマーケティング資金が費やされた[34]。マニア向け雑誌「Popular Electronics」の1971年のある号は、この文化的なこだわりのホビイスト側の様子の広がりを捉えている。電子開閉式の鍵、音楽リズムマシン、ソリッドステートレーザー、卓上電卓など、通称電子時代の実に多くの目新しいものが出ている[35]。

1970年代初頭には、ホビイストの水準で汎用コンピュータ利用を探究するのは、まだ経済的に現実的とは言えなかったが、「Popular Electronics」で示されたデバイスの多くは、回路基板や低コストのマイクロチップまで含んでいたという点で、コンピュータに隣接するものだった[36]。エレクトロニクスの個人的な利用の貪欲な探究に献身していたコミュニティにとって、コンピュータ技術をホビイスト活動に応用する潜在性についてはすさまじい熱意が存在していた。

エレクトロニクスホビイストたちは、コンピュータホビイズム台頭の可能性の条件を確立した。したがってこのサブカルチャーの人口構成は検討が必要となる。それはこうしたコミュニティで、だれが歓迎されていると感じ、感じないかという相互にかみあう社会的制約を作り出したからだ。20世紀

半ばのアメリカにおけるエレクトロニクスホビー主義は、まだ包括的に分析されたことはないが、最も技術的な要求水準の高いエレクトロニクスホビーの1つ、アマチュア無線に注目した研究から生産的に敷衍できる。歴史研究者クリステン・ヘリングがアマチュア無線愛好家の包括的な検討で記録したように、戦後期のアマチュア無線コミュニティは、人種とジェンダーの面で「驚くほど均質」であり、かなりの金銭的余裕が必要とされたので、教育水準の高い白人男性の分野に限定された分野となった[*37]。

この社会的均質性はエレクトロニクスの男性化に注力したアメリカ史の、より長い軌跡の一部だった。特にエレクトロニクスは、戦後の中産階級白人にとって社会上昇の道筋となった。ヘリングによれば「ハイテク雇用者は、アマチュア無線文化を承認し、娯楽的な工作を通じて発達した技能や性向を求めてホビイストをリクルートした。（中略）当時は、賃金のために日中エレクトロニクスで働いていた人々と、晩に娯楽のためにエレクトロニクスの作業をした人間との間に、かなりの重なりが見られた」[*38]。アマチュア無線ホビイストたちはまた、人口比より極度に多い比率で工学や科学系の職業に就いていたので、平均的なアメリカ人に比べ、実務面でコンピュータ利用への曝露がはるかに高かったのが通例だった[*39]。アマチュア無線愛好家たちはつまり、エレクトロニクス愛好家の中で、娯楽マイクロコンピュータが市場にひとたびやってきたとき、その利用の可能性を探究する見込みが最も高かったというわけだ。こうした愛好家たちはまた、独自の内部文化を育み、地元のクラブや利用者グループのネットワークへとまとまって、ニュースレターや雑誌を通じてもっと広い地域にまたがり、交流を維持して知識を共有した。対面活動やホビイストメディアの流通を通じて、技術的な興味で結ばれた個人が実践のサブカルチャーへとまとまった。

したがって、仕事、娯楽、ジェンダー、人種、階級を取り巻く相互に重なり合う条件の集合が、コンピュータ利用に最初に関心を持つホビイストコミュニティ内部に見いだされる。こうした分類は相互に強化し合う傾向にあり、閉鎖されたサブカルチャーを形成した[*40]。ホビイストのネットワークを通じたコンピュータ技術の流通は、産軍複合体の一部ではなかった人々に、アクセスの新しい可能性をもたらしてくれたが、ホビイストの中の文化的な閉鎖性のため、初期の娯楽マイクロコンピュータ利用へのもっと即時的な

道筋は、相変わらずほとんどの女性や有色人種には閉ざされていたということになった[41]。これは別に、エレクトロニクスホビイストたちが、明示的に人種差別的または性差別的な行動を行っていたということではなく、ホビイストコミュニティにおける参加が、人種やジェンダーと強く交差するある種の社会経済的優位性に左右されたという意味で、彼らの行動が人種化されジェンダー化されていたと固執するものである。同様に、これは女性や有色人種がエレクトロニクスやマイクロコンピュータのホビイズムにまったく参加しなかったと示唆するものではない。むしろそれは、そうした個人が直面した、埋め込まれた歴史的な課題や、彼らが体験するそうした技術との関係が、白人男性にとってほど「自然」なものには決してならなかった度合いを認識してほしいと求めるものである[42]。歴史のネジの長期的な回転の中で、エレクトロニクスホビイズムの歴史的人種構成は、マイクロコンピュータ利用自体の創発的技術文化と独立ホビイストコミュニティの舞台を整えた——そしてなぜ初期のマイクロコンピュータ利用が実にあっさり白人男性の関心事だと決めつけられたかも説明がつく。

　一般エレクトロニクスホビーと個人のコンピュータ実験との重なりは1970年半ば以降に増大した。1974年以降、「Popular Electronics」「QST」「Radio-Electronics」などのホビイスト雑誌は、ますますマイクロプロセッサを使ったコンピュータキットやDIYプロジェクトのまとまりのない広告を掲載するようになった。たとえばScelbi-8HやMark-8などだ[43]。初期の最も有力なコンピュータホビイスト雑誌の一つ「BYTE」は、元アマチュア無線雑誌編集者が創刊したものだ。創刊号の序文で「BYTE」編集者カール・ヘルマースは、コンピュータに一番最初に触れたのは、アマチュア無線家の友人を通じてだったと説明している[44]。初期のマイクロコンピュータホビイストコミュニティに登場するホームブリュー（自作）という用語ですら、アマチュア無線の俗語から来ている。これは自家製非商業無線装置を指すものなのだ。

　エレクトロニクスのホビイストたちが、技術的な欲望と経済産業的な現実としてのマイクロコンピュータ確立に果たした役割を最も明らかに示すのが、Altair 8800で、これは「Popular Electronics」1975年1月号の表紙でデビューした[45]（図版5参照）。轟くような見出し「ブレークスルーとなるプロジェクト！　商業モデルに比肩する世界初のミニコンピュータキット

（後略）」で始まった「Popular Electronics」の息もつかせぬAltair 8800の紹介は、この号の編集で圧倒的な誌面を占めており、「ホームコンピュータ時代」が397.46ドルで手に入ると約束していた[46]。ニューメキシコ州アルバカーキの電卓会社MITSが製造するこのマシンは、今日我々がコンピュータとして認識するようなものとは似ても似つかなかった。画面もキーボードもなく、マウスやGUIもなく、コマンドラインすらなかった。その工業的な青いシャーシの下で、Altairは基盤や配線やチップだらけだった。コンピュータの入出力は極度に原始的なものだった。プログラムは最小限のメモリに、フロントパネルのスイッチを使って入力され、出力は機械コードから翻訳されねばならない灯りのパターンで表示された。処理能力は比較的乏しく、MITS用の購入可能なソフトは何ヵ月も後にならないと手に入らなかった。

だがAltair 8800は、クラブや利用者グループ、「Popular Electronics」のような雑誌でつなぎ合わされた、全国的なホビイストコミュニティの電気的な琴線に触れたのだった。Altairは、ホビイスト雑誌で広告された初のマイクロコンピュータキットではなかったが、数百台以上売れた初のものだった。Altairは、ホビイストにはすでにお馴染みの概念的な枠組みにおさまった。市場にとっては納得のいく値段で、アマチュア無線の機器と似た水準だった。そしてキットだったので、利用者が自分で組み立てる。大したことはできないが、それ以前のキットコンピュータに比べればずっとできることは多い[47]。

多くの面で、Altairはこのコミュニティが待望していたものだった——この、待っていたという部分が重要だ。Altairは、個人所有のコンピュータというアイデアを発明したわけではない。むしろそれは、他の現象、たとえばホビイストエレクトロニクス産業と時分割処理などで喚起されていた、所有と個人利用についての漠然とした欲望と一致したものだった。エレクトロニクスホビイストたちは、活発なソーシャルネットワークを育て、熱心に知識を共有し、場合によっては無線波、電話ネットワーク、メインフレームコンピュータへの無料アクセスを行う道徳的権利があるとさえ信じていたが、こうしたコミュニタリアン的な慣行の基盤には、技術装置の私有強調が見られた。黒物家電として販売されるのが通例だったり、規制された環境でしか得られなかったりする財へのアクセスは、特別な自由と自決精神が伴っていた。

多くのホビイストは、自分の探求がこうした技術を官僚的な統制から解放するのだと感じていた[*48]。この特権的な所有の政治は、エレクトロニクスホビイストの伝承における核心だった。「Popular Electronics」1975年1月号には「パーソナル」という言葉は一度も登場しないが、「自分だけの」という用語は20回以上登場する。DIYの慣行やホームブリューエレクトロニクスは、ホビイスト生産の非商業的な性質を強調したが、その産物の目的は、自分の欲望に従った技術世界をつくり出すことだった——エレクトロニクスホビイスト産業は生産を消費の文脈で枠づけることにより、この目的を支援し便益を受けたのだった[*49]。

Altair 8800は、IBMメインフレームやDECミニコンピュータの専門利用者たちを感激させることはなかったかもしれないが、1970年代半ばのエレクトロニクスホビイストはすぐに、Altairがそれまでのあらゆる消費者水準やDIYのエレクトロニクス機器とは、劇的にちがうものだということを即座に理解したはずだ。消費者エレクトロニクスは、店で買ったものだろうとホビイストが自作したものだろうと、常に単一目的のデバイスだった。つまり、電圧計測、数値計算を実施、無線信号の送信といった、作られた目的以外には何もできないということだ。計算機用語で言えば、ハードウェアがソフトウェアだったのだ。だが大量生産マイクロプロセッサが可能にし、Altair 8800が提供したのは、大規模システムでよく見られたハードウェアとソフトウェアの工学的な分離なのだった。そしていまやそれが経済的かつ技術的に、小型システムでも可能になっていたのだ。

この区別の重要性は、「Popular Electronics」1975年1月号の編集部論説でも強調されていた。この号はAltairだけを扱ったものとなっている。編集長アート・サルズバーグが書いたように「電卓とはちがって（中略）コンピュータは会計システムや航行用計算機、時分割処理コンピュータ、高度な侵入システムなど、何千ものアプリケーション向けの論理判断を下せる。Altair 8800の『パワー』はきわめて高いので、多くのプログラムを同時に扱えるのだ」[*50]。この「同時に」という言葉はこの文脈では独特な意味を持っている。これはAltairが、複数のプログラムを同時に走らせられる（我々が今日のコンピュータで普通にやるのに慣れているように）という意味ではない。単にいろいろちがったプログラムを実行で

きるということだ。このハードウェアとソフトウェアの区別は、コンピュータ所有の体験にとって重要な意味合いを持っていた。コンピュータの応用は、ハードウェアの物質的な制約だけによって限定されていたということだ。つまりコンピュータの大きさ、形、データ処理アーキテクチャが変わると、想像された用途も変わったということだ。Altairのもたらした小さなサイズと局所的な処理能力が可能にしたのは、コンピュータが個人のニーズに適用されたときに何ができるかという境界線の引き直しだったのだ。

　一部の歴史研究者にとって、パーソナルコンピュータの台頭は時分割処理の共有コミュニティ指向からの転換を示す、一方的な消費慣行として解釈されてきた——ジョイ・リシ・ランキンの言い方では、パーソナルコンピュータ利用からパーソナルコンピュータへの転換ということだ[51]。だがコンピュータ利用活動は、遠隔や集合的ネットワーク上で意味があるものばかりではない。利用の政治性はネットワークコンピュータ利用と個別コンピュータとの二者択一ではなかった。時分割処理のネットワーク強調は共有コンピュータ利用体験を可能にするものだったが、時分割処理の個人化された遠隔端末はまた、計算機能力への個人的アクセスの政治性をモデル化した。それはホビイストコミュニティがその究極の結論に達するまでつきつめたいと思っていたものでもある——ちょうど彼らがそれに先立つエレクトロニクス技術、ラジオからハイファイセットからテレビまですべてでやったのと同様に。ホビイストたちは一般的な意味での計算能力へのアクセスを求めただけでなく、その所有者だけが決める文脈に適したコンピュータを求めていたのだ。これはもっと広く技術利用のホビイスト哲学に基づいた、創発的なコンピュータ利用を通じて凝結した。ホビイストたちは常に自分のキットやラジオや計算機を所有してきたのだから、コンピュータも当然そうあるべきではないか？　さらにそのコミュニティの一部は常にこうした欲望に基づいて利潤を上げてきた。マイクロコンピュータ活動もまったく同じだった。

＊　　＊　　＊

　アーリーアダプターの中でも最初期の人々として、アメリカのコンピュータホビイストたちは、国内マイクロコンピュータ活動に重要な影響を与え

た。結局のところ、自宅でのマイクロコンピュータ活動を、実践する価値があるものとして確立させたのは彼らの時間、知的エネルギー、お金なのだった。ホビイストは、きわめて複雑なマシンについての共有知識生産に不可欠な、最初のクラブや利用者グループを形成した。ホビイストは最初のニュースレターを生み出し、それを通じて初期のオープンソースプログラミング言語が流通した。ホビイストたちは紙テープからマイクロチップから配線までソフトウェアやハードウェア部品を共有し、他のホビイストの探究を引っ張り上げて加速しようとした。そしてホビイストたちは初の専門誌、たとえば「BYTE」「Creative Computing」「Kilobaud」を刊行し、それがノウハウやニュースを流通させ、さらに広告出稿者たちに、出来合いのフォーラムを提供した。

　マイクロコンピュータのホビイストグループ、特に1970年代サンフランシスコ・ベイエリアの衰えつつあるカウンターカルチャー精神の中で形成されたものは、スティーブン・レビー『ハッカーズ』からウォルター・アイザックソン『イノベーターズ』まで、コンピュータ史の多くの通俗書における活発な関心の対象となってきた。その理由はわかりやすい。ベイエリアにおける、ハイテク産業と政府研究がまったく不似合いな形で同じ地理社会領域で活動して交差交配するという、テクノユートピア主義者と反体制系の人々が混在する場面は、マイクロコンピュータ活動における創造的な発見を育む、異質性の高いきわめて局所的な技術文化を作り出した[*52]。だがこの場面は、その政治的アイデンティティ面で一枚岩ではなかったし、また全米のあらゆるホビイストコミュニティを代表するものでもなかった。一部のホビイストはいじくり、ソフトウェアを交換し、機械コードをグロックし、回路をハンダ付けしていたが、一部は融資を獲得し、半導体メーカーに電話してエレクトロニクスの余剰品一覧を見て、アフターマーケット部品で卸のお買い得品がないか探していた。場合によっては、これらのホビイストは同一人物たちだった。全米で、そしてシリコンバレーでも、ホビイストたちの一部は自分たちの関心を組織して、自分自身のためにコンピュータを作るだけでなく、それを他人向けに販売した[*53]。

　MITS社は1975年にはこの未踏産業で売り出した最も強い企業だったかもしれないが、その後3年でエレクトロニクスのエンジニアや起業家たち

が、ますます手に入りやすくなったインテル、ナショナルセミコンダクター社、テキサス・インスツルメント社、モステクノロジー社からのマイクロプロセッサで実験するようになり、マイクロコンピュータの世界はふくれあがった。1975年から1977年に登場した無数の準DIYマイクロコンピュータの生産加速は、マイクロコンピュータ活動の第一波または「先駆フェーズ」として非公式に理解されている[*54]。この分類で最も有力なのはAltair 8800だが、他にIMSAI 8080、Vector 1、ヒースキット H8、ノーススター Horizon、RGS 008Aなども含まれる。歴史的な分類として、こうしたマシンは一般に、その最小限の箱のような外観、入出力でボタン、スイッチ、ランプへの依存、作って運用するために必要な技術知識の高さが特徴となる。こうした第一波のマイクロコンピュータのうちAltairほどの影響を持ったものはなかったが、重要なのはどれか個別マシンの歴史的な重要性ではなく、むしろその集合的な普及が、ある産業の認識可能な発端を構成したということなのだった。

　マイクロコンピュータの第一波時代は、資本主義と技術の交差する歴史において、常に波瀾に満ちた魅力的な瞬間を指し示している。技術的な財やサービスを利用して、指数関数的な富の蓄積を生み出そうと期待する瞬間なのだ。こうした初期のマイクロコンピュータ台頭は、IBMやDEC、Xeroxなどのコンピュータ業界重鎮を不意打ちしたが、ヒースやRCAのような家庭エレクトロニクスやアマチュア無線供給の要だった企業ですら、市場参入に数年かかったので、マイクロコンピュータ活動のボトムアップ成長が驚くほど突然だったことは十分にわかろうというものだ。マイクロコンピュータを消費者レベルのサプライチェーンを通じて売るという、一見すると単純な活動ですら様々な技能のマトリックスを必要とし、それを企業や個人ですべて揃えているところはほとんどなかった。機能するコンピュータをエンジニアリングする能力だけでなく、売掛金を資金調達し、製造を実施し、出荷と返品を管理し、マーケティング、広告、顧客サポートを行う能力も要るのだ。

　したがって、Altairがシリコンバレーではなくアルバカーキで開発されたというのは、直感に反するように思えるかもしれないが、MITSの優位性は後から見れば明らかだった。同社はぎりぎり中規模の企業だったことから、技術的なノウハウも、消費者レベルのサプライチェーンの経験も、社内的な

対応力もあったのだ。また、MITSが必死だったことも特筆に値する。電卓市場での競争が激しいため、同社は1974年には倒産寸前だった。事業そのものを失う危険に直面したMITSの共同創業者エド・ロバーツは、利潤が出るほどの低コストで完全に機能する汎用マイクロコンピュータを作れるという、計算ずくの賭けに出たのだった。Altairのイノベーションを促進したのは、恐れであって、恐れ知らずではなかったのだ。だがこの仕掛けを実現させるロバーツの能力は、地元の企業所有者という彼のそれまでの地位に依存するものだった。ロバーツがAltairの設計に没頭していたMITSは1974年9月に30万ドルの負債を抱えており、経営の継続に6万5千ドルの追加融資を得ねばならなかった——同社の負債残高の21パーセントほどに相当する金額だ[*55]。Altair 8800の成功は、技術的な傑出やサプライチェーンの経験、ホビイスト市場の制度的な知識が交差しただけではなく、地元レベルで機能する各種の交差的な財務的な特権もあった。男が他の男に、握手の確実性だけで信用を提供するやり方だ。

だがこの最適なポジショニングにあってすら、MITSはAltairに対するすさまじい需要には面喰らった。1975年末にMITSは、個人や産業顧客に2,500台以上を出荷したという事実を謳っていた——ロバーツが当初予測した800台をはるかに超える[*56]。Altairの産業利用における重要性は、ホームブリューのホビイストやカウンターカルチャーに注目する記述ではずっと無視されてきた。彼らはAltairが、ある男のテクノユートピア的な夢から、別の男のオフィスや工場における組み込みシステムになった速度を黙殺してきたのだ。Altairなどのコンピュータは当初は安いミニコンピュータとして売られたが、この用語は1975年半ばには、ホビイストと商業部門のマーケティング双方でほとんど使われなくなった[*57]。マイクロコンピュータが好まれる用語となった。こうした機械が、まったくちがう利用者クラスのための、まったくちがうレベルのコンピュータだと強調するものだ——ホビイストはもちろんだが、フルスケールのミニコンピュータ設営の費用と手間を嫌う企業や組織などだ。

ミニコンピュータの競合としてのマイクロコンピュータという位置づけは、MITSがAltair 8800b用に作ったマーケティング資料ではっきり述べられていた。8800bは、1976年に発表された拡張改善版で、最初のAltairの

設計上の問題点を潰したものだった。「最高のミニコンピュータの高度な設計、堅牢性、洗練を兼ね備えたマイクロコンピュータを想像してください。ミニコンピュータにできることすべてをこなし、しかも価格は数分の一のマイクロコンピュータを想像してください」と8800bのマーケティングパンフレットは宣言する[*58]。この改訂されたマーケティングレジームを補うものとして、Altairをただの青い金属の箱から、カスタム化できて相互互換性のあるシステムへと拡張する大量の周辺機器が登場した。8インチディスクドライブ、キーボード端末、ラインプリンタなどだ。わずか1年もたたないうちに、Altairはミニコンピュータという存在から、ミニコンピュータを打ち負かすことで市場シェアを食いつくそうと狙う、新しい種類のコンピュータの先鋒として機能するようになったのだった。

　マイクロコンピュータという用語は、こうした製品のアイデンティティ形成に不可欠だった。Altairのようなシステムは、一夜にしてミニコンピュータ市場を食い荒らしたわけではないが、こうした用語の変革はカスタム化されたチップアーキテクチャではなく、汎用マイクロプロセッサを使う小型システムコンピュータ用のハード、ソフト、周辺機器の生産を核としてまとまった新興産業が活動する場所をつくり出したのだった。本章ですでに論じたように、マイクロコンピュータの概念的な親類は存在していた。時分割処理により利用者は、コンピュータとの直接的なインタラクションを求めるようになった。電卓などの消費者家電は、自作だろうと店で買ったものだろうと、エレクトロニクスの直接所有という概念を一般化するのに貢献した。ゼロックスやワングのような企業からの「オフィスオートメーション」システムは、通常は労働者1人あたり端末1つというモデルを使い、女性オフィスワーカーが熱心にデータ入力を行っているという、マーケティング材料に登場する無数のイメージとしてあらわれた。生まれ出たマイクロコンピュータ産業を離陸させるために、起業家、マーケター、ジャーナリストたちはこうした既存の概念的枠組を拝借しつつ、マイクロコンピュータは単なる劣化版ミニコンピュータ以上のもの、仕事用アプリケーションを家庭に移植しただけの存在以上だと主張した。彼らはむしろ、こうした機会がそれまでのシステムの提供するものとはまったくちがう、新しいコンピュータ利用の領域を体現しているのだと言い張った。

コンピュータのハードウェアを売買するという発想は、コンピュータに傾倒していない消費者にとってさえ筋が通ったものだったが、ソフトウェアは消費者のレベルでマーケティングされたり価格設定されたりする先例がほとんどないも同然だった。ソフトウェアは、1960年代半ばから末には、個別の資本財としてのみ存在していた。それ以前には、コンピュータ利用者はソフトウェアを、ユーザグループから無料で手に入れるか、外部のソフトウェア契約者を通じて定額で直接手に入れるか、あるいは「利用者に対する非代償的なマーケティングサービス」[*59]としてコンピュータメーカーのハードウェア費用とのバンドルという形で手に入れた。外部のソフトプログラミング企業は、自分たちがある会社のために作ったソフトウェアを、そのまま他の会社に売り込んでみた――このやり方は、設置されるコンピュータが標準化され、互換性が高まり、広く流通するようになるまでは費用対効果が上がらなかった[*60]。こうした最初期のソフトウェア製品の価格点は、そのソフトウェアの規模によって2,400ドルから3万ドルまで様々だった[*61]。だがすべての場合において、これは商業顧客のための商用ソフトウェアだった。長い開発サイクルを持つソフトウェア、詳しいドキュメンテーションと製品サポートを必要とし、企業の日常業務に不可欠なソフトだ。

　企業ソフトウェア製品のビジネスモデルを、探究的な消費者市場に翻訳するのは、初期のソフトウェア起業家にとっては課題となった。適切な価格設定の先例もなかったし、コンピュータのホビイストコミュニティの一部に対して、自分たちの財務的な営利を正当化するのにも苦労した。コンピュータホビイストは、企業に対して販売されるソフトウェアには商業市場が存在することはわかっていた。だが、機関や教育的な文脈でコンピュータ利用の経験を持つ者たちは、自分でコードを開発するか、あるいはそれを専門家ネットワーク経由で無料で入手するのが普通だった。実際、FORTRAN、COBOL、APL、BASICといったプログラミング言語を広めて一般化させたのは、こうしたネットワークやその内部にいる人々が持つ、すべてを共有しようとする傾向なのだった――こうした言語はアメリカにおけるコンピュータ発展の中核だと歴史研究者は考えている。多くのコンピュータホビイストの見方では、こうしたソフトウェアユーティリティを共有するのは、倫理的な義務であり、それはもっと一般化した知識探究と、情報に対する専制主義的

な支配を解体するためという両方の意味を持っていた。

だから、MITSの顧客向けニュースレター「Computer Notes」が、1975年春に*Altair BASIC*の価格を掲載し始めたときのコンピュータホビイストたちの好奇心は、ただならぬものだった。これはAltair用にカスタマイズされたBASIC言語インタープリタで、このマシンが「Popular Electronics」の表紙で販促されてからわずか数ヵ月で登場したのだった[*62]。みんな、これこそまさにMITSの青い箱を、正統な汎用コンピュータに変えるために必要なソフトウェアだと知っていたし、BASICは比較的使いやすく、教育環境で広く人気を博していたので、特に望ましかった。だがその価格は？　カセットか紙テープで配信されるスタンドアローンのソフトウェア製品として、*Altair BASIC*はMITSから500ドルで販売された——Altair自体の価格を上回る。その費用は、Altairと8Kメモリボードとインターフェースボードとのセットで買うと、たった75ドルに下がったが、このバンドル手法はコンピュータホビイストの苛立ちをまったく抑えられなかった[*63]。ホビイストの観点からすると、このプログラミング言語にこれほど（あるいは一部のホビイストからみれば少しでも）課金するというのは、低価格というAltairの主張を裏切るものであり、ましてもっと広くはホビイズムの精神に反するものなのだった[*64]。

*Altair BASIC*に対し、各種の戦術的な対応が1975年夏から秋にかけて展開し、この台頭する産業において消費者グレードのソフトウェアが占める危うい立場をあらわにした。ホームブリュー精神に基づき、一部のコンピュータホビイストは独自のBASICを書いて、それをコミュニティ内で共有することにした。この最も特筆すべき例はTINY BASICという、きわめて濃縮され、いささか簡略化されたBASICで、ピープルズ・コンピュータ・カンパニーの1975年9月ニュースレターに発表された[*65]。読者はそのコードベースを流通させ、拡張し、改善するよう奨励された。TINY BASICの著者たちは、このソフトを利用者の共有する「参加型設計プロジェクト」と呼んだ[*66]。こうした活動は、協働型開発と情報へのオープンアクセスが多くのコンピュータホビイストにとって、どれほどデフォルトのエートスだったかを示している。だがこの共有精神は、協働型コード書きプロジェクトに限られたものではなかった。*Altair BASIC*そのものも、大量に無許可複製された——つまり

海賊版ソフトということだ。MITSの発見したところでは、ホビイストたちは*Altair BASIC*を自分のホビイスト利用者グループ内で複製し、自家製ソフトの場合と同じように、利用者から利用者へと複製していったのだった[67]。1976年初頭になると、Altair所有者の中で*Altair BASIC*を買ったのは推定たった10パーセントとされた[68]。

　こうした無許可複製は、ソフトウェアを追加の収入源にしようというMITS社の目論見の足を引っ張ったのはもちろんだが、金銭的な可能性の本当の喪失を実感したのは*Altair BASIC*の開発者たちだった。それはマイクロ＝ソフトと呼ばれる、吹けば飛ぶような新興企業で、その社長は22歳のポール・アレンと、当時まだ19歳のビル・ゲイツだった[69]。ゲイツとアレンは、「Popular Electronics」1975年1月号を見てからBASICインタープリタというアイデアを思いつき、MITSに電話して、エド・ロバーツとの通話をハッタリで乗り切った[70]。このアイデアを思いついたコンピュータホビイストは、彼らだけではなかった。ロバーツによれば、そういう電話はいろいろ受けたので、稼働するプログラムを持ってアルバカーキにやってきた最初の人物と契約すると述べた[71]。その後2ヵ月にわたりノンストップで開発を続けたゲイツとアレンは、しっかりプログラムされた、かなり高度なBASICの実装をロバーツの手に渡した最初の存在となった（これはゲイツがハーバード大学の学部生として入学したときに得られた、PDP-10への無制限アクセスのおかげも大きい）。

　ゲイツとアレンが最終的にMITSと交わした契約は多層構造になっていた。まず何よりも、MITSは10年にわたり、*Altair BASIC*の世界独占権とライセンスを受け取るが、ソフトウェアの所有権はマイクロ＝ソフト社が維持する。かわりにマイクロ＝ソフト社は、前払いで3,000ドル受取り、売上毎にロイヤリティを受け取ることになった。ハードとの抱き合わせ販売からのロイヤリティは、4K版か8K版か、拡張版かによって、30ドルから60ドルの金額を受け取った（抱き合わせ販売だとこれらのBASICはそれぞれ消費者にとって50ドル、75ドル、150ドルとなった）[72]。高価なスタンドアローン版のロイヤリティは、MITSとマイクロ＝ソフト社で山分けとなり、また他のコンピュータメーカーに対するサブライセンスも同様だった。ゲイツとアレンはソフトの所有権を維持していたので、MITSにかわってサブライセンス契

約を交わせたから、その場合には1本の価格のサブライセンスの半分を手に入れつつ、マイクロコンピュータ用プログラミング言語の供給元という評判を拡大できる。ゲイツとアレンは、*Altair BASIC* を自分で売る道を選ぶこともできたが、MITSに細部の事務処理を任せられることで便益を受けた。これは広告とマーケティング、製造、販売流通も含まれていた。自分たちのミッションをソフトウェアに集中させ、MITSにオーバーヘッドを任せることで、マイクロ=ソフト社は社内管理を大幅に拡大したり、サプライチェーンの面倒な部分に関わったりするのを避けることができた。

　補償をロイヤルティの変動という形で構築するにあたり、MITSとマイクロ=ソフトはソフトウェア産業の新ビジネスモデルを確立した。ロイヤリティ構造の便益は、それが個別の契約価格ではなく販売ボリュ・ー・ム・を元にしているということだった [73]。言い換えると、なぜロイヤリティのほうが望ましいのかを理解するためには規模の経済が重要となる。この決断は、マイクロコンピュータが大量に売れるはずだという予測にかかっていた。それによりソフトウェアの購入も引き起こし、それを通じてマイクロ=ソフトが生産費用を回収し、さらなる開発が支えられ、利潤をもたらすと考えられたのだ。アメリカにはメインフレームやミニコンピュータが何万台とあったが、マイクロコンピュータに考えられる市場は、アメリカの全世帯だとホビイストは期待していた——つまり何・百・万・台だ。ロイヤリティはマイクロ=ソフト社が市場そのものと並んで成長するのを可能にし、同社の成功を何か個別のマシンではなく、マイクロコンピュータ一般の普及成功に結びつけることとなる。だがこうした財務的な取り決めにおいては、*Altair BASIC* の無許可複製は、マイクロ=ソフト社にとっての売上喪失として計上される。ハイテクのスタートアップ企業はめったに共感すべきアクターにはならないとはいえ、海賊ソフトの影響は明らかな経済的結果をもたらしていた。マイクロ=ソフト社の1975年ロイヤリティ計上は、何千台ものAltairが売れていたという事実にもかかわらず、たった16,005ドルにしかならなかったのだ。

　MITS重役たちは1975年の間に、「Computer Notes」誌面で二度にわたり利用者を叱ったが、まるで効果はなかった。複製の慣行に対抗する有効な戦略を見つけようと苦労するビル・ゲイツは、ホビイストコミュニティそのものに手紙を書くというタカ派的な決断を下した。「ホビイストへの公開書簡」

と題したものを書くにあたり、ゲイツは自分なりの事態の把握と、それがマイクロコンピュータ産業に対して持つ影響について、言葉を濁さなかった。

> ホビイストに対する販売で我々が受け取ったロイヤリティの金額で、*Altair BASIC* にかけた時間は1時間あたり2ドルを下回る。
>
> これはなぜなのか？　ホビイストの大半が気づいているはずだが、きみたちのほとんどはソフトウェアを盗んでいる。ハードウェアはお金を払わねばならないが、ソフトウェアは共有されるものだ。その作業をした人々が支払いを受けようが、どうでもいいじゃないか？
>
> これは公平だろうか？　ソフトウェアを盗むことでできないことの一つは、何か問題に直面してもMITSに質問できないということだ。（中略）何をするかといえば、よいソフトウェアが書かれるのを止めてしまうことだ。無料でプロフェッショナルな仕事をだれができるだろうか？　プログラミングして、すべてのバグを見つけて、その製品を文書化してそれを無料で頒布するために3人年かけられるホビイストがいるだろうか？（中略）最も直接的には、きみのやっているのは泥棒だ。

　ゲイツの手紙はホビイストコミュニティで広く流通し、何十ものユーザグループのニュースレターや、コンピュータホビイスト雑誌に掲載および転載された[74]。メディアスタディーズ研究者ケヴィン・ドリスコルが指摘するように、「ゲイツの手紙はホビイストたちのまどろみを震感させた」。ソフトウェア開発を「難問を解決し、新しいハードウェアを実証し、お互いに競争するという社会的、技術的な歓び」だけで進めるのがどこまで持続可能かを考えるように求めていたからだ[75]。ゲイツの手紙に対する公開の反応の大半は、泥棒だという糾弾に反発し、マイクロ＝ソフト自身のMITSとの経済的な取引の有効性や、ホビイストのソフトウェア産業内部における、より大きな力学（そもそも商業化自体が可能かどうかを含め）をめぐって問題を設定し直そうとしたか、あるいはそもそも金銭報酬という問題を完全に無視した。ドリスコルによると「文書記録によれば一部のホビイストは、マイクロコンピュータソフトウェアの商業化に対するイデオロギー的な反対を維持したが、他の人々はどちらとも決めかねていた。（中略）このどっちつかずの人々にとって、ゲイツの手紙はソフトウェア交換に新しい道徳的な計算を

付与するものとなった」[76]。多くのハードコアホビイストたちが、ゲイツの議論にはよくても賛同せず、最悪の場合にはどっちつかずだったとしても、マイクロ＝ソフトの利潤追求の意欲は、そのはけ口を消費者レベルの*Altair BASIC*単体販売ではなく、サブライセンスへの同社の拡大、他のプログラミング言語や他のマイクロコンピュータへの展開に見出した。MITSのハードウェアの競合だったマシンは、マイクロ＝ソフトのようなソフトウェア会社にとっては、顧客候補にすぎなかった。

　マイクロ＝ソフトがAltairでやったことは、ソフトウェア生産労働から利益を引き出そうとする活動の一つのモデルにすぎなかった。一部の歴史は、ホビイストの共有エートスを強調してきたが、マイクロコンピュータはまた明らかに既存の資本主義的利益の中心からも生じてきた。これらは何百万ドル規模のホビイスト向けエレクトロニクス産業、ビジネス部門における30年近い契約プログラミングの歴史、多くの時分割処理アクセスに伴う既存のサービス料金などを含む。一部のハードコアホビイストはお気に召さないかもしれないが、資本家たちはやってこようとしていたのではない——彼らは元からそこにいたのだ。

第2章

—

Apple IIを育てる

　当人の記述を信じるなら、スティーブ・ウォズニアックは1975年3月5日の雨降る夜に、メンロパークの見知らぬ人のガレージに立っていた中で、最も気乗りのしない人物だったかもしれない。ウォズニアックは旧友にしてヒューレット・パッカード社の同僚エンジニアであるアレン・バウムに奨められて、しぶしぶついてきたのだった。二人が思っていたのは、いっしょに集まった30人かそこらの男たちは、時分割処理などに使う用に自作テレビ端末を作るときの細かい話を議論するのだろうということだった。だが来てみると、みんなが話したがるのはマイクロプロセッサのことばかりだった。

　ウォズニアックがその晩やって来たのは、奇遇ながら後にホームブリュー・コンピュータクラブの初回会合となるものだった。いまや西海岸の台頭するマイクロコンピュータ活動を急発進させたものとして、パーソナルコンピュータ史において記念碑的と思われているイベントだ[*1]。だがその晩、ウォズニアックはまったく場違いに感じた。「まったく馴染めなかった——なんか、いやいやいや、自分はこの世界の人間じゃないから、みたいな。（中略）ここは自分の居場所じゃない」[*2]。この会合を主催したのは地元のコンピュータホビイスト二人で、バレーとバークレー周辺の掲示板にインデック

スカードを掲示し、「情報交換、アイデア交換、工作談義、プロジェクトの作業手伝い、その他なんでも」したい人をだれでも歓迎した[*3]。その晩の目玉アトラクションはAltair 8800で、別の地元コンピュータグループがMITSから貸してもらったものだった。ウォズニアックの回想では「連中は、ぼくが聞いたこともない単語や用語をふりまわしていた。インテル8080だの、インテル8008だの、4004だのといったマイクロプロセッサの話をしているんだ。ぼくはそれがいったい何なのかも知らなかった」[*4]。いまにして思えば不思議に思える。ウォズニアックは最先端小型電卓の設計に雇用されていた。そこはアメリカのエレクトロニクスイノベーションの中心だというのに、彼はマイクロプロセッサの新世界に馴染みがなかったのだ——ウォズニアックが自分の仕事に没頭するのがいかに上手かったか、さらにマイクロプロセッサの消費者エレクトロニクスへの初期浸透がいかに不確実だったかを示すものだ。

　だが仲間の間で最も技術能力が高いのを誇りにしていたウォズニアックは、自分よりも知識豊富な人々がこれほどたくさんいることで一瞬疎外された気分になったとしても、マイクロプロセッサ技術をとりまく基礎原理については、そのガレージにいるだれにも負けないほど、いやそれ以上に馴染みがあった[*5]。その瞬間における彼の人生は、場所が持つ特権性の事例研究となる——それはシリコンバレーのような地域が花開くのを可能にした、経済、精度、世代間の力を示しているのだ。

　1950年生まれのスティーブ・ウォズニアックは、最年少期を南カリフォルニアで過ごした。そこでは彼の父親ジェリーが、各種のエンジニアリング職を転々としていた。スティーブの最初期の想い出の一つは、父親がオシロスコープを使うのを見ているところだ。オシロスコープというのは、電気信号を表示して分析するのに使うエレクトロニクス装置である。1958年に、ロッキード社の新生ミサイル宇宙部門での仕事により、ウォズニアック一家は北のサニーベール、サンフランシス半島の屈曲部に引っ越した。何千人もの男性が戦後の郊外の夢を掴もうと転居してきて、やがてサニーベールという「サンフランシスコ・ベイエリアのブームタウン」は宇宙開発競争を動かし続けるために雇われたエンジニアだらけとなった[*6]。ジェリー・ウォズニアックは、その5年ほどで地域に引っ越してくる2万人の一人にすぎなかっ

た。彼らはサンタクララバレーの広いエレクトロニクス産業の中に、よい企業がたくさんあるのを見つけることになる。そこにはバリアン社、IBMの西海岸部門、フェアチャイルド・セミコンダクター社、ヒューレット・パッカードなどの急成長企業もたくさんあった——そのどれも政府契約をむさぼり、民間市場を通じて多様化し、スタンフォード大学での共同研究に育てられていた。ジャーナリストのマイケル・モリッツが述べるように「1960年代半ばには、エレクトロニクスは花粉症のようなものだった。空中にただよい、花粉アレルギーの人がそれにかかった」[*7]。

　言い換えると、アメリカで1960年代のサニーベールほど子どもが異様に早く、日常的にエレクトロニクスホビー主義に曝されるのに適した場所はなかった。ウォズニアックはまず父親の作業台で学んだ。父親は息子に「古典的な電子工学の訓練」を早くも4年生のときから始めていた[*8]。ウォズニアックの当時の記憶は自伝『アップルを創った怪物』に記録されているが、引っ込み思案の少年が、身のまわりの世界の仕組みを理解しようという癒しがたい渇望を抱いているという様子を描き出す——父親はその欲望に応えて、息子に「工学は世界で到達できる最高の重要性を持っている」と教えた[*9]。

　エンジニアだらけの中産階級の郊外住宅地ということは、電子部品、手助けしてくれる教育環境、さらに道を下ればアマチュア無線家がいてウォズニアックにやり方を教えてくれるということだった[*10]。1964年にウォズニアックは、クパティーノのホームステッド高校に入った。これは「中産階級の上の学校で、ほとんど白人とアジア人だけ（中略）一種の聡明すぎる社会不適応者にとっての保護区めいた場所」とされる（ここで立ち止まって、子ども時代の「聡明さ」のどんな様式なら、不適応であっても許されたのか考えてみてもいいだろう）[*11]。ここでウォズニアックはジョン・マッコラムの薫陶を受けた。元海軍エンジニアで、常任の電子工学教師であり、地元エレクトロニクス企業からの寄付をもとに寄せ集めで作った、素晴らしい設備の教室を維持していたのだ[*12]。マッコラムはウォズニアックとボームに、水曜の午後はエレクトロニクス企業GTEシルバニアで過ごす特別許可さえ与え、そこで二人はエンジニアたちを質問攻めにして、同社のIBM 1130メインフレーム上でFORTRANでのプログラムの書き方を学んだ[*13]。週末には、ちょっと車で走ればスタンフォードリニア加速器センター（SLAC）図書館が

ベッドルームでアマチュア無線機を使うスティーブ・ウォズニアック、11歳頃（およそ1961年）。ウォズニアックによれば、これは「コンピュータの設計を勉強したのと同じ机」とのこと。画像提供：スティーブ・ウォズニアック。

あった。彼らがコンピュータ雑誌を読みふけり、本棚の間をさまよっても、この物静かな、白人男性の高校生たちを問いただす者などまったくいなかった（何年も後に、SLAC講堂の一つはホームブリュー・コンピュータクラブの定期会合会場となる）[*14]。

したがって、ウォズニアックの父親で始まった電子工作への接触は、その環境の社会的な絆により広がった。（通常は男性の）教師、ご近所、家族の友人が彼らの個人的ネットワークを活用し、彼の役に立つように使ってくれたからだ[*15]。この社会的エコシステムは、ウォズニアック独特の才能を保護し増幅して、工学に不可欠な、熱心な辛抱強さと極度の集中力を行使するために必要な、場所、時間、他の責任に対するアカウンタビリティ欠如を提供したのだった。この環境の中、支援を受けて安全に動き回れたことで、好きな方向に向かうというウォズニアックの潜在力は劇的な影響を受けた——この事実を最もはっきり物語っているのは、スタンフォード大学の図書館に「しのびこむ」話や全国的なエレクトロニクス企業を邪魔されずにうろつく能力、ロッカーに偽の爆弾をしかけておきながら、少年鑑別所で一夜過ごす

だけですませてもらえた、といった、その自伝に点在する何でも簡単に不問にしてもらえたエピソードだ。ウォズニアックがこの環境で花開いたのは、幸運でも偶然でもない（というのも幸運は確率の均等な分布を必要とするからだ）。ジェンダー化された、階級、人種、産業的な優位性の積み重ねであり、それがやがてはその指数関数的な利得につながったのだ。

　高校の終わり頃には、ウォズニアックの蓄積した技術ノウハウはすさまじいものになっていた。彼は人気あるミニコンピュータシステムのチップレイアウトの設計修正に没頭することで有名で、それを頭の中で構築してノートパッドに手書きするのだった[16]。ウォズニアックは1968年にホームステッド高校を卒業したが、これは半島をちょっと上がったサンフランシスコ湾の向かいのバークレーで、カウンターカルチャーが全面開花していた時期だ。だがこの我流エンジニアは、そんなカウンターカルチャーに目もくれなかった。ウォズニアックは、自分が最も馴染みのあった体験に夢を投影した。彼の最大の夢は、自分独自のミニコンピュータを設計できるだけのチップを所有することだったのだ。数年後、ボームの口利きでヒューレット・パッカード社に就職が決まると、ウォズニアックは夢の仕事を手に入れたと考えた。「私のようなエンジニアにとって、世界でこれ以上の職場はなかった」[17]

　ウォズニアックのホビイスト的エネルギーは果てしなかった。1968年に大学に入ってから1975年にホームブリューに登場するまで、ウォズニアックはホビイスト製作物の立派な経歴書を作り上げていた。テレビ信号を妨害する携帯デバイス、半ば動く自作コンピュータ、電話線をハイジャックする小さな箱（実践者たちは電話フリーキングと呼んでいた）、自家製テレビテニス——その他無数のイノベーションがあった[18]。こうした発明のそれぞれはウォズニアックが先に進む中で構築した技術能力を発揮したものであり、各種のエレクトロニクス技術への馴染みを深めることになった。特にテレビジュアル出力と回路基板レイアウトの経済性（最大の性能を達成するために最小限の集積回路ですませる能力）には詳しくなった。こうした技法は、ホームブリューの何年も前に身につけたものであり、それをApple 1とApple IIで実装するための経験的な知識をウォズニアックに与えたので、こうしたマイクロコンピュータは独特の技術的な強みを持つことになった。

　ウォズニアックはしばしば一匹狼だとされるが、こうしたプロジェクトで

は、エンジニアリングへの関心を共有する友人たちといっしょに作業をすることが多かった。ウォズニアックが最初のコンピュータを1971年に作ったのは、近所のホームステッド高校2年生ビル・フェルナンデスと共同でのことだった。これはウォズニアックが大学浪人中だった頃だ。二人はこの20チップのマシンを「クリームソーダ・コンピュータ」と名付けた。それを作る燃料となった飲料に敬意を表してのことだ[19]。クリームソーダ・コンピュータを設計しているとき、フェルナンデスはウォズニアックを、別のホームステッド高校生に紹介した。ウォズニアックより5歳年下のスティーブ・ジョブズだ。ジョブズは、強烈な人格の持ち主でそれほど人気者ではなかったが、辛抱強く何でも許してくれるウォズニアックとすぐに友人となった。1970年代初頭にはどちらも人生の転換期を迎えたが、それでも友情は続いた。その秋にウォズニアックはカリフォルニア大学バークレー校に入学したが、一年で退学し、半導体部品メーカーの組立ラインに勤務して、やがてヒューレット・パッカード社の職を得た。ジョブズはポートランドのリード大学をうろつき、近くのコミューンに入り浸り、アーケードゲームのメーカーであるアタリ社で少し働いて、禅瞑想と浄化ダイエットを探究し、やがてインドに旅行し、1974年の大半をスピリチュアルな啓発を求めて過ごした。

　だが二人の道が交差するたびに、ウォズニアックとジョブズはいっしょにプロジェクトに取り組んだ——ウォズニアックが主任エンジニアとなり、ジョブズは通常は部品調達や営業で頑張るのだ。最初の共同作業は1971年に出会ったときに始まった。悪名高い「ブルーボックス」の作業だった。ブルーボックスは、電話フリーキング——甲高いトーン信号を使って電話ネットワーク内部の送信を操作し、通常はシステムを探究したり長距離電話をタダがけしたりするのだ。何回か試してから、二人はやがて9ボルトの電池で動くデジタルブルーボックスを作り上げた。すべてウォズニアックの設計に基づくものだ[20]。こうしたボックスは友人に自慢するには絶好のものだったし、無数のイタズラの踏み台にもなった。ウォズニアックはヴァチカンに電話をかけて、アメリカ国務長官ヘンリー・キッシンジャーのふりをした（が、法皇と電話で話すのには成功しなかった）[21]。だがウォズニアックは楽しみと遊びを見出したのに対し、ジョブズは儲けの種を見出した。ジョブズはケー

スとキーパッドの部品を調達し、価格設定戦略を考案して、ウォズニアック
と大学寮の部屋を戸別訪問して、バークレーの男子寮でこの装置を販売した
（150ドル、あるいは2020年の価値に換算すると950ドルもするこのブルー
ボックスは、バークレーの最も裕福な男子たちのオモチャだった）[22]。

　ジョブズとウォズニアックは数年後の1975年初頭、ホームブリューの第
1回会合直前に、再びちょっとした事業に取り組むことになる。ジョブズは
7ヵ月のインド旅行を終え、オレゴンのコミューン近くでプライマルスク
リーム療法に手を染めてから、サニーベールのアタリ本社に戻っていた[23]。
ジョブズは明らかに、他のエンジニアたちといっしょに仕事ができる人物で
はなく、「絶えず他の連中の多くに、お前らはバカなクソだと」告げたがる
クセがあった[24]。ある日、ジョブズは社内コンテストに応募した。単一プレー
ヤー式のボールを跳ね返すゲームを設計するというもので、二人式の*Pong*
を少し変えたようなものだ。そしてそのコンテストでは、使うチップが少な
いほどボーナスが得られる[25]。ジョブズがこの挑戦に応えるだけの技術力
を持っているとはだれも思わなかったが、神話によれば、アタリのエンジニ
アリング上層部は、実際の作業をしているのはウォズニアックだと知ってい
た（ウォズニアックはジョブズが働いている間、しょっちゅうアタリ社を訪
れており、*Gran Trak*のマシンにやたらにしがみついているので有名だった）
[26]。ジョブズは、聞き分けのよいウォズニアックに対し、回路配置をたっ
た4日で設計できたら700ドルの売上を山分けすると約束した——ほとんど
の新規設計は、当時は開発に3ヵ月から5ヵ月かかったのだ[27]。ウォズニアッ
クの設計は古典的なウォズニアックだった。緊密に構築され、エレガントに
エンジニアリングされ、ゲームが通常は100個以上のチップを必要としてい
たときに、たった40数個のチップしか使わなかった[28]。同時にそれはあ
まりに複雑で、安く製造するのは不可能だった。やがてこのプロジェクト全
体を設計し直すしかなく、1年以上後に*Breakout*（訳注：日本での通称は「ブ
ロック崩し」）としてリリースされた[29]。

　こうしたアップル以前の共同作業はどちらも、ジョブズとウォズニアック
の未来の起業家的な力学として生み出されつつあった形を実証している。ブ
ルーボックスの一件は、ジョブズがウォズニアックの技術能力を活用して、
共通の金儲けへと振り向け、ウォズニアックが単におもしろいからというだ

けでそれに従うというパターンを確立した。金銭面では、ウォズニアックは公平な人物だった。ジョブズはウォズニアックより先にブルーボックスの提携から手を引いたが、その後もウォズニアックは売上をきちんと半分ずつ山分けし続けた[*30]。だがこのアタリのエピソードのちょっとした細部を見ると、ジョブズは根本的にお手盛り指向だったことがわかる。この壮絶な4日の締め切りというのはジョブズがでっちあげた話で、アタリ社の条件ではなかったのだという（あまりに厳しい締め切りだったので、二人とも伝染性単核症にかかったという）；ジョブズはなるべく早くお金を手に入れて、オレゴンのコミューンに戻りたかっただけだったのだ[*31]。

　だが約束の、売上山分けという話もまたアップルの怪しい伝説の一部となった。このプロジェクトの基本賞金は700ドルだったが、ほとんどの話によれば、ノーラン・ブッシュネルがチップ1個節約するごとにボーナスを出していたという話をジョブズは決してウォズニアックに明かさなかったのだという。このボーナスは5,000ドルになったと言われる（今日の金額ならおよそ2万4千ドル）[*32]。伝記作者ウォルター・アイザックソンにこの点について直接聞かれると、ジョブズはこの話が35年前に表面化して以来ずっとやってきたことを繰り返した。否定したのだ。「そんな糾弾がどっから出てきたのかわからないね。手にしたお金の半分は彼に渡したよ。ウォズに対しては常にそうしてきた。だって、ウォズは1978年に仕事を辞めたんだからな。1978年以降は一切仕事をしていない。それなのに、ぼくとまったく同じ数のアップル社株式を受け取ってるんだ」[*33]

　こんな虚栄心たっぷりの簿記は、何歳になってもジョブズならではのものだった。1955年生まれのスティーブン・ジョブズは、ポールとクララ・ジョブズの養子だった。二人はサンフランシスコ半島に住み着いた、労働者階級のベビーブーマー夫婦だった。ポールは機械に強く、自由時間には古い自動車を修理しつつ、機械工としての仕事や、銀行業界の裏方作業を転々としていた——不良債権の取り立てや、自動車の差し押さえのために鍵の解錠を行っていたのだ[*34]。ポールはしばしば、中古の自動車部品の値引き交渉に息子を連れていった。多くの年代記作者は、これがスティーブの強引な契約取り付け傾向に対する初期の影響だろうと指摘している。だが両親ともに、子どものために犠牲を払うという価値を信じていた。スティーブの母親は、

子どもが水泳教室に通う費用を捻出するために子守りシフトを受け持った。マウンテンビューからロス・アルトスに引っ越して、もっといい学区に子どもを入れた。そして子どもが、彼らの懐具合をはるかに超えるリベラルアーツ系の大学であるリード大学にどうしても入りたいと言ったときにも、それを支えた。

ウォズニアックは仲間たちと比べて物静かで孤立しているという形でちがっていたが、スティーブ・ジョブズは自分が自由な精神と指向の持ち主だと固執してそれをひけらかすので有名だった[*35]。ジョブズもまた、通常はおおむね一匹狼的な扱いではあったが、1970年代における彼の偶像破壊的な行動の多くは、個人主義の感覚を裏付ける形で己を誇示するというものだった。入浴を拒否し、ますます禁欲的な食事を次々に探究し、意図的に敵対的な会話で他人の機嫌を損ねてみせる。個人的な啓発の技法を採用した——ハレ・クリシュナ教徒と経典を唱え、LSDを飲み、出勤前に禅を実践するなど——が、カウンターカルチャー・エートスの独特な体現は政治的な意味での権威に対する抵抗を核とするものではなかった。むしろジョブズは、きわめて個人化された文化的反逆を実践していた。他人の条件で定義されるのを拒絶したのだ。

ジョブズを救ったのは、彼が人々から引き出せる、頑固な好奇心と不動の信念のようなものだった。それは、彼の下で働く人々からも、彼の頼みを聞いてやる立場にいる人々のどちらにも生じた。ジョブズは、あらゆる証言から見て、すさまじいエネルギーと強度を持つ人物であり、その気難しさの中にギリギリ十分なだけの寛容さと気配りの瞬間が点在しているのだった。直接話をすると、彼は全面的に関心を相手に向けるというカリスマ的な能力を発揮し、あるアップル従業員アンディ・ハーツフェルドが「現実歪曲フィールド」と呼んだものを行使した。「彼がその場にいると、現実は改変可能になる。彼はどんな相手にでも、ほぼどんなことでも納得させてしまう」[*36]。ウォズニアックなど、自分たちの作ったものが次世代で栄えるのを見たいと考えるエンジニアたちに社会的に取り巻かれていたのに加え、ジョブズは単に自分の身勝手を許してくれるだけでなく、後押ししてくれる人々をいくらでも擁していた。彼の性格の中で、他人の気持ちを逆なでする側面は見過ごされた。特に、他の起業家的な人々はそれを容認してくれた。彼らはジョブ

ズに、コンピュータ革命という自分自身の夢を実現する手助けをしてくれそうな人物を見て取ったのだ——ジョブズが約束を反故にして、他人にその尻拭いをするよう無理強いさせ続けても[37]。だがそのどれも、ウォズニアックの巧妙な機械という裏付けがなくては、大した成果は上げなかっただろう。

＊　＊　＊

　各種のマイクロプロセッサ談義に疎外された気分になったとはいえ、ウォズニアックはその会合に最後まで残った。その終わり近くに、出席者の一人がインテル8008マイクロプロセッサ・クローンの回路図を配った。電子工学については常に好奇心いっぱいだったウォズニアックは、その文書を持ち帰って、その晩遅くに検討した。ウォズニアックによると、彼がマイクロプロセッサの何たるかを理解し始めたのはそのときだったという。

> こうした命令が何を意味しているかズバリわかった。（中略）紙の上で設計したミニコンピュータはすべて、ほとんどこれと同じだというのに気がついた。ただしいまや、すべてのCPU部品が複数のチップではなく1つのチップに載っていて、マイクロプロセッサになっていたのだ。（中略）そして、Altairは（中略）まさにぼくが5年前に設計したクリームソーダ・コンピュータと同じだというのに気がついた。[38]

　この瞬間に、ウォズニアックの折衷的で広範なエレクトロニクス教育が一つにまとまった。紙の上でミニコンピュータを研究し、設計し直していた年月のおかげで、マイクロプロセッサがボンネットの下で（あるいはシリコンの中でと言うべきか）何をしているかについて、彼はきわめて明確な理解を得た。彼の文化的な瞬間にいた他の人々と同様に、彼はマイクロプロセッサの技術的および経済的アフォーダンスをすぐに把握して自分のティーン時代の願望——自分の所有するコンピュータ——が可能だと気がついたのだ。ウォズニアックによると「まさにその夜、ぼくは紙の上で、後にApple 1として知られるようになるもののスケッチを始めたのだった」[39]。
　だがマイクロプロセッサから始めてそれを展開する形で設計する代わりに、ウォズニアックのやり方はマイクロプロセッサを、すでに作ったデバイ

スの内側に実装することだった。そのデバイスとはテレビ端末だ。そもそも彼がその晩に顔を出したのも、テレビ端末のためだったのだ[40]。1970年代半ばのシリコンバレーを構築する、エンジニアリング中心の社会的な環境では、テレビ端末はホビイストの人気装備の一つであり、前章に登場した商用テレタイプマシンの技術的な兄弟である（図版6参照）。キーボードとCRTモニタを組み合わせたテレビ端末は、利用者を電話回線経由で、時分割処理サービスなどのネットワークにつなぐためのギリギリのデジタル回路を含んでいた。言い換えると、それは入出力周辺機器であり、データの送受信用の中央ステーションを提供したが、自前の計算力はあまり持っていないのだ[41]。だが高価なテレタイプとちがって、テレビ端末はかなり安くホビイストのワークベンチで作り上げられる。ウォズニアックはシアーズの白黒テレビと60ドルのタイプライターキーボードで自分の端末を作り上げた[42]。

　だが時分割処理は、周辺機器とネットワークを通じて周辺機器にアクセスする話だったが、マイクロプロセッサはコンピュータがテレビ端末にくるのを可能にした。このためウォズニアックの設計プロトタイプは、キーボードの入力と画面出力を、周辺機器ではなくコンピュータの本質的なコンポーネントとして扱った。言い換えると、ウォズニアックはAltairを革新する手段として、キーボードやモニタを使うように設計したのではない。むしろ彼の考えは、マイクロプロセッサを使ってコンピュータをテレビ端末に引き寄せるというものだった[43]。やがてウォズニアックが生み出した製品Apple 1は、Altairよりも貧相に見える——むき出しの回路基板でシャーシもスイッチも明かりもない——が、そのテレビやキーボード用の組み込みコネクタは、それまでのホビイストには得られなかったユーザビリティをアフォードしたのだった。ウォズニアックによる技術的な追加は、コンピュータがどう使われるか、そして不可避なこととして、そのそもそもの対象者をめぐる変化を表現していたのだった。

　ビデオ端末という古い技術をマイクロプロセッサに基づく回路基板と組み合わせることを思いついたのはウォズニアックだけではなかった。ホームブリューの古参リー・フェルゼンスタインは、ウォズニアックとほぼ同時期にテレビ端末に基づくマイクロコンピュータSOL-20を開発していたし、ビデオ出力はホームブリュー系の講演やニュースレターでしばしば取り上げられ

ていた。ここで重要なのは、Apple 1がオンボードのビデオ出力を謳うコンピュータとして売り出された最初の製品だったということではなく（とは言え、これ自体はまちがいなく事実だが）、その時点におけるビデオ出力の中心性は、コンピュータ史のあらゆる単純で線形の記述を生産的に複雑化するものだということなのである。Altairは、系譜的な因果関係によりApple 1を「啓発」したのではない。むしろウォズニアックの創造物は、コンピュータ史に戻り重なり、それを迂回して背後にまわるものであり、それはパーソナルコンピュータが「進歩」の前進ではなく、むしろ計算処理、ネットワーク、テレビのメディア史のごたまぜなのだと示唆するものなのである。

　ウォズニアックが自家製マイクロコンピュータ設計を開始したのは1975年3月だが、設計が完成したのは同年9月、新しい低価格マイクロプロセッサMOS 6502をやっと調達できてからだった[44]。ホームブリュー・コンピュータクラブは、ガレージに集まる数十人の男から、隔週でスタンフォードの講堂で3時間にわたり開催される100人以上の集会になっていたが、ウォズニアックの継続的な製作における重要な文脈となっていた。ホームブリューの集会に参加することで、ウォズニアックはもはやマイクロプロセッサといった話題に遅れをとるようなことはなくなった。こうした会合が惹きつける、活発な集合的エネルギーのため、マイクロコンピュータのイノベーションを発表したり、むずかしい問題に取り組んだりしている人々はまっ先にここにやってきた。またホビイストたちが、小さなトランプ用のテーブルを講堂の外の廊下に並べて、自分たちの作品を展示するのも慣例となった——つまりホームブリュー・コンピュータクラブは、開発の途中段階についてフィードバックや応援を集めるための場となったということだ。自分のマイクロコンピュータをホームブリューに持ち込んだとき、ウォズニアックには商業的な魂胆は何もなかった。それどころか、いったん動くプロトタイプができたら、それに刺激されて他人も独自のマシンを作ってほしいという博愛的な希望から、回路図を自由に流通させたのだった[45]。

　彼がホームブリュー・コンピュータクラブでデモしたものは、賢い設計のハードウェアだった。テレビジュアル表示とキーボード入力の長所に加え、彼の自家製マイクロコンピュータはランダム・アクセス・メモリまたはRAMが最大8K、読み出し専用メモリ（ROM）マイクロチップに永久に保

存されたソフトウェアプログラムがあり、コンピュータが起動と同時にキーボード入力を受け付けられるようにしていた[*46]。そしてこうしたすべてが、1枚の回路基板に含まれていた[*47]。だが規模の巧妙さと組み込み済のモニタやキーボードとの融合にもかかわらず、ホームブリューでの評判は生ぬるかった[*48]。各種マイクロプロセッサ間に相互運用性がないため、ほとんどのホームブリューのホビイストたちは、すでに馴染みのあるマイクロプロセッサ、たとえばAltairを動かすインテル8080などを核としたコンピュータのほうに興味があった。言い換えると、6502ベースのマシンはホームブリュープロジェクトの中ではきわめて少数派なのだった[*49]。

　ウォズニアックのコンピュータを商業化しようという原動力は、意外でも何でもないが、友人スティーブ・ジョブズからやってきた。ジョブズはホームブリューを支配する技術的な些事にはまるで興味がなかったが、何度か出席してウォズニアックが自分のマイクロコンピュータをひけらかす手伝いをした。その中で、彼はウォズニアックの開発プロセスを慎重に見守った。1976年初頭、ジョブズはウォズニアックをせっついて、別の非公式ビジネスベンチャーを始めさせた——今回はウォズニアックの回路基板設計を小規模に量産し、地元ホビイストや小売店に販売するというものだ[*50]。完成品を作るのではなく、回路基板だけを50ドルで販売し、ホビイストたち自身が必要なチップを買い、自分で組み立てて、自分でコンピュータを完成させるに任せるのだ。慎ましい計画ではあったが、仕方なかった——二人ともそれ以上に大規模なものを実現する資力がなかった。

　二人はすばやく動き、1976年最初の数ヵ月で、事業の大枠をまとめた。量産可能な回路基板設計のレイアウトをして量産してもらうための1,300ドルの開業資本を得るため、二人は自分たちの最も価値ある所有物を売り払った。ジョブズはフォルクスワーゲンのバスを売り、ウォズニアックはHP-65電卓を売った[*51]。その後間もなく、二人はアップルコンピュータ社という名前に落ち着いた。これはジョブズがオレゴンのコミューンで働いていた数ヵ月ずっと育て収穫していた果物へのオマージュだ。どちらもそれが素晴らしい名前だとは思わなかったが、それよりマシな選択肢がなかったので「アップル」が続いた[*52]。そしてどこかの時点でウォズニアックは自分のマイクロコンピュータをヒューレット・パッカード社に持ち込み、勤務時間中

にしばしば取り組んでいたその設計について、同社に優先拒否権を提示した。消費者向けのマイクロコンピュータ市場に即座の魅力を感じなかったヒューレット・パッカード社は、それを拒否した[53]。ジョブズは「The San Jose Mercury」に義務的な開業発表を掲載し、1976年4月1日に二人はパートナーシップ契約に調印して、アップルコンピュータ社を発足させた[54]。最初の回路基板は、左側中央の端に「Apple Computer 1」という表記をつけて量産された。

＊　＊　＊

アップルコンピュータ社は、何人かの地元起業家や投資家による財務的な介入がなければ、小さなDIYマイクロコンピュータ事業にとどまった可能性がきわめて高い。そうした起業家や投資家は、ウォズニアックのコンピュータのできの良さと、今後もっとビッグなものがやってくるというジョブズの無鉄砲さを見て取った。だがウォズニアックの技術力やジョブズの個性を越えて、1976年はまた、技術業界に近い人々が、未来の方向性について投機をしようとしていた時期だった。アタリ社のノーラン・ブシュネルは、すでに新しい消費者エレクトロニクス産業がほとんど一夜にして開花することを実証していた。同時に、半導体産業への政府支出は戦後の高みから後退しつつあった。資本は他の投資先を必要としており、1970年代の傾いた景気のため、市場はもっと不安定な世代の消費者たちにアピールできる、別のクラスの製品を熱心に見つけようとしていた。通称知識経済が、新しい脱工業化の波と手をたずさえて進む中、一部の投資家はコンピュータ利用が情報時代の新しい消費活動になるような未来をつかみ取ろうとしていた。

アップル社の最初の財務的なチャンスは、ホームブリュー・コンピュータクラブのコネを通じてやってきた。地元の起業家で、エル・カミノ・レアルに新しくできたホビイストコンピュータ小売店バイトショップを所有するポール・テレルだ。テレルはホームブリューの集会でApple 1を見て、自分の店の品揃えをそれで拡大したいと思っていた[55]。だがテレルは、ホビイストが自分で完成させねばならない、回路基板だけを小売りしたいとは思わなかった。地元唯一のマイクロコンピュータ小売店の一つとして、テレルはマイク

ロコンピュータの商業市場は、ホームブリューの狭い世界を超えるものだという印象を持っていた。バイトショップにやってくる顧客が求めていたのは、組立労働なしの計算力だった——コンピュータがだれのためのものかというシフトの一部であり、技術精神豊かなホビイストから離れて「利用者」へというう動きなのだ。そこでテレルはジョブズに、壮大な提案をした。Apple 1の完成品50台を納品したら、その場で1台500ドル支払うというのだ。マイケル・モリッツの見立てでは「テレルの注文は事業の規模と範囲を一変させた。事業規模は10倍に拡大し、回路基板100枚の費用2,500ドルをどうしようか思案していたジョブズとウォズニアックは、100台の完全組立済のマシン100台の費用として25,000ドルを用意しなくてはならなくなった」[*56]。

　だがテレルが受け取ったのは「完全組立済のマシン」などではなかった。ジョブズはこのオペレーションすべてを綱渡り状態で動かしていた。地元銀行から融資を受けられなかったので、ジョブズはパロアルトのエレクトロニクス業者から1ヵ月の信用供与を受けて、その業者に対して利息が発生するまでに、たった30日でテレルの注文に対応しなくてはならなくなった。二人は組立ラインを、ジョブズの両親の家にある空き寝室に設け、ジョブズは妊娠中の妹パティに1台1ドル払って、昼メロドラマをテレビで見ながら空の回路基板にチップの差し込みをやらせたのだった（図版7参照）。ジョブズがテレルに押しつけたのは、単に組み立てた回路基板だけで、テレビもキーボードもケースも、オンボードのプログラム言語もまったくなかった。だが取引の約束を果たさなかったのに、ジョブズはテレルが約束したお金を手にしたのだった。

　テレルが購入してくれたので、エレクトロニクス業者への借金は返せたし、部品も、追加で基板50台を組み立てられるほど残っていた。ウォズニアックとジョブズはその夏に、それらのApple 1を組み立てた——ただしジョブズの両親は、アップル社の操業をガレージに移せと言い張った。二人はそのマシンを、定価666.66ドルで小売りした。値段は単に字面がおもしろいと思って決めただけだった（どちらも666というのが悪魔と関係した数字だというのには気がついていなかったが、1976年6月に『オーメン』が封切られたことでそれが有名になった）。ジョブズはアップル社の事業をもっと立派に見せるために、私書箱と電話応答サービスを契約し、それから自社

製品のマーケティングに乗り出した[*57]。ウォズニアックのほうはと言えば、Apple 1に細かい改良を加えており、カセットインターフェース・アダプタ（カセットによるデータ保存を可能にする）と、6502マイクロプロセッサ用にカスタマイズされたBASICのバージョンなどを追加した[*58]。

　だがこうした努力にもかかわらず、Apple 1は1976年の間はそれ以上あまり売れなかった。1975年に発表されたAltairのクローンIMSAI 8080の人気が高まって、ホビイストのマイクロコンピュータ世界はますますインテル8080マイクロプロセッサと、8080ベースのマシンでいちはやくデータ転送標準になったS-100シリアルバスを中心として集約されつつあった。Apple 1を買ったホビイストたちは、効率的で使いやすいマイクロコンピュータを手に入れたが、残念ながらサードパーティーのソフトや周辺機器はなかった。ほとんどの見立てでは、Appleは「小さすぎ、脆すぎ、エキセントリックすぎてまともに扱われなかった。（中略）風変わりな地元の商品でしかなかった」[*59]。

　事業の経済的な成否は、ウォズニアックにとってはまるで問題にならなかった。彼はいまだにヒューレット・パッカード社でフルタイムの仕事を持っていたのだ。だから1976年夏にジョブズが売上のために頑張っていた横で、ウォズニアックは内なるエンジニアを全開にして、Apple 1の改良版をどんなものにしたいかを検討していた。ウォズニアックにとっては、新しいAppleはこれまでのホビイストプロジェクトの延長ではなく、コンピュータを白紙状態から設計する機会なのだった[*60]。1976年8月には、ウォズニアックはApple 1からいくつか大きな進歩をとげた、稼働するプロトタイプを作り上げていた。カラーディスプレイやホビイストが独自のアドオンを作れる拡張スロットのスペースなどだ[*61]。

　だが目先の進む道ははっきりしなかった。ウォズニアックとジョブズがApple 1を、その8月にアトランティック・シティで開催されたパーソナル・コンピューティング'76年消費者見本市に出したときには、多くの人はその性能に感心はしたが、ほとんど1台も売れなかった[*62]。ウォズニアックはこのままジョブズと続けるべきか確信がなかったし、二人のパートナーは、身売りの機会について意見が分かれた。あるとき、ウォズニアックは地元の競合プロセッサ・テクノロジー社に、改良版Appleを買収しないかと持ちか

けた。二人はアタリ社にも売り込んだが、経営陣に断られた。コモドール・ビジネスマシン社の代表が会社ごと買収を持ちかけると、ジョブズはとんでもない逆提案をして、取引はついに成立しなかった[*63]。最初のマイクロコンピュータのバッチを販売して少し利潤は得られたもの、月を追うごとに「マイクロコンピュータ業界の他の部分がアップル社より急速に成長しているのは明らかであり、ジョブズは自分のふくれあがる野心に見合うだけのお金を持っていなかったのである」[*64]。その仕事のネットワークを活用して、ジョブズは以前の上司ノーラン・ブシュネルに、資金の調達先についての助言を求めた。ブシュネルはジョブズに、アップル社はいずれベンチャー資本家を必要とするだろうと助言し、セコイア・キャピタル創業者でアタリ社最初期の投資家の一人ドン・ヴァレンティンに接触してみろと示唆した。

　ヴァレンティンは消費者テクノロジー市場に参入しつつある、ベンチャー資本投資家の新世代の一部だった。ベンチャー資本の歴史は、シリコンバレー史と緊密に結びついている。産業界と地元大学との密接な関係は、莫大

Apple Introduces the First Low Cost Microcomputer System with a Video Terminal and 8K Bytes of RAM on a Single PC Card.

The Apple Computer. A truly complete microcomputer system on a single PC board. Based on the MOS Technology 6502 microprocessor, the Apple also has a built-in video terminal and sockets for 8K bytes of on-board RAM memory. With the addition of a keyboard and video monitor, you'll have an extremely powerful computer system that can be used for anything from developing programs to playing games or running BASIC.

Combining the computer, video terminal and dynamic memory on a single board has resulted in a large reduction in chip count, which means more reliability and lowered cost. Since the Apple comes fully assembled, tested & burned-in and has a complete power supply on-board, initial set-up is essentially "hassle free" and you can be running within minutes. At $666.66 (including 4K bytes RAM) it opens many new possibilities for users and systems manufacturers.

You Don't Need an Expensive Teletype.

Using the built-in video terminal and keyboard interface, you avoid all the expense, noise and maintenance associated with a teletype. And the Apple video terminal is six times faster than a teletype, moves more throughput and less waiting. The Apple connects directly to a video monitor (or home TV with an inexpensive RF modulator) and displays 960 easy to read characters in 24 rows of 40 characters per line with automatic scrolling. The video display section contains its own 1K bytes of memory, so all the RAM memory is available for user programs.

Keyboard Interface lets you use almost any ASCII-encoded keyboard.

The Apple Computer makes it possible for many people with limited budgets to step up to a video terminal as an I/O device for their computer.

No More Switches, No More Lights.

Compared to switches and LED's, a video terminal can display vast amounts of information simultaneously. The Apple video terminal can display the contents of 192 memory locations at once on the screen. And the firmware in PROMS enables you to enter, display and debug programs (all in hex) from the keyboard, rendering a front panel unnecessary. The firmware also allows your programs to print characters on the display, and since you'll be looking at letters and numbers instead of just LED's, the door is open to all kinds of alphanumeric software (i.e., Games and BASIC).

8K Bytes RAM in 16 Chips!

The Apple Computer uses the new 16-pin 4K dynamic memory chips. They are faster and take ½ the space and power of even the low power 2102's (the memory chip that everyone else uses). That means 8K bytes in sixteen chips. It also means no more 2K amp power supplies.

The system is fully expandable to 65K via an edge connector which carries both the address and data busses, power supplies and all timing signals. All dynamic memory refreshing for both on and off-board memory is done automatically. Also, the Apple Computer can be upgraded to use the 16K chips when they become available.

ble. That's 32K bytes on-board RAM in 16 IC's—the equivalent of 256 2102's!

A Little Cassette Board That Works!

Unlike many other cassette boards on the marketplace, ours works every time. It plugs directly into the upright connector on the main board and stands only 2" tall. And since it is very fast (1500 bits per second), you can read or write 4K bytes of data in 20 seconds. All timing is done in software, which results in crystal-controlled accuracy and uniformity from unit to unit.

Unlike some other cassette interfaces which require an expensive tape recorder, the Apple Cassette Interface works reliably with almost any audio-grade cassette recorder.

Software:

A tape of APPLE BASIC is included free with the Cassette Interface. Apple Basic features immediate error messages and fast execution, and lets you program in a higher level language immediately and without added cost. Also available now are a dis-assembler and many games, with many software packages, (including a macro assembler) in the works. And since our philosophy is to provide software for our machines free or at minimal cost, you won't be continually paying for access to this growing software library.

The Apple Computer is in stock at almost all major computer stores. (If your local computer store doesn't carry our products, encourage them or write us direct). Dealer inquiries invited.

Byte into an Apple $666.66*
*includes 4K bytes RAM

BREADBOARD AREA　　CRYSTAL CONTROLLED TIMING

COMPLETE VIDEO TERMINAL ELECTRONICS

LOW-PROFILE SOCKETS ON ALL IC'S

FIRMWARE IN PROMS

KEYBOARD INTERFACE　6502 MICROPROCESSOR　8K BYTES RAM

4 FULLY REGULATED POWER SUPPLIES

EXPANSION CONNECTOR

CASSETTE BOARD CONNECTOR

APPLE Computer Company • 770 Welch Rd., Palo Alto, CA 94304 • (415) 326-4248
OCTOBER 1976　　　　CIRCLE NO. 7 ON INQUIRY CARD　　　INTERFACE AGE 11

アップルコンピュータ社が「Interface Age」誌1976年10月号に出したApple 1の広告。「真に完全なマイクロコンピュータシステムが単一のPC［ポリカーボネート］基板上に」。1970年代半ばの多くの第1世代マイクロコンピュータ同様に、Apple 1はモニタもキーボードも、保存用のカセットドライブもなかった。利用者は自分で周辺機器を作るか手に入れるものと想定されていたからだ。Apple 1はまた保護ケースもなかった。利用者が買ったのは基板だけだった。Wikimedia Commons向けにMichael Holleyがスキャン。

な軍事契約に支えられた技術イノベーションを引き起こし、同時に高い軍需が急速な起業活動を促進していた。1950年代と1960年代のハイテク企業ブームは、新規事業への出資を求める投資集団にとって、この地域を生産的な場所にしていた。トム・ニコルズが『VC——あるアメリカ史』で述べたように、この地域の独特な「経済活動のクラスターと（中略）多すぎるほどの潜在的なベンチャーがもたらす機会」は、ベンチャー資本家たちがサンタクララ・バレー一帯に看板を出し始めると、自己強化的な力学を示すようになった[*65]。ヴァレンティンはほんの数年前にアタリ社に初期の投資を行い、1976年9月にアタリ社がワーナー・コミュニケーションズに買収されたことで、その投資の価値は4倍となった[*66]。さらなる機会を切望して、ヴァレンティンはロス・アルトスのガレージでジョブズとウォズニアックに会ったが、納得できなかった。アップル社のオーナーたちは、消費者コンピュータ市場のもっと大きな可能性も、マーケティングに求められるものも理解していないと感じた（さらにベトつく髪で裸足のジョブズは「人類に対する裏切り者」だと思った）[*67]。

　だがジョブズが他に連絡先を教えろと固執したので、ヴァレンティンは彼をマイク・マークラに紹介した。彼は33歳の元ハイテク企業マーケティング担当重役で、有利なストックオプション操作により「ちょっとした億万長者」として引退していたのだ[*68]。電気工学の学位を持ち、長年にわたりフェアチャイルド社やインテル社などで半導体を売っていたので、マークラはウォズニアックのワークベンチ上で目にしたものについて明確に理解できて、その「ガジェット群にわくわくした」[*69]。ヴァレンティンよりはジョブズに納得したマークラは、やがて後に Apple II と呼ばれるようになるものの開発と発売の費用として、銀行融資250,000ドルの裏書きをした。また仕事での信用を利用して、有力なシリコンバレーの広告会社レジス・マッケンナの支援を確保した。ジョブズは何とかマッケンナに引き受けてもらおうと必死だったのだ[*70]。引き換えにマークラは会社の3分の1を手に入れ、ウォズニアックとジョブズに昔のフェアチャイルド社時代の仲間マイケル・スコットをアップル社初代社長として受け入れるよう説得した。

　マークラの投資はアップル社の成長能力を大きく変え、他の自家製マイクロコンピュータ新興企業に比べ、製品を素早く量産および量販できるように

した。マークラの投資は、ウォズニアックやジョブズや Apple II に対する信念を示すものというよりは、むしろお金が信念の存在条件をつくり出す例示ではあった。結局のところ、技術は優れてはいたが、もっと儲かっている企業からのしっかりした製品はいくらでもあったのだ。ウォズニアックとジョブズは、どちらも経営にはまったく向いていなかった。そして Apple 1 はほとんど売れていなかった——特に、Altair、IMSAI、あるいはプロセッサ・テクノロジー社の SOL-20 などの競合と比べれば売れていなかった。だがこれは、お金と経営で何とかできる問題だ。少なくともマークラはそう信じて、沈みかけたアップル船を、マーケティングと流通、サプライチェーン、経営ノウハウの慎重な適用を通じて復活させようとしたのだった。ちょうどアップル社の最初の製品が、マイクロプロセッサ価格全般の下落の恩恵を受けたように（何十年もの軍事資金による研究からの巨額の支援のおかげだ）、この地域における成功したエレクトロニクス企業の集積は、資本蓄積の新しいビークルを見つけねばならないと痛感していた投資家の世代にとって、初の出資先となったのである。アップル社は、アタリ社と同様に、この莫大な金融的飢餓の恩恵を受けることになる。

　1977 年 1 月 3 日、アップルコンピュータ社は署名により会社化され、2 ヵ月後にウォズニアックとジョブズの単純な共同事業を買収した。ウォズニアックはヒューレット・パッカード社の仕事を辞め、Apple II にフルタイムで取り組むようになり、ジョブズはとりあえず、ほかのだれかが会社を仕切るのを容認した。25 万ドルで大いに余裕のできた、いまやアップル社を構成する小集団——スコット、マークラ、ジョブズ、ウォズニアック、高校とホームブリューからの友人数名——は目前に迫った目標に注目した。Apple II を、その 4 月の初の西海岸コンピュータフェアでのお披露目用に準備することだ。それまでの無数のハイテク企業と同様に、アップル社は 20 世紀半ばにわたり、産業および軍事技術企業に配られた、一世代半近くにわたる制度的な優位性の恩恵を受けていた。アップル社の場合、そうした金融的な力は消費者市場に期待をかけることで、最新の欲望の道筋を見つけていたのだった。

$*$　$*$　$*$

　ほとんどの歴史的な記述によると、1977年4月15〜17日にサンフランシスコの市民公会堂で開催された第1回西海岸コンピュータフェアは、アメリカにおけるパーソナルコンピュータ産業の離陸点だった。小規模システムやマイクロコンピュータの見本市は以前にも開かれていたが、東海岸に集中する傾向にあった。さらにそうしたものは、伝統的には業界イベントであり、興味を示すのは本当の筋金入りマニアと業界代表だけなのだった。これに対して西海岸コンピュータフェアは、拡大ベイエリアにおけるホビイストコンピュータ活動の相当部分を定義づけた、形式張らない、野心的なカウンターカルチャー的エートスを体現していた[*71]。地域のコンピュータホビイスト世界では有名人だったジム・ウォーレンとボブ・ライリングが主催したこのフェアは、パーソナルコンピュータや小規模コンピュータ利用を中心としていた。売ったり宣伝したりと同じくらい、教育して啓発しようとしていたのだ。3日間の開催期間で、1万3千人がこのフェアに押し寄せ、当時としては世界最大のコンピュータマニアの集会となり、あらゆる人の期待を上回る大成功となった。「Creative Computing」誌編集者デヴィッド・アールに会場のフロアでつかまったマークラはこう述べている。「なんでこんなにたくさん人が来ているのかわかりませんよ。あまりに多くの人は、単に何が起きているか見たいという野次馬根性で来ているだけです。（中略）もっと高い知識水準の人がもう少しいると思ったんですがね。この全体に驚いていますよ」[*72]。

　だがフェアの興奮と混沌の中ですら、Apple IIは見逃しようがなかった。同社は展示フロアの中央列最先端に、正面向きのブースを予約してあった。ので、フェアの二重ドアを通ってやってくる出席者たちにとって、アップル社の新製品は空間的な中心に位置することになったのだった[*73]。ほとんどの出展者は、市民公会堂の標準仕様の黄金色の化学繊維カーテン前で商品を宣伝し、会社名を背後にピン留めやテープ留めしていたのに対し、アップルコンピュータのブースはミニマルでモダンなものとして突出していた。そのイベントで残っている数少ない写真を見ると、意図的に何もない、カスタム製作の白い壁が見られ、そこに額入れされた巨大な赤いデリシャスリンゴの写真が飾ってあるだけだ。その上には、同社の新しい虹色ストライプの「か

じったリンゴ」ロゴがきれいに製作されており、「Apple Computer」が太い小文字のサンセリフフォントでタイプセットされている——すべて広告会社レジス・マッケンナの手によるものだ[74]。わざとハイテクっぽい名前をつけた企業の売る、箱型マシンだらけの市場で、アップルコンピュータ社は一種の単純なショーマンシップを発揮してみせた。ジョブズですら、珍しく身ぎれいにして、ボタンダウンのシャツとスラックスに、ピンストライプのベストとネクタイを締めてみせた。アップルコンピュータ社は、たった8ヵ月前のパーソナル・コンピューティング'76消費者見本市に出展した会社とは似ても似つかぬものになっていた。そのときの見本市では、アップル社は仲良しのニューヨーク市のマイクロコンピュータ小売店とブースを共有しており、ジョブズはあまりにひどい格好だったので、その小売店の義母は、ジーンズを繕わせろと言い張ったほどだったのだ[75]。

　そしてApple IIも立派に見えた。最も目を惹くのが、その薄茶色のプラスチック製筐体だった。軽く凹凸をつけた、5面構成の楔形のケースで、そこに回路基板が1枚収まり、QWERTYキーボードもついていた（当時の多くの消費者グレードマイクロコンピュータと同様に、モニタは利用者が自分で用意することになっていた）。目立つケースを持つというのは、Apple II発表までの期間におけるジョブズの個人的な使命の一つだった。彼が受けたスタイル上のインスピレーションは、ヒューレット・パッカード社の電卓の精悍な仕上げや、家庭用ステレオや台所用品のような家庭用品も含んでいた[76]。筐体がプラスチックだというのは重要だった。プラスチックの筐体は高価だが現代的だった。ほとんどのマイクロコンピュータはガレージ加工の板金ケースだった市場で、Apple IIの工業デザインは「このコンピュータに、ホビイストのマシンではない、効率的で信頼できる消費者機器のアイデンティティを与えた」[77]。このデザイン自体はジェリー・マノックによるものだった。ヒューレット・パッカード社の元プロダクトデザイナーで、フリーランスの工業デザイナーとしてかつかつの生活をしていたところだった。マノックの見立てでは、このデザインは「保守的」で、「溶け込むよう」意図されていた[78]。その週末のアップル社の自己宣伝すべてと同じく、プラスチックのケースは同社を、競合他社からだけでなく、もっと一般にコンピュータ利用のホビイスト組織からも一線を画すものにしたのだった。

このように、Apple IIは、単なるデザインされた物体ではなかった。それはホビイストによるアクセスと拡張性への本能を、その春に提供されていた他のどんなものよりも、はるかにアプローチしやすいシステムに編み込んでいた。ケースの中のマイクロコンピュータはシングルボードで、ウォズニアックならではの、倹約された構成でレイアウトされていた（図版8参照）。Apple 1と同様に、Apple IIもMOS 6502マイクロプロセッサを使っていた。ウォズニアックはもっと人気あるモデルよりもこちらがまだお気に入りだったのだ。そしてRAMは4Kだが48Kに拡張可能だった[*79]。さらにオンボードの拡張スロット8本で、利用者はApple IIに専用の周辺機器や機能を追加できた。こうしたすべては、知識ある利用者にはすぐにアクセスできた。Apple IIは独特のプラスチックの「ふた」を持ち、工具を用意したりネジをまわしたりすることなくはずせた。マシンを簡単に開けられ、メモリを拡張し、サードパーティーの基板を追加できるというのは、ホビイストにとってのコンピュータの醍醐味についてのウォズニアックの感性を示すものだっ

1977年にリリースされたときのApple IIの典型的な構成。サードパーティー製の9インチ白黒モニタとRQ-309DS パナソニックカセットデッキが使われていることに注意。どちらも利用者自身が用意するものだった。Apple IIのゲームパドルは、単純なコンピュータゲーム用にボタンとダイヤルを使うもので、標準の付属品だった。FozzTexxによりWikimedia Commonsにアップロードされた画像（CC BY-SA 4.0: https://creativecommons.org/licenses/by-sa/4.0/deed.en）。

た。いじり、探究し、拡張することだ。マシンを自分のものにすることだ。

　しかし、システムを開けてRAMを追加し、マイクロプロセッサの細部を学ぶという発想にピンとこない利用者にとっても、Apple IIはやはり手の出しやすいシステムだった。Altairのように、コンピュータを起動するために機械コードを入力するという複雑なプロセスはなかった。かわりにモニタプログラム（Apple 1におけるウォズニアックのイノベーションの一つ）のおかげで、マシンは起動からすぐにコマンドを電卓のように受け付けられた。ウォズニアックはまた、Apple II用にカスタマイズしたBASICを書いて、それを基板上のROMチップに保存した[80]。つまり利用者はすぐにBASICでのプログラミングを開始できて、しかもコンピュータのアクセス可能メモリをそのために使わずにすむ。Apple IIはまた、ソフトウェアをカセットテープから読み込み保存するカセットインターフェースを採用した[81]。そしてウォズニアックはゲームが大好きだったので、Apple IIにはゲームパドル、高解像度のカラーグラフィクスモード（普通のテレビでも、RF変調器をつければ表示できた）、さらには簡単な単一トーンのサウンドまで含まれていた[82]。

　だがApple IIのイノベーションやフェアでの有力な場所にもかかわらず、ほとんどのホビイストは納得しなかった。アップル社は、入口近くの立派な場所を獲得してはいたが、それでもそのブースの規模は、最も似通った競合である、SOL-20を作っているプロセッサ・テクノロジー社の半分でしかなかった。ジム・ウォーレンは、「アップル社が最大の競合とは感じなかった」と述べたし、「BYTE」誌はフェアの報道でアップル社に触れてもいない[83]。その後数週間で、アップル社はおよそ300機の注文を受けたが、これはApple 1が丸一年かけて売った台数を上回った──力強い実績ではあるが、革命にはほど遠い。

　1977年末までに、アップル社は新しい競合にも対応しなくてはならなかった。ラジオシャックのTRS-80とコモドール社のPETで、どちらもやはり使いやすいオールインワン型のマイクロコンピュータとして位置づけられていた。Apple IIとともにこの3システムは、懐古的に「1977年の御三家」とされるものを構成している。消費者マイクロコンピュータの第二波だ。マイクロコンピュータ第一波がAltairの類似品だとすると、1977年の御三家は、マイクロコンピュータの利用者と考えられたものがいかに激変したかという

ラジオシャックTRS-80（上）とコモドールPET（下）マイクロコンピュータ。Apple IIと並んでこれらのシステムは1977年の御三家を構成した——そしてApple IIの初期の競合だった。上の画像はコンピュータ歴史博物館提供。下の画像はRamaがWikimedia Commonsにアップロード（CC BY-SA 2.0 -fr: https://creativecommons.org/licenses/by-sa/2.0/fr/deed.en）。

指標となっている。回路基板が重なった箱っぽい金属のケースに、何列ものランプやスイッチがつき、エンジニアだけに理解可能なものはもはや消えた。かわりに、この3つのマイクロコンピュータはテレビ端末をモデルにして、キーボードを組み込み、視覚的な出力としてモニタをつけ、さらにカセットの保存とオンボードのBASICプログラミング機能を持っていた。この新規参入二機は、アップル社にはない運用上の優位性も持っていた。コモドールには有力な電卓メーカーがついており、ラジオシャックは全米にエレクトロニクス店舗のチェーンを持っていた。これらはホビイストの新興企業ではなく、資金力豊富で資本リソースも製造関係も小売体験もある企業なのだった。中でもTRS-80は最も人気あるシステムとなり（当初）さらにTRS-80もPETもApple IIより大幅に安かった（それぞれ795ドルと600ドルで、Apple IIのベース価格は1,298ドルだった）。

しかしApple IIは結局長命となった。TRS-80とPETは値段は低かったが、

Apple IIの技術特性が持つ拡張性を欠いていた。利用者が改善するようにできてはおらず、買い換える設計になっていた。どちらのシステムも、オンボードのRAMを拡張する能力がなく、消費者は最初に買ったもので我慢するしかなかった[*84]。TRS-80はまったく開けず、ソフトウェア的な意味でしか「ホビイスト」コンピュータではなかった。さらにラジオシャックとコモドールは内蔵モニタの供給にこだわったので、中心基板の即座の拡張性が損なわれた。これに対してアップル社は、利用者が自分で白黒テレビかカラーテレビを供給するものとした——すべてを一気に買いたい消費者には苛立たしい決断だったかもしれないが、最終的には出力の柔軟性をもたらした。またアップルのゆっくりとした台頭において重要だったのは、1978年の時点で市場に早めにフロッピーディスクドライブを導入したことだった。はるかに読み込みが高速なフロッピーディスクは、消費者ソフトウェアの業界標準保存媒体として、すぐにカセットに置き換わった。アップルの競合二社もフロッピードライブを発表したものの、アップルのものははるかに安く、基板上に追加の拡張インターフェースのインストールを必要としなかった。1977年頃の消費者にとって、安いシステムの魅力は大きかったが、アップル社の堅牢なハードウェア設計の選択が、やがてこのシステムを競合よりも成功させることになった。

　だが初級利用者への魅力を超えて、Apple IIの特徴の多くは、台頭する新たなハードウェアやソフトウェア開発者にとって、このシステムを魅力的なものとした。フロッピーディスク機能は、カセットによる保存に比べ、もっと複雑なプログラムの新世界を提供した。高解像度のカラーグラフィクスは、新興ゲーム開発者には魅力的な選択肢だった。そして拡張スロット８本（ジョブズはもっと統制された利用者体験を求めていたので、当初これに反対していた）のおかげで、自分のハードウェアをカリカリに強化したい人々にとってApple II以外の選択肢はなかった。こうした拡張スロットのおかげで、Apple IIは人気あるCP/Mオペレーティングシステムを動かせない、モニタの文字幅が狭い、小文字が表示できないといったシステムの当初の制約を迂回するためのハードウェアを提供しやすくなった。またサードパーティーのハードとソフト開発者にとって、アップル社はプラットフォーム・パートナーとして余計な口をはさまなかった。当初、TRS-80用のソフトを店頭で流

通させなかったラジオシャックとはちがい、アップル社はサードパーティー
開発者たちの成功を制約しようなどとはまったくしなかった。

　やがてこれは、消費者と開発者の間に相互に強化する力学を生み出した。
様々なソフトウェアを持つのでApple IIに惹かれる消費者が増えると、開発
者はますます大規模な潜在市場にアクセスしようと、そのシステムに専念す
るようになった――これがApple IIの驚くほどの長命をもたらしてくれた。
Apple IIに何ができるかについて、その発明時点では何も決まってはいなかっ
た。だが最終的に人々が実際にやったこと、そして開発者がそうした欲望を
受け入れ、予想しようとして作り出したものが、次にやってくる物語となる。
コンピュータがいかにパーソナルになったか、という物語である。

第3章

ビジネス —— *VisiCalc*

当初は、あまりなかった——ソフトウェアは、ということだ。「MICRO 6502」や「Personal Computing」「BYTE」といった古い雑誌をめくると、1979年頃の消費者グレードのソフトウェア開発がいかに貧相だったかはひしひしと伝わってくる。Apple II を BASIC 以上に動かしたい人々向けのプログラミング言語はあった。初歩的なアセンブラやテキストエディタ、大量の単一目的ソフト、さらには粗雑などうでもいいゲームも山ほどある。ソフトウェアは詰め合わせ形式で売られ、全面広告に製品が長いダラダラとした一覧で掲載されている。*Bridge Challenger*、*Air Raid*、*Diet Planning Package*、*Apple 21*（「Apple II 用ブラックジャック！」）、*Star Wars/Space Maze*、*Micro-Tax 78*（「確定申告準備のタイミングです」）、*Renumber*[*1]。税金の申告、カロリー追跡、宇宙を救う。

このソフトウェアの量と単純さそのものが、消費者ソフトウェア事業全体がいかに自新しかったかを示すものだった。人々は何を求めているのか？多くの人にとって、それはそもそもマイクロコンピュータの購入を正当化できるようなソフトウェアだった。だが1970年代末にそれがどういう意味かについては、まだ答えがなかった。コンピュータ業界のアナリストであるベ

ン・ローゼンは、このジレンマを、モルガン・スタンレーの準定期刊行物
「Electronics Letter」で次のように述べている。

> 今日では、ソフトウェアという技の状態に満足しているパソコン利用者は、ホビイ
> ストだけです。すべてのプログラミングを自分でやるのです。しかし職業人、ホー
> ムコンピュータ利用者、小事業主、教育者にとっては、実務的で便利で、普遍的で
> 信頼できるソフトは、ひどくわずかしかありません。[*2]

　ローゼンの推計では、Apple IIやTRS-80のような消費者グレードのマイ
クロコンピュータは、多くの人々の主張とはうらはらに、コンピュータを大
衆にもたらすのにあまり貢献しなかった。職場、家庭、学校で使うものであれ、
マイクロコンピュータの潜在力は、使えるソフトウェアの欠如によって制限
されていた。ほとんどの消費者グレードのプログラムは、テキストベースの
ユーザインターフェースの下に簡単な数式が隠れているだけの代物から、大
して進歩していなかったのだ。何十ものソフトウェアパッケージが、単なる
極端な専用計算機だったものを考えよう。一つは燃費計算、一つは統計アル
ゴリズム実行用、一つは給与計算用。もっと固有のニーズを持つ人々は、自
分でプログラミングをするはめになった。ローゼンですらその罠にはまり、
読者に対して自分が二十数時間かけて、配当割引価値計算モデルを作るため
にBASICでコーディングをしたと報告している。
　マイクロコンピュータの世界はそんな具合だった——そこへ*VisiCalc*が
やってきた。*VisiCalc*では、何をどう計算すべきかプログラムがあらかじ
め決めたりはしなかった。むしろ、紙の表計算や簿記用紙をモデルにして、
*VisiCalc*は利用者がその中身も、数値カテゴリーの間で行ってほしい数式
操作も決められるようにした。言い換えると、*VisiCalc*は数値内容などに
関係ない、数学計算とモデル構築の枠組みを提供したのだった。こうして
*VisiCalc*は金融分析、工学、記録、予算管理など各種領域で驚くほど柔軟な
利用を提供した——その間一貫して「ユーザは*VisiCalc*の便益を得るために、
コンピュータやプログラミングについて何一つ知る必要はない」とローゼン
は投資家やアカウントマネージャー、コンサルタントなどの読者たちに説明
している[*3]。彼がBASICでプログラミングするのに20時間かかった、あの

配当割引価値計算モデルは？　ローゼンはVisiCalcで、たった15分で作れた。VisiCalcに関するローゼンの評価の結びは、初期パーソナルコンピュータ時代初期の、代表的な予測の一つとなる。「VisiCalcはいつの日か、パーソナルコンピュータという犬を振り回す（そして売る）ソフトウェアとなれる」[*4]

　ローゼンが初めて1979年にVisiCalcについて吹聴して以来、ジャーナリストや歴史研究者たちは、このプログラムをパーソナルコンピューティングの「キラーアプリ」だとほめそやしてきた。VisiCalcほどApple IIとのつながりが悪名高いソフトもないし、アメリカにおけるパソコン産業の立ち上がりとのつながりが悪名高いソフトもない[*5]。元MIT計算機科学科卒業生二人が開発したダン・ブリックリンとボブ・フランクストンが開発し、ハーバード大学MBA卒業生ダン・フィルストラが発行したVisiCalcは、1979年秋にApple II用に発表された。1983年末にはあらゆるプラットフォーム向けのものを合計すると70万本が販売されており、その多くは小売価格250ドル（1980年代初頭にはおよそ700ドル）だった。この数字は、ブリックリンとフランクス

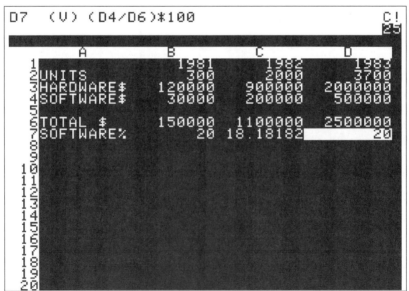

VisiCalcにおける「電子ワークシート」またはスプレッドシート。画面はVisiCalcの業と列の基本的なデモを示す。てっぺんの入力行に見えるのは、D7の位置にある値を生み出す数式（D4/D6）*100である。インターネット・アーカイブ上でエミュレーション上で実行。画面キャプチャは著者による。

トンの開発会社ソフトウェア・アーツ社とフィルストラの出版会社パーソナル・ソフトウェア社を、何百万ドルもの価値評価へと押し上げ、同時に消費者向けコンピューティングの予測を煽ることになった。だが*VisiCalc*はよく考えられたソフトウェアではあったが、それを必携ソフトにしたのは、目先の競合ソフトがまったくなかったという事実だった。*VisiCalc*は、消費者マイクロコンピュータ産業の難所で登場したのだった。1977年の御三家が市場に出て2年後だが、プログラマ以外のマイクロコンピュータ所有者に対し、他のどんなソフトウェアも大きな価値提案ができていない時期だったのだ。

　*VisiCalc*の成功を理解するには、*VisiCalc*の生産を形成した技術的、経済的、産業的な状況を理解しなくてはならないし、またパーソナルコンピュータ利用の台頭に文脈を提供した経済的な変動のもっと大きな様相も理解すべきである。狭く見れば、*VisiCalc*の開発、流通、受容は、それがいわゆるお披露目をしてからほんの数年でどんな状態だったかを理解するのに役立つ。*VisiCalc*が最初にApple II用に開発され、そして数年はApple IIだけで提供されていたというのは、オンボードのメモリやマスストレージといった重要な基準が単なる技術的な細部ではないことを浮き彫りにする。産業的な関係から見ると、*VisiCalc*はまた、消費者ソフトウェアで生まれつつあった開発者と発行者の関係における事例研究ともなる。これは1970年代末期にはまだ形成途上にあったのだ。ソフトウェアを作る企業と、それを量産、マーケティング、流通させる企業との分離派、メインフレームや時分割処理産業ではほとんど類似がない産業モードなのだった。*VisiCalc*の開発者ソフトウェア・アーツ社と、*VisiCalc*の発行者パーソナル・ソフトウェア／ビジコープ社との間に生じたきわめて対立的な力学は、急成長するソフトウェア産業が1980年代初期から半ばにかけて急速にスケーリングするにつれて、開発者と発行者が交渉した経済的な相互作用とちがったリスクを明瞭に示している。

　しかし*VisiCalc*生産の細部以外に、このプログラムはまた、マイクロコンピュータ利用も最も広範な用途への不可欠な紹介を提供してくれる。ビジネス利用である。*VisiCalc*発表からの年月で、Apple II（およびその他のマイクロコンピュータシステム）には大量のビジネス指向プログラムがもたらされた。たとえば表計算ソフトや各種データベースソフト、在庫管理システム、請求書発行パッケージ、税金支援パッケージ、さらに農業、歯医者、建設な

ど各種のちがった職業向けの、個別産業向けソフトウェアスイートも大量に出た。*VisiCalc*の人気——そしてそれにともなうマイクロコンピュータのハードとソフト産業の人気——は、最初はホビイスト以外のホワイトカラー職業人の基盤が拡大することで広がったのだった。彼らはこのプログラムを予測、推計、モデル構築など各種の職業上の管理に大いに活用した。*VisiCalc*のカバーの下には、今日ではあまりに一般的でほとんど認識されない仕事の技法変化があったのだ。事業の「コンピュータ化」がそれ自体として審美的な体験となり、透明性、即時性、コントロールの感覚に満ちたものとなったのだ。

　1970年代の暮れにやってきた*VisiCalc*が、ウォール街勢の間で人気を得たのは、当時のもっと大きな地政学的な問題と比べれば、歴史的なできごととしてはつつましいものだ。1979年には、アメリカはインフレの加速、失業増加、財政赤字の拡大、さらには鈍い世界的なエネルギー危機に直面し、ジミー・カーター大統領の省エネ法制ではその危機に対応できなかった[6]。アメリカ政府に対する信頼は空前の低さに達した。同年半ばには、カーターは「信頼の危機」「自分たちの人生に対する疑念の増大と（中略）国としての目的のまとまり喪失」について国民演説を行った[7]。カーターの言葉は、アメリカの見通しが不確実性に見舞われているという明確な感覚に表現を与えた。

　だが一部の人々が伝統的なアメリカ・パワーのシンボル——工場、製鉄労働者、組立ライン——の喪失を嘆く一方で、一部は社会学者デヴィッド・ハーヴェイの表現では「個人の起業家的自由の解放」に根差した新自由主義政治経済を促進する自由市場イデオロギーに固執したのだった[8]。*VisiCalc*はこの目的に見事に適合した。これから見るように、起業的な個人という主題は*VisiCalc*の広告やマスコミ報道で貫徹されており、さらに時間、エネルギー、経済的調査、個人的責任の内面化も数多く登場する。*VisiCalc*のアフォーダンスは事業用の便利な手助けとして提示されるだけではなく、不確実性に対して準備を整えるためのツールとして提示された。「*VisiCalc*があれば、未来を理解するのは少し簡単に思えてきます」[9]

　　　　　　　　　　＊　　＊　　＊

　ダン・ブリックリンは、パーソナルコンピュータ用のソフトウェアを作

り、コンピュータを大衆にもたらし、コンピュータの力を通じて抑圧的な制度的階層構造を転覆させようなどとは夢見ていなかった。彼の世代のほとんどのコンピュータ起業家と同じく、彼の野心は単純だった。ソフトを作ってお金を儲けることだ。そして、彼のコンピュータへの進路は実にありきたりだった。1950年代と1960年代にフィラデルフィアで育ったブリックリンは、数学や科学への指向を見せた多くの若き白人男性同様に、エレクトロニクス・ホビイズムに傾倒した。家族のコネを通じて、彼は地元学校のメインフレームをいじらせてもらえたし、近くのペンシルバニア大学は、まだ高校時代に大学院生にFORTRANを教える機会を与えてくれた[*10]。東海岸にこだわったブリックリンは、1973年に計算機科学の学士号を受け取り、その後数年にわたりボストンからたった数キロ西に本社のある人気ミニコンピュータメーカーであるディジタル・イクイップメント社（DEC）で数年働いた[*11]。1977年に学校に戻ったときには、その目的はアイビーリーグの格子をのぼることであり、コンピュータのプログラミングは長期的な財務的安全性の見込みがないのではと思ったので、ハーバード・ビジネススクール（HBS）に入学したのだった[*12]。*VisiCalc*は、多くの人々を置き去りにしている経済のために、上昇志向の白人男性が自分を作り替えている場所が出発点だったのである。

　HBSでブリックリンは、モデル構築と財務合成をその場でできるコンピュータアプリケーションの恩恵を大いに受ける人々の世界を見つけた。しかも、プログラミング能力をあまり必要としないようなアプリケーションの恩恵は特に大きい。この満たされぬニーズの証拠は到るところにあった。大学のPDP-10時分割システムで自分の財務予測プログラムを書く面倒なプロセスや、宿題のケーススタディで「数字を手計算」したり、教授たちがチョークの粉にまみれて、モデルを黒板で修正するたびにチマチマと財務諸表を計算し直す、といった様子を見ればそれはわかる[*13]。講義で座りながらも、ブリックリンは物思いにふけった。彼は「戦闘機のような」ヘッズアップ・ディスプレイを想像し、電卓の背後にトラックボール、世界の数字に対して神のような視点を提供する指揮統制ハードウェアインターフェースの世界を創造した。ハイテクジャーナリストのロバート・X・クリンジリーは、その場面に華々しく尾ひれをつけて、ブリックリンが「ミレニアム・ファルコン

号の銃座に飛び込むルーク・スカイウォーカーのように（中略）自分が財務を次々に打ち出し、目の前の空間に宙づりになる損益の数字にロックオンする様子を思い描いた」と述べる——皮肉のかけらもない読みで、そのすべての推進的なマチスモに拍車をかけるだけのものだ。

これらはもちろん、ハードウェアの熱にうかされた夢だ。そんなものはあり得なかった——少なくともブリックリンの手の届くものではなかった。そこで彼は1978年の夏をかけて自分の妄想を縮小させ、物質的な実現性の領域に引き下ろした。彼は未来のプログラムの、まだ書かれていない説明書の中で「電子ワークシート」と呼ばれるようになるものの全般的な図式を創造した。これが後に単にスプレッドシートと呼ばれるようになる。デジタルで、インタラクティブで、リアルタイムの数学的行列であり、通常は別々の入力、計算、出力をシームレスな利用者体験へと圧縮したのだ。だが彼の収益性の計画は、反乱軍の巧妙なゲリラ戦術よりは、デス・スターの工業精神に沿ったものだった。彼は自分のプログラムをDEC時分割システム用に設計しようと計画し、それを企業や機関に売り込もうと計画していた。ホビイスト・コンピュータの世界など何も知らず、ハッカーが自分のスタイリッシュなコードに感心してくれるなどとは思わなかった。*VisiCalc*は今日の我々なら企業向けソフトと呼ぶものとして構想された。それは市場機会の論理的な延長にすぎなかった。

さて企業向けソフトは別に新しい概念ではなかった。コンピュータは1950年代初頭から、企業や管理用に活用されてきた[*14]。1970年代末になると、メインフレームやミニコンピュータ向けのソフトウェア製品産業はかなり確立しており、ほとんどの製品は企業や産業環境の中で使われるように指向されていた[*15]。これは各種のシステムやアプリケーションソフトが含まれており、オペレーティングシステムからプログラミング支援、ユーティリティ、銀行やエンジニアリング、保険、輸送といった個別産業固有のものや、各種産業で共通に使う在庫管理、給与管理、マーケティング、一般会計のソフトなどがあった。1980年になると、アメリカのパッケージソフト産業の累積売上は25億ドル近くになった[*16]。これほど確立して集約された市場（全ソフトウェア業者の15パーセントが総売上の68パーセントを手にしていた）のために新ソフトを開発するハードルについて、どこまでブリック

リンが考え抜いていたのかははっきりしないが、彼のアイビーリーグの学歴と、計算機と金融ノウハウの独特な組み合わせもあって、その考えは決して不可能というほどのものではなかったかもしれない[17]。

しかしブリックリンの野心よりもおもしろいのは、その教育と職業的な経歴が、ハード、ソフト、そうした技術を受け取る側の人々である利用者との関係についての考え方を形成したやり方である。1970年代初頭のMIT学生として、ブリックリンは新しく革新的な時分割システムを利用できたという利点があった——こうしたシステムは、専門的に言えば「リアルタイム」ではないが、時分割処理の仕組みのおかげで、インタラクティブ的な即時性の体験をもたらしてくれたのだ。MIT後のDEC社での仕事で、ブリックリンは同社のTypeset-10ワードプロセッシングシステムに配属となった。これは利用者が、生のテキストをタイプセットマシンに適切なフォーマットに整えるためのものだった（こうしたシステムはますます新聞社などで普通になっていた。これは労働のコンピュータ化という大きなトレンドの一部である）。具体的に、ブリックリンはTypeset-10の編集端末用ソフトウェア開発を任されていた。これはリアルタイムで動く。利用者たちは、書きながら自分の書いている文を見る必要があったのだ。そしてその場で誤りを直せねばならない[18]。Typeset-10で彼が取り組んでいた機能は、組み込み式の画面上の物差し、キーストローク最小化、画面上のスクロールなどで、エンドユーザの効率性と使いやすさを重視していた。だからブリックリンが未来のソフト製品用に思い描いた機能は、ユーザ中心の哲学を示していた。彼は働く専門職の観点から設計を行ったのであり、ホビイスト向けではなかった。そして彼がそういう見方をできたのは、時分割システムでの作業経験のおかげで、自分がマイクロコンピュータの制約の中で活動するなどということを明示的には想像しなかったからだった[19]。

マイクロコンピュータに目を向ける原動力は、ハーバードのコネという特権を通じてやってきた。1978年秋、ブリックリン（いまやMITの旧友で開発協力者となったボブ・フランクストンもいっしょだった）は、ハーバード大学のファイナンス教授により、別の最近のHBS卒業生ダン・フィルストラ（やはりMIT工学部卒）に連絡を取るように言われた[20]。フィルストラは最近のHBS卒業生の中でも、パーソナルコンピュータ利用への熱烈な信

念で突出しており、ハーバード大学2年目の末に、マイクロコンピュータ用ソフトウェアの通信販売事業を立ち上げていた[*21]。東海岸のコンピュータ起業家の中で、フィルストラはマイクロコンピュータ市場の底流を理解する絶好の立場にいた。彼は1975年には「BYTE」誌創刊副編集長を務め、同誌初のコモドールPETやTRS-80のレビューを書いていた[*22]。このように機関的な環境にしっかり根を下ろしていたおかげで、その通販闇商売「パーソナル・ソフトウェア」は、全米有数の成功したマイクロコンピュータ向けソフトウェア発行事業者になっていた。わずか18ヵ月後に彼がブリックリンとフランクストンと話をしたのは、そのような状況下だった。

フィルストラはブリックリンに対し、このプログラムをDEC時分割ミニコンピュータではなくマイクロコンピュータ向けに開発しろと言い張った。この助言は、先見の明と利己性の両方から出たものだった。企業に直販されるソフトは消費者向けソフトとはまったくちがう流通チャネルを使っており、フィルストラの事業はそれを支援するようにはできていなかった。利ざやを抜くには、フィルストラはブリックリンに、すでに己が実績を持っていた産業経路で販売できるものを開発させる必要があった。つまりは、台頭するマイクロコンピュータ産業向けということだ。

*VisiCalc*をマイクロコンピュータ向けに転換させるというのは、プログラミング設計と想定市場の両面でブリックリンの精神地図を、大きく変えるものとなった――とはいえ文献記録が示す限り、それが特に劇的な懸念を引き起こしたわけではなかった。「フィルストラに会ってAppleのマニュアルを入手」と1978年9月25日のできごとをまとめた製作日誌にブリックリンは書いている[*23]。ブリックリンが時分割システムではなくマイクロコンピュータ向けに開発するのに平気だったのは、別にハッキングへの情熱やマイクロコンピュータ利用の可能性を何か示そうという願望に基づくものではなく、最も興味を持ってくれた潜在投資家がおおむね仕切った、意図的な事業上の決断だった。

その後2週間にわたり、ブリックリンはApple IIについてできるだけ学び、フィルストラのApple II上で、10月第一週をかけて最初のプロトタイプをBASICで叩き出した。*VisiCalc*の最初のプロトタイプは粗雑で、ブリックリンが望んでいた多くの先進機能は欠いていたが、フィルストラはそれが気

に入り、会話は続いた[*24]。ブリックリンの記録では、彼はそのプロトタイプを「FINANCE TEST PROGRAM（ファイナンス試験プログラム）」（Apple IIは大文字しか書けなかった）と呼んでいる。他の情報源はそれを「電子黒板」と呼び、ブリックリンはマーケティング講義のレポートとしてこの製品について書いたが、そこではこれを「電卓帳簿（Calcu-ledger）と呼んでいる[*25]。VisiCalcという名前は、目に見える（visible）電卓（calculater）を縮めたもので、後からつけられた[*26]。ブリックリンがBASICで書いたものは単純だったが、VisiCalcの未来の基盤はそこにあった。行と列、キー一発で計算を変える能力——即応性を持つインタラクティブな数学世界が丸ごと、画面上で光っていたのだ[*27]。

＊　＊　＊

　事業の観点からすると、フィルストラがブリックリンをApple IIに向かわせたのはつじつまがあわないようにも見える。1977年の御三家を構成する3システムのうち、Apple IIは最も売上が少なかったし、それもかなりの差をつけられていた。ある推計によると、コモドールPETはAppleの6倍売れていて、TRS-80はラジオシャック流通ネットワークの支配的な位置にあったため、そのPET以上に売れていた[*28]。Apple IIはこの3つのプラットフォームの中で最も高いのに最も装備が少なかったから、多くのアーリーアダプターたちが、もっと安いシステムで満足したのも当然だろう。VisiCalcとApple IIのつながりは後には分かちがたいものとなったが、このシステム向けに開発するという判断が、この三人の間でどこまで明確な議論の的や検討の対象となったかははっきりしない。フィルストラは当時を振り返って、Apple IIに対する選好は多くの要因から発したもので、システムの技術設計の評価、アップル社の高度なマーケティング、パーソナル・ソフトウェア自身の売上データでApple用ソフト販売の強さが増していることが示された点などが考慮されたという[*29]。産業の中での立場と「BYTE」社での初期の経験からして、フィルストラが3つのシステムすべてを使っており、その比較優位や制約を強く理解していたのは明らかである。

　だからインストールベースは小さいものの、Apple IIは技術的、産業的な

性質のマトリックスを持っており、それを重ねてみると、このプラットフォームは競合に勝る大きなアフォーダンスをもたらした。それらには、高いメモリの閾値、早めに販売されたフロッピーディスク・マスストレージ・デバイス、開発者に手出ししないというアップルコンピュータ社の方針などがあった。こうした性質のそれぞれは、*VisiCalc* の技術要件と経済目標に対する Apple IIの独特な適合性に貢献した。

　メモリというのは基本的に、コンピュータが命令を保存するためのどれだけの「余地」があるかという指標である。命令とはコンピュータハードウェアがソフトウェアを実行できるようにするための基盤となる。ソフトウェアは実行され操作されるためにメモリに「読み込み」されねばならない。1975年には、最も安いAltairはメモリ1Kだが、*Altair BASIC* を走らせるには最低4K必要だった。ブリックリンとフランクストンがほんの数年後に提案したものは、はるかにメモリ集約的だった。プロトタイプ作成時にすら最低でも16Kが目標で、最終的にプログラムは32Kを必要とした[*30]。だが1977年の御三家のうち、これほど高いメモリ閾値に対応できる能力を最初から持っていたのはApple IIだけだった。1977年のTRS-80とコモドールPETの最初のリリースは、どちらも上限8Kだった。TRS-80は1978年には48Kまで行けるようになったが、インターフェース拡張モジュールを追加で買わねばならなかった。PETが技術的な再設計を受けるのは1979年になってからだった[*31]。

　これに対してApple IIは最初から、スティーブ・ウォズニアックの自作派的なDIY拡張性に導かれていた。発表の瞬間から最大48Kを使えたし、Apple IIのメモリを拡張したり周辺機器を追加したりする際にも、同社とのやりとりは不要で、専用ハードウェアへの追加コミット（TRS-80のように）も必要なかった。この種の細部は、マイクロコンピュータのハードウェア産業に注目している人間なら基礎的な知識だったので、Apple IIが開発に「選ばれた」というよりも、他にまともな選択肢がなかったということも十分に考えられる。完全装備のApple IIは1977年春にはすさまじく高価だったが——当時2,638ドル、2020年価格だと11,000ドルほど——その後数年でメモリ価格は急落し、フィルストラがApple IIに賭けたのも、当初よりはリスクの低いものに思えてきた。

アップルコンピュータ社が1978年夏にフロッピーディスク・マスストレージ周辺機器Disk IIを発表したことで、*VisiCalc*のようなリソース集約的なソフトの開発においてApple IIの優位性はさらに高まった[*32]。我々はUSBドライブや果てはクラウド・コンピューティングのようなマスストレージ・デバイスを、データの持ち運び手段として考えるが、1970年代のマスストレージ・デバイスはむしろ、「BYTE」誌の1976年春号カセット記憶特集でカール・ヘルマースが書いたように、「各種コンピュータの実装における限られたメモリの制約を補う」手段を提供するものだった[*33]。第一世代と第二世代のマイクロコンピュータには、我々が今日なじんでいるハード〔ディスク〕ドライブはなかった。だからマスストレージは、利用者がコンピュータ自体の外部にプログラムやファイルのライブラリを維持できるようにした。これは、Altairのようなコンピュータにソフトを「読み込み」させる他の唯一の方法は、マシンのフロントパネルについたスイッチを使ってコンピュータのランダムアクセスメモリにデータ命令を、手間をかけてキーで入力することなのだった（あるいは後にはBASICでメモリにプログラムをタイプ入力することもできた）[*34]。

1970年代半ばにホビイストや他の消費者に提供されている各種のマスストレージ選択肢——紙テープ、カセットテープ、フロッピーディスク——の中で、カセットはすぐに最も人気の保存メディアとして支配的となった[*35]。カセットテープは現在ではむしろ、オーディオメディアの古い形式として記憶されているが、バイナリーデータをアナログ波の周期としてカセットの磁気テープに「書き込み」できて、それをマイクロコンピュータのカセットインターフェース・アダプタが解釈できるのだ[*36]。この形式の人気は、テープと録音デッキの低価格と入手しやすさにより駆動されており、1970年代のマイクロコンピュータシステムの多くのハードウェア設計において、明らかな標準となっていた。コモドールPETとTRS-80はどちらも購入価格にカセットデッキが含まれていた[*37]。これに対して、Apple IIはカセットインターフェースのハードウェアだけを提供し、デッキは含まれていなかった。根っからのホビイストであるウォズニアックは、利用者がそうした決断を自分でやってカスタマイズしたいだろうと思ったのだった[*38]。

だが低コストと入手の容易さにもかかわらず、カセットテープには欠点が

あった。カセットテープの磁気層は基本的に1本の長いリボンなので、データは順番に保存されねばならない。だからカセットテープは情報を一ビットずつしか保存できない。カセットテープのプログラムを読むときには、各ビットは個別にコンピュータのメモリに読み込まれねばならない。実際には、これはカセットベースのソフトウェアの読み込み時間がきわめて遅いという結果をもたらした。さらにカセットのインデックス作成は自動化されていなかった。カセット自体は、テープ上の各種のちがったデータがどこにあるのか知らなかった。このため、自分のデータを探す面倒で時間のかかるプロセスが必要となった。これはある初期のマイクロコンピュータ利用消費者ガイドが報告している通りだ。

> 例えばあなたが地元のコンピュータクラブの秘書だとしましょう。だからカセットに保存されているメーリングリストを維持しなくてはなりません。すぐにわかるのは、住所変更や新しい名前の追加が、テープだといささか時間がかかるということです。シカゴの都心に到着するとき、タクシーの運転手がオヘア空港から出発して、空港から都心までのあらゆる家の横を通過しなければならなかったら、どうでしょうか？　テープ保存というのは要するにそういうことなのです。[*39]

　一部の推計では、利用者がテープ上のデータを見つけるのには30分から60分かかる[*40]。カセットは、一部のソフトウェアプログラムには使い物になる配布形式だったが、こうしたデータアクセスの制約のため、仕事のために多くの保存ファイルを利用者が作らねばならない*VisiCalc*のような製品にとっては、テープは不向きなフォーマットとなっていた[*41]。

　フロッピーディスクは、もっと高度な情報アーキテクチャを、ディスクの磁気表面に対して適用することで、カセットテープの制約を解消した。1970年代初頭にIBMがローエンドのシステム3メインフレーム向けに開発したフロッピーディスクは、すぐに数社に採用されて、企業デスクトップデータ処理システムや、後には消費者グレードのマイクロコンピュータに適切なマスストレージ技術に改変された[*42]。フロッピーディスクの本質的な構成要素は長いリボンの帯ではなく、磁化されたフィルムの細い輪で、それが柔軟な保護プラスチックの鞘に入っている（このためフロッピーディスクは独

アップルコンピュータ社のDisk II 5.25インチフロッピーディスク周辺機器の接写。フロッピーディスクは正面に向いたスロットに水平に差し込まれ、黒いフリップアップ式のタブを押し戻してスロットを閉じることで固定された。ディスクを読むには、「読み書きヘッド」と呼ばれる可動要素がディスクの磁場をスキャンし、そのパターンをApple IIに処理できる電流へと解釈する。この活動は、ディスクにデータを書き込むときには逆転した。脇のアダプタは、Apple IIのマザーボードに差し込まれたDisk II拡張ボードに接続された。映像提供：Andrew Borman。

特なペラペラした感じとなる)。フロッピーディスクの表面は同心円状のトラックが、パイ状に刻まれているが、それは人間の目には見えない[*43]。このためフロッピーディスクのあらゆるデータは位置がわかり、それが索引に導かれている。タクシー運転手の比喩を続けるなら、カセットとフロッピーディスクのちがいは、カセットがあらゆる家に立ち寄るのに対し、フロッピーディスクはディスク上のどこにデータがあるかという知識を含む地図を持っているのだ。フロッピーディスクはカセットテープほど大量のデータは保存できないが、データ組織の手法のおかげで、ドライブはカセットデッキよりはるかにすばやくデータを見つけて読み込めた。ある利用者が1980年に報告しているように「初期投資は高いが、フロッピーディスクは信頼性が高く、プログラムやデータをオーディオカセットより30倍も速く転送できる」[*44]。

ソフトウェア産業のトレードオフにおいては、効率的な利用者体験のほうが、単なる保存容量に勝った。カセットテープはホビイスト界隈では人気を維持したが、フロッピーディスクドライブの価格が下がると、商業流通フォーマットとしてはすぐに放棄された。

　しかしディスク価格が消費者の手の届く閾値に到達するには、数年かかった。8インチドライブは企業環境ではかなり普及していたが、低コストドライブへの欲望が5.25インチドライブの創造をインスパイアした。これは当初は「ミニディスク」と呼ばれた[*45]。1978年夏には、ラジオシャックとアップル社の両方が自社システム用のフロッピードライブを発表し、利用者がカセット保存より高い水準にアップグレードできるようにした——しかしAppleのドライブはシステムの8つの拡張スロットの1つにプラグインするだけだったのに、TRS-80はシステムの追加用拡張インターフェースユニットの購入を必要とし、フロッピーは周辺機器の周辺機器となっていた[*46]。アップル社が使ったドライブはサードパーティの機器だったが、ウォズニアックはコントローラカードを設計し直して、元の機器メーカーの出来合いのカードに比べて使用チップ数を75パーセントも減らし、ディスクドライブの価格を下げて495ドルから買えるようにして、入手しやすくした[*47]。最初のDisk IIは部品代の3倍以上の価格で販売されていたが、それでも市場で最も安いディスクドライブだった。フランク・ローズが1980年代末のアップル史『エデンの西』で主張したように、Disk IIは「いきなりApple IIを、ハードコアなホビイストしか欲しがらないガジェットから、あらゆる種類の人々が使えるものに一変させた。（中略）戦略的に言えば、ウォズのディスクコントローラの発明は、Apple IIそのものの発明と同じくらい同社にとって重要だった」[*48]。

　Apple IIの最後の優位性は、技術能力からではなく、このハードウェア企業が独立ソフトウェア開発の建設的な環境を作り出した方法にあった。まずアップル社は、プラットフォームのソースコードを文書化しようというまともな努力をしたので、気鋭のソフトウェア開発者たちはApple IIの内部の仕組みについて十分情報が得られ、そのプラットフォーム向けのコードをうまく開発できた。こうした決定はApple II上での開発を促進する一助となり、特にプログラムとして複雑なVisiCalcのようなソフトではそれが重要だっ

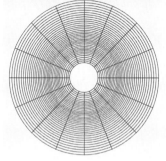

5.25インチフロッピーディスクの写真（上）と、ディスクのセクタとトラックによるデータアーキテクチャを示した模式図（下）。フロッピーディスクの保護ジャケットには、丸い薄い磁気フィルムが入っている。ドライブに挿入すると、モーターがジャケット内部でフィルムを回転させ、データがディスク底面にある楕円形のフィルム露出部から読み取れる。写真提供：Tega Brain、模式図は著者。

た。さらにホビイスト的なやり方で、アップル社はApple II向けにソフトウェアを設計販売したい開発者たちに一切制限をかけなかった。

　いまから見れば、ソフトウェアが増えると競争的な市場におけるプラットフォームの価値が高まるのは当然に思えるが、マイクロコンピュータ最初期の主導者ラジオシャックはそういうアプローチを採らなかった。ラジオシャックはTRS-80の提供ソフトウェアを小売販売のレベルで仕切ろうと考え、基本的にラジオシャックのフランチャイズ店には、ラジオシャック自身の発行していないソフトウェアは、販売はおろか言及も禁じたも同然だった。このプラットフォームは初期に人気があったため、多くの開発者たちは最初のソフトをTRS-80向けに書いたが、店舗で売場を取ってもらえないので、ソフトに注目してもらうのがきわめて困難だということをすぐに思い知らされた[*49]。マイクロコンピュータの技術的なアフォーダンスだけでなく、こうした流通や小売関係についても熱心に調査していたフィルストラは、

*VisiCalc*をTRS-80向けにリリースしたら、ラジオシャックに売上の一部を渡さねばならないことを十分に理解していた。

　これらをあわせると、Apple IIを*VisiCalc*の理想の開発環境にした優位性は、プラットフォームだけでなく、それが競争エコシステムの中で活動した方法のおかげでもあった。それは*VisiCalc*製作者たちの技術経済両面の欲望に適合した、固有のアフォーダンス群を持っていた。技術的な理由から、コモドールPETはそもそも検討対象にならなかった。そしてTRS-80は強化されば*VisiCalc*のようなソフトの最低メモリ要件は満たせたが、ラジオシャック社のソフトウェア開発と流通をめぐる方針のため、このプラットフォーム向けの野心的で革新的なサードパーティー開発は足を引っ張られた。*VisiCalc*、Apple II、パーソナルコンピュータ利用台頭の歴史的なつながりは、あまり訓練のないほとんどの利用者にとってコンピュータ利用を「簡単」にするような、経済、技術、実務的な要因の絡み合う相互依存性として表れてくるのである。

＊　　＊　　＊

　Apple II利用者が自分のカセットデッキでやりくりしたか、それとも最新のマスストレージ・デバイスにアップグレードして*VisiCalc*を走らせたかを問わず、彼らはソフトウェア製作の新世界で活動していた。個別のユニットで個別消費者に販売され、私有されるソフトウェアという新世界だ。レコードや8トラックのテープ、VHSテープなどと同じだ。これはメインフレームやミニコンピュータからの明確な変化だった。以前のシステムでは、ソフトはそれを買ったり開発したりする会社が所有したりリースしたりするのが通例だったからで、個別利用者が所有することは決してなかった。カセットとフロッピーはどちらも、商業ソフトウェア流通において安価ですぐに複製可能なフォーマットを提供したし、独占フォーマット制約がなかったから、ソフトウェアプログラマは時間、労働、材料費以外に何の費用もかからずにソフトをカセットやディスクに自分で複製できた――おかげで市場参入の障壁はきわめて低かった。

しかしソフトウェアの販売で儲けるとなると、話は別だった。これはソフトウェアを製造、流通、マーケティングする効率的な方法についての理解を必要とした——単純なコード開発とはまったく別の技能だ。こうした個別の問題はすでに*VisiCalc*の話でも見られる。もしダン・フィルストラと、マイクロコンピュータ向けに開発しろという彼の固執がなければ、このプログラムはそもそも存在しただろうか、あるいは圧倒的な影響力を持てただろうか？　フィルストラが、ソフト自体は作っていないのにそうした商業化判断に影響を与えられたというのは、ソフト開発者とソフト発行者との複雑な関係の一端でしかない。そうした関係は1970年代半ばから末にかけて、ぎくしゃくと生まれてきたのだった。

　最初期のマイクロコンピュータ・ソフトウェア産業の形成は、ときにもっとおなじみの、レコードレーベルとミュージシャン、あるいは出版社と作家との関係と対比されることもある[*50]。どちらのモデルでも、創造的な部分と物質的な労働とが切り離され、製品を資本主義的交換様式の中を移動させる組織的社会的労働から、独特の文化製品を作り出すのである。こうした仕組みはしばしば、参加者それぞれに無用な責任を負わせないことで、それぞれの才能が花開くのを可能にするとしばしば信じられている。ほとんどのミュージシャンや作家と同じく、ソフトウェア開発者たちは通常、自分たちのプログラムを自己管理で製造、流通、販売促進するための高価なプロセスに取り組む制度的なノウハウや社会関係、起業資本を持ち合わせていない。発行者とつながることで、彼らは商業的な技能とリソースを得た。一方、ソフトウェアハウスは通常は、十分な規模の収益性を実現するような量のコンテンツを内製できる組織的な性質を持っていないのが通例である。

　ソフトウェア産業がないも同然の時代には、もちろん、開発者と消費者の仲介役となる独立発行者など存在しなかった。エコシステムの中に彼らの居場所がなかったからだ。マイクロ＝ソフト社の*Altair BASIC*は、MITS社が直販しており、ホビイストたちはコミュニティ内で自作ソフトを無料で流通させるのが普通だったことを思いだそう（ましてホビイスト集団内ではソフトウェアの海賊行為が横行していた）[*51]。オペレーティングシステムやプログラミング言語の設計に興味のあったマイクロコンピュータのソフトウェア開発者たちは、一般に商業市場をバイパスしてハードウェアメーカーに自分

から接触するか、相手から接触されるのだった。だが消費者アプリケーションがそのすべてを変えた。アプリケーションソフトは——ゲームだろうとワープロだろうと*VisiCalc*のようなプログラムだろうと——雑誌広告や小売店の棚で、消費者の関心を求めて肩を並べて争っていた。多くの場合、特に1975年から1977年初頭にかけて、こうした製品はそれをプログラミングしたのと同じ人々が販売しており、それは初期のソフトウェア広告の多くに見られる、素朴でさえないスタイルを見てもわかる。

しかしちょっとした財務ノウハウとマーケティング経験を持つマイクロコンピュータマニア（たとえばHBSの卒業生など）にとって、市場機会は明らかに思えただろう。ソフトウェアをフロッピーディスクで量産するのはかなり安上がりだったし、もっと多くのユニットを複製したり、生ディスクを大量に注文したりすれば、さらに安くできた。1970年代半ばのコンピュータマニア向け雑誌の広告スペースはかなり安かったが、マーケティングできる製品が増えれば、印刷物での1インチあたりの行に支払う金額は減った。そして製品が売れれば、流通業者、小売業者、ジャーナリストに対する発言力も高まった。個別の開発者たちは、この種の優位性を実現するためにソフトをもっと高速で作ろうとしても、できることはあまりなかった。だが鋭いコミュニケーターと自信たっぷりの交渉者なら、他の開発者を説得して、製造、マーケティング、流通という面倒な作業を肩代わりしてやれた——その中でそうした規模の経済の利点をかすめ取るのだ。

ダン・フィルストラと彼が1977年に創業した発行社パーソナル・ソフトウェア社の道はそうしたものだった。この事業は、彼が妻のヒラリーと共有しているマサチューセッツ州ケンブリッジのアパートで運営する、ソフトウェア通販事業として始まった。そこで2人は、カセットテープ、説明書、梱包材に首まで浸かって暮らしていた[*52]。パーソナル・ソフトウェア社の最初期についてはきわめて記録が少ないが、初期の広告を研究するといくつか細部がリバースエンジニアリングできる。パーソナル・ソフトウェア社の最初の製品はおそらくフィルストラ自身が作った、コモドールPET向けの6502アセンブラだったらしい[*53]。これ以外には、同社の最初期の広告はフィルストラが手に入れたものの寄せ集めで、ほとんどはPETやTRS-80向けのソフトだった。彼は別々の開発者によることも多い別々のソフトを束ねて、

安い「パッケージ」にして売るクセがあった。グラフィックスのパッケージ
なら*DOODLER*、*PLOTTER*、*LETTER*が入っている。「個人ファイナンス」ス
イートは*INSURE*、*HOME*、*SPEND*で構成されている。シミュレーションゲー
ム10本のコレクションですら、$14.95というとんでもない低価格で売られ
ている[54]。

　このビジネスモデルは、無数の開発者との関係構築に依存していた。こう
した関係を通常は律する経済的な取り決めはロイヤリティ構造だった。開発
者は、売上ごとに一定割合を与えられ、通常は月ごとなど一定期間の請求書
に応じてそれが支払われる。パーソナル・ソフトウェア社の最初期の製品に
ついては、正確な歩合はわかっていないが、業界全体としてロイヤリティは
発行者の販売分の5～25パーセントであり、さらに開発中およびその改良
の間にプログラマに資金を提供するための先渡し金もあった[55]。こうした
ロイヤリティの歩合は卸売の売上（これは流通業者が製品に利益を上乗せし
てサプライチェーン下流の小売店に送り出す前に支払う金額だ）にも、発行
者自身が扱う通販または直販の定価販売にも適用された[56]。

　ロイヤリティ構造の下では、開発者たちは下請け業者であり、従業員では
ない――「マイクロコンピュータ・ソフトウェアデザイナー」がまだ職業と
は認められず、そんな仕事が長期にはどれだけ維持可能かもはっきりしな
かった時代には、無理もない取り決めだろう。安定したキャッシュフローを
維持するストレスも、まちがいなく新進発行者にとってプログラマのロイヤ
リティを魅力的なものにしていたはずだ。この方法なら低資本の会社でも、
ソフトウェアライブラリは増やせるし、給与支払いで運営経費が増えるリス
クも減らせる――開発者たちが支払いを受けるのは、発行者が支払いを受け
たときだけなのだ。

　1978年晩春には、パーソナル・ソフトウェア社は一般向けコンピュータ
ホビイスト雑誌に出向している各種の発行者もどきの中で、特に目立つ存在
ではなかった[57]。だがその年のどこかで、フィルストラは人気チェスゲーム
*Microchess*をシングルボードのKIM-1コンピュータ向けにプログラムした、20
代半ばのカナダ人開発者ピーター・R・ジェニングスと知り合いになった[58]。
フィルストラは、ジェニングスの発行者となる契約をして、パーソナル・ソ
フトウェア社のパートナーにした。1979年までにこのソフトウェアをTRS-

80、コモドールPET、Apple IIで動くように変換してから、パーソナル・ソフトウェア社は*Microchess*を、業界初の「ゴールドカセット」、つまり5万本以上売れたソフトだと豪語できるようになった[*59]。だが1978年秋の時点でパーソナル・ソフトウェア社の売上の半分近くはゲームだったが、フィルストラは「もっと本格的なソフト」に移行したいと思っていた。つまり仕事やビジネス用のアプリケーション向けコードだ[*60]。ゲームはあってもなくてもいいものだが、ビジネスソフトはインフラになれる——そして発行者にとっては、ビジネスソフトは製造も広告もゲームと同じだが、ずっと高値をつけられるのだ。

　これぞまさに、*VisiCalc*についてブリックリンと議論しているときにフィルストラが感じ取った市場機会だった——かなり大きな機会だったので、フィルストラは最初、パーソナル・ソフトウェア社に入り、自分の会社の内側で仕事をしないかとブリックリンに持ちかけたほどだった[*61]。文献記録はフィルストラの動機について明確には述べていないが、*VisiCalc*の潜在市場の範囲と規模についての理解を考えれば、経済的な潜在性は明らかだったはずだ。発行者にとっては、ロイヤリティ取引の主要な利点は、それが経費回収の一種の保険となるという点だった。特にそんなに売れないかも知れない製品の場合はそれが大きい。ロイヤリティ取引なら、発行者は歩合制により売上の大半を得られるのだ。だがあらゆるロイヤリティ取引には分岐点がある。製品の売れ行きがあまりにいいと、ロイヤリティは発行者にとっては売上の喪失と捉えられるようになるのだ（開発者に従業員として支払いをしていれば、売上のもっと多くを懐に入れられていたという意味で）。特にブリックリンはパーソナル・ソフトウェア社で働かないかという申し出を断った（そもそも彼がHBSに入ったのは、他人のために働くプログラマという罠から逃れるためだったのだ）。追加の事務的なオーバーヘッドがあっても、ソフトウェア開発者として自立性を求めるブリックリンは、*VisiCalc*の未来に長い影響を与えることとなる。このプログラムの成功と後の衰退は、ソフトウェアそのものよりも、それを取り巻く商業的なアーキテクチャについて物語る部分が大きい。

　ブリックリン、フランクストン、フィルストラの初期の話し合いでは、正式な合意は何もなかった。フィルストラの支援は最初はカジュアルで、大

ざっぱにしか決まっていなかった。彼はブリックリンにApple IIの情報を渡し、やがてはマシンそのものも渡した。そして1978年秋にブリックリンとフランクストンがアイデアを発達させるにつれて、反復的なフィードバックを行った[*62]。業界のこの最初期にあっては、結果も市場もまだかなり草創期だったので、関係者のコミットメントが明文化されないのはかなり一般的だった。それでも、プロセスのかなり早い時期に口頭でのロイヤリティ取り決めが行われた。両社の間で正式な発行合意は何もなかったが、そのロイヤリティは35.7パーセントとされた。ロイヤリティ取引がどんなものかを律する、業界としてのベストプラクティスなどはまだなかったが、フィルストラとジェニングスは、それが当時としては前代未聞ではないものの、かなり高かったと認めている[*63]。正式な発行契約は1979年春、ブリックリンとフランクストンがその1月に、ソフトウェア・アーツ社という開発スタジオとして正式に企業化してから交わされた[*64]。ロイヤリティの取り分を決めるにとどまらず、この契約は双方の企業の相互依存を確立した。パーソナル・ソフトウェア社は他にどんな表計算製品も開発したりマーケティングしたりもできなかった。ソフトウェア・アーツ社はパーソナル・ソフトウェア社のマーケティングの方向性に従わねばならなかった[*65]。

　ブリックリンとフランクストンが作業に取りかかる中、その発行者たるフィルストラとジェニングスの仕事は、*VisiCalc*到来の滑走路を用意することだった。これは、初期の発行者が顧客のために提供した各種の支援を反映した、様々な作業を含んでいた。たとえば業界のアウトリーチ活動、製造、流通、そして──おそらく最も重要な──起業資本の提供だ。パーソナル・ソフトウェア社は*Microchess*の収益10万ドルを*VisiCalc*に注ぎこんだとされる[*66]。この資金の一部は開発費の足しとしてソフトウェア・アーツ社へのロイヤリティ支払い先渡しとなった。その開発費は、時分割システムの月次リース料も含んでいた[*67]。ジェニングスは、*VisiCalc*の開発中はしばらく*Microchess*の自分のロイヤリティ支払いを見送って、パーソナル・ソフトウェア社のキャッシュフローを増やしさえした──最も成功した初期の発行者が、どれほど少ない資本でやりくりしていたかを示す話だ。

　初期の開発費を支援するだけでなく、フィルストラとジェニングスはプログラムの初期バージョンを主要な業界プレーヤーにデモするよう手配した。

マイク・マークラ、スティーブ・ウォズニアック、ベン・ローゼン、そして
フィルストラのかつての「BYTE」仲間カール・ヘルマースだ。いずれの場
合も、目標は興味をかきたて、フィードバックを得ることで、特にマーケ
ティングと価格設定について意見が欲しかった[68]。この種のソフト発表の
モデルはなかったので、業界リーダーとの会話はフィルストラとジェニング
スに、価格を市場が要因できると思ったものに調整し、潜在利益を最大化
するのに役立った。当初は35ドルくらいの価格を想定していた——ゲーム
よりは多いがプログラミング言語やオペレーティングシステムの多くよりは
安い——しかし発表時にはそれを99.50ドルに釣り上げた[69]。

　全米コンピューティング会議や西海岸コンピュータフェアは、こうした会
合の多くにとって自然なアンカーとなったし、またマスコミに事前のお披露
目をする機会にもなった。2人はまた、アップル社のマーケティング部門代
表とも会い、おかげでパーソナル・ソフトウェア社は、Appleの流通ネットワー
クの複雑さを理解する上での優位性が得られた。フィルストラの回想では：

> アップル社からの支援で、私はいくつかの地域流通業者会合で、*VisiCalc*のプレゼンテー
> ションを実施できた。そこには何百人ものコンピュータ店長が参加していた。(中略)
> 小さなAppleのディスプレイをスクロールして、一見すると無限のワークシートを見
> せたり、1つの数字を変えると計算値すべてが変わる様子を見せたりすると、観客は
> 沸き立った。コンピュータ店のオーナーや販売員たちはすぐに、アップルコンピュー
> タシステムと*VisiCalc*ソフトウェアをセット販売できると気がついたのだ。[70]

　これはすべて、ソフト発行者が対応すべき、生まれつつあるサプライチェー
ンの一部であり、その中で発行者の役割は流通業者や、流通から仕入れる小
売業者に対し、個別ソフトパッケージの操作や便益について教育すること
だった。小売業者は、店頭でどの製品を売るかについてはおおむね自分で決
められたが（ただし流通業者がそれを扱っていればだ）、つながりがあると
感じたり、小売店研修を提供したりする発行者のソフトを扱いたがった。流
通や小売とのこうしたやりとりを支えるのに必要な投資の深さは、開発者と
発行者との根本的な分業を明確に示している。こうした現場レベルでの活動
は、ブリックリンとフランクストンが*VisiCalc*開発の片手間にできることを

はるかに超えていた。この種の制度的な知識に近づくため、フィルストラとジェニングスはまたパーソナル・ソフトウェア社を1979年5月にカリフォルニアに移転させることにした。これは重要な移転だった。その主要パートナーたるソフトウェア・アーツ社を東海岸に残していったのだから——この地理的な距離は、この両社が果たしていたまったくちがう役割をさらに強調するものだった。

＊　＊　＊

　ニューヨーク市の、マディソン街と30番通りの角に近いどこかで——パーソナル・ソフトウェア社からもアップルコンピュータ社からも、業界のキングメーカーを自認するあらゆる人々からもはるかに遠いところで、スタン・ベイトは何かが起こるのを見ていた。ビジネスマンたちがミッドタウンにある彼の店コンピュータマートにやってきては「*VisiCalc*マシン」を買いたいと言うのだ[*71]。一気に起こったことではないが、かなりの短期間での、1979年から1980年にかけて、さらに1981年にかけてのできごとだった。幅の広いネクタイとスリーピースのスーツを着た彼らは、プログラミングのためのプログラミングなどに興味はなく、ROMとRAMの違いも知ろうとはしなかった。ベイトは、コンピュータ使用の習慣が凝集する様子をリアルタイムで見ていたのだ。その顧客たちは「コンピュータで何ができるかに興味があり、どんなふうにコンピュータがそれをやっているかは興味がなかった」[*72]。

　*VisiCalc*は「百ドルのプログラムを走らせるために一万ドルのコンピュータシステムを買う」口実となったが、プラットフォームやプログラムを購入する立場にあったのはだれかを見ると、伝統的なマイクロコンピュータ・マニアとはまったくちがう方向が示される——これはベイトの直接体験が示す通りだ[*73]。*VisiCalc*最初期の消費者たちは、金持ちのホワイトカラー男性で、自分の職業生活を増幅するツールとしてマイクロコンピュータ利用に興味を持っていた人々だった。中にはコンピュータの虫に取り憑かれる人も確かにいた。だがほとんどはその新しいコンピュータホビイズム（当人たちが自分をホビイストとそもそも思ったかどうかも怪しいが）を、すでにプログラム

99

されたソフトウェアアプリケーション経由で体験したのだった。これは、転換的な技術なるものが、最も転換性のない目標に奉仕させられたということだ。その目標とは、ライバルを出し抜くことだった。

　フィルストラとジェニングスは、こうしたビジネス利用者の不安と欲望につけこんで、VisiCalc のきれいなマーケティング戦略を作った。ほとんどのソフトウェアは、ジップロック式のビニール袋に入り、コピーした説明書が一枚ついているだけで販売されていたが、パーソナル・ソフトウェア社はVisiCalc を「総合製品」として扱った。フィルストラはこれを HBS で学んだと主張している[74]。想定としては、VisiCalc を扱い利用法を学ぶ体験を、その製品の一側面として扱い、その「総合製品」を非プログラマにも、あらゆるインタラクションの水準でわかりやすくするということだ。これはつまり、念入りな説明書、レファレンスガイド、スプレッドシート見本、さらには利用者が本気の製品を相手にしていると感じさせる包装ということだ――どれもマイクロコンピュータのソフトウェア業界では初めてだった。VisiCalc は茶色いビニールのフォルダに包装されていて、皮のアタッシェケースや重役用バインダーを思わせた（図版9参照）。さらに 100 ページのマニュアルが付属し、それが4つのレッスンとクイックレファレンスカードに分けられていた[75]。フィルストラには特に、利用者にとって目新しい Apple II の技術とVisiCalc の細やかな機能性をプロフェッショナルな想像力の中に組み込むために必要な文化作業のセンスがあった。VisiCalc のすべては簡単で役に立ち、職業的で進歩的なものとしてプロモーションされた。

　この感覚は、VisiCalc の最初の広告でも強力に表現された。これはパーソナル・ソフトウェア社用にレジス・マッケンナが制作したものだ。アップル社が使ったのと同じ広報企業である（そしてフィルストラにこの会社を紹介したのはスティーブ・ジョブズだ）[76]。これはマイクロコンピュータ用ソフトウェア製品用に印刷された、初の全ページ4色分解広告であり、パーソナルコンピュータで使うソフトウェアがどんなものになれるかという期待の新世界を電報で伝える、精悍できらびやかな広告だった（図版 10 参照）[77]。またこれは 1979 年頃のアメリカの実業現場の不安についてのケーススタディにもなっている。「個人のエネルギー危機を解決しましょう」と見出しにはあるが、これは継続中の 1979 年のオイルショックに対する何の衒いも

100

ない言及だ。イラン革命後に勃発したオイルショックは、1970年代におけ
る二度目のエネルギー危機であり、パニック買いだめ、ガソリンの割り当て
制、全般的な経済不安をアメリカ全土に引き起こした（ジェニングス自身も、
ガソリン不足のせいで1979年西海岸コンピュータフェアに行くのに、パロ
アルトからサンフランシスコまで列車を使わねばならなかったと回想してい
る）[78]。これは何かカウンターカルチャー・ユートピアのためのソフトウェ
アではなく、現実で即時的なものの中に生きるソフトウェアだった。それが
すでに、最も特権を持ち経済的な嵐に十分に耐えられる人々だけを標的にし
ていたとしても——つまりは仕事を持つ白人男性が相手であっても、それは
変わらない。そして彼らはその広告自体にも大きく登場していた。

　VisiCalc の最初の広告は、個人的なものと地政学的なものを合体させて、
広範なインフラ的危うさを、ある個人による必死の計算のレベルにまでス
ケールさせた。広告の場面では、日常ビジネスマンが三重映しになってい
る。合計を参照し、それを計算し、その結果を書き写すという作業を、なぜ
か明るく照明されて文脈のないデスクで行っているのだ。広告のコピーは
VisiCalc の威力が、計算の手間を楽にしたり取り除いたりするだけでなく、
自分の労働をもっと高い意味のある領域に再分配できることにあるのだと示
唆している。「もしもこうなら」というものだ。「もし3月に売上が20パーセ
ント下がったら？」「光熱費がこの冬に15パーセント上がったら娯楽予算
はどうなる？」「この変動があと10パーセント落ち着くとどうなる？」。利
用者の関心を憶測に向けることで、*VisiCalc* は未知の不確実性を、計算可能
な無数の未来に置きかえる機会を与える——未決定性を確率で置きかえ、あ
らゆる可能な結果のための戦略を開発できるのだ。経済的未知の影の中で
VisiCalc は時間節約技術ではなく、常に控えの計画を用意しておくための
ツールなのだった。ソフトウェアがこのような形で売られたことはそれまで
なかった。何がソフトウェアをよいもの、便利なもの、簡単なものにするの
かに訴えるのではなく、それが不確実な基盤に新しい希望を構築する方法に
ついての感覚によって人々に訴えかけたのである。

　蓋を開けてみると、*VisiCalc* がホワイトカラーの専門職に人気を博した理
由の相当部分は、それがブリックリン自身はそもそも解決しようなどとは
思っていなかった、ある計算力へのアクセス問題を解決したおかげだった。

重役たちが、数字を厳しく精査して、経済予測の柔軟性を高めたがっていたということがその問題だ。金融モデルソフトウェアや、ダイナミックな計算用のプログラムがそれまでなかったわけではない。金融、銀行、小売部門のソフトウェアは、大小問わず民間企業の間で1960年代から大量に使われていた[79]。だがどんな規模だろうと企業の内部では、どの従業員でもコンピュータに対するアクセスは限られており、会社のデータ処理部門のルールや構造に制約されていた（データ処理部門というのは、メインフレームコンピュータや時分割ミニコンピュータのハブが置かれているところで、コンピュータ利用を管理する従業員たちに守られていた）[80]。アクセスは決して直接ではなく、コンピュータはおおむね謎の物体だった。ほとんどの企業では、ほとんどのシナリオで、個別の従業員がコンピュータに独占アクセスできるような理由は存在しなかった。

　*VisiCalc*と、それが職場にもたらしたApple IIは、職場における計算力を再分配した。「BYTE」創刊人カール・ヘルマースが同誌1979年8月号に書いたように「Visi-Calc［ママ］に使われている技術は『ユーザ一人にプロセッサ一つ』のコンセプトが採用されているとき、つまりコンピュータの力が『パーソナル』となったときにのみ（中略）可能となるのである」[81]。消費者マイクロコンピュータは、ホワイトカラー職業人、特に1970年代末の拡大する情報産業にいる人々に、自分自身の研究、計画、予算分析をもっと密接に管理する機会をもたらす条件だった。それは無数の細かい変化に応じて財務や科学シナリオを何度も実行し直すなどという帯域幅がまるでない、社内の中央集権化されたデータ処理部門よりもありがたいものだったのである[82]。

　だからウォール街の到るところで、重役たちは消費者向けの小売流通チャネルをまわってマイクロコンピュータを調達し、巧みな会計上のごまかしでデータ処理部門に見つからないようにしつつ、自分のApple IIを自分のオフィスに会社の経費で導入したのだった。パーソナルコンピュータ利用コンサルタントのバーバラ・マッカレンとジョン・マッカレンは、こうした変化の歴史を書いた1980年代初頭のエッセイ「ウォール街でのスクリーン嫉妬」で次のように書いている。「コンピュータ導入のための小切手は『家具代金』という費目が半券についていた。つまり会社は、9,000ドルのデスクを買っているだけで、配達時にたまたまそのてっぺんに、変な格好のマシンが鎮座し

ていただけなのだった」[83]。*VisiCalc* という産物において、利用者中心のソフトウェア指向は、たった一人が使うよう設計されたハードウェアプラットフォームと融合したのだ。

　数字をいじり、データを管理し、収益性を確保するのが仕事の職業人にとっては、*VisiCalc* が提供する計算への直接アクセスは目からウロコが落ちるようなものだった。あるコンピュータ支持者は「費用予測に何時間もかけなくてよくなった。推計の改訂を何日も待っていたのが数秒で済むようになった」と豪語した[84]。*VisiCalc* はその翌年には他のシステム向けにもリリースされ、TRS-80 の改良モデルやコモドール社のマシン向けのものもできたが、当初の Apple II との連想は残ったし、特に拡大する起業家階級の中ではそれが強かった。彼らはアップル社がきれいにマーケティングされた起業寓話だと考えていたからだ。古くさくなった工業経済のゴリアテと対決する、柔軟なダビデというわけだ[85]。発表から2年たっても、*VisiCalc* は Apple II 用ソフトの二番手を2倍の差で引き離しており、1983年12月まで、月次のソフトウェア販売数総合10位以内にとどまり続けた[86]。1981年12月にある Apple II ジャーナリストが書いた通り「Apple 市場における *VisiCalc* の継続的な強さは、あまりに何度も語られているので、もう聞き飽きたかもしれない。だがそれはお門違いだ。*VisiCalc* はパーソナルコンピュータが、有用なビジネスツールだという見方を裏付け、いまや到るところのコンピュータ店に群れを成し、製品に行列しているのはビジネス利用者なのだ」[87]。

　ビジネスジャーナリズムはすぐに、新しいトレンドとしてのマイクロコンピュータ利用というイメージに飛びつき、その中心となるスター役に *VisiCalc* を据えた。このプログラムは「Fortune」「ウォールストリート・ジャーナル」「Inc.」など主流ビジネス雑誌で熱烈に報じられた（「Inc.」は1979年に「成長企業のための雑誌」として始まった。開花しつつあったアメリカの起業家精神へのこだわりにおける、坑道のカナリアだ）。そして収益性の新しい波は、1981年の IBM 5150、通称 IBM PC の発表に続いて実現される。ビジネス利用者にとって、IBM PC はとどろき渡るスタートの銃声だった。ある会社のデータ処理部門が、マイクロコンピュータなど計算機のおもちゃだと思っていたので投資にためらっていたとしても、IBM のお墨付きは、マイクロコンピュータこそアメリカビジネスにおける、次の熱烈に待

たれた進歩なのだという認識を固めた。だから*VisiCalc*のApple IIとの有益な関係性は続いていたものの、やがて他のどんなプラットフォームよりもIBM PC向けの販売が多くなる——見出しが何と言おうと、ほとんどのアメリカ企業は技術志向において根本的に保守的であり、地上最大の「伝統的」計算機会社との関連を通じて正常化されるまでは、マイクロコンピュータを試したがらなかったという事実を裏付ける証拠ではある。

いったん*VisiCalc*が職業人たちに、マイクロコンピュータにできることを味わわせると、ビジネスコンピュータ利用の市場は爆発して、小売レベルの消費者を相手にするソフトウェア開発とは別の、専用流通を発達させた。企業向けソフトウェア発行は、1980年代半ばにはソフトウェア市場最大のセグメントとなり、トップ製品の累積販売本数で、消費者市場や教育市場など問題にならないほどの、推定230万本で売上5億ドル近くを占めるようになった[88]。ビジネスソフト発行社トップ3（パーソナル・ソフトウェア／ビジコープ社、ロータス社、その頃にはハイフンが取れていたマイクロソフト社）は、トップ3の消費者ソフト企業（シエラ・オンライン、スピナカー、ブローダーバンド）の売上を5倍も上回っていた[89]。ビジネスソフトは1980年代半ばには「ソフト発行社の主要分野」と正当にも考えられるようになり、「主要発行者にとって売上や利潤が大きなものとなる唯一の市場」とされた[90]。

こうした差の規模は2つの要因のためだった。まずマイクロコンピュータ利用に対する大企業の関心はIBM PCのおかげで高まっており、マイクロコンピュータの個人化された性質のため、これらの企業が部局や雇用者集団全員のために、個別のソフトウェアを大量購入しなければならないことになったこと（このため多くのビジネスソフト発行者は、そうした企業向けの直販とマーケティングの専門従業員を雇うことになった）。第二に、*VisiCalc*のようなソフトはついに、マイクロコンピュータを十分に有用かつ簡単にしてくれたので、中小企業オーナーたちもコンピュータ所有という考えに傾くようになり、ビジネスソフト産業にアメリカの全企業の97パーセントを占める市場に対するアクセスを提供したこと。こうして、ほんの数年で、かつては1979年にベン・ローゼンが嘆いた「実用的で便利で普遍的で信頼できる」ソフトウェアに飢えていた市場は一変し、ついにマイクロコンピュータを大衆にもたらす一翼を担うようになったのだった。

＊　＊　＊

VisiCalc は、紙と鉛筆でやっていたことを電算化しただけではなかった。むしろそれは、それまで不可能だった何かを提供したのである。コンピュータが画面のメモリをリフレッシュする中で、データの即時の変化が行や列の中を波のように走る様子が見られるようになったのだ。「数値データをどれか変えると、電子ワークシートは即座に新しい結果を表示します。自動的に」と *VisiCalc* のマーケティングは約束した。「『もしこうなら』を好きなだけやって、何千ものちがった問題を解決できます。終わったら、ワークシートすべての情報をコンピュータのプリンタからハードコピーできます。まったく何のプログラミングもいりません」[*91] それがウォール街の証券会社だろうと小さな町の実業店頭だろうと、*VisiCalc* は一人の個人の指示で実行できる、事業運営を評価する方法を約束していた。

VisiCalc がもたらした感覚——眼下の数字の世界に対する、すべてを見渡すデカルト的な視点を提供するだけでなく、その結果を変えられること——は金融操作屋たちを、完璧になるまでシナリオをいじってそれを現実世界で実行するにあたり大胆にさせた。*VisiCalc* が持つ、即時的な財務計算への根本的な指向は、急速な経済予測という新しい文化を可能にした。特にこれはファイナンス部門で顕著であり、それが経済リスクの内部化と手を携えて進んだ。*VisiCalc* がその透明性を持つとされる経済モデリングを通じて可能にしたのは、一種の自己の金融化である。「スプレッドシート以前は、人々は当てずっぽうでやった。いまや数字を走らせねばならないと考える」[*92] とボブ・フランクストンはハイテクジャーナリストのスティーブン・レビーに、1984年に語っている。

これがすべて何を意味するかと言えば、それは現在まで続いてきたある認識論、「スプレッドシート的な知のあり方」が生じたということだ。これはスティーブン・レビーが1984年11月の「ハーパーズ」誌の同名記事でつけた名前である。この散漫な論考でレビーはまだ知らない人にスプレッドシートを解説するため、スプレッドシート学教会の個人ツアーを行う。「自分の実業生活に2つの時期があると語る企業重役、卸売業者、小売業者、中小企業オーナーたちがたくさんいる。その時期とは、電子スプレッドシート以前

第3章｜ビジネス—— *VisiCalc*

105

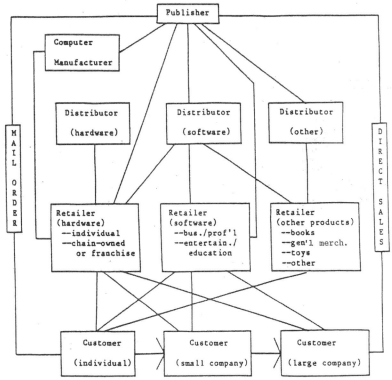

「ビジネス／職業用ソフトの流通チャネル」を視覚化した図。ソフトウェアが個人消費者や大小の企業に流れる複雑な経路を示している。Efrem Sigel and Louis Giglio, *Guide to Software Publishing: An Industry Emerges* (1984), *31*より。画像提供：Efrem Sigel。

と以後だ」。そうしたインタビューに啓発されたレビーは、スプレッドシートを新しい複式簿記、細かく見事な油絵、大陸横断鉄道、カウボーイにとっての馬だと表現する——要するに捕獲して征服という西洋のモデルの新たなクライマックス、高速と細密の組み合わせとして「世界の仕組みは数字と数式の行と列に体現できるのだという不動の信念」を信心深き者たちに与えるものなのだ。レビーはこの変化を、アメリカを掌握しつつある「起業的ルネッサンス」の一部として追跡し、それが「それまでまったくなかった場所に新しいビジネスをつくり出す、新種のリスクテイカーたち」に体現されていると言う——そしてそのリスクテイカーたちは、無から何かをつくり出す能力において、スプレッドシートに依存しているのが特徴なのだ[93]。

レビューの詳細な分析はまた、スプレッドシート採用の歴史的な経過も明らかにする。当初の魅力は時間節約だったかもしれないが、その利用加速は新しい仕事の形を作り出した。四半期ごとの更新は、月次、週次、日次の更新に置きかえられ、継続的で即時の評価が可能になる。だが*VisiCalc*の魅力がもたらす真の陶酔は最終的に「もしこうなら」要因に戻ってくる——ある重役の表現では、スプレッドシートは「コンピュータ内部にある幻影の事業」で実験できるようにしてくれるのだ[*94]。

> こうした強力なシナリオ検証装置が、机の上のすぐそこにあることで、一部の人々は入念なモデルで実験したい気になった。彼らは数字で「遊び」、モデルを「いじって」いた。コンピュータ「ハッカー」たちはプログラミングの細部に没頭して、「もしこうなら……」の世界に我を忘れる。そうした実験は（中略）究極のモデル、実際の事業とまったく同じようにふるまうスプレッドシートを構築しようという果てしない試みなのだ。[*95]

この、スプレッドシートがアフォードしてくれる、神の目の視点と称するもの、つまり利用者が業績の悪い資産（あるいは業績の低い従業員）をピンポイントする能力は、不均等な経済における経済エリートの中で、資本蓄積のために新しい道筋を見つけようと血道を上げる金融活動家たちの燃料となった。これは新しい形の「パーソナル」コンピュータ利用だった。個人の個人的な不安や野心に奉仕する形でコンピュータの力が活用されているのだ。

この傾向の最も象徴的な見本は、ウォール街で「ジャンクボンドの帝王」と呼ばれ、1980年代の経済的な浮沈の中で株価が低迷する企業の、高イールドLBOを行うことで大儲けしたマイケル・ミルケンかもしれない。ミルケンのプロセスにとって*VisiCalc*は欠かせないもので、これにより彼は複数の企業を見張り、どの企業がキャッシュフローと負担できる負債との割合から見て、買収の標的になりそうかを計算するのだった。歴史研究者ウィリアム・デリンジャーが書いたように、ミルケンのような「金融エージェントにとって*VisiCalc*や*Lotus 1-2-3*のような表計算ソフトウェアは、手放せない補填物となった」。ミルケンは、「情報」それ自体の商品としての価値についての、新

たに台頭する新自由主義経済的視点を代表する存在であった[*96]。ミルケンは規模の経済を活用したり、売上、負債、節税の関係を操作して、企業を自分の代表する投資家たちに有利なようにリストラしたりすることで儲けたのではない。電子スプレッドシートを武器に、ミルケンは株主（従業員ではなく）のために収益性を、それまで存在しなかったところにつくり出したのだ。

*VisiCalc*は、何やらある本で言われたような1980年代の「取引の10年」を一手に作り上げたわけではないし、1960年代末以降のアメリカの経済トレンドを記した「資本主義階級権力の中心が生産から金融にシフト」[*97]した責任を負うものでもない。しかし、*VisiCalc*がこうした大きなトレンドと共生関係の中で存在していたことを理解する必要はある。ケラ・アレンが、チュニジアの農業問題に取り組むためにロックフェラー財団が*VisiCalc*を使った様子を検討したときに調べたように、このプログラムが奨励したのは、データ分析そのもののためだけのデータ分析様式であり、ステークホルダーたちに「もっと完全な分析のためにデータを集める」のを「分析能力の改善」とかんちがいさせるものだった[*98]。*VisiCalc*が個人利用者に提供した「もしこうだったら」と同じように、このプログラムの存在そのものが、ちがった種類の「もしこうだったら」を招いたのである。もしアメリカ経済の苦闘が、アメリカそのものを揺るがすものではなく、イノベーション継続の機会だったら？　必要な転覆と古い皮からの脱皮の時期だったら？　これは起業家精神カルトの少なくとも公式路線だ。そしてそれは不確実な時代における希望に満ちた煽りを求めるアメリカマスメディアの間に、新しいアイデアとしてすぐに流通するようになった。このように、この歴史的な瞬間における経済的な変動や不安は、その後数十年にわたり「パーソナル」コンピュータが持つ意味を形成するのに貢献した。十分なデータと十分な処理能力と、ちょうどいいモデル、あと1つイノベーションがあれば——未来をいじって何でも好きなものにする手助けをコンピュータがしてくれるのだという信念の上に構築された、コンピュータ利用の長い軌跡の始まりだったのだ。

＊　＊　＊

*VisiCalc*があれほど視覚性の優位を提供したとはいえ、世界には常に

*VisiCalc*でも計算できない隅が残る。たとえば、その行や列のどこを見ても、*VisiCalc*の発行元ビジコープ社（Visicorp、パーソナル・ソフトウェア社は1982年に「ブランド認知を確立するための、高い視認性と積極的なマーケティング計画」の一貫として改名していた）が、*VisiCalc*開発者ソフトウェア・アーツ社に対し1983年9月に起こした6,000万ドルの訴訟は予想できなかった[99]。この訴訟は、昔からくすぶっていた緊張関係の集大成で、双方の企業が成長した結果として、かつては整合していたフィルストラとジェニングスと、ブリックリンと、フランクストンの利害が引き裂かれた結果だった。両社の連絡は途絶え、激しい糾弾が飛び交った。ビジコープ社は、*VisiCalc*の手柄を独占してソフトウェア・アーツ社を日陰に追いやっていた。ソフトウェア・アーツ社は製品改良の対応が遅く、*VisiCalc*はIBM PC上の市場シェアを失っていった。どちらも4年前に締結したロイヤリティ契約に不満だった。ブリックリンとフランクストンの会社は、1984年までに2,200万ドル以上のロイヤリティを受け取っていた。ビジコープ社がソフトウェア・アーツ社に支払っている金額の大きさだけでも、両社に逃れようのない軋轢を引き起こすものとなった——特にビジコープがどれだけ補助的な製品を販売したところで、ビジコープ社の売上の大半は*VisiCalc*からきているという事実があるのでなおさらだ[100]。分散化された収入源がないので、ビジコープ社の収益性はたった一本のソフトウェアに依存していた。ビジコープ社とソフトウェア・アーツ社の険悪なやりあいは、訴訟と反訴まみれで、ある「ニューヨーク・タイムズ」の見出しが言う通り「ソフトウェアの勝者がダメになるまで」という事例研究となったのだった[101]。

　こうした紛争の影で、*VisiCalc*が予測できたはずもない別のものが、ビジネスソフトの基礎を変えていた。元ビジコープ社従業員のミッチ・ケイパーが、*Lotus 1-2-3*という、ちょっとしたどころではないプログラムを開発したのだ[102]。1983年春にリリースされ、特に新しい16ビットのIBM PC用にカスタマイズされた*Lotus 1-2-3*は、*VisiCalc*がまだ実装していない機能も持っていた。機能も製品統合も優れていた*Lotus 1-2-3*は、自社向けに正しい選択をしようとする企業の情報技術サービス重役の目から見て、*VisiCalc*を引き離す存在となった。ビジコープ社とソフトウェア・アーツ社が法廷で言い争っている間に、ケイパーはビジネスソフトウェア市場をすべて自分の

ものにしてしまった。最終的には、すべてが食い尽くされた。ソフトウェア・アーツ社に残った資産は1985年春にケイパーの会社に売却された——破産を避けるための最後の策だった。主要な競合を活かしておく理由もなかったので、ロータス社はVisiCalcを潰した。ビジコープ社のほうは、世界第5位のマイクロコンピュータソフト会社で、1983年には売上4,300万ドルだったのに、VisiCalcが凋落したことで急降下をとげた[103]。1984年11月には、ビジコープ社は競売にかけられた[104]。

　だがVisiCalcが消えても、「スプレッドシート的な知識のありかた」は残った。VisiCalcがこれまでどんなプログラムもやったことのないような形で示してみせたのは、計算力が個人の利得のために利用できるということだった。付加価値は白黒はっきりしていた（あるいはモニタによっては緑と黒か、オレンジと黒だったかもしれない）。このプログラムは、人々の計算についての考えを変えた——その柔軟性や簡単さや敷居の低さだけではない。その見かけ上の透明性、仮想的な客観性、大小の経済問題を単なる数字ゲームに変えたやり方だ。

　これまで見た通り、Apple IIはプログラマとホビイストだけでなく、平均的な消費者にアピールするよう明示的に設計されていたが、その潜在的な消費者を利用者にするには、VisiCalcのようなプログラムが必要だった。計算力を個人の不安や欲望の水準で視野に入れる必要があったのである。VisiCalcを最も活発に利用した、ブローカーやヘッジファンドのマネージャーや中間管理職たちは、どう見ても日常人などではなかったが、影響力はあったし、金銭利得の追求にはこだわった。VisiCalcの即座に更新される行や列のカスケードの中に、彼らは自分だけのコンピュータで何ができるかを見て取った。そしてその影響はトリクルダウンだった。VisiCalcが提案したのは、あらゆるところで見つかる効率性であり、それは最小の中小企業でも見られた。VisiCalcはパーソナルコンピュータの価値を、所有の提案から主体性の提案へとさりげなく位置づけ直したのだった。正しいソフトが正しい利用者の手にわたれば、マイクロコンピュータは単なる財産ではなく、いじるだけの物体でもなく、複雑な世界に対する力を獲得する手段なのだ。この提案はかなり強力だったのでApple IIそのものにとっても流れを変えた——それを単なるこの分野の競合の一つではなく、1980年代初期のコンピュータに変えたのだ。

第**4**章

ゲーム――*Mystery House*

　なぜコンピュータゲームにお金を払おうなどという人がいるのか？　コンソールゲームではなく、アーケードゲームでもない。コンピュータゲームなどに？　マイクロコンピュータの商業化以前には、コンピュータゲームは常に経済インセンティブとはかけ離れた世界に存在していた。楽しみのためにプログラマが開発し、メインフレームや時分割処理システムのサブディレクトリで無料でホスティングされたり、大学研究ハブを次第に結ぶようになっていた、政府出資によるインターネット以前の電気通信システム上でやりとりされたりしていた。こうしたソフトウェアのサイトからサイトへの自由な移動、プログラマが既存のゲームを新システムに変換したり、コードを変えて遊びやすさを拡張したりする容易さ――そのすべては著者性や所有権への偏狭な懸念などほぼなしに行われた――は1960年代から1970年代の大規模および中規模コンピュータシステムの時代におけるゲーム開発の特徴だった。

　だからコンピュータゲームは、こうした制度機関的なコンピュータ現場で起こったほとんどすべてのことと同様に、閉鎖的な世界の一部だった。日常の人々はコンピュータのインサイダーたちが作ったゲームにほとんどアクセスできなかった。さらに汎用コンピュータはあまりに珍しく、あまりに高価

111

で、あまりに重要だったから、専用エンターテインメント目的で使えなかった[*1]。そして、何か熱心な非プログラマがたまたま時分割処理システムに行き着いても、サブディレクトリを理解したり、プログラムの実行方法をつきとめたりできただろうか？　たぶん自分の遊べるものにあまり感心はしなかっただろう。特に1970年代初頭から始まった、新興のアーケードゲームやコンソールゲーム産業の典型だった、カラフルなグラフィクス、ピコピコ音、リアルタイムのインタラクティブ性と比べればなおさらだ。

　MITの外宇宙ドッグファイトゲームであるSpacewar!といった特筆すべき例外はあるが、コンピュータゲームは主に文字ベースの白黒版で、テレタイプ端末にコマンドを打ち込むことで遊ぶものだった。この形で存在していたゲームは、主に既存のスポーツやボードゲームやカードゲームをそのまま採り入れたものだった——マンカラ、野球、ブラックジャックまで何でもコンピュータ化されていた——あるいは数値処理マシンの強みを活かした戦略シミュレーション、たとえば*Hamurabi*、*Civil War*、*Star Trek*、いまや象徴的な*Oregon Trail*さえあった。こうしたプログラムはしばしば「ゲーム」としてよりはパズル、シミュレーション、遊戯的な実験、あるいは小規模な目新しい娯楽として理解されており、おおむね後付けで導入されたもので、オフィスの共用スペースに置かれたクロスワードパズルのような存在だった。ちょっと暇ができたときにやって、ボスに奪われた時間を取り戻そうとするが、でもそんなことをあまり考えたりはしないのだ。

　コンピュータゲームがこのように機能したのは、人口のうち計算力への直接アクセスがある人口が少なく、それも職場に限られていたからだ。そしてコンピュータ利用者に職場でゲームをしてほしがる上司などいない。だがApple IIのようなマイクロコンピュータはこの力学を変えた。もしApple IIが、計算力はもはや共有リソースではなく私有財産だということを意味するのであれば、ソフトウェアもそれに続けるし、実際にそうなった。マイクロコンピュータ向けにリリースされた最初のゲームの多くは、メインフレームやミニコンピュータ向けに存在したプログラムの変換や応用だったが、ゲームソフトウェアを販売する機会は、もっと複雑で高度なゲームの開発に経済的なインセンティブを作り出した。

　なぜゲームソフトウェアが重要かという物語は、実に多くの出発点から語

れる。*VisiCalc* とちがって、他のみんなにとっての基準を設定するような単一のプログラムはなかった。だがゲームがめったに舞台としない場所から始めよう。あるいは我々の場合には、「巨大なヴィクトリア様式の廃屋の前庭」からだ。これが *Hi-Res Adventure: Mystery House* の冒頭の説明だった。これは1980年5月に、ケンとロバータ・ウィリアムズ夫妻が発表したゲームだ（図版11参照）。*Mystery House* は今日、様々な面でそれが最初だったことで記憶されていることが多い。アメリカ史上で最も目立つコンピュータゲーム企業、シエラ・オンラインとなるものが初めてリリースしたゲーム、ロバータ・ウィリアムズが初めて設計したコンピュータゲーム（彼女はまた世界初の女性ゲームデザイナーの一人だった）[*2]。

だが *Mystery House* をその時代の記念碑的な作品にしたのは、犯人はだれだ式のプロットでもなく、パズルの構築でもなく、まだ知りようもない歴史的な意義のためでもない。むしろそれはゲームの技術的な成果で有名だった。*Mystery House* は、50枚以上の白黒線画イラストを使っており、これはプログラム全体が5.25インチフロッピーディスク1枚におさまっていたことを考えると、不可能に思える力技なのだった。*Mystery House* は、*FS1 Flight Simulator* やビル・バッジの初期の作品と並んで、単純に人気のメインフレームやミニコンピュータ向けソフトを適応させるだけの伝統を離れ、プラットフォームとしての Apple II のハードウェア制約を明示的に活用した最初期の商用ゲームなのだった。このゲームの目新しさが持つ魅力は、それがすぐに大人気となり、発表直後から毎月何万ドルも売上を立て、その後1年にわたり Apple II 向けソフトの販売で総合トップ30位以内を維持し続けていたことからわかる。

Mystery House は、初期の商業コンピュータゲーム開発で長く忘れられていた側面への我々の入口となる。ウィリアムズ夫妻の自宅事業の中を見ると、マイクロコンピュータのソフトウェア産業に参入するというのがどういう意味かだれも知らなかった時点で、マイクロコンピュータのソフトウェア事業がどのように台頭したかという別の事例が見出せるのである。ソフトウェア・アーツ社とパーソナル・ソフトウェア社の場合のように、開発者と発行者の役割分担をするのではなく、ウィリアムズ夫妻は開発者として出発して発行者へと成長した――それができたのは、エンターテインメント用ソ

フトの参入障壁が低かったからというだけの話だ。ウィリアムズ夫妻の協働力学もまた検討に値する。これはゲーム開発におけるプログラマとデザイナーの役割分担で知られている最初期ものを体現しているからだ（1980年代半ばではこうした分業は珍しかったが、いまや業界すべてに行き渡っている）。そしてこうした伝記的な細部以外に、*Mystery House*の開発プロセスは、Apple IIを特にゲーム製作に好適なプラットフォームにしていた技術的性質をハイライトしてくれる。特にこのシステム独特の「ハイレゾ」グラフィックスモードや、1979年にアップル社がアップデートしたApple II Plusを発表したのがいかに重要だったかという点がある。このアップデートで、フロッピーディスクという周辺機器と48Kメモリがこのプラットフォームの標準となったのだった。

　しかし注目すべき点はあっても、*Mystery House*はApple II向けに発表された何百ものゲームの一つでしかなかった。動きの速いマイクロコンピュータ・ソフトウェア業界の中でも、ゲームは最も足が速い。これはそれが裁量的なエンターテインメントという地位を持っているからだ。ゲームがリリースされると同時に、ケン・ウィリアムズは2番目のアドベンチャーゲームの作業に取りかかり、これはさらにすごいグラフィックス上の技を満載していた——このサイクルはやがて、ゲーム製作すべてを支配するようになるサイクルだった。だからコンピュータゲームという分野は、もっと広いマイクロコンピュータ・ソフトウェア業界全体の劇的な変動と、その根底にある危うさを特によく示すものとなる。*Mystery House*を代表として、私はこのゲームの浮沈と、新しい売り物になるコンテンツを提供し続けねばならないというウィリアムズ夫妻のニーズを、1980年代初頭から半ばにかけてゲーム開発がたどった、ややこしくときに矛盾した軌跡の手すりとして使う。私が示すように、人気サイクルの爆発と縮小、ゲームジャンルの氾濫、コンソールやアーケードメーカーからの圧力はすべて、初期のアメリカコンピュータゲーム産業に存在していたわずかな制度的知識を急激にシフトさせたのである。

　Atari 800（1979）やCommodore 64（1982）など他のマイクロコンピュータも、活発で大きなゲーム開発者コミュニティを惹きつけたが、Apple IIはその長命ぶりのおかげで、コンピュータゲーム産業全体の成長を理解するための優れた対象となる。このどちらの競合にも先行するApple II

は、最初期の業界慣行がどんなものだったかについて、もっと明確な感覚を与えてくれる。さらにApple IIのゲームソフト開発者たちは、家庭とビジネスソフト製品がひしめくもっと高密な市場で競争しなくてはならなかった——だからゲーム同士でどう競争したかにとどまらず、もっと大きな消費者ソフトウェア生態系の中でどう機能したかについても理解しやすくなる。

　ゲーム産業の歴史は、おおむね消費者の視点から語られてきた。つまりエンターテインメントソフトウェアは、アーケード、コンソール、マイクロコンピュータを問わず、しばしば無差別な内部的に一貫した産業の年代記として書かれてきた。しかしウィリアムズ夫妻のような起業家の観点からすると、マイクロコンピュータのゲームソフトは頭の痛い分野となる。産業レベルでは、コンピュータゲームはフロッピーディスク上で販売される他のあらゆるコードと同じように機能し、同じ小売部門を占め、消費者アプリケーションとして理解されねばならない。だがそうしたソフトウェアはまた、アメリカのビデオゲーム消費の最初の大ブーム期には、明らかなゲームとして機能しなくてはならず、しかもアーケードやコンソールで流通していた、もっと高速で、明るく、騒々しい体験と比肩しなくてはならなかった。つまり*Mystery House*は、コンピュータ利用とゲームの交差点に登場し、当時のコンピュータゲーム製作すべてに内在する緊張関係を表現している。

　ほんの数年のうちに、マイクロコンピュータのゲームは、派生的な変わり種から、他のどんなソフトにもできない形でコンピュータに˙で˙き˙る˙こ˙と˙を誇示するために設計された、独自のクリエイティブ作品へと変化した。ソフトウェアを使ってハードウェアの制約を曲げ、独自のおもしろくインタラクティブな形で利用するというやり方は、パーソナルコンピュータの夜明けにおけるソフトウェア分類としてゲームを重要なものにしている理由として過少評価されている。ゲームは確かに、その目新しさと一過性の性質が特徴ではあった。しかしこれから見るように——そして*Mystery House*がその探索を手伝ってくれるように——それがまさにゲームの強みなのだった。

＊　　＊　　＊

ロバータ・ウィリアムズは、引き下がるつもりはなかった。彼女は26歳

の夫ケンを、お気に入りの地元ステーキ屋で「不意打ち」した。少なくとも
ケンの記憶ではそうだ——ロバータは、これまで見たこともないこだわりを
もって身を乗り出してきたのだという。それは1980年最初の数ヵ月のどこ
かで、ロバータはコンピュータゲームづくりを手伝ってくれと頼んだのだっ
た。彼女の売り込みによれば、そのゲームはアガサ・クリスティ的な屋内ホ
ラーの特徴をすべて備えており、廊下で角を曲がったりドアを開いたりする
たびに、新たに死体が出てくるのだ。彼女はケンに場面を説明しながらどん
どん熱が入り、大声になって他の食事客に注目されたほどだった。ロバータ
がこの訴えをしたのは、これが初めてではなかったが、おそらくケンが親身
に細かく妻の提案に本気で耳を傾けたのは、これが初めてだっただろう。単
なるお遊びでやることではない。儲けるためにやることなのだ[*3]。

　ケンもロバータも、これまで見てきたコンピュータ起業家たちのプロ
フィールにはあてはまらない。アイビーリーグの学歴もなく、安定した政府
のエンジニアリング契約で雇用されていた父親もなく、有利な社会環境もな
かった。どちらも1950年代初頭から半ばに生まれ、ロサンゼルス北の郊外
周縁部で主に育った。中産階級の低いところで育ったケンは、早い時期から
熱心な稼ぎ屋で、あれこれ職を転々としては稼げるだけ稼ぎつつ、基本的な
消費者エレクトロニクスの修理方法を独習した（テレビ修理屋の父親のおか
げだ）[*4]。ロバータのほうは、ティーン時代は夢見がちでやる気がなく、男
の子にしか興味がなかったと回想する。どちらも1960年代と1970年代に
周囲で展開していた大規模な政治イベントにはあまり関わりを持たなかっ
た。高校の友人を通じて出会い、そのままつきあうようになり、20歳を待
たずに結婚した[*5]。

　ケンは少年時代にエレクトロニクスいじりをしたとは言え、子ども時代か
らコンピュータ利用へのアクセス特権を持っていたわけではなかった。ケン
が初めてコンピュータに触れたのは大学生になってからのカリフォルニア工
科大学ポモナ校で、大規模システム向けFORTRAN講義を受講したときだ。
物理学専攻で入学したが、ロバータが妊娠するとケンはキャリアパスを加速
することにした。大学を中退して電子データ処理の9ヵ月職業訓練校に入学
した。その後5年ほど、ケンは大規模システムプログラミングの世界で働き、
小さな仕事を転々として、少しでもよい給料の仕事に転職し、絶えず新しい

116

技や言語を身につけ、晩には家に入れたテレタイプ端末でフリーランスの副業もした[*6]。ロバータもまた家計に貢献し、家を買い替えつつ子どもの世話もして、コンピュータ産業に少し足をつっこみさえした——磁気ドラム記憶を交換して軽いCOBOLプログラミングをするコンピュータオペレータとして働いたのだ。だが特にその仕事に情熱は感じなかった[*7]。二人は意欲はあり、形はちがえど野心的だったが、ロバータがステーキハウスのテーブル越しにケンに売り込んだのが、製品でありゲームだったという事実はまちがえようがない。

　コンピュータ全般に特に関心はなかったが、ロバータは1979年末にコンピュータゲームにはまった。まずはテキストベースのナラティブゲームである*ADVENT*（ゲーム史の正史においては*Colossal Cave Adventure*というほうが有名だ）に手を染めた。これは最初はケンのテレタイプ端末で遊んだものだった[*8]。ロバータにとって、コンピュータゲームは目新しいものではなかった。その前にもテレタイプでケンが伝統的なメインフレームのゲームをやるのは見ていた。スタートレックといったシミュレーションなどのプログラムだ。だが*ADVENT*はまったくちがった。当時の大型コンピュータ利用で一般的だった、反復的な統計シミュレーションとはちがい、*ADVENT*は慎ましいインタラクティブな世界に広がるテキストベースの宝探しだった。プレーヤーたちは、「部屋」一つごとに空間をナビゲートした。それはグリッドを踏破するようなもので、それぞれのマスは独自の特徴、物体、入り口、出口、パズル、敵を備えているのだった[*9]。

　物語というほどのものもなく、明らかに通常の意味でのゲームではなかったが、*ADVENT*はまちがいなく緊張感もドラマもあり、チャレンジもユーモアも備えていた。もっと重要かもしれないのは、ロバータにもわかるアフォーダンスを備えていたことだった。ゲームのインターフェースは、自然言語による動詞-名詞シンタックスを使う親しみやすいものだっただけでなく、ゲームのナラティブの輪郭や、引き込まれるパズルの設計が彼女を捕らえて放さなかった。「とにかく止まらなかった。やらずにいられなかったわ。遊び始めたらもうずっと続けていた。当時は赤ん坊がいて、クリスは生後8ヵ月だったけれど、完全に放置よ。邪魔されたくなかった。手をとめて夕食を用意するのもいやだった」[*10]。ロバータは、厳しい言い方をすると、認知的固着の

一種を体験していたのだ。初期のデジタルゲーム・プレーヤーについて一般的に記録されている「カテクシス」だ[11]。

だがこのゲーム体験が、ウィリアムズ夫妻の自宅の予備ベッドルームからアクセスされた、時分割処理ネットワーク上で起こる孤立したイベント以上のものになるには、マイクロコンピュータが必要だった。その起業家本能に従って、ウィリアムズ夫妻はクリスマスにマイクロコンピュータを買おうかと迷っていた。これは売り物になるFORTRANコンパイラを開発したいというケンの野心を支えるのが主目的だった[12]。二人はTRS-80は少し触ったことがあったものの、最終的にApple IIに落ち着き、1980年初頭にそれを家に持ち帰った[13]。だからロバータが、商品としてのソフトウェアの世界を発見したのは、自宅コンピュータ利用の独特なアフォーダンスを通じてのことだった[14]。マイクロコンピュータはADVENTのようなゲームへのさらなる入口となった。さらなる物語世界の宝探しが、空想の世界を舞台に、彼女の巧妙な参加を要求するのだ。だが見つけた大半のゲームはただのADVENTクローンだった。オリジナル作品はほとんどなかった。自宅のテレタイプ端末が、ウィリアムズ夫妻に無料で流通するソフトの素朴な世界を与えたとすると、Apple IIは個別ソフトウェア生産と資本蓄積の関係を考えるための旋風となったのだ。

ものの数ヵ月で、ロバータ・ウィリアムズはコンピュータゲーム未経験者から、アドベンチャーゲーム分野のほぼあらゆる商品をやってみた人物となった。おかげで、Apple II上で他に何が可能かを想像できるようになった——そしてもっと重要なこととして、何が売れるかも見当がついた。彼女の視野はまた、ケンの最新の副業からも知見を得ただろう。彼はApple IIを買ってからすぐに、ソフトウェア流通業者として働き始め、自家用車のトランクに商品を積んで、地元の小規模コンピュータ店に訪問販売して歩いていたのだった[15]。夫妻は市場に何が出ているか、何が売れているか、何が売上につながるかを知っていただろう。プラットフォームの潜在力にもかかわらず、少数の例外を除けば、Apple II向けのゲームソフトはできの悪い派生物ばかりだった。1980年初頭の段階でApple IIは十分に売れておらず、このマシン向けに開発しているプログラマも足りなかったので、製品へと昇華ほど実験が行われるには到っていなかった。ゲームをデザインしようという

ロバータの希望はつまり、ただの気まぐれではなく、ハードウェアやソフトウェアのビットやバイトにまるで興味のなかった女性にしては、驚くほどの実務知識に根差していたし、さらに戦術的な勘もあった。

　ロバータは、自分でプログラミングをする気はなかったが、COBOLで働いた経験や、家庭生活の一部としてコンピュータ利用があったことで、Apple IIで実現可能なプロジェクトをスコーピングするのに必要なプログラム的リテラシーを持っていた。物語を構築するための主要なインスピレーションは、ボードゲームの*Clue*とアガサ・クリスティ『そして誰もいなくなった』によるものとされる。また自然言語の入力、オブジェクト集め、パズルの進め方については、これまで遊んだ他のアドベンチャーゲームから教訓を得ていた[16]。コンピュータ上で自分の作品を開発するのに興味はなかったので、彼女のプロトタイプは物理的なものであり、お話によれば台所のテーブル上で作られたという——二人の幼児の世話をしていたという事実にまちがいなく影響された環境だ。*Mystery House*製作の家庭的な文脈は、ゲームの中身にも詩的に散乱している。その歴史的な瞬間におけるほとんどのゲームは外宇宙、物理的なプレイのフィールドや、ファンタジーのお城や洞窟に専念していたのに、*Mystery House*は男性コンピュータ利用文化を支配していたインスピレーションをあっさり脇に押しやったのだった。

　ステーキハウスでロバータがケンを「不意打ち」した頃には、彼女はもう自分の求めるものがわかっていたし、市場に出回っているどんなものよりもゲームをよいものにするために何が必要そうかもわかっていた。画像だ。ロバータは、没入感と目新しさの両方を求め、説明よりもイラストを重視した。重要な点として、彼女はケンのプログラミング能力についても感覚をつかんでいた。ロバータ・ウィリアムズは一部の伝記的な記述が喧伝したがるように、生まれながらのストーリーテラーで創らずにいられなかったのかもしれないが、彼女は自分のデザインが商業的な可能性を持っているという自信もあった。

＊　＊　＊

　1980年には、ロバータ・ウィリアムズが*Mystery House*用に意図していた詳細なイメージを持つプログラムを実行できるのは、Disk II周辺機器をつけ

た48K RAMを持つApple IIだけだった。だから*Mystery House*はこのプラットフォームの広範なグラフィック機能と独特の結びつきを持っているし、またフロッピーディスク周辺機器や48Kメモリを備えたApple利用者層の広がりとも関係していた。この意味で*Mystery House*は最先端を行くもので、システムハードウェアを当時わかっていた利点の隅々まで活用するものだった。

　ゲームはあらゆるマイクロコンピュータ・システムで人気のソフトウェア生産形態だったが、Apple IIの能力は家庭用コンピュータ・システムで可能な限界を追求したいプログラマには最適となった。結局のところ、スティーブ・ウォズニアックがそういうふうに設計したのだから[17]。熱心なアーケードゲーマーだったウォズニアックは、Apple IIに、ゲームをやりたい——あるいは作りたい——人々にきわめて魅力的な特徴をいろいろ仕込んだし、ゲームをハードウェアでプログラムする彼自身の経験によりそれはインスパイアされていた[18]。そうした特徴としては、カラーグラフィックスや高解像度グラフィックスモードがあったし、また最小限ながら音声能力と、ゲームパドルまたは「一次元ジョイスティック」2台もすべてのApple IIに標準で付属した[19]。ウォズニアックの選択は、何がコンピュータ利用をおもしろくするかという個人的な感覚に基づくもので、サードパーティーの開発者向けにシステムに柔軟性を持たせようなどと深く考えた結果ではなかったが、それでもその結果はAppleに有利なものだった。このプラットフォーム向けにソフトウェアを作ろうというプログラマは増えたのだ。

　Apple IIのグラフィック能力は特に、1977年の競合と比べてこのシステムを傑出したものにしていた——そうした機能は当初、商用ソフトウェア生産では充分に活用されていなかったのだが。こうした機能で最もストレートなのは、カラーモニタかカラーテレビをつないだときの、Apple IIの16色グラフィックスだった。これは、このプラットフォームでアーケードゲームのようなゲーム体験を真似たいというウォズニアックの願望の直接的な延長だった[20]。TRS-80もコモドールPETも、カラーグラフィックスをサポートすることはなかった[21]。だがApple IIの、グラフィクス製作の柔軟性へのコミットメントは、ただのカラーディスプレイを超えるものだった。マシンは2種類の解像度モードを提供していた。40×40のピクセルグラフィクスモードは、約束通りの16色をサポートし、高解像度の280×160ピクセル

グラフィクスモードは4色をサポートしていた[*22]。「解像度」とは画素、あるいは画面上で制御できる最小の要素をいくつコンピュータが制御できるか、という指標である。マイクロコンピュータにおいては、解像度は通常はコンピュータのハードウェアに制約されており、モニタには制約されなかった——だからこそウォズニアックはApple IIを同一モニタで2種類の解像度が使えるように設計できたのだった。解像度と色の選択は、高解像度モードを可能にするためのウォズニアックのトレードオフの一つだった。低解像度モードは、グラフィクスはカクカクしていたが使える色は広範で、高解像度モードは「もっと大きなカンバスをアフォードし、もっと詳細なレンダリングを可能にしたが、そのかわりに使える色は減った」[*23]。

この驚異的な高解像度は、色の選択は減ったとはいえ、Apple IIのコンピュータゲームに、数年にわたり市場にでまわる他のどんなものよりも細部を大量に提供できるようにした。しかししばしばジャーナリストが「ハイレゾ」と評した高解像度は、メモリも大量に食った。ハイレゾ画面は表示だけでメモリ8Kを使ったし、加えてプログラムの命令を実行するメモリも必要だった。だからごく初期のApple IIゲームではハイレゾは珍しかった。1977年にはごく小さなメモリ単位でもきわめて高価だったからだ。自分のゲームをできる限り広い利用者の市場にアピールさせたいという商業的な動機のため、ゲーム設計は必要メモリを少なくするほうに向かった分、1977年から1979年にかけての全般的な市場傾向が視覚的なインタラクティブ性の低いゲームに向いていた理由も、これで説明がつく。

商業ゲーム生産でプログラマたちがハイレゾモードをもっと試すようになったのは、1979年のApple II Plusのリリースに牽引されてのことだ。それがさらに同年発売された極度に人気の高い48K *VisiCalc* でさらなる後押しをうけ、48Kメモリが標準になってからのことだった。Apple II Plusは主に、元のApple IIのBASICプログラムの不適切さを解消するのが主目的だったが、アップルコンピュータ社はまたメモリの価格低下を利用して、少ないメモリにも対応できるようにする細工を取りのぞくことで、メモリの限界を64Kに引き上げた[*24]。1960年代から1970年代を通じてのメモリ価格の指数関数的な低下もあって、Apple IIにとっての結果は劇的だった。Apple II Plusは16Kが標準だったのに、たった二年前の4KのApple IIより100ドル安

かったのだ。こうした費用効率を前に、多くの消費者たちは48KのApple II（*VisiCalc*を走らせる必要最低メモリ）を買う道を選び、1979年にはたった1,500ドルで真にハイエンドのマシンを手に入れたのだった[*25]。

1980年代初頭に48Kがますます多くのApple II利用者のコミュニティにとって標準的なメモリとなるにつれ、この台頭する標準化はゲーム生産の活き活きとした世界に可能性をもたらす条件となった。ローレゾのゲームはほぼ完全に市場から消えた。Apple IIのハイレゾモードを使わなかったのは、最も作りが単純か、グラフィックスをまったく使わないゲームだけだった。これはプログラマたちの間に熱心な競争を引き起こした。みんな自分自身やお互いを出し抜いて、ハイレゾグラフィクスを使い倒そうとしたからだ。その後数年にわたり、プログラマたちはApple IIに、システムが理論的にはできないはずのハイレゾエフェクトを生み出させるのに成功した——4色以上をサポートし、画面の他の場所にテキストを挿入するなど、他に数多くの華やかなグラフィクス指向技術を開発したのだ。

この技術的、経済的、創造的なソフトウェアエコシステムの中に、*Mystery House*は登場した。ウィリアムズ夫妻はカラーグラフィックスを試すほど野心的ではなかったが、Apple IIのハイレゾモードは、*Mystery House*の舞台を支配するリニアな視点と奥行きの狭い屋内空間を描くのに不可欠だった。これはまた、低解像度では見分けがつくよう描き出せない具体的な物体を描けるようにしてくれた。「メモ（NOTE）」と書かれた床の上の紙切れ、食堂のテーブルに残されたロウソク、殺人現場に不気味にうち捨てられた花などだ。初期のテキストアドベンチャーは、書かれたヒントに細かく注意して、お遊びめいた表示のほのめかしを読み取らなければならなかったが、*Mystery House*のイラストはそれ自体がパズルで、独自の慎ましい視覚的な論理を通じてのみ解読できるのだ。

各種のイメージで*Mystery House*のプロトタイプを作るにあたり、ロバータのデザインはケンに技術的な課題をつきつけた。5.25インチのフロッピーディスクは、あまり多くのイメージを保存できなかった。画像ファイルはあらゆる画素について、色彩と位置データを保存しなければならず、ファイルサイズが大きくなったからだ（今日ですら、デジタル写真はまったく同じだ。莫大な、固有に組織化された色彩データの表なのだ）。理論的には、ウィリ

アムズ夫妻は何枚ものフロッピーディスクを使って多くの画像を保存する手もあったが、それだとゲームの製造がとんでもなく高価になってしまうし、プレイも面倒になる。フロッピーディスクを入れ替えるのは時間がかかる活動だからだ。このゲームを市場で売り物になるようにして、ロバータが思いついた目新しい代物に終わらせないために、ケンはロバータの望んだ画像すべてを含め、*Mystery House* のすべてを一枚の 5.25 インチディスクにおさめる方法を考案しなくてはならなかった。画像圧縮ユーティリティもないケンは、*Mystery House* の価値提案に不可欠な画像に対応する方法を思いつく必要があった。だから *Mystery House* をまともな製品にする技術的なハックを強いたのは、Apple II ではなく、頒布フォーマットなのだった。

　ケン・ウィリアムズの解決策は、ゲームのイラストをそもそも画像データとしてプログラムするのではなく、それを画面上の座標の間に線を引く命令群としてレンダリングすることだった[*26]。全ピクセルの画像データを保存するかわりに、ケンはあらゆる点の XY 座標を保存し、そうした点の間に線を引くサブルーチンを保存すればすむ。ドローイングの座標を捕らえるために、ウィリアムズ夫妻は VersaWriter を買った。これはベクトルに基づくドローイングタブレットで、画像をトレースするための、製図用のアームとスタイラスがあった。画像そのものは物理的にロバータが自分で描き、それをタブレットでトレースした[*27]。

　だがこのアプローチですら限界があった。ケンがはっきり覚えていることだが、ロバータの莫大な視覚的な要求に対し、彼は技術的に実現できる範囲まで交渉して削らせたのだった。ケンによると、ロバータは当初、「100 の場所を持つという壮大なビジョン」を目指していたが、それをケンが交渉して、もっと扱いきれる 70 枚強の画面に最終的に抑えたのだった。このプロセスは絶えず夫妻の間のかけひきだった。ケンの説明では：

　　たぶんそれはかけひきで、ぼくが画像をディジタイズする方法のアイデアを思いつき、彼女はたぶんぼくがおさめられるよりはるかに複雑な絵を用意したんだ。だからこう言った。「なんとかして画像 1 枚を 75 個の点以下におさめてくれ。それで点一つ 4 バイトだから全部で 300 バイトになる」。もっとしっかり思い出せるといいんだが、彼女にこんな指示をしたのは 99 パーセントまちがいないんだが（中略）彼女がいちばん

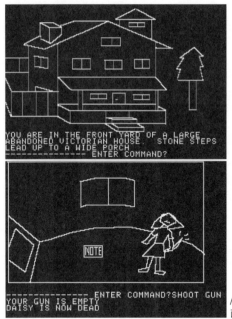

Mystery House (1980) の画面。スタート画面を含む。スクリーンキャプチャは著者。

うまくやれるようにするには、あっさりこう言うんだよ。「オッケー、きみのパラメータだ。画像1枚あたり50個の点で、それで1枚300くらいの平均になるから、別のやつを選んでもっと単純にしてそれを下回るようにしてくれ」[28]

感覚的な没入感を高めると感じたものについてのロバータの要求と、技術的な制約についてのケンの交渉との間の共同構築的な関係は、パラドックスめいた状況を作り出した。ロバータは、技術的経験の少ないチームメンバーだったのに、それがおおむね Mystery House の技術的イノベーションをそそのかす側となったのだ。

　夫婦の創造的および技術的な力学関係はまた、独特な労働組織を作り出した。ロバータのプログラミングに対する無関心と、ケンのゲーム細部に対する無関心は、当時のゲーム開発においては独特なプログラマとデザイナーの分離を引き起こした。通常、マイクロコンピュータゲームの開発者は一人だった——実によく映画やテレビに登場する若い、疲れた目をしたハッカーたちで、ハードウェア（および自分自身）の限界を試す手段としてゲームを

作っていたのだ。1970年代末から1980年代初頭のゲームソフト製作に関わっていた開発者の多くにとって、ゲームを作る理由はコードを身につけることで、コードを身につける手法がゲームを作ることだった。ゲームそのものの構築を離れた創造的で概念的な技能群としてのゲーム開発という概念はまだ存在しなかった。だがロバータとケン・ウィリアムズはこの予想を覆し、1980年代半ばからゲーム産業内で加速する将来の分業を先取りした。

＊　＊　＊

*Mystery House*は、ただのゲームではなかった。それはコンピュータゲームであり、その意味でその製造、マーケティング、流通、消費を形成する経済的、産業的な要因は、*Pitfall*のようなアタリ社のカートリッジゲームよりは、*VisiCalc*のようなソフトウェア製品との共通性のほうが大きかった。ゲームの通俗史はおおむねアーケードゲーム、コンソールゲーム、コンピュータゲーム産業をいっしょくたにして、創造性や楽しみや技術イノベーションのナラティブにまとめてしまうのが通例だが、それぞれのゲームプラットフォームは独自の開発様式や製造要件、流通経路、経済モデル、技術的制約があった。

　我々の今日におけるゲームプレイの経験は、ますますプラットフォーム不依存となり、スマートフォンからテレビからコンピュータへとシームレスに移行できるが、1970年代末と1980年代初頭のゲーム産業は、それとはちがう技術的な現実の中に存在していた。ゲームセンターのゲームは、もっと大きなコイン駆動の娯楽産業の一部であり、店頭やゲームセンターでコイン一枚ずつ儲けを出していた。そうしたゲームセンターなどは、コイン式マシンの維持管理と流通を専門とする会社から、そうした機械をリースしたのだった。個人や、そうした店やアーケードですら、自分たちの使うアーケードキャビネットを所有することはめったになかった。ゲームセンターのゲームの専用ハードウェアは、それぞれ個別のゲーム用にカスタマイズされ、アーケード時代と聞いて一般に連想される華々しい色、サウンド、動きを可能にするよう設計されていた——しかしこれはつまり、マシンはプログラムされたことしかできないということだった[*29]。これに対してコンソールゲーム機は、

おもちゃあるいは家庭用エンターテインメントとして販売された。その魅力はゲームセンターの魔法を家庭内に持ち込めることだった（そしてその中で、不道徳でジェンダー化され人種化された空間としてのゲームセンターに対する親の不安を中和した）[30]。アタリ社VCS、フェアチャイルドChannel F、マテル社のIntellivision、バリー社Astrocadeは、カミソリ替え刃式の経済に基づいていた。コンソール自体ではなく、ソフトウェアカートリッジが主要な売上ストリームだったのだ[31]。

　だがコンピュータゲームはちがったし、特にApple IIのような上級のマイクロコンピュータ向けゲームはちがった。ゲームをやるためだけにマイクロコンピュータを買った消費者はほぼいなかった。1980年には、最低級のTRS-80ですらビデオゲーム・コンソールの2〜3倍の値段だった[32]。コンピュータゲームはマイクロコンピュータの所有者にとっては付加価値だったが、購買の主要な動機となることはめったになかった。だからマイクロコンピュータ向けゲームソフトウェア開発者たちは、自分たちの成功が1970年代末に大ブームとなっていた、もっと大きなビデオゲーム産業にはつながっておらず、家庭内技術としてのマイクロコンピュータの総合的な受容と関係しているのを理解していた。マイクロコンピュータは売れ行き好調ではあったものの、アメリカ世帯で支配的な存在となるにはほど遠かったのだ。

　こうした経済的、産業的な配慮は、ウィリアムズ夫妻のソフトウェア販売方法にもまちがいなく影響した。Apple II向けにそもそもゲームを設計し、それを自分で売るなどと考えられるということ自体が、マイクロコンピュータでソフトウェア開発をやる利点の一つだった。アーケードやコンソール産業では、開発はハードウェアメーカーが大きな影響力を持っていた。アーケードゲームはハードウェアとして設計されたので、開発は高価なエレクトロニクス部品へのアクセスに依存し、かなりの財務支援が必要だった。アメリカのスタートアップであるアタリは例外ながら、ほとんどのアメリカや日本のアーケードメーカーは、コイン式のエンターテインメント産業や消費者エレクトロニクス産業で長い歴史を持つ経験豊かな企業だった。同様に、コンソール産業は当初はプラットフォームの設計を商売上の秘密として扱い、自社システムにソフトを開発できるのは自分たちだけとするようにしたのだった（当時のカミソリ替え刃式のビジネスモデルではこれが必須だった）[33]。

マイクロコンピュータの開発エコシステムはもっとオープンで、特にApple
IIではそれが顕著だった。マイクロコンピュータとそのソフトウェアは、アー
ケードマシンやコンソールとは根本的にちがう。計算処理力がゲームだけの
ために設計されていたコンソールやアーケードユニットの専用ハードウェア
とはちがい、マイクロコンピュータはすさまじく多様なユースケースを包含
していた。このため使うのは複雑で売るのもむずかしくなった――広告がな
んと言おうと、コンピュータは何十年にもわたり「プラグ・アンド・プレイ」
ではなかった――が、それがまたその商業的な魅力の源泉にもなった。

コンピュータで何をするにしても、システムはソフトウェアが必要であり、
マイクロコンピュータのハードウェアメーカーは、考えられるソフトウェア
のニーズをすべて予測するのは不可能だった。AltairやIMSAIのような第一世
代のマイクロコンピュータは、ホビイスト起源の名残としてオープンアーキ
テクチャやサードパーティー開発を受け入れ、Apple IIのような第二世代のシ
ステムはその衝動を市場提案として受けついだ。サードパーティのソフトウェ
ア開発がシステムの価値を高めるのを認識していたのだ。アップル社の、開
発者に口出ししないアプローチ――それどころか、*VisiCalc* のような革新的な
製品を持つ企業を受け入れ支援する意欲――のおかげで、このシステムのソ
フトウェア開発世界は花開き、さらにハードウェアの売上が促進された[*34]。
Apple II向けに開発することで、ウィリアムズ夫妻はフリーエージェントにな
れた。アップルに何も借りはないし、ライセンスフィーすらなく、自分の利
益に最もかなう経済的判断を好きに下せたのだ。

ウィリアムズ夫妻は、当初は*Mystery House*を自分で売るつもりはなかっ
た。そのオーバーヘッドはわかっていたし、それがゲーム開発に必要だっ
たものとはまったくちがう、実に広範な労働を必要とするのも承知してい
た。彼らの決断を導く要因のマトリックス――時間とスタートアップのリス
クに対する長期の利得の評価――は、発行を自分でやるよりも、慎ましいロ
イヤリティの元で出版者と仕事をするのを選んだ多くの小規模開発者たちが
行った計算の典型である。ウィリアムズ夫妻はまず*Mystery House*をアップ
ル社に送った。プログラムの傑出したハイレゾモードの利用を見て、同社が
アップル自身のソフトウェア販売に含めるようなライセンス契約をしてくれ
ないかと期待したのだ（アップル社が二人に折り返した頃には、ウィリアム

ズ夫妻はすでに自前でビジネスを始めていた）。またプログラマ・インターナショナル社にも接触した。これはパーソナル・ソフトウェア社以外の数少ないアメリカの大規模マイクロコンピュータ向けソフトウェア発行者だ。プログラマ社はゲームに25パーセントのロイヤリティを提示したが、ウィリアムズ夫妻はこの申し出に感銘を受けず、自分で発行するという大胆ながらももっともな決断を下した。自前のゲームをマーケティングする参入障壁の低さを考えると、かなりつつましい成功ですら、ウィリアムズ夫妻の懐に入るお金はロイヤリティ契約よりも多くなるはずだったし、二人は*Mystery House*の潜在的な魅力に自信があった。夫婦の、「やればできる」式商魂では常にそうだったように、どちらも多少なりとも実入りが増えるなら、頑張って働く覚悟は十分にあったのだ。

　ウィリアムズ夫妻の第一歩はゲームのマーケティング計画立案だった。このための最も伝統的な場は、コンピュータホビイスト雑誌だった。実際に設置されているマイクロコンピュータシステムの数は、どの機種であれ、テレビ、ラジオ、主流新聞や雑誌での広告を正当化するには小さすぎたからだ[35]。またコンピュータホビイスト雑誌の読者たちは、すでにマイクロコンピュータを所有しており、そのソフトウェアに関心がある可能性がきわめて高かった。さらにそうしたニッチ雑誌の広告掲載料は比較的安かった——ウィリアムズ夫妻はそれを自分たちに有利なように活用することになる。

　ウィリアムズ夫妻の最初の広告のすべては、この事業が実際よりはるかに大規模だという印象を与えるように計算されていた——すべては見知らぬ人々に、24.95ドルの小切手を送らせるための信頼ゲームの一部だ。当時、自社製品を販売するのに全ページ広告を打つのは最大級のソフトウェア発行者だけだった。独立系開発者は通常、つつましい4分の1ページの広告か、もっと小さな広告しか打たなかった。だがウィリアムズ夫妻は「MICRO: The 6502 Journal」誌1980年5月号の裏に、全ページ広告スペースを買った。これは6502マイクロプロセッサを使うマイクロコンピュータマニア向けのホビイスト雑誌だった[36]。「MICRO」誌は、製作価値の低い、タイプセットも最低限の広告が満載された白黒ページを持っていて、予算も限られ、社内にレイアウトのアーティストもいない、できたての会社にとっては悪くない場だった。「MICRO」誌はまた、かなり技術に傾倒した読者層を持ち、彼らはすぐにケン・

ウィリアムズがAppleのハイレゾモードからひねり出したグラフィック的イノベーションに気がつくはずだった。タイプセット費用を節約するため、ロバータは自ら広告をデザインし、言葉と画像を切り貼りした[37]。

　全面広告に張り込むのに加え、ケンは他の製品2つをでっちあげて、自分たちのスタートアップが大規模な事業だという印象を与えた。「MICRO」誌の広告では、ウィリアムズ夫妻はハイレゾアドベンチャー（「*Mystery House*」）と一緒に、アーケード式のゲーム2本、*Skeetshoot* と *Trapshoot* を並べている。どちらもケンの、無名の友人がプログラムしたものだった[38]。*Mystery House* は24.95ドルだった——コンピュータゲームの通例よりも10〜15ドル高い。あるいは *Skeetshoot* と *Trapshoot* とセット販売だと37.50ドルだ。*Skeetshoot* と *Trapshoot* の行方は知れない。これらは、売っているゲームが1つではないという印象を与えるためだけに存在していたが、*Mystery House* が成功すると、すぐにウィリアムズ夫妻の商品一覧から姿を消した[39]。

　この広告自体は、文字だらけのページで、あるアドベンチャーゲームの設定と魅力について説明していた（「アドベンチャーに乗り出す人物はベンチャラーです」とコピーは平然と説明する）が、その書きぶりはまとまりのない、大仰な言葉づかいだった。それはマイクロコンピュータのゲームソフトウェア販売に市場の標準がないせいだ。広告コピーには *Mystery House* のイラストの写真が2枚つけられた。これは今日の我々がスクリーンショットと考えるものの粗野な形態である[40]。ほとんどのゲーム広告は製品のマーケティングに手描きのイラストしか使わないか、まるで画像がなかったことを考えると、ウィリアムズ夫妻の広告は自分たちの製品のビジュアルな魅力について暗黙のうちにダイナミックな主張をしていたことになる。この広告にはまた、顧客が自分で切り取るようになっている販売／出荷記入欄があり、小切手は「オンライン・システムズ」宛てに振り出すように指示が書かれていた。この会社名は、「オンラインコンピュータ企業向けのコンサルティングでやったような、アップル向けの立派なビジネスソフトを販売したいというケンの夢の名残」なのだった[41]。小切手、マスターチャージ、Visaの注文の送付先は「772 No Holbrook, Simi, CA, 93065」——ウィリアムズ夫妻の自宅だ。

　自家生産は、多くの台頭するマイクロコンピュータソフトウェア企業の特

徴で、自分で発行していた企業では特に顕著だった。明確なビジネスモデルがなく、小売業者や消費者の需要も不確実だったので、多くのソフト生産者は自宅の台所、ガレージ、車のトランクなどのいい加減な場所から商売を行い、十分に売上が立って、従業員がある程度必要となりオフィスが必要となるまでそれを続けた（あるいは場合によっては、企業が地元の土地利用委員会に目をつけられるまで）。ウィリアムズ夫妻も同じだった。やがて*Mystery House*を何百本も自宅から売ることになり、自宅の電話（805-522-8772）で注文を受けつけ、ゲーム内のパズルのヒントを説明したりしていた[*42]。昼間は、ケンはプログラミングの仕事にでかけ、ロバータは家の世話と育児をしつつ、5.25インチのゲームディスクと、単純なコピーの説明書をジップロックの袋に入れ、注文を発送した（図版12参照）[*43]。スティーブン・レビーが『ハッカーズ』で記録しているように「ケンとロバータはその5月に11,000ドル儲けた。6月には20,000ドル儲けた。7月には30,000ドル。シミ・バレーの家はお金を刷る場所と化していたのだ」[*44]。もっとおもしろい指標は、雑貨屋からジップロックの袋をカート一杯に買い漁ったというロ

オンライン・システムズ社の最初の広告、ハイレゾアドベンチャー（「*Mystery House*」）がフィーチャーされている。「MICRO: The 6502 Journal」1980年5月号、80ページに掲載。著者のコレクションより。

130

バータ・ウィリアムズの回想かもしれない[45]。

こうしたステップは、独立系ソフトウェア開発者で自分のゲームを自分で発行し、そうした努力を大きな事業へと育てようとした人々には典型的なものである。ウィリアムズ夫妻は、わずか半年前の*VisiCalc*発表で見られた洗練されたマーケティングや包装やブランディング技能はなかったが、販売する市場がちがっていた。彼らの課題は、コンピュータ利用者ではない人々にコンピュータを買うよう説得することではなかった。*Mystery House* は、あらゆるゲームと同じく、消費者にとっての必需品としての魅力はまったくなかった。むしろウィリアムズ夫妻はそのマーケティング活動を、すでに Apple II を所有しているか買おうとしていて、そのシステムで何か目新しい体験をしたい人々に向けた。通販ビジネスを補うため、ウィリアムズ夫妻はまたロサンゼルス地方の地元コンピュータ店に *Mystery House* を持っていき、このプログラムを従業員たちにデモしてみせた。これはすでに1980年初頭に独自のソフト流通稼業に手を染めたときに経験があった（オンライン・システムズ社が全面的な副業になると、ケンは流通事業を畳んだ）[46]。ケンの回想によると、小売業者たちはゲームに好意的で、それが Apple II の見込み客に対してそのシステムを宣伝する材料となると考えたそうだ[47]。このプログラムは訴求力が高く、半年以上もたってから「Creative Computing」誌の1980年クリスマス号でレビューされ、「とても素敵」なグラフィックスで「部屋や物体を細かく表示している」と賞賛された[48]。

Mystery House が示すような、自家製サクセスストーリー——このコンピュータゲーム産業の黎明期においてはこうした例が数多く見られた——は、ゲームセンター機やコンソール産業では不可能だっただろう。そうした分野では、開発リソースへのアクセスはもっとしっかり守られていた。だから「ゲーム」をゲームセンター機、コンソール、マイクロコンピュータにまたがる単一のカテゴリーとして考えたくなるが、プラットフォームごとの生産と消費のまったくちがう現実は、実務的な影響を持ち、マイクロコンピュータはゲームセンター機やコンソールには存在しないコテージ産業の繁栄を引き起こしたのだった。それに対してゲームソフトウェアのほうも、人々がコンピュータにできることだけなく、コンピュータに何をしてほしいかを探究する支援をした——ゲームセンター機やコンソールにはなかった、民主化さ

れた実験の領域だ。マイクロコンピュータとそのソフトウェアの共生的な関係は、まったく新しい産業の開花にとって理想的な土壌となるのだった。

＊　　＊　　＊

1980年10月に、Apple Ⅱマニア雑誌「Softalk」は初のベストセラーリストを公表した。Apple Ⅱソフトウェアパッケージの売上トップ30をランキングしたのだ[49]。話は明らかだった。*VisiCalc* が王様だったが、その宮廷を構成するのはゲームだった。*VisiCalc* 以下に連なる29のソフトウェアプログラムのうち、21本は何らかのインタラクティブ・エンターテインメントだった――そしてそこには総合7位の、ウィリアムズ夫妻の*Mystery House* もあった[50]。チャートの首位は、オリジナルのフライトシミュレータで、Apple Ⅱ初期に最も人気の続いたゲーム、続いて各種ロールプレイングゲーム（RPG）やアドベンチャーゲーム、アーケードの真似、コンピュータ化したウォーゲーム、ボードゲームシミュレーションのごたまぜが続く。*Rescue at Rigel*、*Sargon Ⅱ*、*Odyssey*、*Gammon Gambler* などだ。いくつかは1年以上もこの一覧にとどまるが、ほとんどは毎月続く新製品ラッシュの洪水に流されてしまう運命だった。それがゲームのおかしなところだった。やたらにあったのだ。だれであれ、ワープロや在庫管理データベースや小切手管理ソフトを半ダース持っても仕方なかったが、ゲームはそれが利用されるのではなく、消費されるという事実に規定されていた[51]。ほとんどのApple Ⅱ所有者は、少なくともいくつかゲームを買ったし、本当のマニアはフロッピーディスクを、音楽ファンがレコードコレクションを集めたり、本好きが本棚を大切にしたりするように買い漁った。*VisiCalc* を負かせる1本のソフトはなくても、そうしたゲームの売上を合計すれば、人々が自分のApple Ⅱで他に何をしていたかについて、まったくちがう歴史的な証言が与えられる。

1970年代末から1980年代半ばにかけての時期は、目に見えるアメリカのコンピュータゲーム産業の始まりだった――つまり個人の楽しみのためにコンピュータゲームを作り流通させるだけでなく、そうしたソフトウェアを、アーケードやコンソール産業がすでに1970年代の大半を通じてやっていた

形で商品として利用し始めたということである。ゲームは、未来学者や産業予測者たちが世界で最も高価な新しい消費者機器の便益として、気乗りしない世間に提供したいものではなかったが、ゲームは売れたし、しかも市場のあらゆる種類のマイクロコンピュータについて、大量に売れたのだった。あらゆるマイクロコンピュータについて、ゲームは売上で見てビジネスソフトウェアの次に売れた——1983年頃のマイクロコンピュータソフトウェア市場15億ドルのうち5.4億ドル、つまり34パーセントを占める。そして一般に、販売本数だけで見れば最大と推定されていた[*52]。ある業界市場レポートが指摘したように、ハイレベルの重役を標的としたポータブルコンピュータを専門とするオズボーン・コンピュータですら、自社システム向けにゲームをリリースしており、「ビジネス利用者の『最も真面目』な人々ですらマシンでゲームをする」のを証明してみせた[*53]。

　コンピュータゲーム産業の最初の5年は、急激な変化の時期であり、1979～1984年にかけては16ヵ月から24ヵ月ごとに、業界トレンドの大きなシフトが生じた。最初期の1979年末から1981年半ばにかけて、企業は通常洗練されず資本金も過小で、ゲームはバグだらけだったし、マーケティングも粗野だった。だが競合が少なかったから、ソフトに少しでもまともな目新しさがあればヒットは出しやすかった。この空間における初期の成功者としてはオンライン・システムズ社、サブロジック社、カリフォルニア・パシフィック社、オートメイテッド・シミュレーションズ社、ストラテジック・シミュレーションズ社、アドベンチャー・インターナショナル社などがある。こうした事例すべては、オンライン・システムズ社と同様に、創業者の手すさびで始まり、通常はたった1つ製品を売ろうと思っただけだったのが、予想外に熱烈な市場に直面して真剣になったというものだ。こうした偶然の成功の瞬間に、企業創業者たちはいわゆるコンピュータ革命の鋭い感覚を体験した——もちろんそれは彼らがいきなり手にしていた物質的な金銭利得に裏付けられたものだった。その幸運を、自分自身のビジネスセンスのおかげだと解釈して、こうした初期の成功者たちはすぐに製品ラインを拡大して、多くの人が存在するとも思わなかった市場に奉仕するようになり、自分たちの立場を単なる自費発行開発者ではなく、発行者として正式に固めたのだった。

　「Softalk」誌の1980年10月のベストセラーリストを見ると、こうした初

期の発行者たちが提供していた広範なプレイの選択肢がよくわかる。いくつかは、アクションテーマの宇宙銃撃戦やゲームセンター機のコピー、たとえば*Asteroids in Space*や*Tranquility Base*などだ。だがずっと多くのものは、ゲームセンター機やコンソールとはちがったゲームプラットフォームとしての、マイクロコンピュータの広がりを示していた。*Flight Simulator*は緊張する場面はあっても、やはりゆっくりした司令と制御型のゲームで、計器を読んで慎重な選択をするというものだった。*Mystery House*や、ウィリアムズ夫妻の1980年秋リリースの*Wizard and the Princess*は、探究と発見を言語により操るのが売り物だった。こうしたゲームでは、主に悩むところは解けないパズルだった。*Odyssey*、*Rescue at Rigel*、および*Temple of Apshai*のようなストラテジーゲームやロールプレイングゲームは、反射神経によるプレイとリソース管理の両方を必要とし、プレーヤーは健康、資産、兵器、装備のバランスを取りつつ探究を最適化する。こうした新生ソフト開発者の初期の作品を見ると、ゲームセンターの経済論理では支えられない独特のインタラクティブ経験の台頭が見られる。ゲームセンターは、プレイ時間を短く抑え、挑戦のハードルを上げることでコインを使わせることが必要だった。また入力がボタンやパドルやジョイスティックに限られる、コンソールの技術的限界でもそうした経験は支えられない。

　だがこうした創造物がいかに革新的だったり目新しかったりしても、マイクロコンピュータのソフトウェア産業は、まだこうした発行者が必ずしもゲーム企業と見なせるような発展段階には到達していなかった。エンターテインメントソフトウェアは、起業家的な気質を持つ好奇心旺盛で暇なプログラマにとってはハードルの低い参入点だったが、それでも危うい業界だった。ソフトウェア発行者は、ハードウェアメーカーが栄えなければ繁栄できなかったし、Apple IIのような高価なハードウェアは、それがゲーム以外のことができると証明できないと売れなかった[*54]。こうした初期の創業者たちは、自分たちが様々な能力を持つ機器にしてプログラミングできる道具というマイクロコンピュータのパワーを伝える大使だと夢想していた。マイクロコンピュータの魔法は、それがいろいろなものになれるということで、初期の発行者たちは他のソフトウェア分野で実験することにより、それを証明してみせようとしたし、ときにはそれが大成功した。ケン・ウィリアムズは、

オンライン社のアドベンチャーゲームを書くのに使ったソフトをパッケージ化して、グラフィックス・ユーティリティとして販売し、さらに1980年代初頭を通じていくつかワードプロセッサも発表した。ブローダーバンド社の*Bank Street Writer*は、当時最も人気の高い家庭用ワードプロセッサの一つとなった。同様に、もっと「真剣」なソフトウェアの発行者、たとえばマイクロソフト社やパーソナル・ソフトウェア社も、製品一覧にゲームを含めていた。だからゲーム開発と発行はアーケードやコンソールのソフトウェア提供者ではかなり明確だったが、そうした慣行はマイクロコンピュータのソフトウェア産業ではそんなにしっかりしたものではなかった。そこではゲームが常に、もっと大きな消費者向けソフトウェア市場で動いていたのだ。

初期の粗野なApple IIゲームソフト開発は、1981年半ばから末にかけて新しい形を取り始めた。そうした企業の多くにおける、ゆったりしたペースや気安い操業が、加速したリリースサイクル、急激な内部成長、他のコンピュータシステムへの製品拡大に道を譲ったのだ。最初期の会社に新規参入組が、ほとんど毎月のように加わった。ミューズ社、シリウス・ソフトウェア、ペンギン・ソフトウェア、ブローダーバンド社は、みんな1981年から1982年にかけて独自の業界リーダーとして台頭した。競争激化に直面して、企業はあわてて品質保証、顧客サポート、マーケティングのための余地を作るようになった。そうでないとバグの多いゲームは悪いレビューにつながるし、お手製広告は製品の信頼性が低いように思わせてしまうのだ。

リリース速度も加速した。企業は市場での存在感を高め、競合を振り払おうとしたのだ。市場を支配する戦略の一つは、それをあふれさせることだった。数ヵ月ごとに新しいゲームを出して、何かがヒットになるのを祈る——そうでなくても、追加リリースで個別のゲームがすぐに廃れても、全体としての売上は安定化するのを祈るわけだ。ゲームセンター型ゲームは特にすばやく出せるようになった。ゲーム製作にホビイスト＝ハッカー的な倫理で挑んだ開発者たちはしばしば、実際のコンソールやゲームセンター機からゲームの仕組みを拝借したので、非公式のアップル用変換や「拝借された」ゲームが生まれた[*55]。こうしたゲームセンター機のコピーゲームは、今日ならクローンと呼ばれるものだが、あまりに多かったので「BYTE」誌は*Asteroid*に似たゲーム8種類の仕様を比較する大きな表をつくったほどだ（うち7本

はApple II用にプログラムされていた）*56。オンライン・システムズ社が1980 〜 1984年に「Softalk」誌のベストセラーリストに送りこんだゲームセンター機ゲーム10本のうち、8本は人気のゲームセンター機のクローンだった*57。

　競争が増したことで発行者たちは、新しい売上の方向性を探り、多くは自社ゲームを他のシステム向けにリリースしはじめた*58。ときには「移植」と呼ばれるこのプロセスは、ゲームの元のコードベースをプログラムし直し、他のシステムで動くようにするというものである。しばしば、根底のハードウェアアーキテクチャが同じシステムが選ばれた。これでApple II発行者が、ゲームをコモドールVIC-20、Commodore 64、Atari 800に移植する例が最も多かった理由が説明できる。そのすべてはAppleと同じMOS 6502マイクロプロセッサを使っていたのだ*59。だが移植は時間がかかった。発行者は新しいアイデアを開発する必要はないが、プログラマたちはやはりApple II発のゲーム体験を、ちがったハードウェア・アーキテクチャのシステム用に最適化しなくてはならなかった。場合によっては、企業は移植専門のプログラマを雇った——これにより、最高のApple IIプログラマを、新製品開発に専念させ、コード変換というあまり華やかではない仕事は他の連中の苦労に任せられる。

　全体として、この製品過剰でベストセラーの寿命は3ヵ月から6ヵ月程度となった。ずっと多くのゲームは、たった1、2ヵ月ほど名を馳せてから転落したり、そもそもまったく話題にならなかったりした。オンライン・システムズ社はそのいい見本だ。初期の*Mystery House*、*Wizard and the Princess*のような長命ベストセラーにもかかわらず、ウィリアムズ夫妻の製品の多くにとって、人気を持続するのはますます困難になった。その後のアドベンチャーゲームのほとんどはすぐに忘れられ、多少は売れたアーケードゲームと、成功したワードプロセッサの*Screenwriter II*がApple IIベストセラーリストで生き残った。コンピュータゲーム開発者たちは競合の圧力を感じるようになり、さらに多くの競合がやってこようとしていた。

＊　　＊　　＊

　1982年になると、マイクロコンピュータのゲームソフトウェア部門が急成長し、市場がますます混雑してきたにもかかわらず、いくつかの方面から注目を集めた。書籍出版者やその他メディアの巨人たちといった新規参入者と並んでベンチャー資本家たちが、エンターテインメントソフトウェア市場の財務的なスケールを大幅に拡大した。さらにハードウェア環境の変化——つまりマイクロコンピュータとビデオゲーム・コンソールのハイブリッドとして機能した無数のあいのこシステムのリリース——は、エンターテインメントソフト発行者たちに、多くの競合システムに関心を向けるように奨励した。最終的にゲームソフトウェア製品が大量にあふれ、そのすべてが市場成長についての非現実的な予測に基づいた投資家の熱に浮かされた夢想に基づいて出資された結果、業界は内破に向けて着実に進むこととなった。

　ベンチャー資本家たちは家庭用エンターテインメントソフト開発や発行の最初期には関与しなかったが、それが急速な財務成長を実証し始めると、いくつかのVCは1981年頃にめざとくこの業界に目をつけた[*60]。ファイナンス業界はアップルコンピュータ社自体のめざましい成功は熟知していた。同社はすでに最初期の投資家たちにすさまじい収益をもたらしており、ビジネス誌やハイテク誌の寵児となった。同様にアタリ社は、1980年代初頭には無敵に思えた。アメリカ史上で最も急成長した企業の一つと広く認められ、1981年だけでも事業収入2.9億ドル近くを稼ぎ出し、その親会社ワーナー・コミュニケーションズ社をはるかに上回っていた[*61]。

　自分たちも大当たりを引き当てたいと願ったベンチャー資本家たちは、1980年代初頭の時点でオンライン・システムズ、ブローダーバンド、オートメイテッド・シミュレーションといったトップのエンターテインメント・ソフトウェアメーカーへの投資機会を探り始めたし、またエレクトロニクス・アーツ社などの新興スタートアップにも打診を始めた[*62]。初期のアメリカソフトウェア産業におけるベンチャー資本は、アップルコンピュータ社のような企業の場合と同じような形で作用した。ベンチャー資本企業は草創期の企業に対して大量の現金注入を行い、かわりにかなりの割合の株式と、しばしば取締役会議の議席も求めた。こうした金融取引が「ベンチャー」だっ

たのは、それがきわめて投機的だったからだ。ほとんどの企業は、ベンチャー資本投資家たちが提示した巨額の価値評価を実現することはなかった。しかし期待に応えた企業は——株式を公開したり買収されたりして——まちがいなく莫大な規模でそれを実現したから、全体としてのベンチャー資本プールにおける大量の失敗や収支トントンの案件を補ってあまりあるものとなったのだった[63]。オンライン・システムズは、ベンチャー資本にまっ先に飛び込んだ企業となり、1982年に東海岸のベンチャー資本企業TAアソシエイツから120万ドルの現金注入を受け、かわりに同社の株式24パーセントを提供した[64]。大きな取引ではあったが、これはオンライン・システムズが持っている全米最大の独立ソフトウェア企業という価値に見合ったものと見なされた。消費者ソフトウェアすべての市場シェア11パーセントを持っていたのだから[65]。

このベンチャー資本流入はまた、リブランディングももたらした。オンライン・システムズ社はシエラ・オンラインという名前になった。これは同社がシエラ・ネバダの真ん中にあるヨセミテ国立公園に近いことからついた名前だ。技術用語と全米の自然驚異の一つとをブレンドさせた、この新しい名称とロゴは、ハイテクに神話的なアーリー・アダプターを超えてブランド訴求力をひろげ、コンピュータ技術が自分たちの生活に果たす役割に不安を持っている未来の消費者にも魅力あるものにするよう意図されていた。そしてもちろん、こうした企業すべてにベンチャー資本は新しいハードル——そしてステークホルダー——をもたらした。この騒がしいゴールドラッシュ的な瞬間についての、口承やジャーナリストの報道を見ると、会社運営の官僚主義が高まり、経営陣と開発者の衝突が起き、マーケティング予算が増え、産業ソフトウェア開発、製造、流通の実務を専門化して成熟させろというあらたに内面化された圧力の話が大量に見られる[66]。

ベンチャー資本家たちの尻馬にのって、確立したメディア企業もマイクロコンピュータ・エンターテインメントに自らの足場を築こうとした。これは特に書籍出版者や放送メディアの巨人の間で顕著で、彼らは大いに喧伝されたコンピュータ革命の唐突な到来に追いつかねばと焦っていたのだ。1982年にアメリカ最古のテレビ放送企業の一つCBSの子会社CBSソフトウェアは、ソフトウェア部門を設立したが、その理由はCBSが「家庭にメッセージを送るのが仕事だ

からである。（中略）ホームコンピュータはそのメッセージ配信の別の方法にすぎない」というものだった[*67]。同様に1983年には、メディア複合体コックス・エンタープライズはクリエイティブ・ソフトウェア社を買収したが、それは「コンピュータを通じて自社の新聞を配信する日を見据えて」のことだった[*68]。他の一般向けメディアブランド、たとえばリーダーズ・ダイジェストやスコラスティックもソフトウェア市場に参入した。ブローダーバンド社創業者ダグ・カールストンはこれを業界の移行だとみていた。そこではソフトウェア発行者が、大規模コングロマリットのマーケティング練習台だと思われていたのだ。「企業名こそが注目の的で、個別製品ではなかった」[*69]。

　カールストンの観察が示唆するように、こうした新参企業の狙いは必ずしもエンターテインメントソフトウェア業界を直接おびやかすことではなかった。実際、多くはゲーム市場にはっきり参入するのを避け、ゲームはコンソールのおもちゃであり、ソフトウェアは真面目なビジネスだといういささかおめでたい思いこみで活動していた。企業は市場に、コンピュータゲームそのものではなく、家庭向け「教育」タイトルをあふれさせた（教育ソフトウェア市場についてのさらなる議論は第7章参照）。これがゲームソフトウェア発行者にどう影響したかは、「教育」がどこまで「エンターテインメント」の範疇に入ると彼らが見なしたか次第ではあった——この境界線は、しばしばかなり曖昧だった。教育タイトルはしばしば単に、もっと伝統的なゲームの仕組みのまわりに練習問題をはりつけただけだったからだ。

　こうした大規模メディアプレーヤーの到来によるエンターテインメントソフトウェア業界へのより大きな影響は、スタートアップのソフトウェア発行者であるシエラ・オンラインなどを、もっと真剣な競争水準に押し上げたということだった。新たな信頼性に興奮し、ブランド認知を維持しようとして、シエラ・オンラインはジム・ヘンソンの『ダーク・クリスタル』やコミックの『イドの魔法使い』『B. C.』、さらにディズニー映画のキャラクター（子ども用教育ゲームシリーズ用にライセンスを受けた）などの知的財産（IP）を使ったゲームを作るため、エンターテインメント・パートナーシップを推進するので有名となった[*70]。この手のライセンス供与契約は高価で、ファイナンス産業が提供する投資資本なしには確保できなかった。当時の多くのジャーナリストは、こうした契約こそコンピュータソフトウェアが真面目な

文化形態になりつつあるという証拠だと書き立てたが、今にして見れば、それは消費者受容ではなく市場ポジションをめぐる不安に刺激された、無理強いされた成長パターンの特徴を持っている。

　この時期におけるApple IIエンターテインメントソフトウェア産業における最後の重要な影響は、マイクロコンピュータ・プラットフォームの増殖、特にコンソールとマイクロコンピュータのハイブリッドである新種のコンピュータ技術の到来だった。最初期のアメリカ家庭ゲームコンソール、たとえばマグナボックス*Odyssey*やアタリの*Pong*マシン以来、コンソールとマイクロコンピュータはどちらもゲームソフトをプレイする機会をアフォードしてはいたが、別々の技術として活動してきた。それが変わるのは1979年、アタリ社が6502マイクロプロセッサに基づくマイクロコンピュータを2台発表したときだった。それぞれ、中小企業と家庭用コンピュータ市場を狙ったものだ。1,000ドルのAtari 800と、その機能を絞った兄弟、550ドルのAtari 400である。この2つのシステムはどちらも立派なマイクロコンピュータで、BASICプログラミング機能やサウンド、高度なグラフィック・ハードウェア設計を備えていたが、カートリッジスロットというさらに重要な追加機能を持っていた。これにより、まさにアタリ社のVCSコンソールと同じようなやり方でソフトウェアを走らせられたのだ（とは言えソフトウェアは、アタリ社の中でもマイクロコンピュータとVCSで互換性はなかった）。カートリッジによるソフトは、利用者がコマンドラインを飛ばしてすぐにソフトウェアを読み込めるようにするので、技術に明るくない利用者は、プログラミングに少しでも似たものやマシンとのテキストによるやりとりを一切回避できる。「それまで必ずしもコンピュータ経験のない消費者」を惹きつけようとしたアタリの400/800ラインは、既存の消費者の消費者向けエレクトロニクスに対する親和性を利用することで、市場シェアを高めようとした試みだった――同時にビデオゲーム市場へのマイクロコンピュータの侵入に対抗しようとしたわけだ[71]。その後数年で、この分野双方からのハードウェアメーカーも後に続き、マイクロコンピュータとビデオゲーム・コンソールをブレンドさせたマシンを大量に生み出した。コモドールVIC-20とCommodore 64、コレコ ADAM、テキサス・インスツルメンツの99/4A、TRS-80 カラーコンピュータ（愛称「CoCo」のほうが有名）。1983年冬のコ

ンシューマー・エレクトロニクスショー（CES）のフロアから報道したラッセル・サイプは「Computer Gaming World」誌で「パーソナルコンピュータと家庭ビデオゲーム・システムを隔てる境界は消えた」と書いている[*72]。

このハイブリッドシステムの流入は、移植を加速しただけでなく、コンピュータゲーム・ソフトウェア発行者に、自分が伝統的なビデオゲーム・メーカーともっと直接的に競争しているのだと自覚させることになった。特に、ビデオゲーム業界がゲームセンター機のIPを戦略的にロックダウンするようになったからだ。ハイブリッドシステムがやってくるまで、Apple IIのゲームソフトウェア開発者や発行者たちは、人気ゲームセンター機のクローンを作ることでうまく成長してきたし、ゲームのプレイ方法は同じでも、グラフィックスを少し変えることで大きな法的問題を回避してきた。カートリッジメーカーが、ゲームセンター機に基づくIPを簡単にカートリッジ読み込み式マイクロコンピュータ向けに生産できるなら、マイクロコンピュータの発行者がゲームコンソール・メーカーの規模の経済と競合できるわけがない——つまりIPの所有がそれまでのマイクロコンピュータ・ゲームソフトウェア開発者にとってはこれまでなかったような形で重要な商品となったということである。1982年にケン・ウィリアムズはセガのゲームセンター機ヒット作である*Frogger*の磁気メディア権利を確保し、フロッピーディスクやカセットを使えるシステムすべてについて、このゲームをリリースできるのは自社だけとなるようにした（パーカーブラザース社はカートリッジメディアの権利向けに支払いをした）[*73]。これはゲームセンター機ベースのIPがApple IIで公式リリースとなった最初の事例であり、これはAtari 800など一部マイクロコンピュータ・プラットフォームではすさまじく人気が出た。何万本もが注文された。シエラ・オンライン社の販売員が当時を回想して言うように「見えるのは果てしない未来だけだった」[*74]。

3年か4年の間に、Apple IIゲームソフトウェア業界での早期台頭者たちは、これまで存在もしたことがないような産業の中で急激に上昇した。こうした会社の創業者たちの多くは、最初は友人で、みんな自分たちがかなりツイていたと考えていたという事実に結ばれた、下積みの絆を持っていた。だがやがてお金が積み上がり、会社の株式が配られ、新規の競合がヒドラのように首をもたげ、業界内部の旋風ですべてが開発者と発行者による、相手の一枚

上手をいこうというウキウキした競争のように思えてくると（しかも同時に投資家向けに利潤をふくらませて、そうさせていただいてありがたいと宣言している）、だんだん車の車輪がはずれ落ちはじめたのだった。

＊　＊　＊

　歴史のバックミラーを見ると、人々は確かにバブルが生じているのを知っていたように見える。1983年になると、コンピュータ雑誌の論説ページは、憶測まみれの思索だらけだった。「COMPUTE!」編集長ロバート・ロックは、「業界が多くの人の期待した速度で拡大していない」ので「期待の危機」だと書いた[75]。「Softalk」誌の1983年8月号に載った、同年の夏のコンシューマー・エレクトロニクスショー（CES）の報告は「ソフトウェア過剰」を報じた——業界初期の起業家たちですら「マテル、パーカーブラザース、CBS、FOX、コレコ、アクティビジョン、アタリなどと並ぼうとしている」という[76]。「業界アナリストは全員、パーソナルコンピュータ業界における『ふるい分け』が避けられないと同意している」と、新生のアップル消費者雑誌「A+」の編集者マギー・キャノンは、1983年11月の創刊号で意見を述べている。Lotus 1-2-3開発者ミッチ・ケイパーは、迫り来る大惨事を次のように表現する。「競争でふるい分けが強いられるのは事実。しかし企業はヒンデンブルク号のように爆発炎上したり、タイタニックのように沈没したりはしない。それはむしろマゼランの艦隊のようなものだ。地球を一周できるものもある。他は迷走して音もたてずに沈没する」。ケイパーは、マゼランの世界航海の比喩を平然と使えるが、そうした船が失われたのはそもそも、植民地事業のおかげで彼らが地球をまわらねばならなかったからだというのも事実である。ソフトウェア売上は、ベンチャー資本家や書籍出版者が、自分たちが立ち上げを支援したわけでもなく、まともに理解もしていない業界に、乗り遅れるなとばかり入り込んできたまさにその瞬間に、横ばいになったのだった。

　ハイテク業界誌で一般に言われたこの「ソフトウェアふるい分け」は、コンピュータゲーム事業やアップルに限った話ではなかった。これは相互に強化し合う事態の合成だった。マイクロコンピュータソフトウェアの売上は毎

年倍々ゲームで増えていたが、そうした成功は一般に、少数の既存ハードウェアメーカー、たとえばIBM、タンディ、コモドール、アップル、アタリ、テキサス・インスツルメンツといった会社が握っていた。この6社だけで、ソフトウェア販売の40パーセント近くを占めていた。だがマイクロコンピュータ産業はソフトウェア企業5,000社以上で構成され、その大半は、市場の底辺28パーセントを取り合っているのだ。業界がリソース豊かなハードウェアメーカーと、少数の独立ソフトウェア発行者を中心に集約されるにつれ、小規模や、中型企業にとってすら、これは持続不能な力学となった。中小企業が市場から脱出しようとする中で買収が激しくなった[77]。

こうした緊張関係はゲーム部門ではことさら厳しいものとなった。1980～81年の簡単な市場参入のために小さな会社が大量に発生したからだ。だが多くのゲームソフト発行者は、1983年がアメリカビデオゲーム市場の不景気年——今日では北米ビデオゲームクラッシュとして知られる——多くのビデオゲーム発行者が潰れ、アタリ社さえ傾いて、成長が横ばいになり、倉庫には売れない商品が積み上がった年だったという事実にもかかわらず、打撃なしに続いた[78]。マイクロコンピュータ産業に実にしっかり内面化された技術進歩の想定のおかげで、多くのゲーム発行者は潜在的な没落に目を閉ざしてしまった。ブローダーバンド社の共同創設者ダグ・カールストンはこの時期についてこう書く。

> コンピュータソフトウェアの連中は、ビデオゲーム産業における惨状をかなり平然と見ていた。1983年は我々のほとんどにとっては業績更新の年だった。（中略）こうしたビデオゲームに基づく企業は、ただの古くさいソフトウェアの恐竜と見なされ、未来のない市場にはまり、ますます高度化する消費者につまらない製品を出していると思われた。

彼らの状況の現実が実感されるようになるのは1984年になってからだった。ある業界市場レポートが述べるように、ケン・ウィリアムズはシエラ・オンライン社のソフトウェア売上が、ハードウェアの売上ほどは伸びておらず、厳しい投資家たちが同社に課した財務的な期待を満たせなかったのでがっかりした[79]。市場は飽和状態を超えてしまい、ハイブリッドマシンの到来

143

と、それが引き込むとされた新しい消費者による成長はまったく実現しなかった。シエラ・オンライン社などの企業は、コモドールVIC-20やAtari 800、Commodore 64などのROMカートリッジの生産確保のため、大量に資本を先払いしており、同時にフロッピーディスク製品をこの大量の新しいプラットフォーム向けに移植していた。つまり一つのゲームごとに、彼らはいまや各種のROMカートリッジやフロッピーディスク形式向けにプログラムして生産しなくてはならない——売上が横ばいでも生産費用は上がってしまうのだ。さらに問題を悪化させた点として、カートリッジはフロッピーディスクよりも生産が高価であり、フロッピーディスクとちがってゲームの売れ行きが思わしくなくて在庫が発行者に返品されても再利用できなかった。開発から量産から流通まで、費用は積み上がるのに売れ行きは先細りだった。

バブルは、破裂したというよりは徐々に停電を引き起こしたというほうが適切だろう。業界創業者たちのデスクにまちがいなく転がっていた*VisiCalc*のコピーがいくらあっても、シエラ・オンラインのような企業が、成長はのびているのに成長率は低下していると気がつくまでには、かなりかかったのだ。業界の相当部分が一気に沈没して二度と復活しなかった。大企業は彼らの倉庫に残ったものを、価値の数分の一で買い漁った。雑誌は廃刊され、一夜にして消えた。初期のスター企業の丸ごと一世代が二度と登場しなくなった。シエラ・オンライン社は社員130人のうち100人をレイオフした。だが過大な予測と過大な資本化による被害にもかかわらず、コンピュータゲーム産業の中でこの被害はすぐに正常化された。失われた企業はケイパーの言う迷走した船となった。これが事業をやる代償なのだと事後的に合理化されて受け入れられ、コンピュータゲームが本当の産業である証拠だとされたが、それを沈没させた無慈悲な利潤追求や先見の明のなさについてはだれも疑問視しなかった。

シエラ・オンラインはソフトウェアふるい分けに生き残り、その後10年にわたり成功したリリースを続けた。だがこの成功すら長続きはしなかった。1996年にウィリアムズ夫妻は会社を売却し、その後会計スキャンダルが起きて、同社は次々と買い手を転々として、そのたびに市場シェアと従業員を失っていった。やがて同社は完全に閉鎖された——最終的に同社も、それが作り上げたゲームと同じくらいはかなかったのだ。

だがこの初期のコンピュータゲーム史で最も後まで残ったのは、個別企業やゲームではなく、それが生み出した生産と消費の新しい現実であった——その現実は、いまも人々とコンピュータの関係を形成し続けているのである。生産の領域では、この時期は産業がある種のやり方のまわりに凝集し始めた時期だった。分業のやりかたやコンテンツのジャンル、プレイと利潤の期待などだ。消費の領域では、これはコンピュータがオフィスを出て家庭に入り、人々の労働だけでなく——コンピュータゲームを通じて——娯楽の一部にもなった瞬間だったのだ。

　最終的に、起業的な妄想に押し流された、これら文化生産者の熱意あるコミュニティから最も恩恵を受けたのはApple IIだった。市場にあふれた1ダースもの派生的なアーケードクローンごとに、新しい限界を追求してプラットフォームについての興奮を引き起こすゲームが1、2本はあった。*Flight Simulator*、*Mystery House*、*Loderunner*などだ。しばしばソフトウェア製作のくだらない分野とされ「極度にはかない」とソフトウェア史研究者マーティン・キャンベル＝ケリーに書かれたものでありながら、コンピュータゲームはパーソナルコンピュータ利用の見通しのまわりに発達した、もっと大きな経済、技術、文化的なエコシステムの重要な一部だったのであり、グラフィック能力の面でApple IIにおいてそれは特に顕著だったのである[80]。消費者たちは、コンピュータ購入についてスプレッドシートソフトウェアの使い出や、子どもたちを情報時代に備えさせる便益といった口実で合理化したかもしれないが、ゲームは他のどんな種類のソフトウェアにもできなかった形で、コンピュータを理解可能にした。ゲームは、ゲームプログラマのクリス・クロフォードが1984年に述べたように、コンピュータ利用の根本的な「柔軟性」と「可塑性」を強調したのだった。つまり、ソフトウェアプログラミングの即時性を通じて、システムのルールを変えたりインタラクティブ性を変更したりするコンピュータの能力ということである[81]。

　ゲームセンター機やコンソールのゲームと同様に、マイクロコンピュータ向けゲームは新しい感覚、関心、没入の探究のためのソフトウェアとなったし、それをゲームセンター機やコンソールの専用ハードウェアよりも広範なジャンルを通じて実施できた。この能力のおかげで、ゲームは一見するとテクノ未来学者テッド・ネルソンが1977年に予言した、コンピュータを通じ

て提供される「新種の精神生活」の見本のように思えた。それは「アイデア
を抽象化してそれをビビッドな体験に変えることで、我々の精神を拡大す
る」[82]。こんな予言が正しかったどうかは、歴史的に言えば、そうした思
想が、人間の体験にとってゲームが何を可能にしてくれるかという期待の文
化を作り出したかどうか、という点に比べれば重要ではない——そうした探
究がすぐにお馴染みの資本蓄積と消費社主義のパターンに落ち込んだとして
も。ゲームは他の種類のソフトウェアに落ちかかる生産性の要求からは逃れ
られたかもしれないが、経済学的に見れば、すべてはいつもながらのビジネ
スなのだった。

第5章

ユーティリティ——*Locksmith*

ロバート・トリップは1981年3月に過失を認めねばならなくなった。「MICRO: The 6502 Journal」編集発行人として、彼はディスクコピー・ユーティリティプログラムの*Locksmith*の広告を掲載したことで、謝罪文を書かねばならないという残念な立場に置かれていたのだった[*1]。まず彼は当然のことにこだわってみせた。「MICRO」誌は「ソフトウェア製品、カセット、ディスケット、その他保護された材料の違法コピーには無条件で反対です」[*2]。彼はソフトのコピーを、雑誌のコピーになぞらえ、読者がコンテンツを無料またはわずかな費用であっさり手に入れられたら、「MICRO」もやっていけないと認めた。そして違法複製ソフト（彼はそれを、笑えないユーモアの試みとして「コピーロング［copywrongs］」と呼んだ）の「隠れた費用」を並べ立てた。トリップによると、ソフトウェアの海賊行為は消費者にとっての費用を増やし、技術的な悩みを追加し、超長期的には開発者たちが食いつなぎプログラミングと続けるために必要なロイヤリティを奪うことになる。「『コピーロング』で利益を得るのは泥棒だけです。他のみんなは長期的に損をするのです」とトリップ。

最初の*Locksmith*の広告。「MICRO: The 6502 Journal」1981年1月号80ページ掲載。画像：Jason Scott所蔵。

　トリップがこんな編集論説を書かねばならなったのは、それまでマイクロコンピュータジャーナリズムで前代未聞のできごとのためだった。広告主ボイコットの脅しだ。トリップの広告ベースの相当部分を構成するソフトウェア発行者たちは、*Locksmith*の広告に激怒していた。彼らはそれがソフトウェア海賊行為を可能にしてしまうと考えていたのだ。それを発表したのは新生のオメガ・ソフトウェア・システムズ社で、これまで無名で以前にソフトを出したこともない。このソフトは「コピー不能」のものをコピーすると約束していた。言い換えると、発行者が海賊行為を抑えるための損失回避機構として使ってきた、各種のコピー防止手法でロックされたフロッピーディスクの複製を可能にするというのだ。

　なぜソフトウェア発行者群が、別の会社の広告をめぐってニッチなマイクロコンピュータのホビイスト雑誌を潰そうとまで脅すのかを理解するには、1980年代初頭にマイクロコンピュータ・ソフトウェアの生産者と消費者との間に生じた、絡み合う産業的な緊張関係の理解を必要とする。消費者マイクロコンピュータ市場が開花するにつれて、開発者たちは海賊ソフトが自分たちの急成長産業に投げかけるリスクに警戒心を抱くようになった。だれもソフトウェアに支払わなければ、だれがソフトを書いたりする手間をかけるだろうか、そして産業が育つこともできない。そこでコピー防止のドラマが

開始された。企業がハードウェアとソフトウェアの技法を組み合わせて、ソフトウェアメディア形式、通常は5.25インチフロッピーディスク上のデータをスクランブルし、通常のやり方ではディスク複製ができないようにするのだ。このちょっとした小細工の目標は海賊行為を抑えることだったが、一方で利用者が合法に所有するソフトのバックアップコピーを作ることもできなくなったし、またその他コードにアクセスする方法もなくなった。

　コピー防止は1980年代初頭におけるソフトウェアの地位、特にその所有権に関わる独特の緊張関係を中心に据える。こうした問題は、自由放任の研究環境や、ルール通りに行動して必要なライセンス料を支払うのが当然の企業では大した問題にはならなかったが、ソフトウェアの消費者による消費と、その消費を統制しようとする発行者の努力は、壮絶な文化、経済、技術、法的論争の対象となった。ソフトウェアは財かサービスか？　利用者はコードそのものへのアクセス権があるのか、その結果だけか？　利用者がバックアップコピーを作るのを阻止するのは、産業によるやりすぎなのか、下手をすると消費者いじめなのか？　当時のコンピュータマニア向け雑誌や、ソフトウェア発行者、消費者も、コピー防止をめぐって吹き荒れる論争に触れずにはいられなかった。

　こうした問題には決定的な答えはないが、この問題に歴史的なひねりを加えると、もっと豊かな問いが得られる。なぜこんな問題がそもそも懸念事項になったのか？　実は人々がコンピュータを使う方法は、なぜコピー防止（そしてコピー破り）がこれほど激しく争われた問題になったかを理解するにあたりきわめて重要なのだった。コピー防止はパーソナルコンピュータ利用のもっともつまらない操作、毎日ソフトを使う能力を阻害しかねないのだ。本章は、*Locksmith* は海賊行使を促進するのではなく、ソフトウェアと利用者のやりとりを効率的で安心で生産的なものにするのだといってそれを支持する人々の主張を本気で受け取り、日常コンピュータ利用の習慣や実践（および課題や苛立ち）に生産的に注目するための歴史的な人工物として *Locksmith* を利用する。*Locksmith* の存在そのものが、1970年代末から1980年代半ばにかけてのマイクロコンピュータソフトウェアに独特な所有技術的なアフォーダンス、経済的インセンティブ、社会慣行のコンバージェンスをブックマークしているのである。

Apple IIの総合的な生態系において、*Locksmith*はユーティリティに分類される。ユーティリティはApple IIにとって道具となる製品を十把一絡げにまとめた分類で、一般に技術的な目的のための技術的な手段として利用されるのが共通点だ。*DOS Boss*、*Super Kram*、*Quickloader*、*Bag of Tricks*といった、多少は説明的な無骨な名前をつけたユーティリティは、ディスク読み込み時間を短縮したり、ディレクトリの検索を高速にしたり、もっと読みやすいコードを書いたり、グラフィクスのプログラミングを少し単純にしたり、削除したファイルを復活させたり、そして——もちろんコピー防止を破ったりといった目的のプログラムだった。これはコンピュータとの関係を、消費する製品ではなく、交渉すべき境界線として位置づけたソフトウェアなのである。分類として、ユーティリティはホビイスト、ハッカー、コンピュータ利用専門家の領域がほとんどだった——歴史的想像力の中では最も赤裸々に記憶される種類の利用者だが、マイクロコンピュータが主流になるにつれ、ますますニッチとなっていた人々である。しかし*Locksmith*が証明するように、あらゆるユーティリティが非専門利用者の手の届かないものだったわけではない。

*Locksmith*は、あらゆるユーティリティをはっきり反映したものではなく、異例の存在ではあるが、それでもその社会技術的環境を細やかに明かすものである。プログラムそのものの存在を挑発したディスク複製をめぐる論争をたどることで、この時期最大の対立の一つが中心化される。ユーザビリティ対収益性の対立である。*Locksmith*の物語は、海賊ソフトという物質的な慣行を、「情報は自由になりたがっている」をめぐるジレンマとしてではなくユーザごとの対立する規範とコンピュータ生産性への期待についての事例研究として文脈化するのに役立つ。

このアプローチが必要な——そして価値を持つ——理由は他にもある。*Locksmith*は、本書で論じられる他のどのソフトともちがう。あまり記憶にも残っておらず、ドラマチックな技術イノベーションでもなかった。その広告は、ほんの数ヵ月続いただけで、市場のほとんどあらゆるマニア雑誌から引き揚げられた。その製作史、開発者、発行者についてもほとんどわかっていない。この意味で*Locksmith*はこの時期のソフトウェアのサイレントマジョリティを示すものなのだ。*VisiCalc*や*Mystery House*とちがい、ほとん

どの初期のコンピュータソフトは歴史記録にあまり登場せず、ホコリを払われて読まれるのを待っている大量の資料の中にも記録されていない。実際には、1970年代末から1980年代半ばまでの大半のソフトウェア商品については文書記録がないほうがむしろ通例だ。これは特にユーティリティソフトウェアについて言える。これらは通常は大きな利潤をもたらすこともなく、すぐに示せるインタラクティブな経験も引き出さなかった。言い換えれば、*VisiCalc*がアメリカのソフトウェア史を定義づける大陸だとするなら、その海岸には何千、何万もの不毛な群島が点在している。それらはこの時期の他のソフトウェアについて知られ得ることすべてを表しているのだ。つまりこの意味で、*Locksmith*は本書でカバーしたどのソフトよりも歴史的なできごとのより忠実な反映となっているのだ。それは時間の中で失われたし、また今後も失われたままだろう。ソフトウェアの残像をたどることによってのみ、我々は*Locksmith*がどのように、どんな形で重要だったのかという印象をまとめられる。

＊　＊　＊

　ユーティリティは、ソフトウェアだがメタなものだと考えてほしい。コンピュータを利用するため、あるいは利用についてのソフトウェアなのだ。めったにそれ自体が目的とはならないユーティリティは、摩擦を減らし、冗長な作業を簡素化し、トラブルシュートを行い、利用者のまちがいを訂正するものだった。コンピュータ利用が、メインフレームやミニコンピュータの支配する専門家や研究の文脈を超えて、もっと異質性が高く個人化された空間というマイクロコンピュータにありがちな場に入り込むにつれて、この用語の意味は変わった。たとえばミニコンピュータ時代には、「ユーティリティ」とはシステム管理を支援するソフトウェアだった――プログラミング言語、メンテナンス用ソフト、デバッグ、ディスアセンブル、ダンピングのツールとは別枠である[*3]。だがマイクロコンピュータ利用の文脈では「ユーティリティ」は、コンピュータ自体の操作やメンテナンス、ソフトウェア生産に関わるあらゆるソフトを指す万能語となった。きわめて技術能力の高い利用者は、マイクロコンピュータ聴衆のごく狭いサブセットでしかなかったことか

らして、雑誌や小売業者はこうしたソフトを細かく区別する理由はまるでなかった。業界分類の観点からすると、プログラミング言語、コンパイラ、インタープリタ、アセンブラ、ディスクオペレーティングシステムさえも、グラフィックスのアプリケーション、ディスク複製ソフト、インデックスソフト、コード編集ツールと同じ分類に入る。

　マイクロコンピュータ向けに開発された最初のプログラムはユーティリティだったが、この種のソフトウェアは、ゲーム、ビジネスソフト、科学関数計算プログラムなどよりも商業化が遅かった。これはマイクロコンピュータ利用の初期、特に1970年代半ばから末にかけて、マイクロコンピュータはいまだに堅牢なホビイストコミュニティに結ばれた専門的な技術階級の領域だったからだ——彼らは自分のユーティリティをプログラムできたし、同輩たちが共有するそうしたプログラムを活用できた。結果として、後に商用ユーティリティとして分類されるプログラムは、ホビイスト雑誌でのコード掲載として普通に共有されたり、ユーザグループ内で回覧されたりして、利用者にはほとんどかまったく費用はかからないのが通例だった。1975年7月に刊行された『The Altair Users Group Software Library』に含まれたプログラムの最初の14本のうち、6本はユーティリティだった。プログラムコードを、Altairに理解できる機械コードに変換するよう設計されたアセンブラ2本、メモリアクセスエラーを探すための診断プログラム、プログラムをあるメモリ位置から別の位置へと動かせるプログラムだ[4]。すべての場合にこれらは他のプログラム的目標に奉仕するプログラムである。「他の利用者へのサービスを提供したいと願う関心を持つ利用者」によるライブラリに投稿されたこれらのプログラムは、Altairユーザグループの会員に、単に複製と発送の費用だけ（通常は5ドルほど）で提供された[5]。

　ホビイスト雑誌は同様に、熱心で通例のマイクロコンピュータマニアに対する便利なツールを提供する、印刷リストだらけだった。好例が「Creative Computing」1978年11月/12月号だ。データ保存カセットのインデックスを作るINDXAというソフトが出ている[6]。このプログラムは、当時の多くのものと同様に、あまりに苛立たしい作業を解決するために著者ロッド・ハレンが書いたカスタムソフトウェアで、その苛立たしい状況を描く記事がついている。

友達にコンピュータを見せびらかすだろ。数分ほどサイコロを転がしてから、電子スロットマシンを実行してやろうと思ったんだよ。さあ、どこにあるかな？　このテープのどれかにあるのはわかってるんだ。これかな。古いテープを出して新しいのを入れる。読み込み。実行、違う！　これは小切手収支管理プログラムじゃないか。ちがうテープだ！

あるあるって？　テープのコレクションが増えた直接の結果として、プログラムのアクセス性が低下したんだ。各種のテープを管理する方法が何か必要だ。第一歩は、ルーズリーフに手書きのカタログを作ることだった。コンピュータの基準では原始的でも、少なくとも各種ソフトのありかはわかる。でももっと良い方法があるはずだ[*7]。

　ハレンがこんなにテープを持っていた理由は、当時のホビイストコンピュータ利用者の通例として、プログラム1本あたりカセットテープ1本を使っていたからだった。だからハレンの「もっと良い方法」の一部は、テープ1本に複数のソフトを保存できるようなソフトウェアユーティリティを考案することだった。そのためには、このユーティリティはテープ上でそれぞれのプログラムがどこで始まるかを追跡して、その情報のインデックスを作り、利用者がそのテープ上のプログラムのメニューから選択できるようにする必要があった[*8]。

　ハレンにとって、こんなユーティリティは自分のコンピュータ利用の体験全体を改善するために作るものだった。彼の苛立ちは文脈に応じたものであり、利用者としての経験に固有なもので、自分の不手際や忘却への反応だった。テープ上に何があるかわからないという最初の問題は、テープそのものにラベルを貼れば解決できただろうが、その解決策は、多くのプログラムを多くの個別テープに分散して保有する非効率性には対応できない。このような形でインデックスを作ることで、ハレンはソフトウェアのコレクションを種類に応じて整理し、固有の機能、たとえばビジネスアプリケーション、数学ルーチン、ゲームといったもの専用のテープを作れた。彼が書いているように「こうしたファイル、カタログ、インデックスを最初に創るのは、かなりの面倒な手間がかかるけれど、いったんそれがテープにのったら、きみのパーソナルコンピュータ利用も単純で、簡単で、ずっと楽しくなるよ」[*9]。このプログラム掲載は特にユーティリティがホビイストのためにやった作業

を見事に示すものだが、当時のホビイスト雑誌には他に無数の例が見つかる。

　多くのユーティリティがホビイストコンピュータ活動のDIY、シェアウェアの生態系では流通したが、この種のソフトウェア商業化は、もっと広いApple IIソフトウェア市場と同じトレンドに従っている。そこではアマチュア起業家たちが、低費用自家製マーケティングと包装で製品をリリースし、初期の機会に変えて、活動を成長させて、製品をもっとプロフェッショナルにしたのだ。こうした製品の市場は、ビジネスアプリケーションやコンピュータゲームの市場ほど広大ではないが、このソフトウェアのヘビーな利用と本質的な性質は、ちょっとした商業活動にとっては理想的なものとなった。プログラミングは、それにどれだけ入れ込んでいようともハードルが高く、プログラマたちはソフトウェア開発の面倒を軽減してくれそうなものには大喜びだった。

　初期の成功例2本は、サウスウェスタン・データシステムズを創業したロジャー・ワグナーによる*Apple-Doc*（1979）と、カリフォルニア・パシフィック・コンピュータ社が発行した、*Bill Budge's 3-D Graphics System and Game Tool*（1980）である。どちらも1980年10月に「Softalk」誌のベストセラーリスト入りして、いくつかの人気ゲームや、アップルコンピュータ社からの一部プログラムさえ上回る売れ行きを見せた。またそれは、ユーティリティという分類の本質的な性質を示している。最も重要な点として、そこで意図されている観衆は、技術的に先進的な利用者であり、ユーティリティは他の種類のプロラミング作業を支援するツールとして特長づけられるのだ。たとえば*Apple-Doc*は「Applesoftプログラムの開発とドキュメンテーション支援」とされ、利用者はコードに註釈をつけ、個別の変数を一覧にしたり置きかえたりして、全般にApplesoft BASICのソフト編集を専門やホビイストのプログラマにとって面倒でないものにするのが狙いだった[*10]。同様に、*Bill Budge's 3-D Graphics System*は、BASICで書かれた2Dや3Dのコンピュータゲーム用にディスプレイやアニメーションを作る支援をするもので、特に「アセンブリ言語を知らないApple利用者」向けだった[*11]。だがマニュアルでは使いやすさが強調されてはいたが、このソフトウェアはかなりのプログラミング技能を利用者に求めていたし、ゲームそのものの操作をBASICでコーディングできないと、このユーティリティには価値がなかった。

さらにこうしたプログラムは完全なビギナーや手元不如意な者たちには適していなかった。どちらも48Kメモリを必要としたからだ——これは当時はまだ業界標準になり始めたばかりで、入手にはまだかなりの金銭を注ぎこまねばならなかったのだ。

この2つの製品は、分類としてのユーティリティソフトウェアの重要な特長を示している。それがApple IIを中心とした堅牢な開発文化を支えていたという特長だ。各種のマイクロコンピュータが消費者のお金を求めて真っ向から競争していた世界においては、ハードウェアはそのためのソフトウェアがないと無価値だった。*Apple-Doc*のような一部プログラムは、専門プログラマの実用ツールだった。また*Bill Budge's 3-D Graphics System*は、アマチュアたちが先進ユーザになったつもりになるよう奨励した。プログラムのマニュアルが約束したように「初心者プログラマですら、見事なアニメーショングラフィクスが作れます」[*12]。こうしたソフトを手にした人が、すべて世界の次のソフトウェアスーパースターになれるわけではない。それでも、こうしたツールは販売用および個人利用の独立ソフトウェア製作をうまく支えつつ、もっと生産的な野心を持ったアマチュアにとっての出発カーブを楽にしてくれたのだった。

Apple IIソフトウェア市場でもっと積極的に商業化された他の分野とはちがい、ユーティリティの発行者たちは、ほとんど完全に個人開発者から出てきた存在だった（コンピュータ利用のマーケター、小売業者、業界外の人々ではなかった）。そしてしばしばソフトウェア開発、マーケティング、流通において、きわめてユーザ指向の態度を維持していた。この分野のソフトウェアは、しっかり文書化されて価格も抑えられているのが通例だった。他のプログラマ向けに書いているとわかっていたから、高度な利用者の小さなコミュニティ内で尊重されてほしいソフトウェアを発表するときには、開発者としての自分の評判がかかっていた。

ユーティリティソフトウェアの提供者はまた、通常はコピー防止に懐疑的な見通しを採用しており、その点で他の商業Apple IIソフトウェア市場とはちがっていた。一部のユーティリティ発行者、たとえばペンギン・ソフトウェアやビーグル・ブラザースは、コピー防止をすべて廃止したり、そもそも最初からつけなかったりした。*Apple-Doc*の開発発行者サウスウェスタン・

データシステムズは、利用者が限られた数のバックアップコピーを作れるようシステムをカスタマイズした。これらはトレンドを予測したり、カラー広告を何ページも売ったり、市場を席巻しベンチャー資本を追い求めたりする事業ではなかった。通常は小規模で始まり、小規模にとどまった。人気ユーティリティメーカーのビーグル・ブラザースを扱った「Softalk」誌プロフィール記事を見ると、創業3年で、ベストセラー何本かを送り出した後ですら、同社は夫婦2人でまわしていた（同社の唯一の「半従業員」は創業者の姪で、「ミニー・アセンブラ」なる偽名の下で同社の窓口対応を行っていた）*13。だから産業的な実務においてすら、これらはホビイストコンピューティングのエートスへの献身に導かれた企業であり、ホームブリュー・コンピュータクラブなどの多くの初期ユーザグループのような場を特長づけていた、熱心できわめて好奇心旺盛なマニア文化を維持していたのだ。こうしたソフトウェアを創り出した開発者や発行者たちは、ソフトウェアの巨人として知られるようにはならないが、一部はまちがいなく生計は立てられた。

1980年代半ばになってApple IIの所有が拡大してもユーティリティソフトウェアの分類はほぼ変わらなかった。ユーティリティソフトウェアはより大きなApple IIソフトウェアエコシステムの中でのマイナーな人気を維持していたが、どの月であれベストセラーには2本か3本しか入らないのが通例だった。1982年6月、「Softalk」誌はユーティリティソフトウェアだけのトップ10一覧を切り分けて、この分野についてもっと詳細な情報を提供しようとした（同誌はすでにビジネスソフト、ワードプロセッサ、各種ゲームのサブジャンルについて同様のことをしていた）。この一覧は「ホビー10」と呼ばれていた。この名称は、今日の我々なら思い込んでしまうようなホビイストと専門家の分断を示唆するものではなく、このリストがホビイスト——つまり先進コンピュータ利用者——向けのソフトだと示していたのだった（この一覧は「Softalk」誌1984年7月号では「ユーティリティ10」と改名される）。

ゲームやビジネスソフトウェアといったきわめて競争の激しい市場における発行者の大量発生に比べると、ユーティリティの発行者たちは少数にとどまった。ユーティリティの意図した消費者の狭さを考えれば、人々はこのソフトウェア分類をマイクロコンピュータ利用のゴールドラッシュの一部とは

認識しなかった。競争の薄さはまた、少数の企業がその重要性を、何ヵ月も、下手をすると何年も維持できたということだった。夫婦運営のビーグル・ブラザースは、1982年からこの分類に君臨し続けたが、それは彼らが大量の風変わりなユーティリティコレクションを発表したからだ。たとえば*DOS Boss*や*Apple Mechanic*などだ。

　彼らのベストセラーは、ペンギン・ソフトウェア、クォリティ・ソフトウェア、アップルコンピュータ社、たまに登場するフェニックス・ソフトウェア、オンライン・システムズ社、そして*Locksmith*の発行者であるオメガのリリースと入り混じっていた。こうした企業が販売するソフトウェアの種類は、比較的安定していた。プログラミングやグラフィックスのユーティリティ、アセンブラ、プログラミング言語、各種ソフトウェアエディタだ。こうした製品は不可欠だったりきわめて儲かると思われたりしていても、コンピュータ利用ジャーナリズムはホビイスト店舗ではあまり好奇心を集めなかった。ユーティリティは問題を解決するためのものであり、新しいコンピュータ利用の様式をつくり出すものではなかった。

＊　　＊　　＊

　ユーティリティ発行の社会、経済、技術的世界において、*Locksmith*はちょっと外れ者ではあった。これは単に専門家やプログラマだけのためのプログラムではなかった。これは日常利用者の問題を解決しようとしたソフトだった——ユーティリティという用語に、公共インフラ、一般のアクセシビリティ、公共の善への奉仕といった概念と整合する含意を示唆するものだった。しかし*Locksmith*を有用にしたものは、同時にそれを議論の的にしたものでもあった。ソフトウェア発行者が、積極的に複製を防ごうとしていたプログラムを、簡単に複製できるようにしてしまうのだ。

　なぜソフトウェア複製が商業マイクロコンピュータソフトウェア産業の初期に、これほど剣呑な問題だったかを理解するためには、1970年代と1980年代におけるソフトウェア著作権の地位を理解する必要があり、同時にインターネット時代の海賊ソフトの概念を脇に押しやる必要もある。コンピュータ的世界への入口がデスクトップコンピュータだったにせよ、タッチ

スクリーンのスマートフォンだったにせよ、21世紀のコンピュータ利用者は、ソフトウェアへのアクセスが独占の、しばしばクラウドを使うプラットフォームを通じて交渉されるコンピュータ利用環境に慣れている——テンセントやアップル、バルブのPCゲーム配信プラットフォームであるSteam、グーグルドライブのDocsやSheets、アドビのクリエイティブ・クラウドなどだ。そうしたソフトはコピーが困難か下手をすると不可能だ。ソフトウェアのコードが物理的に手元にないからである。

1970年代と1980年代のパーソナルコンピュータはちがう仕組みだった。ビデオゲームコンソールや電卓のような家庭内計算機技術とはちがい、Apple IIやその多くの競合は、独占のクローズドなシステムとしては設計されていなかった。実際、パーソナルコンピュータの魅力の多くは、それが計算力を利用者の手に直接渡したということなのだった。利用者が自分のマシンでプログラミングできるだけでなく、それを保存して自分のやった作業を配信できることが重要だった。こうした力学は、マイクロコンピュータとゲームコンソールを分けたものの一つだった。ゲームコンソールでは、利用者は自分でソフトを作ることはできず、消費するだけだったのだ。結果として柔軟な保存形式が望ましかった。カセットやフロッピーディスクは比較的安く、比較的耐久性があり、利用者にデータのコントロールを与えた。しかしそのコントロールは諸刃の剣だった。というのも利用者に自分の作品だけでなく、他人の作品もコピーする能力を与えたからだ。

ソフトウェア複製の問題は、即座にソフトウェアの創作物としての地位の問題につながった。そしてこの問題はその法的な地位も定義づけるものだった。1960年代から、ソフトウェアはアメリカ政府により文字作品として著作権法で保護の対象となった。しかしこの保護はメインフレームとミニコンピュータの業界内では広く使われてはおらず、彼らはそのままの複製よりは目新しいプログラミングアイデアの保護に関心があった（書籍、音楽、映画産業とはこの点でちがった）*14。ソフトウェア海賊行為は、企業とハードウェアメーカーとの間に密接なつながりがあり、またあるインスタレーションにおいてソフトを実施するのに必要なカスタマイズのせいもあり、それほど一般的ではなかったのだ。

初期のマイクロコンピュータ産業においては状況の現れ方がちがった。多

くのホビイストたちはソフトウェアを「集団で生産し共同で所有される財」として受け入れ、雑誌やホビイスト仲間集団で便利なプログラムを開発、複製、共有した[*15]。その一方で、営利目的のソフトウェア提供者（ハードウェアメーカー、ソフトウェア発行者、自己発光の開発者）は通常、自分の経済利益を保護するために著作権主張を行使した——特に複製を避けるためだ。

　ソフトウェアを複製して、あげたり売ったりする人々を抑えようとして、ソフトウェア発行者はプログラムの説明書に著作権表示を載せた。こうした表示は通常は統一性がなく、大きく差があり、少なくとも1970年代半ばから末には、アメリカ著作権局への正式な登録で裏付けられることはめったになかった[*16]。KIM-1用ゲーム*Microchess*は、このプログラムと説明書が「購入者の個人利用と楽しみのために提供されている」[*17]と指定している。ジェニングスのゲームは印刷ソースコードも入っており、プレーヤーたちにゲームを「拡大または改変」して「個別のシステム設定の要件にあわせたり、プレイ戦略の改善について独自のアイデアで実験したりする」よう招いていたが、それでもユーザは「いかなる手段でも複製」は禁じられていた[*18]。言い換えると、個人の楽しみや実験、教育のためにコードをいじってもいいが、元のコードを複製したり、そこから派生した変更を複製したりしてはならない。だがひとたびジェニングスがパーソナル・ソフトウェア社（*VisiCalc*の未来の発行者）でダン・フィルストラと組んで、Apple II向けに*Microchess 2.0*をリリースすることになると、こうした禁止は規模も処罰も詳細となった。ゲームのマニュアルには以下の通知が印刷されている。

　　Apple II用コンピュータプログラム*Microchess 2.0*はマイクロウェア社の© 1978であり、パーソナル・ソフトウェア社の独占発行である。著作権侵害（ディスクやテープでの複製、印刷物、通信回線経由その他あらゆる手段）は、その複製本数や、利潤動機が関与しているかどうかによらず、罰金および懲役で処罰を受ける可能性がある。さらに侵害者は民事損害でも訴えられることがある。マイクロウェア社およびパーソナル・ソフトウェア社は、著作権法侵害者に対して最大限の刑事処罰および損害賠償を求める[*19]。

*Microchess*の著作権を強化すると同時に、パーソナル・ソフトウェア社

はまた利用者がゲームを合法的に編集改変する能力も取りのぞいた——ジェニングスの当初の創造物の根底にあった、探究と発見を求めるホビイストの衝動に対する明白な死刑宣告だ。こうした主張が1978年の著作権法理解の下で実施可能かどうかははっきりしないが、その意図された効果ははっきりしている。あらゆる複製行為に対する金銭的、法的な帰結を確立することだ。

　ソフトウェア複製は、図書館のコピー機が1960年代に出版社を心配させ、ビデオデッキが1980年代に映画産業を怖がらせたのと同じ形でマイクロコンピュータ・ソフトウェア産業に懸念を生じさせた。複製技術への容易なアクセスは、市場に対する発行者などのステークホルダーの経済的な掌握力を脅かした。パーソナルな技術としてのマイクロコンピュータが到来し、家庭内空間や私的オフィスに置かれたことで、追跡、追求、その他監視できないソフトウェア複製行為が可能になった[20]。さらに初期のマイクロコンピュータ・マニアに普及していた「ハッカー倫理」は、「すべての情報は自由になりたがっている」「権威を信用するな」といった概念に体現され、一部の利用者は海賊行為を、パーソナルコンピュータ利用の効用を広めるための道徳的な義務だと感じるようになっていた[21]。第1章で述べたように、ビル・ゲイツとポール・アレンの1975年*Altair BASIC*が、紙テープで複製されユーザグループの会合で無料で配られたというのは、一部のホビイストサブカルチャーが、台頭するアメリカマイクロコンピュータ産業の中で資本家的手法を再現したい起業家たちのイデオロギー的利害を共有していないという早期の示唆であった。

＊　　＊　　＊

　*Altair BASIC*の不正コピーが実証したように、ソフトウェア複製に対する著作権に基づく禁止は強制しにくかった。特にそうした行為がきわめて局所的で非商業的ならなおさらだ。これは特に、商業ソフトウェアが紙テープから、カセットや、その後間もなくフロッピーディスクといった、もっと複製しやすい形式に移行するとなおさら強まった。家庭のカセットデッキ（および1979年までには量産されたフロッピーディスクドライブ）の一般化で、データのコピーはかなり簡単な作業となった。実際、あるフロッピーディス

クから別のフロッピーディスクへデータをコピーする能力は、あまりに本質的で明らかなデータ管理の要素と考えられたので、あらゆるマイクロコンピュータのディスク・オペレーティング・システム（DOS）に標準命令として含まれていたほどだ。これはアップルのDisk IIも含む。

　これに対し、商業著作権保持者たちはすぐに、カセットやフロッピーディスクから別のものへの複製を阻止するか、少なくともそれをむずかしくする技術的な仕組みを検討し始めた。そのままの複製プロセスを阻害する技法の利用として知られている最初のものは、1978年にさかのぼる。カセットを使うApple IIのゲーム、たとえば*Microchess 2.0*、*Sargon II*、ソフテープの*Module 6*などはどれも、データをテープに符号化してテープのデータをシステムメモリに割りつけるときに、そのままのテープからテープへの複製を禁止するプログラム的な技をふくめていることがわかっている[22]。

　だが業界がカセットからディスクに移行すると、ソフトウェア発行者や開発者たちは、データが保存され読み込まれる方法を操作するはるかに高度な手法を考案するようになった。1980年代初頭にはコピー防止が花開き、その実装があまりに拡大してあまりに巧妙になったので、フロッピー特有の土着産業プログラミング慣行を作り上げたとさえ言える[23]。前章で論じたように、Apple IIのフロッピーディスクドライブDisk IIは1978年末に発表され、1979年の*VisiCalc*発表に続いて人気を博した。フロッピーディスクはカセットテープよりもデータを見つけて読み込むのが高速だった。テープはデータを順番にアクセスしなければならないが、フロッピーはディスク上のどこにあるデータでもランダムにアクセスできるからだ。このランダムアクセス能力は、ディスクを35トラックと16（当初は13）セクタに分割する記録方式のおかげだった[24]。トラックは、ディスク中心の穴から外へと動く同心円だ。セクタはトラックを横切って放射状に切られる分割で、しばしばパイの一切れのように描かれる（とは言えそうした描写は完全に正しくはなかったが）（第3章91ページ参照）[25]。Apple IIのフロッピーディスクの整理方法を導く「ルール」は他にもたくさんあった。各セクタは256バイトを保存するように設計されていた。セクタ間には意図的に空隙が設けられ、Disk IIドライブに新しいセクタの開始場所を指示するために、「D5 AA 96」という特別なセクタデータの目印が使われた[26]。

重要な点として、Apple IIフロッピーディスクがこのような形で機能したということ——それが35トラックと16セクタに分かれ、セクタごとに256バイト、D5 AA 96等々といったこと——はフロッピーディスクの物理特性で決まったものではなく、Disk IIのDOSと、Disk IIの周辺機器カードの具体的なハードウェア設定で決まっていたということがある。DOSはソフトウェアであり、Disk IIに同梱されていたシステムマスターというフロッピーディスクに入っていた[*27]。その仕事は、ドライブとコンピュータの間のデータの流れを管理し、命令を実行することである。DOSは、ディスクドライブを制御するBASICのコマンドが保存されていたところだった。こうしたコマンドをDOSシステムマスターから読み込むのは「ディスクをブートする」として知られ、したがってDisk IIを使う重要な第一歩だった。これはつまり、ブランクディスクをフォーマットする（INIT命令）、ディスクの中身を見る（CATALOG）、ディスクの中身を別のディスクにコピーする（使われているBASICのバージョン次第でCOPYかCOPYA）といったつまらない作業にもDOSシステムマスターが必要ということだ[*28]。

　コピー防止は、DOSシステムマスターのコピールーチンCOPYとCOPYAの一部であるデータアーキテクチャのルールのすき間を操作することで機能した。技能豊かなプログラマは、お望みのどんなデータアーキテクチャでも使ってデータをディスクに保存できる。そのアーキテクチャを解釈するための命令も同じディスクに保存しておけばいいのだ。Apple IIの利用者がDOSにディスクのコピーを命じると、コピーのルーチンは標準のデータアーキテクチャを想定する。35トラックと16セクタ、1セクタあたり256バイト等々というわけだ。要するにDOSのコピールーチンは、データを元のディスクからApple IIのシステムメモリにコピーして、それを新しいディスクにコピーするときのデータ移動のガイドとして、標準アーキテクチャを使っていた。だが開発者や発行者としては、ディスクのデータアーキテクチャをアップルの実装した標準システムにあわせる必要はなかった。各種のソフトウェア技法を使い、開発者や発行者たちはディスクが動くはずの「ルール」の裏をかいて、ディスクのブートストラップコードに独自のルールを入れることができた。こうした操作は大量にあって、トラックを他のトラックの間に入れたり、特別なセクタのデータ目印を書き換えたり、ディスクのディレ

クトリをトラック17（ここは通常ディスクの読み書きヘッドの移動を最小化するために選ばれていた）以外に移したり、データをディスク上に配置するときに、トラックを使わずスパイラル状に配置したり、といったものがある[29]。こうしたカスタム化されたデータ配置は、ディスクの読み込みや実行では問題にならないが、COPY/COPYA命令でディスクを複製するのは不可能になる。DOSのコピー命令は標準的なデータのレイアウトを想定しているからだ。言い換えると、DOSのコピー命令は、そのディスクが非標準的な形式で保存されているかどうか判断できないのである。もしデータがあるべきところになければ、コピー操作は失敗し、エラーメッセージが出るか、あるいはディスクはうまく複製されたように見えても、まともに動かない。

　だから個人のディスクや自分で書いたプログラムはDOSで簡単にコピーできても、商用ソフトウェアの発行者たちはそうしたプログラム上の技術を大量に使って、消費者が店で買ったソフトを複製するのをうまく防止できる。コピー防止は文字通り、消費者に店からついていって家の中まで入り込めるのだ。

＊　＊　＊

　「無許可」ソフトウェア複製が初期のマイクロコンピュータ利用の時代において懸念事項となった状況は、複数の源泉から発している。知的財産としてのソフトウェアの地位についてのイデオロギー的な合意形成の失敗、新興のソフトウェア起業家の経済的な不安、日常利用者にとってコピー防止がつくり出すきわめて物質的な課題などがそうした源泉である。ほとんどのコピー防止活動の目標は、あらゆる海賊行為を防止することではなかった。それは技術的に不可能である。ある初期のコンピュータ利用者が述べたように「考案されるあらゆるコピー防止方式に対して、どこかに賢い人物がいて、それを迂回したり破ったりする方法を発明する」[30]。狙いはむしろ、商用ソフトのコピーのハードルを十分に上げて、気軽な複製を阻止することだ。業界に親和的な「Softalk」などで挙げられた、次のようなエスカレートする恐ろしい消費者のシナリオを抑えられればいいのだ。

まずはマニアの友人向けにコピーを作るところから始めて、一部のパーソナルコ
　　ンピュータ利用者はそこから何十、何百ものコピーを量産し、それを平然と友人の
　　友人やただの知り合いにも渡してしまう。この悪者どもがどこで一線を引いて止め
　　るかはいろいろだ。しかしここまできた人は、その作業で儲ける機会にはなかなか
　　抵抗できず、「自分の」製品を売りに出し始める[31]。

　同じ特集で「Softalk」誌のジャーナリストたちは、平均的なApple II所有者
は海賊ソフト100ドル相当を保有しているとして、アップル社は月に1万人
の新規顧客を得ているから、毎月100万ドルが「業界から吸い上げられている」
[32]と述べた。これはほとんどの発行者や主流雑誌がコピー防止について採用
した公式路線であり、不正複製を阻止する方法がないと「プログラムの非正
規コピーがパーソナルコンピュータ利用の状況をおびやかす」[33]のだという。
　映画スタジオやレコーディング企業など、アメリカのメディア巨人とはち
がい、パーソナルコンピュータの起業家たちは初期利用者の下積み感情に
訴え、健全な産業を確保し、パーソナルコンピュータ利用の成長を守るに
は、プログラマや発行者がそれなりに対価を得られるようにして、革新的で
必要な製品を作り続けられるようにすることだと述べた。この理屈をたどれ
ば、次の結論は避けられない。オンライン・システムズ社の共同創業者ケン・
ウィリアムズは「海賊行為の最も悪い影響は、ソフトウェアの価格が上がる
ことよりも、むしろ新規プログラムの質が下がることだ」と述べた。つまり
海賊行為で才能あるプログラマが業界を離れてしまい、低品質の製品を作る
「週末プログラマ」しか残らないというのだ[34]。このような経済的枠組みの
中では、コピー防止技術は個別製品を保護するためだけでなく、業界全体を
救うために不可欠な損失防止形態として提示されていた。
　不正複製を行う理由は複雑だった。利用者は、意見が記録できる限りにお
いてだが、コピー防止がソフトウェアの実用的な使用に対してかける制約と、
ソフトウェアの所有や情報の自由アクセスをめぐるイデオロギー的、ハッ
カー倫理的な懸念を共有している。口承と文書記録から見て、大小様々のはっ
きりした海賊ソフト集団があり、それがしばしば地元ユーザグループやソフ
トウェア小売店を拠点にしていることもあった[35]。一部の利用者は、ディ
スク複製が違法だと気がつくほどソフトウェアジャーナリズム業界に注目し

ていなかった。また複製したソフトでお金を取ろうとしなければ別に実害は
ないと考えたり、自分の財産なんだから好きにしていいはずだと考えたりし
た。そして一部の海賊はソフトウェア価格が不当に高いと考えた。特に一部
の発行者がすでに何百万も稼いでいるならなおさらだ。そして学校にとって
は、個別ソフトをそんなに何本も買うという費用だけであまりにハードルが
高くなり、ある教師は個人利用のためにバックアップコピーを作るのを利用
者に許すなら「学校システムがパッケージを一つ買って、そのシステム内の
全学校のためにコピーを作る話に」拡張できるのではと考えた[*36]。

　コピー防止の波及効果は、消費者の間にははるかに具体的な不満をいろい
ろ生み出した。ディスク複製防止は、利用者が自分のソフトのバックアップ
や保存用ソフトを作れないということでもあった[*37]。バックアップディス
クを作るのは、フロッピーディスク利用者にとって、ごく普通のことであり、
しばしば欠かせない行為でもあった。もとのディスクの重要なデータのどれ
かが損傷したときに代わりがあるようにするのだ。フロッピーディスクはき
わめて脆いので、Apple II DOSマニュアルは、その第4章の一節まるごとを「惨
事に備えて身を守る」に費やしている。マニュアルによれば：

> フロッピーディスクは堅牢で信頼性が高い。（中略）しかしディスケットの情報す
> べてを失い破壊する可能性はまだあります。ディスケットに傷がついたり熱でやら
> れたりするかもしれません。なくしたり、犬にかじられたりすることも。だれかが
> ビーチでフリスビーがわりに使おうとすることもある。そして書き込み禁止になっ
> ていなければ、うっかり上書きされることもあります。そしてディスケットはいずれ、
> 摩耗します──平均で作業時間40時間が寿命なのです。
> ** 教訓 **
> 　なくしたくなければ、プログラムのコピーを複数作っておくこと。コンピュータ
> 用語で言うと、価値あるプログラムはすべて「バックアップ」しておこう[*38]。

　こうした主張は、まったく誇大なものではなかった。フロッピーディス
クがいかに異様な状況におかれたかという物語は、初期のコンピュータ利
用者の間では一種のミクロジャンルのようなものを形成していた。ある
「Softalk」読者は、子どもに水をかけられたのでフロッピーディスクをドラ

イヤーで乾かしたと述べるし、別の読者はパーティーの間に台所の戸棚に入れておいたディスクがアイスクリームまみれになった話を書いている[*39]。ある真に驚異的な手紙は、ピタゴラスイッチ的なできごとの連鎖により、フロッピーディスクが日焼けクリームまみれになり、さらに走るトラックの後ろからこぼれ落ちたという話を書いている（綿棒とマッサージ用アルコールを少し使ったら、どのディスクも普通に起動したそうだ）[*40]。ディスクを冷蔵庫、電子レンジ、あるいはコンピュータそのものに近づけすぎるだけでも、その磁場を乱すし、またディスクドライブの配置や維持や、サージプロテクタを使わなかったことさえ、データの上書きを引き起こしかねない。プログラム自体もデータアクセスエラーを起こし、ソフトウェアの機能を使うときに問題を引き起こし、ディスクがドライブの中で無限に回転を続けるようにしてしまい、損傷の可能性を高めてしまう場合もある[*41]。

　いきなり商業ディスクがダメになり、バックアップがなかったら、消費者にできることはあまりなかった。発行者は一般に、自社製品の使えなくなったバージョンを返送してきた顧客に対しては、損傷したり破壊されたりしたディスクを喜んで交換したが、その方針は様々だった。*VisiCalc* は1980年代初頭には、バックアップディスクに30ドルを要求したし、保証書もつけるように義務づけた[*42]。だがユーザのまちがいはよくあることで、サーテック・ソフトウェアに返送された誤動作ディスクの無作為標本の13パーセントを占めていた。そこには「ピーナツバターとジャムの粒子、鉛筆で書いた跡、紙クリップの跡、ピンの穴、激しくしわくちゃになったディスク」といった損傷が見られた[*43]。同様に、ブローダーバンド／ソフトウェアの顧客サービス人員は犬にかじられた返送ディスクを大いにおもしろがって、そのディスクを写真コピーして、その画像を社内ニュースレターに載せた[*44]。だが交換ディスクを受けとるプロセスは何週間も何ヵ月もかかり、さらに発行者が料金を取ることもあった。こうした問題は、お気に入りのゲームをプレイできない利用者ならただの不便ですむが、ワードプロセッサ、スプレッドシート、データベース・マネージャといったソフトに長くアクセスできないと、企業にとっては大問題となりかねない。

＊　　＊　　＊

　こうした発行者と消費者の利害のもつれは、1980年ソフトウェア著作権法の施行でさらにややこしくなった。これは1976年著作権法の改正として議会が12月に可決したものだった。コンピュータ利用歴史研究者ジェラルド・コン・ディアスが指摘するように「この法律はコンピュータプログラムを、著作権に値する作品の新しい分野として一手に確立したのである」。それまでは単に文芸作品の付属物にすぎなかったのだ[45]。重要な点として、そして「コンピュータにより直接または間接的に使われる命令または指示の集合」というソフトウェアの機能にともない、この著作権法改正はまたソフトウェア所有者が、ディスクのバックアップまたは保存用コピーを作る権利を与えた——それまで消費者たちが明示的には持っていなかった権利だ[46]。言い換えると、1980年著作権法は、*Locksmith* やその類似競合 *V-Copy*、*Copy II Plus*、*Back-It-Up* などが安全に商業製品として流通するための条件となった[47]。*Locksmith* の社長デイヴ・アルパートにとって、この著作権法は「ビットコピー製品を正当化するものだ。我々はこの製品を発表する準備をしており、それを見たとき（中略）発表のときが来たのがわかった」[48]。同様に、「InfoWorld」は1980年ソフトウェア著作権法を、小さいながらも脅威となるディスク複製市場の原動力となったできごとだとしており、1980年12月「以来、アップル用の主要ソフトウェア生産者が現在使っている各種のコピー防止方式で符号化された『コピー不能』プログラムをコピーできるプログラムがいくつか市場に登場した」[49]。

　Locksmith 最初期の広告は1981年1月と2月に登場しており、この著作権法の登場にあわせたもので、コピー不能なものをコピーできるアップルディスクコピーユーティリティを約束していた[50]。*Locksmith* はこれを「ディスクのビットごとのコピー」を生み出すことで実現した——つまり、標準的なデータ構成を想定せず、データを1ビットずつ、フロッピー上でどう編成されているかにお構いなくコピーするのだ（だからこのユーティリティ分野全体は「ビットコピーソフト」「ニブルコピーソフト」と呼ばれるようになった）。重要な点として、*Locksmith* は海賊行為そのものを支援するユーティリティとして発売されたのではない。むしろ *Locksmith* は、その

機能が利用者に提供する心の平安にあるのだと主張していた。そうした利用者はプログラム入りのディスクを複製しておけば「もはや（中略）貴重なディスケットを破壊するこぼし、ホチキス留め、磁場について心配しなくてよくなる」[*51]。*Locksmith* はその売り込み（および74.95ドルという価格、2020年代初頭換算では215ドルほど）は、このプログラムが交換ディスクを待ったり、バックアップコピーを得るための追加手数料を払ったりする時間や支出を考えればすぐに元が取れるのだ、という点に力点を置いていた。*Locksmith* のアジェンダはコンピュータ利用者に、発行者たちが必死で禁止しようとしている自分のソフトに対するコントロール形態を取り戻させることだった。

　Locksmith の出所や、その発行者オメガ・マイクロウェア社（オメガ・ソフトウェア・システムズ、さらにオメガ・ソフトウェア・プロダクツなど、最初の数ヵ月は広告での名前も転々と変わった）についても、わかっていることは比較的少ない。このプログラムの1983年のマニュアルに書かれた歴史によると、*Locksmith* はNIBYという教育演習から始まったもので、当初は販売予定はなかった。このニブルコピーソフトは、プログラマの地元Appleユーザグループの関心を集め、これでこのプロジェクトを販売することになったという[*52]。だがオメガは、このソフトのプログラマの名前を公表したことはなかった。1981年のインタビューで、オメガの社長デイヴ・アルパートはこう述べた。「著者の話はできないことになっています」。1983年*Locksmith* のマニュアルでは、このユーティリティは「18年のコンピュータ経験を持ち、いくつかの大企業でIBMメインフレームのシステムプログラミングもしたことがあるAppleのプログラマ」が開発したと書かれている[*53]。

　Locksmith の歴史記録が比較的欠けているのはもちろん、業界全体として集合的に、このプログラムをブラックリスト化するという決断の副産物である。コンピュータマニア向け雑誌は、オメガやその悪名高いプログラムについて記事を載せなかった。おそらくは広告主の反発を懸念してのことだろう。だから通常は、マイクロコンピュータのソフトウェアとハードウェア市場におけるあらゆる細かいシフトや変化をカバーするのが通例の雑誌世界に、明らかなギャップが生じている。だがパラドックスめいた話だが、*Locksmith*

の陰という負の空間に、その同じ雑誌世界はなぜ*Locksmith*の広告を載せないかについての大量のコメントを残している。「MICRO」誌のロバート・トリップによる編集部謝罪文は発端でしかなかった。マイクロコンピュータ産業のジャーナリズムすべてがその勢力に加わり、各種の雑誌の編集者たちはお互いに連絡をとり、自社の編集者たちとも、ビットコピーソフトの広告についてどんな立場を採るべきかを議論している。このやりとりの一部を「COMPUTE!」誌1981年3月号の編集部便りで述べた編集発行人ロバート・ロックは、「MICRO」とのやりとりを指摘している：

> 業界の他の数誌が最近、あるマシン用の保護ソフトウェアをコピー（複製）するプログラムの広告を掲載している。その雑誌の一つ（「Micro」）が我々に連絡して、そうした広告についての考えを尋ねた。我々は、弊誌はそんな広告は載せない、その問題のソフトウェアは「保護され」た独占ソフトウェアの複製をつくるのに使えるから、と示唆した。その後「Micro」も同様にすると決めたと理解している。ソフトウェア産業の権利を保護する方向へのこの動きを讃えるとともに、他のコメントを求めたい[54]。

「COMPUTE!」は慎重な路線を走っていた。「ソフトウェア産業の権利」を保護する必要性にはこだわりつつ、ロックはまたこの主張が「ソフトウェア購入者の権利についての包括的なコメントを意図したものではない」と固執したがり、コピー防止ディスクは確かに問題を引き起こすのでベンダーたちは「ライセンスを持つソフト所有者たちが、ディスケット破損の際には素早く、手軽に、何よりも経済的にバックアップを入手できるようにするための、十分に即応性ある顧客志向の計画」を持つべきだと認めている[55]。

1ヵ月後に「InfoWorld」も後に続き、1981年4月13日号の編集部論説「もうたくさん！」を掲載した。そこで述べられた彼らの立場は、単にビットコピーソフトの広告を拒否するだけでなく「保護されたプログラムの複製を作るだけの製品はレビューしない（中略）利用者がソフトウェア保護に使われるコピー防止方式を解除できるような情報や記事は掲載しない」[56]というものだった。「COMPUTE!」と同じく「InfoWorld」も、ソフトウェア産業自体がコピーソフトの需要を高めた責任を一部は負うと認めてはいるが、それでも問題を消費者に任せるよりは業界の側に立つという方針を明確にした[57]。

各種の編集者やマイクロコンピュータのジャーナリストのコメントでは、業界のほとんどあらゆる雑誌が、ビットコピーソフトの広告について、明示的あるいは暗黙の禁止方針を持っていることがわかる。これは「MICRO」や「COMPUTE!」や「InfoWorld」だけではなく、「Creative Computing」「Call-A.P.P.L.E.」「Softalk」などもそうだった[*58]。

だがこの大量の異論に対する最も深い歴史的洞察を示すのは「Hardcore Computing」誌だ。これはもっと主流の雑誌による *Locksmith* 検閲への直接的な反応もあって生まれてきた雑誌だ[*59]。創刊号を1981年夏に出したこの雑誌は「他の雑誌に無知なままにされて、それがあなたのためですよ、と言われるのにうんざりした（中略）アップルユーザ」のための雑誌だった[*60]。「Hardcore」はあれこれ論説、インタビュー、レビュー、小技、ハック、さらにますます高度化するソフトウェア保護のついたディスクをクラックする方法に関する詳しいドキュメンテーションを掲載していた。コピー防止をどう破るかに関する内部の詳細を明らかにするのは、「Appleユーザと雑誌の間に燃えさかる静かな戦い」[*61]が起きているからだ、と「Hardcore」出版者チャック・R・ハイトは述べた。ハイトが「Hardcore」の創刊購読者への創刊の辞で書いたように：

> この問題がもっとはっきりしたのは「*Locksmith*」、多くのコピー防止つきディスケットを複製できるビットコピーソフトが、検閲されたときだった（各種雑誌はその広告掲載を拒否し、多くの読者はそうした情報について報されなかったのだ）。これぞ検閲!! そして戦闘が始まった。（中略）Apple利用者に逆らう立場を採る雑誌はすべて、ぼくは御免だ。（中略）ぼく向けの雑誌がなかったから、自分でそのすき間を埋めることにしたのだ。[*62]

「Hardcore」編集者ベブ・R・ハイトも同様に *Locksmith* 事件について、「Hardcore」創刊の原動力だと述べている。「*Locksmith* について知らないなら、彼らの無知の編集キャンペーンが成功したということだ」[*63]。この雑誌はまた、唯一の *Locksmith* のレビューを掲載しており、それをその有力な競合である *Back-It-Up* や *Copy II Plus* と比較している。全体としてこのプログラムは「エレガントなソリューション」で「ユーザフレンドリー」であり「明

瞭で情報豊かで、専門的な」ドキュメンテーションを持つ、と評価されている[64]。評価されたビットコピーソフトの中で、*Locksmith* はレビューテストにおいて最も多くのソフトウェアをコピーできていた。25本中23本だ（2番手のソフトは25本中20本止まりだった）。

　だが同誌の編集面でのポーズにとどまらず、「Hardcore」は *Locksmith* 擁護をさらに推し進め、単純に「オメガ・ソフトウェア社の社長」とだけ書いた、長い2ページにわたるインタビューを掲載した[65]。この右往左往する会話の中で、アルパートは自分の言い分を語るのを全面的に許され、他の編集者たちの行動や私的会話についても言及している。「MICRO」のロバート・トリップと、アップル・ユーザグループの雑誌「Call-A.P.P.L.E.」および「Apple Orchard」の編集者バル・ゴールドバーグもそこに含まれていた[66]。アルパートの話だと、彼はトリップが他の編集者の決断について問い合わせたにとどまらず、「うちの広告を掲載したら売上が減ると告げたんだ。そしてこの情報を広めるキャンペーンを始めた」という[67]。アルパートの話だと「全国のユーザたち」がトリップの決断を批判していた。「私のところに電話をよこして、トリップに「MICRO」をボイコットするぞ、あるいは「MICRO」に広告を出す人々をボイコットしたいと手紙を書いたと話してくれたんだ。（中略）*Locksmith* の所有者から何百通も手紙を受け取り、正統なバックアップを作れるのですごく感謝していると言われたよ」[68]。だがアルパートが最も激しく糾弾したのはゴールディングだった。アルパートによれば、ゴールディングは、アップル・プゲット・サウンドのユーザグループの重鎮会員で、*Locksmith* の広告が掲載されないように念を入れるため、もし「Apple Orchard」が *Locksmith* の広告を掲載したら、自分のユーザグループ会員たちに記事をすべて引き上げさせるよう手配したのだという[69]。アルパートの推計では、トリップやゴールディングのような編集者のふるまいは、薄汚いだけではない。違法であり「弊社および合法的な製品の広告利用に対する攻撃」だという[70]。5月の「InfoWorld」の記事によれば、アルパートは法的制裁をうまく使って、少なくとも一誌「Nibble」に *Locksmith* の広告を掲載させた[71]。この業界の意見不一致の炎を煽ろうとする「Hardcore Computing」は、アルパートの話が不正確で伝聞に基づいていると主張するゴールディングからの1ページにわたる反論を全文掲載した[72]。

どちらが正しいかという問題はもはや時の中で失われてしまっている——そしてそもそも重要でもなかったのかもしれない。もっと重要なのは、こうした産業的な状況が、1980年代当時も、それについて書かれる未来にも、この製品の存在を知らしめたということだ。*Locksmith*流通に対する公式路線を確立することで、1980年代初期の発行者たちは、*Locksmith*への反対についてのすさまじい証拠の連鎖をつくり出し、同時にその会社自体に関するもっと広範な情報が歴史記録に残るのを阻止した。

雑誌のブラックリストに載ったこのプログラムは、主に口コミで流通し、ある程度は小売でも扱われた。アルパートが主張するように、1981年夏にはすでに何千本も販売していたが「広告を打てたら3、4倍は売れた」と思っている[73]。たぶんアルパートはまちがってはいないだろう。口コミだけでも、このソフトを小売店に出すくらいの力はあったし、おかげで1981年末には「Softalk」のホビー・ベストセラー一覧の上半に入っている（*Locksmith*の広告は禁止しても、同誌は売上報告を変える気はなかった）。*Locksmith*はその後2年にわたりその一覧を出たり入ったりして、通常は1981年と1982年の最初の数ヶ月に顔を出す——これは季節的な休日購入パターンの反映だ[74]。

だがこの製品がApple II利用者の間で持っていた人気は、ホビートップ10への間歇的な登場を見ればわかる。1982年には「Softalk」誌は年間読者投票特集を掲載し、前の年にリリースされたお気に入りのApple IIプログラムと、オールタイムのお気に入りソフトの読者ランキングを出した。*Locksmith*は、1981年にリリースされた最も人気の高いユーティリティの第3位となった——それを上回ったのはアップルコンピュータ社自身のユーティリティだけで、それもDOS 3.3アップデートまでそこに入っていた。言い換えると、*Locksmith*は他のあらゆるサードパーティーのユーティリティプログラムに勝っていたのだ。全体として、このビットコピーソフトは1981年で人気トップ30ソフトの総合21位に入っている[75]。1982年ランキングでは、*Locksmith*はホビー部門で他の2本のソフトとともに同率1位となっている。他の1位のソフトは*Global Program Line Editor*と*Graphics Magician*だった。そしてオールタイムのApple IIソフト部門では12位だ（この一覧に入ったユーティリティは全部で4本しかなかった）。だが最も驚異的なこととして、*Locksmith*は1982年にリリースされた最高のプログラム

部門で第3位となったのだ。同年のヒットゲーム、*Wizardry* と *Cannonball Blitz* にはさまれている *76。だが「Softalk」誌の年間人気コンテストにおける強さは、*Locksmith* のベストセラー一覧での不安定な地位とは整合しない――つまり大量の利用者は自分の買わなかった製品に人気投票をしていたか、あるいはもっとありそうなことだが、大量の *Locksmith* の売上はオメガ・マイクロウェア社が直販で獲得しており、その本当の経済的強みは全体としての Apple II ソフトウェア市場では解読できないものとなっていた、というものだ。

アメリカのマイクロコンピュータ・マニア世界のトップ雑誌は、広告主からの周辺圧力で *Locksmith* の広告をボイコットしたがったが、会社そのものをブラックリスト化することはなかった。1981年秋以降、オメガ・マイクロウェア社はもっと議論にならない製品については無数の広告を打っている。たとえば他の種類のメモリユーティリティ、確定申告と財務投資ソフトウェアパッケージ、RAM 拡張ボード、さらに *Night Falls* というゲームさえあった（それを設計したのは、他ならぬ「Hardcore Computing」誌での頑固な擁護者だったベブ・R・ハイトだった）*77。1981年秋、オメガ・マイクロウェア社は *Locksmith* の「広告」を、いくつかの大手雑誌、たとえば「Creative Computing」や「BYTE」などに出しおおせた。これは、コピー保護の問題についての長い論説も同然だった *78。その形式はおもしろいものだ。公開書簡や編集部へのお手紙という形式を取るのではなく――初期のマイクロコンピュータ利用者を構成した技術的、文書的コミュニティ内部ではそうした形式のほうが典型的なジャンルだった――その発表は半ページ広告の大きさを持ち、場合によっては広告一覧にも掲載されていた（*Locksmith* の広告に反対したソフトウェアベンダーたちに対する釣りにも等しい行為だ）。「我々の言い分」を述べたこの広告は、*Locksmith* 発行に至るオメガ社の決断についてかなりの背景を説明し、1980年のソフトウェア著作権法を挙げつつ、読者たちにバックアップディスクを作成する法的権利があるのだと伝えていた。「いまやアメリカの法律として、コンピュータプログラムに著作権表示があっても、正当な所有者がそれを保存用の目的でコピーするのは違法ではないのです」。アルパートが「Hardcore」で述べたような意見は控えつつも、この広告で打ち立てられた敵は雑誌編集者ではなく、「世間に

その権利と責任について周知」する責務を果たさなかった発行者だった。発行者はむしろ「雑誌出版者に圧力をかけて、我々の広告を拒否させ、新しいコピー保護方式を発明したのです」。

この広告を掲載するときに、雑誌編集者たちがどんな口実を考えたかはわからない。オメガ・マイクロウェア社からの法的圧力があったのか、この広告でソフトウェアベンダーたちからさらなる反発があったかもわからない。だが明らかなのは、コピー保護をめぐる消費者の権利問題は大人しく消えたりはしなかったということだ。結局のところ、多くの編集者たちは公式声明において、利用者たちがコピー防止機構からの救済を求めるように仕向けた条件そのものをつくり出した責任の一端は、業界自体にあると指摘しているのだ。1981年5月に「BYTE」誌は表紙と特集を海賊ソフト問題にあて、冒頭の編集部論説ではこう述べた。「メーカーは、バックアップコピーをつくるという消費者の正統なニーズに応えつつ、高価なソフトウェア投資を保護するにはどうすればいいのか？」[*79]。「BYTE」編集者が提示した解決策は、そもそもそうした問いが発せられる必要性ほど雄弁ではない。

つまり*Locksmith*ははるかに大きな業界の結果群を引き起こすきっかけとなった。一部の介入は小さなもので、ニブルコピーソフトに関する不安をその場の勢いで利用しつつ、さらなるイタチごっこを引き起こすだけだった。一例として、*Locksmith*亡き後、小さなニブルコピー防止ソフトが何種類か台頭した。ダブルゴールド・ソフトウェアの*Lock-It-Up*やジブ社の*Disk Protection Program*で、*Locksmith*や*Back-It-Up*、*Copy II Plus*のようなソフトから守れると謳っている。さらに一部の産業アクターたちはもっと構造的なレベルで対応した。1982年に一握りの発行者たちは、著作権保護を丸ごと放棄すると発表し、「BYTE」や「Softalk」のお便り欄で発表を行った。グラフィック・ユーティリティの有力メーカーだったペンギン・ソフトウェア社の社長マイク・ペルツァルスキーは、自分も気軽な海賊行為が自分のビジネスの持続可能性に与えかねない被害を恐れてはいるが「良い製品を作りたいという願望が（わずかながら）恐怖に勝った」[*80]と書いている。消費者優先の倫理から活動したペルツァルスキーは、「利便性が増すことで売上が減るのではなく増え、ソフトウェア市場が違法コピーの結果は万人にとっての利便性低下だと認識するほど成熟してきた」ことを願った[*81]。同時に起きた動きと

して、ヘルスケアシステムのソフトウェア生産者アンデント社の社長E・J・ナイバーガーは、自社の経験では「ロックされないソフトウェアは商売上も有利だ——我々の商売、あなたの商売、顧客の商売すべてにとって」[82]と述べた。大規模な海賊行為を抑えるのは常に課題ではあるが、ナイバーガーは、気軽な海賊行為はプログラムをアップデートや将来的なドキュメンテーション用に登録する便益や低価格により回避できると考えた。こうした発行者の中での態度は、決して例外的なものではなかったが、発行者たちですらコピー防止に対する態度で一枚岩ではなく、消費者の経験に同情しないわけでもないことを示してはいる。こうした変化する態度は、*Locksmith*の長い影のさらなる薄明かりにすぎない——消費者の願望と発行者の経済的動機の綱引きにおいて、均衡を求める業界の一例なのだ。

＊　＊　＊

　ディスク複製をめぐる戦争に勝者はいないが、消費者はほぼまちがいなく敗北した。アンデント社とペンギン・ソフトウェア社の立場は、発行者社会全体で繰り返されることはなかった。コピー防止をめぐる一大対決は行われなかった。発行者たちはソフトウェアを使いやすくするために自分たちの収益性を危険にさらすことはなかった。確かにディスクはまだ壊れたり、たまにフリスビーやコースターがわりに使われたりするし、コンピュータや冷蔵庫の上に保存されたりもしたし、本やファイルキャビネットや引き出しの間でしわくちゃになった。ディスクドライブはまだスピンアウトし、オーバークロックし、自分のソフトをダメにしてしまった。だがロックアウトの仕組みはますます高度化し、発行者たちは自分たちの産業の監視外でソフトウェアを複製しようとする者たちに挑むため、果てしないプログラム的な好奇物を編み出すのだった。本から音楽から映画まで、それ以前にやってきた商業メディア産業すべてと同様に、パーソナルコンピュータ利用のソフトウェア産業は、資本が回収されねばならないという利害で肩を並べる。発行者と消費者との対決において、不正複製は単なる戦術にすぎず、ソフトウェア産業にボトムアップの千もの紙による切りつけをくらわせようという、組織化も協調もされない活動なのだった。

だがソフトウェア産業が考案するのは、トップダウンの戦略だった。1984年4月には、発行者、開発者などの産業アクターたちの連合が金銭支援をプールして、ソフトウェア発行社協会 (SPA) を設立した。ワシントンDCの弁護士ケネス・ワッシュを代表とする業界団体で、パーソナルコンピュータ利用ソフトウェア部門の内部利益を保護し拡大するのが目的である。1985年春には会員企業は120社となり、シエラ・オンライン、ブローダーバンド社、アクティビジョン、スピナカーや、バンタム、スコラスティック、ランダムハウス、リーダーズ・ダイジェスト、ジョン・ワイリー&サンズ、プレンティスホールといった伝統的メディア出版企業のソフトウェア部門も含まれていた[83]。あらゆる業界組織同様にSPAもロビイング力を高め、業界データを集め、年次晩餐会を開き、会員に各種の賞を出して箔をつけようとしていた。だがそうした活動以外に、SPAの最大の仕事は海賊行為を抑えることだった。

　1980年の著作権法改正で、消費者は保存バックアップコピーの権利を得たが、同時にSPAのような業界代表団体が、海賊行為疑惑のあるあらゆる存在に対して、その会員になりかわり訴追を行う権限も与えた。もはやソフトウェア海賊は、専門的だろうと気軽なものだろうと、果てしないモグラ叩きを行う個別発行者に追いかけられるだけではすまなかった。SPAは海賊ソフトの通報を追いかける専用内部部門を構築し、「マイクロコンピュータ／ソフトウェアの違法コピーに歯止めをかける現実的な行動重視の作戦活動」実施を行うための、5万ドルの著作権保護基金を設置した[84]。その敵は、ソフトウェアを利益目的でコピーし再販する個人、コンピュータソフトの頒布を行ったりそれを支援したりするパソコン通信、ライセンスを得ないソフトを使うユーザグループや企業、大学、ソフトウェアレンタル企業、「ソフトウェア複製装置やプログラムをマーケティングする」オメガ・マイクロウェア社のような企業だった[85]。

　ソフトウェア発行産業の財政支援を得たSPAの戦略は、驚くほど個別性が強かった。ソフト海賊を法廷に引き出したり、FBIに通報したりするのではなく、SPA指導層は海賊たちにまず内部でゆすりをかけるほうを好んだ。SPAは、脅しの手紙で有名だったが、私立探偵を雇ったり独自の「ガサ入れ」をかけたりもした。ある事例では、ワッシュは自らニューヨーク地域のコン

176

ピュータ小売店に顧客のふりをして出かけた。そこは裏で著作権付きソフトを売っているので知られているところだった。ワッシュは従業員たちを現行犯でつかまえ、同社所有者たちと取引をして、損害賠償を要求しないかわりにSPAの著作権保護基金に200ドルの寄付をさせた[86]。

　こうした活動はSPA会員たちに完全に支持されていた。ただし、ソフトを不正に複製された発行者は、SPAへの委任状に署名し、SPAの見つけた違反者に対して自分で個別の損害賠償請求はしないと約束しなければならない。別の例では、SPAはカリフォルニア州アーヴァインで活動する単独犯の海賊ソフトメーカーの痕跡をたどったが、見つけてみるとそれは13歳の少年で、違法複製ソフトを違法販売していたかどうかははっきりしなかった。更生させるため、手書きの手紙を書かせることになった。「この件は本当にごめんなさい。（中略）『著作権』の意味もわからなかったし、何のためのものかも知らなかったし、法律があるのも知りませんでした。お父さんが説明してくれなかったんです。（中略）大まちがいをしでかしかけたのがわかったので、お詫びします。二度とやりません」[87]。会員にとって重要だったのは失われた売上の回復ではなく、そうした行動が海賊ソフトに対して持つ冷や水効果だった。どこかで子どもが、コンピュータで悪いことをすれば、連邦政府の全勢力が扉からなだれ込んでくるかもしれないと学んだのだ。ここでも、コンピュータ産業の売上能力は、技術のラディカルと称する能力や、利用者ベースの自由な思考の衝動などのおかげではなく、その最初期のステークホルダーたちが、自分たちが分不相応に利用できる立場にあった政府や監視や法律に熱心にすり寄ったおかげなのである。

＊　＊　＊

　マイクロコンピュータ利用の世界がかつては、利用者と開発者との利害が整合している世界と思われていたにしても、それがもはや当てはまらないのが明らかになるまでに、10年もかからなかった。海賊は海賊で、利用者でも顧客でもない。不正ディスク複製が、どんな理由があってもまちがいなく違法行為だと強調することで、ソフトウェア産業は実質的に利用者ベースの一部を、同情の余地のない悪意の犯罪者として排除したのだった。だがそれ

でも、どんな発行者も開発者も、海賊行為のおかげで廃業することになったと主張したことはない。一方で、オメガ・マイクロウェア社は、1980年代半ば以降は生き延びられなかった。*Locksmith*は十分に売れたが、他の製品も出したとは言え、その後数年で消滅する。*Locksmith*は1985年にはアルファロジック・ビジネスシステムという発行者に移り、数年はその棚に残り続けたが、その後はその新たな発行者とともに消えうせた。

　*Locksmith*はコンピュータ利用の歴史におけるマシンの中のゴーストであり続けるが、その残滓は、薄いとは言え、利用者たちがソフトウェアの公平で倫理的な使用とはどんなものかを自ら決めた——あるいはそもそもそんなことを気にしたか——の無数の方法についての痕跡記録を提供している。アップルコンピュータ社はコピー防止やビットコピーソフト、マイクロコンピュータ業界内部の消費者問題をめぐる論争においては偶然の傍観者と考えたくもなるが、この争いに火をつけたのがApple IIのソフトだというのはまったく偶然ではない。システムをこうした広範なサードパーティーソフト開発にとって理想的なものとしていたのは、そのソフトウェアのライブラリを、非公認複製に遭いやすくして、利潤をロックインしたいと考える発行者に魅力的にしたものでもあったのだ。

　したがって産業的な観点からすると、*Locksmith*はユーティリティが人々のコンピュータ利用法の核心に迫る様子の事例となる。利用者とマシンとの境界を交渉するユーティリティは、コードの簡素化であれ、メモリのエラー訂正であれ、事業運営に必要なソフトウェアのバックアップを取ることであれ、コンピュータ自体を最大限に利用する支援を行うソフトウェアアプリケーションである。だがそれでも一般論としてユーティリティは、おおむねコンピュータ史の背景でうなるだけの存在を運命づけられている。だが*Locksmith*は、この慎ましいソフトウェア分類が、産業全体の運命を左右するように思えた瞬間に連れ戻してくれる。*Locksmith*には、まさに人々がどうコンピュータを使えるかについてのコンピュータ利用の歴史が見いだせる。しかもそれは驚くほど人間的なものであり、ダメになったディスクや回転過剰のドライブや、雑誌編集社同士の白熱する電話のやりとり、全産業が目にした糾弾、自分の生計を不安に思う人々があらゆる側で見られる。こうした編集上の立場や発行者の立場、消費者の訴えについてどう思うにしても、

みんなが*Locksmith*について話すようになった理由はソフトウェアそのもの
ではなかったことは記憶する価値がある——それはこのプログラムが、ソフ
トウェア産業全体が自らを築き上げる土台となった経済的な前提を脅かした
方法のためだったのである。

第**5**章│ユーティリティ——*Locksmith*

第6章

家庭 ── *The Print Shop*

「食卓を空けましょう」というのが、1977年の時点で「BYTE」誌に登場した
アップルの活き活きとした広告キャンペーンの冒頭コピーだった（図版13参
照）[*1]。フルページの、4色カラーの広告は、1970年代の頽廃的な広告で、ニュー
トラルな木目調を鮮やかな黄色、オレンジ、緑がぶちぬいてくる。台所の夫婦
のところにやってくる。そのインテリアは、カリフォルニア・ドリームで実に
よくある、オープン・フロアプランを示唆するものだ。広い台所の窓からは、
青々とした裏庭が見える。中景では女性が木のまな板で野菜を刻んでいる。そ
のまわりには家庭生活の慎重に選ばれた要素がある。背の高い白いティーポッ
ト、金属のボウル、真っ白なミキサー、おそらく果物がいっぱい入っていそう
なボウル、トースターオーブンらしきもの。背後には、赤いデリシャスりんご
の白い額入り写真が、巧妙なセットの装飾となっている[*2]。

　だがその視線を追ってみよう。前景には現代の働く男、ペンとコーヒー
カップ、カジュアルな青いタートルネック、腕時計が見え、ウェディングリ
ングはない。その目はApple IIのキーボードの上で丸めた自分の指を見てい
る。すぐ右、書類の山の背後には、カラーモニタが……何かの数字を表示し
ている。オレンジが増え、ピンクが減り、緑は安定しているがきわめて低い。

その場面には、コンピュータ利用の現実にともなう複雑な装置、ケーブルや
コード、カセットデッキ、テープやケース、ユーザマニュアルなどは一切出
てこない。それでもコンピュータは台所にあり、書斎や図書室に納まっては
いない。男は伴侶の横で働いている。二人は技術によって変えられたのに、
なぜか期待される役目を満たしている物事の一部だ。SF的なものは何もな
い。これがアップル社の売り込んでいた未来だ。すでに人々が生きている現
在だがそれ以上のもの、というわけだ。

　だが7年たってもアメリカ世帯は食いついていなかった。1980年代はコ
ンピュータがすぐにアメリカの家庭で普通の高家になるという業界予測で
始まったが、1983年の家庭におけるコンピュータ設置台数は600万台ほ
どでしかないと推計された。アメリカの総世帯数は8,400万世帯なのだ[*3]。
BASICを学ぶことでApple II利用者は「家計や確定申告や記録収集について
のデータを保存する」力が得られるという広告の主張にもかかわらず、そし
て各種の選択肢や価格帯のマイクロコンピュータだらけの市場にもかかわら
ず、ほとんどの消費者は家にコンピュータという発想をまだ受け入れていな
かった。

　アップル社の1977年Apple II広告は、当時はソフトウェア市場がまったく
なかったので、BASICの柔軟性に頼らねばならなかった。だがその後数年に
わたり、「家庭」「ホームプロダクティビティ」「家庭管理」あるいは単に「パー
ソナル」といった分類にまとめられる製品の無秩序なごった煮が登場してく
る。これまで論じてきた他のソフトウェアに比べると「家庭」ソフトウェア
は最大の幅を持つアプリケーションや機能を含み、家庭参考書のデジタル化
や軽量財務作業の管理、健康データを追跡する各種のソフト、自助アミュー
ズメント、ゲームに入りかけた計算機的な目新しいソフトなどが含まれる。
こうした製品で、ベストセラー入りするほど大量に売れたソフトはほとんど
ないが、歴史的に言ってそれは重要ではない。この家庭用の広範なアプリ
ケーションの中には、きわめてパーソナルなコンピュータ利用の事例が見ら
れ、マイクロコンピュータのアーリー・アダプターが熱心に探究した新たな
技術的な親密さの台頭が示唆される。その探究は、コンピュータ利用が日常
生活体験をどう変えてしまうかを経験させただけだったにせよ。

　だが家庭ソフトウェア市場は、ヒットを見つけるのに苦労した。ダン・グッ

トマンが1984年に診断したように主流ソフトウェア発行者はほとんど完全に「家庭用 *VisiCalc*、*VisiCalc* がコンピュータをビジネス市場に売り込んだように、コンピュータを家庭市場に売り込んでくれる単発の魔法のプログラム」[4]を考案するのに専念していた。彼の推計だと、その市場衝動はおおむね、大したことのないスプレッドシートやワードプロセッサの真似っこを大量に生み出しただけだった——「何とかカルク、かんとかカルク、ワードワード、ナードワード」と彼が嘲笑するように述べた通り[5]。グットマンの解決策は、主流ソフトウェア発行者たちは利用者自身と同じくらい多様なユースケースを想像する必要がある、というものだった。「庭の植え込みを助けたり、バイオリズムを作ったり、家族休暇のルートを出したり、車を修理したり、大学を選んだり、キャリアを選んだり」するソフトウェアだ。だが市場がどれほど小さいか考えると、グットマンの戦いは厳しいものだった。主流派発行者に、これほど小さな利用者層向けのソフトウェアを提供するよう説得するにはどうすればいい？　利用者にきわめて固有でありながら、同時にみんなが買うほど普遍的なソフトをどうやって作ればいい？

　そこへ登場したのが *The Print Shop*、ピクセライト・ソフトウェアのデヴィッド・バルサムとマーティン・カーンが開発し、ブローダーバンド社が1984年に発行したものだった。*The Print Shop* はテキストとグラフィックスをレイアウトするための、メニュー駆動のプログラムで、プリンタといっしょに使うと、利用者はバナー、看板、グリーティングカードなどの単純な印刷物を作れるのだ。*The Print Shop* は家庭ソフトウェアの伝統的な存在理由のどれにもあてはまらなかった。知識をデジタル化せず、効率性も生み出さず、何も定量化しない。むしろその魅力はとにかくカスタム化の目新しさにあった。無数の縁取り、フォント、テキストのレイアウト、グラフィックスを、個人化された記念品や公共コミュニケーションの形にするのだ。利用者は *The Print Shop* の限られたデザイン能力に制約を感じるどころか、個人的な創造力のコンピュータ支援拡張と感じたものに大喜びした。*The Print Shop* には、日常コンピュータ利用の大きなシフトを反映する、家庭コンピュータ利用の一バージョンが見いだせる。利用者たちが、コンピュータ体験を画面やディスクの限界を超えるものにする方法を探していた結果なのだ。

*The Print Shop*のタイトル画面。インターネット・アーカイブのMAMEエミュレーションで実行（上）、およびプログラムを使って作ったグリーティングカード（下）。画面キャプチャ提供は著者、写真提供：Tega Brain。

　The Print Shopはまた、「家庭用」コンピュータ利用の分類が、ほんの数年前から明確な変換を遂げているときに発行された。だからこのプログラムの開発、発行、消費を適切に位置づけるためには、その歴史の中を移動しなくてはならない。以下の記述では、The Print Shopの発表以前に「家庭用」コンピュータとされたものの概念シフトを追跡することで、マイクロコンピュータ利用者の特性変化を追う。1984年には、ホビイストも職業利用者ももはやマイクロコンピュータの唯一の市場とは見なされなくなった。家庭でのコンピュータ利用についてのホビイストの概念——これはしばしば家庭のコンピュータ化や、単に自宅ホビーとしてのコンピュータ促進に集中していた——は、もっと包括的で売り込み可能な「家庭コンピューティング」の概念に乗り越えられつつあった。もっと技術力の低い観衆に向けられ、成長するソフトウェア産業の経済投資に促進された概念である。ある1980年代半ばのバイヤーガイドの言う「コンピュータは万人のため」という概念の流

通と維持には、すさまじい努力が向けられた[*6]。

*The Print Shop*は、ソフトウェア設計と概念化のレベルでこうした懸念を反映していた。そのメニュー駆動のインターフェースはあまりに使いやすく、利用者がマニュアルさえ読まなくていいソフトとして常に賞賛されていた。その開発者バルサムとカーンですら、自分たちが画像やその根底にある構成構造を自分で作らなくていいことで「人々の芸術的想像力を解放している」と表明した[*7]。このように*The Print Shop*はコンピュータのハードウェアの実験やプログラミングを、消費者ソフトの限界や能力をめぐる実験で置きかえたのである。そうすることで、それはゆっくりと上昇する非ホビイストの潮におけるコンピュータ利用の特徴となるような、消費的創造性をモデル化したのだった。

＊　＊　＊

第1章で述べたようにコンピュータ活動が伝統的に消費者人口にアクセスできなかったのは、コンピュータ機器の費用と大きさの両方がもたらした直接の影響だった。汎用コンピュータ装置は1970年代以前はほとんど家庭にはないも同然だった[*8]。歴史記録には、非常に稀な事例がいくつか存在する——特に1960年代半ばにウェスチングハウス社のエンジニアが構築した自家用コンピュータシステムECHO IVと、ニーマン・マーカスが1969年に発売したHoneywell Kitchen Computerは有名だ——こうしたシステムはすべて、例外なくルールを証明している[*9]。こうしたシステムは、主張する計算機活動の一部をこなせるが、どちらも実用的でもないし便利でもなかった。ECHO IVとKitchen Computerは、プロトタイプ技術としてよりは、通俗的な奇矯物として存在していた。さらに雄弁なのは、この両システムのメディア報道が、ジェンダー化された分業を持つ家族の保守的な概念にアピールすることで、コンピュータ利用の脅威的または転覆的な可能性を中和化しようとしていたという事実である——これから見るように、マーケターたちがアメリカの消費者にパーソナルコンピュータ利用の便益を売り込む方法を探す中で、1980年代初頭から半ばにかけて増幅される主題である。

だが1970年代のエレクトロニクスホビイストにとって、自分が所有でき

るコンピュータという夢は、必然的に家に持ち込めるコンピュータを意味した。この概念は、Altairを特集した「Popular Electronics」誌1975年1月号の編集部論説の原動力となっている。ここで編集長アート・サルスバーグはこう書いている。「長年にわたり、コンピュータがいつの日か家庭用品になると読んだり聞いたりしてきた」[*10]。Altairは、その約束への答えと思われていた。ホビイストたちがオフィス、科学実験室、研究センターだの、コンピュータの自然な住まいだと何十年も思われてきた場所以外で、計算力を使える手段だと思われたのだ。

　マイクロコンピュータの狙いをめぐる野心は、そうしたマシンの技術的な限界により抑えられた。マイクロコンピュータの家庭やパーソナル利用への応用をめぐる議論は、あってもかなり現実離れなものばかりだった。「BYTE」の最初の2年間を調べても、最小限の例しか出てこない[*11]。実行できるコード掲載を見ると、そうした例は1つしかない。1976年のバイオリズム計算用のBASICプログラムだ。これは1970年代に流行った生理学的な疑似科学だ[*12]。Altairのような第一波のマイクロコンピュータには大きな制約があったが、「Popular Electronics」や「BYTE」などのホビイスト雑誌の著者や読者たちは、そうした応用がもっと現実味を持つ未来に向けて活動しているつもりだった。そうした気分は、完全に実用性のない台所用データベースシステム用のフローチャートについて「有益な家庭用コンピュータ利用分野に思えるものに向けた開発努力のきっかけとなれば」と書かれているのに反映されている[*13]。だが現実には、ほとんどのホビイストはAltairのようなマシンを実装し、作り、あるいは単に入手するという苦闘にばかり専念しており、それで何をするかを考案するのは二の次だった。

　1977年の御三家の発表後、さらにアップル社の野心的な台所の広告や、他の「ユーザフレンドリー」なマイクロコンピュータの後でも、家庭のコンピュータという発想は、まったくのおとぎ話とはいかなくても、かなりの希望的なものにとどまっていた。たとえば「BYTE」1980年1月号の「家庭化されたコンピュータ」特集号表紙を見てみよう（図版14）。この表紙のイラストは、異様なエリート主義的な未来展望だ。前景には小さな白い手袋、真珠のネックレスとシャンパングラスがあり、コンピュータは木彫りのキャビネットにおさまったまま「マダム、夕食の準備ができました」とかしこまっ

第6章｜家庭──The Print Shop

てCRT画面上にアナウンスしている。ここでのコンピュータは家庭の女主人の召使いであり、どうやらアンテナ付きリモコンで制御されているらしい――1970年代末の箱っぽいハイテク様式を示す唯一のものだ。この場面は単に家庭的にとどまらない。それは世襲的な白人の富との深い関連性を伝え、未来志向と称する技術を退行した主人と召使いのファンタジーに置いているのだ。そしてそれを提唱するナラティブも奇妙なものだ。コンピュータが夕食を作ったのか、それとも調理人のメッセージを伝えているだけなのか？　このリモコンはずばり何をコントロールするのか？　これは含意された利用者が女性となった初の「BYTE」の表紙だったが、ケースに入ったコンピュータ、電卓状のリモコン、カクテルアワー的なセットのデコレーションはまた、女性化された利用者はあらゆる設備の技術的な操作からはしっかり距離を置いていることが示されている。これはプッシュボタン式の家庭化であり、技術が使われるが決して活用されるわけではないコンピュータ利用のビジョンなのだ。

　野心的な表紙は、その号で詳述されている利用とは整合しない。これはコンピュータの妄想とコンピュータの現実の間に生じる緊張関係の継続を例示するものだった。この号には、コンピュータ化された家庭用アプリケーションについての記事が4本出ているが、そのすべては照明、暖炉管理、自動電話ダイヤルといった、機器や設備のシステム制御に専念している。これは家事がコンピュータに生産的に移譲され、したがって消えた世界ではない。むしろそれは、コンピュータが家庭内空間のそれまでなかった部分に情報ネットワークを増殖させ、そのそれぞれが独自の管理、統制、定期的なメンテナンス（さらにこの仕事専用の高価なコンピュータの必要性は言うまでもない）を必要とすることで、家事を増加させる様子を示しているのだ。「家庭のコンピュータ化」記事の冒頭のつかみ部分はまさにこれを示している。著者スティーブ・シアルシアは、家庭の照明システムを地下のコンピュータから操作しようという試みを詳述する。うっかり上階の電気をあちこちつけたり消したりしたら、著者の妻ジョイスが地下の夫に声をかけて、ヒューズでも飛んだのかと尋ねた。

私はチェシャ猫でもなければわからないようなやり方でニヤリとした。「すまんね、ジョイス。最新の記事の実験をしてたんだ」。そして軽く笑いつつこう続けた。「悪いんだが、コンピュータに乗っ取られたようだ」

　「そいつはベッドメイクもできんの？」と彼女は答えた。

　彼女はそう簡単に丸め込めないとわかるべきだった。「わかったよ、コンピュータには影響圏は地下室だけにするよう言っておくよ」[14]

　ジョイスは、辛抱強いが感銘を受けていない妻の大軍を体現する存在である。夫がコンピュータに何か役に立つことをさせるのを待っているのだ。コンピュータは明らかに、物質的な家事にとってかわろうとはしていない。家庭統合のプロセスで新しい責任をつくり出している。「BYTE」のこの号におけるコンピュータの「家庭化／家畜化」においては、コンピュータは作業の発明が生活を簡単にするふりをしてやってくるごまかしでしかない。

　1970年代半ばから1980年代初頭まで続くマイクロコンピュータ利用のホビイスト時代は、このようにコンピュータの家庭空間利用を想像するためのかなりの努力を示している。これは絶え間ない再投資を必要とするプロジェクトであり、いつの日かコンピュータがやってくれるかもしれないことに対するおとぎ話じみた希望が、今日における限られた、しばしば労働を増やすだけの結果に対する事前に言い訳になっているのだ。もっと多くのものをやってくれるコンピュータの約束は、ホビイストが夢見て絶えず「あと一歩」だと雑誌編集者やマーケターたちが言い続けたもので、それがこうしたおとぎ話を先に進めた燃料となる——そしてそれはやがてまったくちがった形で、拡大した範囲の非技術的な消費者に訴えるように動機づけられるのである。

＊　＊　＊

　ソフトウェア開発者たちは、商業コンピュータの第一波以来家庭用アプリケーションを試してきたが、「家庭用」「パーソナル」ソフトウェアの採用は、ビジネスやゲームなど他の分野よりも遅かった。「Softalk」誌1980年10月のベストセラーリストは、家庭用またはパーソナル利用に分類できそうなソ

フトが3本しかない——マイクロソフトの*Typing Tutor*とワードプロセッサ2本だ。そしてこれらですら、家庭用またはパーソナル用に限られたものではない*15。それ以前の専門コンピュータ利用文化で大きな前例がない唯一の分類として、「家庭用」ソフトがどんなモノかを見極めるには、独特の複雑性があった。「家庭用」ソフトウェアは、何であるかよりは何でないかで定義されることが多く、ずっと頭を悩ませる歴史的な状況へのヒントを提供してくれる指標でしかない。その状況とは、人々はそもそも家のコンピュータで何をしたいのか、というものだ。

　Apple IIソフトウェアの包括的なベストセラーリストを載せた最初期の雑誌として、「Softalk」はもっと広い小売業者、ジャーナリスト、マニアたちがこの新興の分類をどのように理解していたかについて、多少の手がかりを与えてくれる。その理解は、ソフトウェア市場と利用者ベースが共に拡大するにつれ、驚くほど短期間で変化した。読者および開発者や発行者に成長するソフトウェア市場についてもっと細かい情報を提供しようとして、「Softalk」は補助的な「家庭用/ホビー」トップ10リストを、創刊号からたった5ヵ月後の1981年2月に発表するようになった*16。「家庭用/ホビー」という分類は主にアセンブラ、ディスク複製ソフト、グラフィクスパッケージで構成されていた。この一覧におけるソフトウェア販売の『家庭用』部分は*Typing Tutor*と*Dow Jones News & Quotes Reporter*しかない（ワードプロセッサはすでに「ビジネス」ソフトに分類し直されていた）。この「家庭用」と「ホビー」ソフトウェア種類をまとめたのは、家庭用コンピュータ利用者は真面目なホビイストで、コンピュータ利用についての情熱から、コンピュータを家庭内のニッチで異質な用途に活用しようとする人物、たとえばニュースをモデム経由で家で受信するといったことを試みる人物、という想定を反映している。1981年5月には、*Typing Tutor*がこの分類ではチップセラーになり、コンチネンタル・ソフトウェアの*Home Money Minder*とハワードソフトの*Tax Preparer*の2つが家庭用/ホビーのトップ10に入った。その後数ヵ月にわたり、家庭用/ホビーのトップ10に入った他の非ユーティリティは、モデムによるファイル転送通信ツール*VisiTerm*と、「*The World's Greatest Blackjack Program*（世界最高のブラックジャック・プログラム）」だ。これがゲームに入らなかったのは、それがただのシミュレーションでは

なく、戦略を教えるからだった。だが*Typing Tutor*を例外として、こうした家庭用／ホビーの雑多な詰め合わせのどれ一つとして、「Softalk」誌のもっと広い総合30位には入らなかった。つまりこうしたソフトウェアの大半は、ビジネスアプリケーション、ゲーム、売れ行き最高の各種ユーティリティにはかなわなかったということだ[17]。

1981年10月号で「Softalk」誌はベストセラーの分類を「アップルコミュニティ内の特別な関心の多様性をよりよく反映するため」[18]に変更し、ワードプロセッサや個別ゲームジャンルにトップ5の一覧をつけ、「家庭用」と「ホビー」を別々の一覧に分けた。その結果について「Softalk」のチームはこう書いた：

> 新しい細分化について言えば、まだソフトウェア分類で問題が生じています。一部の分類はかなり明確ですが、ソフトウェアは必ずしも決めたニッチにおさまりたがりません。
>
> たとえば、家庭用／ホビーのトップ10を、家庭用部門とホビー部門に分けるのは自然に思えました。ホビイストは、プログラミングをやる人間と考えたわけです。しかしセンシブル・ソフトウェア社のユーティリティは、この区分に入るのでしょうか、一般家庭用との区分でしょうか？　同様に、GraphtrixとHand Holding Basicは、ハードコアなホビイスト向けツールか、もっと家庭向けでしょうか？
>
> 「Softalk」の元の分類同様、この区分は恣意的なもので、だれでも知識があれば異論はいろいろ出る余地があります。[19]

謙遜はさておき、「Softalk」誌のソフトウェア分類についての試行錯誤的なアプローチ（年に2回方針を変えた）は、Apple II利用者の性質急変を裏付けるものだ。ハードコアなホビイストは、もはやApple IIの想定利用者ではなくなり、ゲームマニア、ビジネス利用者、家庭および娯楽利用者といったいくつかの種類の利用者の一つになった。ワードプロセッサの「もっと広い市場」についての配慮で「Softalk」は文書処理ソフトを「ビジネス」分類から分離した。「多くの家庭ユーザは*Apple Writer*を買うが、500ドルの簿記会計パッケージは買わない」のを認識してのことだった[20]。「家庭用」ソフトウェアは、タイプ練習ソフトから家計簿ソフト、BASIC入門初心者プロ

グラム、電気通信サービスまで何でもありのごたまぜではあったが、その多くをまとめていたのは、そうしたソフトが全体としてマイクロコンピュータを、職業以外の環境で能力を拡張するツールとして使うものだということだ。これはホビイストや職業的なコンピュータ技能を持つ人々も含むし、またそれ以外の人々にも広がる。ある人物は、こうした分類の複数にまたがるかもしれない（ほとんどのビジネスソフトウェアは、少なくともいくつかのゲームといっしょに販売され、ホビイストはコンパイラやアセンブラ以外に家計簿管理システムも所有するかもしれない）。だが生まれつつあるこうした区分は、Apple II が重要ながらも狭いホビイストや真面目なビジネス利用者重視を超えつつあるという、業界内部の興奮に満ちた力点を反映したものである。

こうした観察は、マイクロコンピュータ利用者、特に Apple II の利用者特性変化におけるより広範なトレンドと整合している。私やコンピュータ利用史研究者ケヴィン・ドリスコルとケラ・アレンのこれまでの研究は、1980～84 年が「プログラミングから製品」への移行を記し「マイクロコンピュータのユースケースが（中略）ホビイズムから離れた」[*21]時期だということを実証している。「Softalk」誌編集部への手紙 1,200 通以上の分析で、あまり専門的でない話題への着実なシフトが明らかとなり、これが示すのは「我々が利用者ユーザとして同定する構成員の拡大である。マイクロコンピュータの所有者のうち、投資がマイクロコンピュータそのものではなく、それが自分に何をしてくれそうかに向かっている人々である」[*22]。このアクセス容易さ拡大へのトレンドはあらゆるソフトウェア分類に共通していたが、これは特に家庭用ソフトウェア市場では顕著だった。そこではコンピュータの既存経験があるとは限らず、人生をコンピュータ化するという職業的な圧力も存在しなかったのだ。1980 年代半ばの一部利用者にとって、ソフトウェア消費自体が新しい趣味となり、焦点はコンピュータの技術的な細部ではなく「マイクロコンピュータ利用を日常生活に見事に応用する歓び」[*23]なのだった。

この時期の家庭用ソフトウェア産業開発においては、いくつか重要な性質が、この分類を本書で論じられる他の分野と隔てている。まず、家庭用とパーソナル用に設計された多様な各種ソフトウェアにもかかわらず、この分類で

最も売れたソフトウェアは主にタイプ練習ソフトウェア、家計簿パッケージ、通信プログラム、少数の汎用（つまり非ビジネス）ワードプロセッサだけだった。こうしたソフトウェアの下位分類は、最も一般的なパーソナルアプリケーションを反映しており、この種の人気ソフトはベストセラーリストでかなり常連となっていた。ブローダーバンド社の*Bank Street Writer*、アップル社の*Apple Writer*、マイクロソフト社の*Typing Tutor*、ライトニングソフトウェア社の*MasterType*、コンティネンタル・ソフトウェア社の*Home Accountant*はどれも一年以上もトップ30ベストセラーに残り続け、売上の持続性は主要ビジネスアプリケーションに比肩するほどだった。しかしほとんどの人気プログラムは、小さな一握りのソフトウェア流通ネットワークに埋め込まれた、資本力の高い会社が作っており、こうした企業はあまり特化した家庭用およびパーソナルなアプリケーションに深入りするのを避けた。シエラ・オンライン社の共同創業者ケン・ウィリアムズが1984年に「Creative Computing」誌面で述べたように：

> ソフトウェア開発はお金がかかる。あらゆるソフトウェアは、最大限の可能な市場に到達するよう開発されねばならない。ソフトウェアが男性だけ、女性だけにしか当てはまらなければ、すでに潜在顧客の半分を失ったことになる。（中略）そのアプリケーションをさらに狭めて、ボーイスカウトのプロジェクト支援だの家の塗装支援だのといった話となると、やってられない。市場が小さすぎる。[*24]

　ウィリアムズなどの主要発行者にとって、すべてを統べる叡智は、きわめて個人化されたアプリケーションは限られた市場しかないというものだった。小さな製品発行数は、時間も投資も割にあわない。特に市場が早めの成熟に向けて成長し、ソフトウェア発行者が劇的な収益の約束と引き換えにベンチャー資本を受け入れたのでなおさらだ。結果として、もっとニッチなプログラムの開発は、口コミや小規模雑誌の広告からの通販で成り立つ、底辺や中規模企業に任された。だから「Softalk」誌などのベストセラー一覧は、Apple II利用者ベース全般の中でどのソフトが最も人気があったかについてはよい見通しを与えてくれるが、この部門の全体像を把握するには不十分だ——その広がりは、家庭用コンピュータ利用「革命」全体がずばり何を約

第6章　家庭──*The Print Shop*

束していたかを理解するために不可欠なものなのだ。

＊　＊　＊

　1970年代末と1980年代初頭のコンピュータ販売事業は、すでにマイクロコンピュータの可能性に入れ込んだホビイストへの推論的な訴えに頼っていた。こうした訴えは、業界が大衆にコンピュータを販売しようとする1980年代半ば頃には変わっていた。コンピュータ化した家庭への初期のホビイストの魅了は続いていたが、もっと広い金持ちアメリカ人たちに到達するよう拡大もされたのだった――「家でのコンピューティング」から「家庭のコンピューティング」に変わった、とでも言おうか。この意味で、家庭用コンピューティングは単なるソフトウェア分類以上のものだった。それはコンピュータと共に生活するエートス、自分の生活（家だけではない）がコンピュータ化され得るものにするエートスを体現していたのだ。重要な点として、こうした努力はしばしば初期の自作コンピュータ文化と関連づけられる対抗文化的な野心、たとえば未来学者テッド・ネルソンによる、しばしば引き合いに出される「コンピュータの開放」宣言やハッカー倫理などと関連づけられるものとは切り離されていた[*25]。パーソナルコンピュータを通じてさらに大きな自由を獲得する力を得た新世代を作るかわりに、こうした家庭用コンピューティングの新しい言説は、主に中流、上流階級の生活における、必要ながら邪魔にならないパートナーとしてコンピュータを成長かするのに主に専念していた。

　このシフトを裏付ける単一のできごとや物体はない。むしろそれは、1983年以降に生まれ始めた、つまらない一時文書の洪水に蓄積されるもので、この時期のコンピュータマニア雑誌の長いアークを検討するとなおさらそれが明確になる。1970年代半ばから末にかけて創刊された雑誌　　――「BYTE」「MICRO: The 6502 Journal」「Kilobaud」「Nibble」「COMPUTE!」――はマイクロコンピュータ利用に、ホビイストのユーザベースにあわせて、断固とした技術的なレジャー活動としてアプローチしていた。こうした雑誌の内容はそれを反映し、プログラムリスト、回路図、徹底したハードウェアのレビュー等、理解のためのかなり高いハードルが強調さ

れていた。「Softalk」はこの基準を破った最初の雑誌の一つで、「プログラミング雑誌ではない」と1980年9月の創刊号で宣言した。その特集は人間的興味の記事に専念して、そのビギナーリソースは、プログラミングに好奇心はあっても細かい点に馴染みがない者たちを助けようとしていた[*26]。この編集上のアクセス容易さに向けた展開は、1981年「Popular Computing」が続き、これは「小型コンピュータを直接的かつ楽しいやり方で脱神話化」を狙っていた[*27]。このトレンドは1980年代半ばに増幅され「A+」などの雑誌はApple IIを職業的な環境で使う消費者にわかるような内容を提供するのに専念し、「Family Computing」は「今後の数年にわたり家族が（中略）片手間または娯楽的なコンピュータ利用者としてまごつかないようにする」のを目指した[*28]。「A+」と「Family Computing」はどちらも1983年に女性編集長で創刊され、それまでの雑誌よりもソフトであまり専門的ではない雰囲気を出し、技術雑誌よりはライフスタイル雑誌のようなデザインで、もっとニュアンスのあるタイポグラフィー様式や、カラフルな図、写真、イラストに頼る部分を増やした。重要な点として「Popular Computing」「A+」「Family Computing」はどれも大型出版コングロマリット（それぞれマグロウヒル、ジフ・デイビス、スコラスティック）から出ており、主流メディアが潜在的なマイクロコンピュータ所有者というもっと大きな市場に入りこむ既得権をどれほど持っていたかがわかる。

　「BYTE」がマイクロコンピュータ利用へのホビイストアプローチの精神を集約しているように、「Family Computing」は「マイクロコンピュータ」が家庭内での消費に向けて「パーソナルコンピュータ」と位置づけ直される様子を見るのに示唆的である。同誌1983年9月創刊号表紙は、家庭内／家畜化されたコンピュータ利用についての独自の概念を示している（図版15参照）ので、アップル社の当初の1977年Apple II広告や「BYTE」の家庭化コンピュータ特集と生産的な対比を示している。仮定の所有物としてのコンピュータという主題はまだ支配的だが「Family Computing」のアプローチは以前の二例より大いに人間化されている。「BYTE」を支配する主人／召使いの二項対立はなくなり、司令塔性の強調も消えたし、上流階級の権力関係の代替物としてのコンピュータへのこだわりもない。そしてアップル社の広告はマイクロコンピュータを家庭用品として示し、仕事と家庭を一つに

するツールとなっているが、「Family Computing」はコンピュータを家族の一員として描き、家族のペットのように年上の息子のひざにそれを置いている。「BYTE」の表紙はコンピュータを人種化された階級関係維持のツールとして採りあげていたが、「Family Computing」は白人ヘテロノーマティブな中上流階級家族という形での現状維持に対する、独特ながらも決して比較できないわけではないこだわりを見せる。コンピュータは、ちがった種類の継承として描かれている――統制できる種類の富ではなく、世代間特権の永続の一部として生きて成長する何かとして描かれているのである。メッセージは明確である。コンピュータは安全だ。コンピュータはあなたのチームの一員だ。コンピュータはそこにあるだけでなく、適合する。

　コンピュータを家庭生活に「適合する」ものとして描く衝動は、もっと複雑なジレンマを示唆している。コンピュータを大衆に売り込もうとする人々は、コンピュータに対する一般的な不安を抑えつつ、コンピュータが便利で使いやすいと実証しなくてはならなかった。メディア研究者ローリー・リードが示したとおり、コンピュータ恐怖症はメインフレーム時代からアメリカ社会の中で記録されてきた現象であり、1990年代にかなり入ってからも「人々がコンピュータ技術にきわめて強く抵抗した」と示唆する証拠が大量にある[29]。コンピュータ恐怖症という概念は、1980年代半ばの心理学マニュアルに登場するくらい広まっており、『コンピュータの恐怖を克服』『テクノストレス』といった1984年刊行の本の存在は「多くの人にとってコンピュータはきわめて不快な存在であり、人々の生活にそれが導入されることで、極度のストレスを感じる人もいた」[30]。ホビイストと未来学者の間でどれほど普及していようとも、ホームコンピュータ革命は、もっと広いアメリカの一般人にはほとんど影響しなかった。

　むしろコンピュータに対する消費者の不安を何とかするには、人々が教育と曝露を通じてコンピュータ恐怖症を克服できるという想定から出発しなければならなかった。これは1980年代初頭の入門書『Computers for Everybody（万人のためのコンピュータ）』からもわかる（この本はきわめて人気が出て、版を重ねて1983年にはシグネット社のニューアメリカン・ライブラリーのペーパーバックとして再刊された）。この本の第1章「コンピュータはもうおっかなくない」で著者ジェリー・ウィリスとマール・ミ

ラーは、コンピュータ恐怖症の消費者を特に対象としている。

> コンピュータと対処するにあたりほとんどの人々が直面する最大の問題の一つは恐怖です。私たちはコンピュータを巨大な複雑なマシンとして考えるよう教わり、まちがった手にわたれば、それがひどいことをすると教わってきました。長年にわたり、請求書がまちがっているのはコンピュータがまちがえたからだと言われてきました。現実には、何が起きたかといえば人間がまちがいをして、それをコンピュータのせいにしたのです。
> コンピュータは、他のどんな機械や道具とも変わりません。どれだけ良くなるかはそれを使う人次第だし、便利さもその人次第なのです。好きなやり方で使えます。それが人生を乗っ取ったり、伴侶と駆け落ちしたり、ケンカを起こしたりはしません[*31]。

こうしたコンピュータの位置づけ見直し——コントロールの効かない機械から、自分がコントロールできる道具へ——は、懐疑的で不安な消費者をなだめる、よくある編集的なアプローチだった。「Family Computing」創刊号は、「改宗したコンピュータ恐怖症人間の告白」と題した長編論説を掲載しており、中年男性Apple II所有者が、恐怖と孤立感を克服して自分なりにコンピュータを習得するまでの、試行錯誤を採りあげている。この記事には「コンピュータ恐怖症ワクチン」という囲み記事があり、新規利用者に「楽しいことを選ぼう」「期待は現実的な範囲に抑えよう」などと示唆している[*32]。コンピュータ恐怖症患者へ繰り返されるメッセージは、勤勉、辛抱、自己共感でコンピュータへの恐れをコンピュータ愛に変えられる、というものだ。

だが「適合する」には恐怖を抑えるだけではすまない。コンピュータは便利だと思われる必要もあったが、これは必ずしもすぐにはわからなかった。潜在的な利用者は、自分の人生がどのようにコンピュータの介入を受けられるのか想像する方法を学ばねばならなかったし、コンピュータ利用が各種の作業を置きかえたり補ったりするやり方を学ばねばならなかった[*33]。ときにはこうした活動はストレートな形を取り、コンピュータマニアが在宅ママたちに、コンピュータで在宅事業の支援ができるとか、庭造り作業の管理追跡に最適なソフトを示唆したりといった記事を書いたりしていたが、もっとクリエイティブなアプローチもよく見られた[*34]。何度も繰り返された編集

上の小技は、日記や日誌形式で記事を出すことだ。これは読者たちに、家庭内のコンピュータ利用を、数日から数ヵ月にわたる期間にまたがってマッピングできるようにしてくれる[*35]。こうした記事はしばしば、個別（しばしば女性）世帯員の不安が次第に解消されることを指摘することから始まる。たとえば「一家のコンピュータ日誌」に登場する主婦ジョーン・レバインは、「コンピュータ恐怖症を自認」するところから始まるが、一年後にはコンピュータを使って卒業論文を書いている[*36]。同様に、「Family Computing」1984年1月号に登場したロビン・ラスキン「友達になろう：コンピュータと一家の初日日記」は、6人家族が共同で、最初のコンピュータを箱から出し、接続し、起動して使うユートピア的な様子を描いている。ある子どもがマニュアルを読み、もう一人が箱を開け、パパは保証書に記入し、ママはすでに、画面をふいたりプリンタ用紙の在庫確認をしたり、ディスク整理をしたりするためのコンピュータ用「雑用リスト」を発明している。こうした特集は「Softalk」のような雑誌が先鞭をつけた、人間的興味に基づくコンテンツの応用だった。だが「Softalk」は異様な、あるいは目を引く環境でのApple II利用──『スター・ウォーズ』特殊効果の処理から、外宇宙での植物生長追跡まで──に専念していたが、こうした記事はコンピュータを、家庭生活をハイテクながら家族に優しい体験に変える日常機器として位置づけ直すものだった。

　コンピュータの便利さを伝えるために採用された別の戦術は、家庭用のコンピュータ利用アプリケーションを区分することだった──人生をコンピュータ化できる各種の方法を一覧にするのだ。「友達になろう」の家族が実際にコンピュータを使うほうへ移行するのと同様に、各世帯員は、自分のニーズに適切な目的を見つけるよう言われる。子どもは娯楽や教育ゲームをして、大人は家計簿をつけ、レシピを保存し、手紙をタイプする。『万人のためのコンピュータ』は同様に、家庭用コンピュータを、家庭用アプリケーションの広い範囲を反映した6分野に分類することで、このトレンドを示している[*37]：

・エンターテインメント
・能力開発

- 財務や記録管理
- ホビーや娯楽プログラム
- 家庭制御
- コンピュータと健康

　この種の下位分類を作るのは、消費者が自分たちの個人生活にどうマッピングされそうかを想像する支援をするという、より大きなプロジェクトにうまくあてはまった。もしコンピュータが、ウィリスとミラーが示唆するように「アーティストの白紙のカンバスのようなもの」で「結果はアーティストまたは利用者次第」であるなら、こうした分類は消費者たちが、広大で混乱する家庭用ソフトウェアの群れを整理するための概念的なパレット役を果たしたのである[*38]。ソフトウェア・アプリケーションを用途パターンを通じて枠づけることで、消費者たちはコンピュータが、すでに環境内に存在する「パーソナル」なニーズに適応する様々な方法を想像するよう奨励されたのだった。

　ここからわかるように、この新種の雑誌や入門書は、コンピュータが各利用者の生きた体験の独特で個別の輪郭にどう対応するかを強調しようとかなり頑張っている。「BYTE」のような雑誌がアプリケーションやチュートリアルを流通させるのは、マニアがコンピュータそのものについての技術的発見の感覚を促進するためだが、そうしたホビイストエートスとはまったくちがい、こうした改訂された「家庭用コンピューティング」への散漫なアプローチは新世代の利用者たちに、自分の人生をコンピュータを通じた拡張の原材料として見なすよう奨励した。しかしマイクロコンピュータを家庭技術として位置づけようとするすさまじい資金と努力にもかかわらず、こうした技術には限界があった。本章の冒頭で示したように、家庭コンピュータという概念はまだ、大半の利用者にその価値を実証する必要があった。たまの文書作成や小切手帳管理のデジタル化のためにマイクロコンピュータを買えというならわかる。だが何度もソフトウェアを購入する存在にするとなると、まったく話がちがう。だが解決策はニッチ利用者の莫大な広がりからはこなかった。「家庭用 *VisiCalc*」のようなものは確かに登場することになる。ただそれは、だれも予想しない形で登場したのだ。

＊　＊　＊

　もし家庭用コンピュータの約束と称するものが、拡張された自己の表現であるなら、その約束を守るためには、そうした「拡張的」とされる目的を支援するソフトウェアの利用が必要となる。家計簿ソフトは、財務非効率の発見を可能にするかもしれない。タイプとプログラミング練習ソフトは、利用者に新たな技能をもたらせる。ワードプロセッサは、学校のレポートから私信まで伝統的なタイプ作業の手間を省ける。そして粗雑なカロリー計算やフィットネス追跡ソフトは、身体について新しい知識を提供するかもしれない。だがコンピュータで創造的になるのは、そう簡単ではない。日常の非プログラマには、何か作るのは不可能に近いほどむずかしいし、コンピュータ上で作るモノはコンピュータ上に留まるという事実は、その創造物がもっと広い世界に入れる度合いを制限した。

　これらすべてを念頭においておけば、*The Print Shop* のようなプログラムの突出した成功もずっと理解しやすくなる。*The Print Shop* の能力は、21世紀のコンピュータ利用者には偏狭に見えるかも知れない——結局のところ、このソフトはちょっとしたテキストと画像いくつかと、縁取りを印刷するだけだ——これは家庭用コンピューティングの約束に見られたアクセシビリティギャップを解決した、おそらく最初のソフトウェアだったのだ。言い換えると、*The Print Shop* は利用者が文章、画像、形式を、個人的に意味があるだけでなく、物理的で非計算機的な存在を持つ形で組み合わせるための、限られたものとはいえしっかり設計された環境を提供したのである。*The Print Shop* では、「何かを作る」だけではない。それを印字して見せびらかすのだ。

　だが *The Print Shop* のアイデア化から実行までの旅はまったくまっすぐなどではなかった。プログラム発表の1984年には、ソフトウェア市場はかなり混雑しており、コンピュータについてこれほど無知な利用者がこんなにいたことはなかった。ほんの数年前に、市場が「きわめて奇妙で複雑な手順にとてもとても寛容」だった時代や、たった1本のソフトウェアを自主発行するだけで新事業を立ち上げられた時代はとっくに過ぎていた[*39]。新規のソフトウェアは、すさまじい量のノイズをくぐり抜けねばならない。*The*

Print Shop の何度も改良を繰り返す開発史は、これから見る通り、過密ながらあまり動きのないことが多い市場で繁栄するチャンスを得るためにソフトが備えねばならない、洗練、魅力、アクセス性の新しいハードルをまさに示している。

The Print Shop は、デヴィッド・バルサムとマーティン・カーンの創造的、ビジネス的な協力の成果だった。20代後半のゲイのカップルで、1980年代初頭にサンフランシスコ近辺で出会ったのだ（図版16参照）。どちらも1970年代にベイエリアに引っ越しており、当時のアメリカにおけるゲイ解放運動の活発な中心だった場所で、自分たちの芽生えたアイデンティティを探究しようとしていたのだった。バルサムはニューヨーク市出身で、1970年代初頭に実験的なジョン・デューイ高校に通い、学校のコンピュータラボにアクセスできるという恩恵を受けた。すぐにプログラミングや計算機科学系の職業にはつかなかった（1977年に全米横断旅行資金のため、マンハッタンの電話帳校正の仕事をした）が、システムをかなりいじっていたので、BASICで簡単なゲームは組めた——おかげでコンピュータには馴染みができて、それがカーンに会って再浮上する[40]。カーンのほうはといえば、ロサンゼルス育ちで大学最後の2年はUCLAからバークレーに転校した。彼は1976年に言語学と数学のダブル学位で卒業したが、彼はこうしたものが「簡単だ」と思ったのでこの2分野を専攻したという。かなりのプログラミングの講義は受けていたので、新卒ですぐにコンピュータ産業に就職できて、やがて1970年代末にノーススター・コンピュータズ社に入った。そこで同社のビジネス用マイクロコンピュータ、North Star Advantage向けのグラフィックス・ユーティリティを開発した[41]。ノーススター社にいる間に、カーンは暇な時間と会社設備へのアクセスを使ってコンピュータ生成アートを作っており、数式を複雑な体積を持つ形として視覚的に描き、それをプリントアウトして、ときにはそれに色を塗った[42]。バルサムはカーンの作品に魅了された。それはカーンのアパートの壁や複数の窓を覆い尽くしていたのだ。「その絵を初めて見たときには（中略）エッシャーやヴァセラリエ〔訳注：ヴァザーリのことか？〕のような性質を持っていた。三次元の形が他の形の背後に動き、遠近法が歪む、魅惑的なトポロジー的風景だ」[43]

バルサムとカーンの恋愛関係は、両者の間でふくれあがった、技術的、創

造的なシナジーでさらに強まった。高校時代のコンピュータ熱を想い出したバルサムは、カーンが家で持っていたノーススターのコンピュータで遊ぶようになり、やがて保険会社での仕事を辞めて、地元のマイクロコンピュータ小売店で販売員となり、中小企業にコンピュータを売るようになった。一方、カーンはノーススター社での仕事に飽きてきた（「充分に仕事をくれなかったんですよ」とカーンは当時を回想して皮肉っぽく語る）*44。バルサムが、ブローダーバンド社という小規模な地元エンターテインメントソフト会社のプログラマ求人広告を見せると、カーンは応募した。カーンの、AdvantageのZ80Aマイクロプロセッサの低級プログラミング経験は、面接にこぎつけて採用されるのに十分すぎるほどだった。ブローダーバンド社の大半の製品は、Apple II、Commodore 64、アタリ8ビットシリーズなどの6502プラットフォームを標的にしていたが、アセンブリ言語での仕事を知っているというのは望ましい技能だった。カーンは1983年1月に仕事を始め、すぐに人気のApple IIピンボールゲーム*David's Midnight Magic*をCommodore 64に移植するプログラミングに放り込まれた*45。

マーティン・カーンによるコンピュータ・アート2例、1981。どちらもNorth Star Advantageで、BASICと8080アセンブリ言語で書かれた数式を使って作られた。デイジーホイール式プリンタで「.」（ピリオド）キーだけを使って描かれている。印刷解像度は640×240。提供：マーティン・カーン。

ブローダーバンド社のエネルギーは、若々しくしびれるようだった。バルサムの回想では、カーンは「革新的ながらも生真面目なビジネス指向の企業から、きわめて若くきわめてダイナミックでわくわくする環境で、多くの若いプログラマと働く」状態へと移行した[46]。カーンを雇った頃のブローダーバンド社は、サン・ラファエルにはたった15ヵ月ほど前の1981年9月にオレゴン州ユージーンから移転してきたばかりだった。同社の台頭は、エンターテインメントソフトウェア事業への最初期参入企業では典型的だった。真面目なホビーとして始まったものが真面目な事業へと成長したのだ[47]。その中心にいたのは、アイビーリーグの弁護士が「電子時代の放浪者」に転身したダグ・カールストンだ。彼は1979年に全国を車でまわり、自分がプログラミングした、*Galactic Empire* という TRS-80 用の宇宙植民ゲームのカセットやフロッピーディスクを売り歩いていたのだった[48]。この道中は、やがて弟ゲーリーの戸口で終わりとなった。ゲーリーは、ユージーンでその日暮らしをしていたのだ。単なる思いつきで、ゲーリーはダグのソフトを自分でも売ってみようと思った。そして300ドルの注文が2本入っただけで、二人はこれが事業になると思って、1980年2月、正式に共同で会社を登記した。2人の選んだ名前「Brøderbund（ブローダーバンド）」は、インチキなスカンジナビア語、スウェーデン語とデンマーク語とオランダ語のマッシュアップで、「兄弟の同盟」をなんとなく意味するような言葉だった[49]。

　3年後にカーンがやってきた職場は、カールストン兄弟2人（1981年初頭に妹キャシーも参加した）から、従業員およそ35人にまで成長していた。1982年末には、ブローダーバンドは独立系ソフトウェア製作の中堅巨人となっており、競合の中で同年の消費者向け売上全体で見るとシリウス・ソフトウェアとシエラ・オンラインに次ぐ第3位となっていた[50]。そうした製品のほとんどはゲームで、ほとんどは Apple II 向けだったが、ブローダーバンド社は競合と同じく急速に他のマイクロコンピュータにも展開し、さらにもっと「真面目」なソフトウェア分類にも手を出していた。同社初の汎用ワードプロセッサ *Bank Street Writer* は1982年に発表されたが、ブローダーバンド社の1983年のベストセラー製品の一つになっていた。

　だがブローダーバンド社は、事業としてエンターテインメントソフトウェア空間における純粋な発行者としてのみ活動するという点で独特だった。事

業としてソフトウェアを発行しつつ社内の人材を育てたり（シリウス・ソフトウェアはナシル・ゲベリでそれをやった）、まだ開発初期のプログラマに資金を出したり（シエラ・オンラインのケン・ウィリアムズはよくそれをやった）することはなかった。トニー・スズキの*Apple Galaxian*や、ダン・ゴーリンの*Choplifter*、ダグラス・スミスの*Loderunner*、*Bank Street Writer*——これらはブローダーバンド社にとってのヒット商品というだけでなく、1980年代初期のベストセラーで最も広く愛されたリリースだった——はすべて、かなり洗練されたプロトタイプや完成したプログラムとしてやってきたのだった[*51]。言い換えると、ブローダーバンド社は自分の得意な活動を承知していた。つまり、独自性ある有望な製品で広範なアピール力を持つものを見つけ、それを成功したリリースに向けて準備させる、ということだ。外部ソフトの評価は実に重要な活動だったので、企業文化に埋め込まれていたほどだ。金曜の晩はときどき、バルサムの言う「犬やポニーの品評会」に費やされた。騒々しい集団イベントで、ブローダーバンド社の経営陣が最近の応募ソフトを手にして、従業員たちはどれがモノになりそうかについて意見を言うのだ[*52]。

　この雑然とした共同権力的な雰囲気——経営陣が、従業員にもソフトウェア投稿について意見を言えて、男性プログラマが金曜の夜の会社宴会にボーイフレンドを連れてきてもだれも文句を言わず、ベイエリアというもっと大きな文脈に含まれており、みんなソフトウェアで一儲けしているように思えた場——において、カーンとバルサムは自分たちもまた一枚噛みたいと考えた。何を作るかブレーンストームする中で、二人は2つの重要なポイントに専念した。まずカーンのグラフィックス経験を充分に活用したかった。利用者に自分の画像やアートワークを作れるようにして、しかも複雑な専門ツールを使う手間なしでそれを実現するのだ。第二に、そうした創作物を利用者同士で共有する方法を考案したいと思っていた。

　こうした考えに従って、バルサムとカーンは「Perfect Occasion」というプロトタイプを開発した。これはバルサムに言わせると「グリーティングディスクみたいなもの」だ[*53]。発想としては、利用者に自分の画像や動画を作る基本ツールを提供し、そうした画像にテキストを重ねることで、特別なパーソナル化されたメッセージを作るというものだ。それを受け手とフ

ロッピーディスク経由で共有する。バルサムが1985年に「Microtimes」で行ったインタビューによれば「そんなのを作ったらおもしろいかなと思ったんです。それを友人に送ったら、向こうがそれをコンピュータにかけてびっくりするわけです」[54]。

だがPerfect Occasionは目新しかったが、ブローダーバンド社は食いつかなかった[55]。全般的な反応としては、コンセプトは楽しいが訴求力が限られる、というものだった。バルサムが後に述べたところでは「当時はみんなのおばあちゃんがAppleを持っていたわけじゃない。それに、自分のユーザグループの会員たちに、バレンタインデーのカードを何枚も送ったりしないでしょう？」[56]。だが、ここではおもしろいことが起きていた。消費者のコンピュータ恐怖症の根底にある相当部分が、コンピュータがオートメーションと人間の力を奪うことへのドロドロした連想だとしたら、Perfect Occasionはコンピュータで生成する物体が、人間の表現として独特の効果的な様式になれることを示唆していた。このソフトウェアを見直して、もっと大きな市場を捕らえられるようにする方法を考える中で、ブローダーバンド社の製品開発チームの一員が、おもしろいフィードバックを提供した。デジタルグリーティングカードを作って共有できるにとどまらず、物理的なカードも作れるようにしたら？　つまり、印刷できたらどうだろう？

＊　＊　＊

「印刷できたらどうだろう？」は、結果としてズバリ的を射た質問だった。プリンタはどのプラットフォームの家庭用コンピュータ利用者の間でも、決して普通にある存在ではなかったし、それはApple IIも例外ではなかったが、次第に普及しつつあった。プリンタ価格の低下は、汎用ワードプロセッサや中小企業向けアプリケーションの市場拡大と並んで、ますます費用便益分析をプリンタ所有有利に傾けていた。1983年に「Creative Computing」「Softalk」「A+」はどれもプリンタ選びの特集を組み、こうした周辺機器を、コンピュータ体験習得の次の一歩として位置づけた[57]。「A+」が読者に述べたように、プリンタが必要なのは、コンピュータ利用の便益を他の人々にも見せられるようにするからだ。

単独のAppleは、観客のいない俳優です。数学やモデルを使って未来についての
悲劇や歓びを語りはできても、それを秘密にして、モニタ外面を見られる少数の人
にしか見せないのです。（中略）プリンタはそれを一変させます。半ば電子頭脳、半
ば機械の野獣である仕掛けの（中略）プリンタは、コンピュータの隠れた秘密を開放
し、それを他の世界に提供するのです。[58]

　このようにプリンタは1970年代半ばから末には不可欠なアクセサリとは
思われていなかったが（特に家庭用マイクロコンピュータ利用者の間では）、
1980年代半ばには、それはコンピュータを最大限に活用するための中核技
術としてのみならず、コンピュータ化された人生の可能性を実現するための
ものとして、広範に位置づけ直された。こうした願望の軌跡が確立されるのは、
もちろんプリンタの値段が中上層階級に手が届く水準に下がってからのこと
だ。1970年代末から1980年代半ばにかけて、プリンタの費用は劇的に下がっ
た。「Creative Computing」の報告では、1983年までに千ドル以下で買えるプ
リンタは25機種ほどあったが、1979年にはそれがたった2機種だった[59]。アッ
プルコンピュータ社すら、様々なブランド名のプリンタを、1980年代初頭か
ら半ばにかけて提供した——最も大きかったのはアップル・ドットマトリク
スプリンタ（1982）とImageWriterシリーズ（1983と1985）で、どれも600
ドルから700ドルで販売された[60]。
　設計に戻ったバルサムとカーンは、グリーティングカードのコンセプトを
印刷形式で考え直す作業に入った——このパズルには、すぐに出てくるソ
リューションはなかった。当時の消費者グレードのプリンタの制約があった
からだ。物理的な物体としてのグリーティングカードは、紙の両面を使う。
表紙と裏表紙が片面、カードの内側の、送り手が普通は受け取り手宛の個人
的なメッセージを書いたりする部分がもう片面となる。だがこのデザイン要
件は自動両面印刷のできない1980年代のプリンタでは、ハードウェアと操
作上の制約のため、容易に対応できないものだった。消費者グレードのプリ
ンタは、紙を給紙メカニズム経由で手動で供給する必要があり、プリンタ用
紙自体も通常は長い穿孔紙で、印刷が終わったら手動で切り離さねばならな
かった。紙の片面に印刷してから、それを切り離して裏側に逆さまにしてプ

リンタに給紙するのは、確かに可能ではあったが、そうしたプロセスは手間がかかるし、まちがいにつながりやすい——利用者にとってこのソフトを楽しく簡単にするような活動ではない。

バルサムの回想だと、この問題の解決は製品開発における「アハ！」の瞬間だった。これは画面上の二次元的なデジタル画像と、そのイメージを単一表面ながら複数の平面を持つ三次元物体表現との間で、精神的に変動させる必要があったからだ。カーンのAdvantage上でのグラフィックス編集プログラムを使って、バルサムはやがて解決策への道を見出した。

> 紙の片面には4象限ある。紙を四つ折りにすれば、カードの正面が1象限、右側が内側の右パネル、さらに裏にもちょっとメッセージを書ける象限がある。（中略）ぼくがその最初のバージョンを作った。［カーンの］グラフィクスエディタでモックアップを作り、手作業で画像をひっくり返し、その2象限を使って折った。それをマーティーに見せてこう言ったんだ。「紙の表だけ使ってこれができる。表と内側のあるグリーティングカードが作れるじゃないか」[*61]

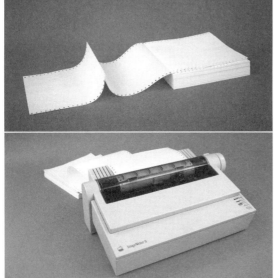

1980年代の、当時のドットマトリクスプリンタで使われたコンピュータプリンタ用紙の例（上）。こうした紙がアップルのImageWriterプリンタ（下）に給紙された。消費者向けプリンタ用紙は通常、穴のついた連続紙の束として売られており、個別ページは印刷後に破り取ることになっていた。紙の縁にある穴により、紙はプリンタに給紙される。こうした穴の部分も印刷後に破り取ることになっていた。画像提供：Tega Brain。

一枚の紙に印刷すると、そのグリーティングカードのページは*The Print Shop*のマニュアルの表現では「半分は逆さま、半分は正しい向きで、対角線上」に登場した（「びっくりしないで」とマニュアルは安心させていた）。グリーティングカードを、まずは横半分、次に縦半分に折ると、結果として4.25×5.5インチのグリーティングカードができる。本章の冒頭に示したようなものだ[*62]。かわいいほど小さく、完全に手のひらに収まるバルサムとカーンのグリーティングカードは、コンピュータ化された物体に人間的な規模感と物理的な重さを与えた。

　この印刷プロセスで重要だったのは、カーンが画像を最初からモニタの解像度ではなくプリンタの解像度にあわせてデザインしたという事実でもあった。本書が示したように、当時のモニタ解像度は画面の技術そのものに制約され、きわめて小さかった。だがプリンタは、モニタで表示できるよりも細部を細かくした形で紙にインキをのせられた。つまり画面上でゴツゴツして見える画像でも、紙の上ではそれなりに細かく描けるということだ。だから

*The Print Shop*のグリーティングカードレイアウトの初期プロトタイプ、おそらくNorth Star Advantage上で作成したもの、1983年頃。提供：マーティン・カーン。

The Print Shop は、利用者が画面で見たものを印刷していたのではない。画面上の画像は、ディスク上に保存された本当のイメージの近似でしかなく、利用者が選択を視覚化する手助けとなるグラフィック的な簡便法だったのだ。この意味で、*The Print Shop* の画像は、明らかにコンピュータが作ったものだが、画面での画像ほど雑には見えなかったし、特に遠くから見れば粗は見えないのだ[*63]。

　バルサムとカーンが他に何種類の印刷フォーマットを試したのか、記憶でははっきりしないが、1983年秋のどこかで2人は改訂版プロトタイプをブローダーバンド社に持ち帰った時点で、すでに十分な量が揃っていた——画像もテキストオプションも、フォーマットもグラフィックプログラミング能力も、そして最も重要な点として、十分なインタラクションの可能性もあった。だからブローダーバンド社はすぐに動いて、バルサムとカーンの新プロトタイプ開発を支援した[*64]。伝統的な発行者＝開発者の関係を確立するため、ブローダーバンド社は彼を職員プログラマの地位から解放して、バルサムと対等なパートナーシップ開発スタジオを作らせた。二人はそれをピクセライト・ソフトウェアと名付けた。

　初期開発プラットフォームを選ぶときになると、バルサムとカーンはApple II以外のものなど考えもしなかった。結局のところ、それはブローダーバンド社が1980年に、最初のまともな商業的成功を実現したシステムだったのだ。だがプラットフォームへの献身は、単なる発行者のノスタルジーではなかった。1983年には、Apple IIは市場で最も寿命の長い消費者グレードのマイクロコンピュータだった。このシステムの長期的な機能性は、ウォズニアックの最初のオープンシステムハードウェア設計のおかげだけでなく、プラットフォームに投資を続け改善を続けるというアップル社の選択のおかげもあった——最初は1979年Apple II Plusのリリース、そして1983年にはApple IIeがリリースされた。Apple IIe（「e」はエンハンスト／拡張の略）は、もとのApple II/II Plusのシステムに対するハードウェア改定で、部品点数を減らしてコストを下げつつ、システムのキーボード、ファームウェア、ディスプレイなどの機能に改良を加えた[*65]。

　だがApple IIeの重要性は、技術的に何ができたかではなく、もっと広いマイクロコンピュータ市場に比べたときのシステムの長命さにあった。ジェリー・

ウィリスとメリル・ミラーが1984年バイヤーズガイドで助言したように：

> 小売価格1,400ドルだが、ハードウェア的な特徴は600ドル以下のマシンに比べて高いわけではない。1,000ドル以上で売られるApple IIeが割高だというのは認める。それだけの価格にしてはハードウェアはあまり得られない。だがApple IIeを買うときには、実は最新のコンピュータ技術を買っているのではない。機会を買っているのだ——Appleで走る何千ものプログラムをどれでも買って使えるという機会だ。このコンピュータに提供されているソフトは、世界の他のどんなマシンよりも多い。[66]

アップル社は、元のApple IIと同じオープンアーキテクチャを根底に維持していたので、Apple IIeの新規オーナーたちは、すぐに大量のソフトウェアや周辺機器の供給にアクセスできた。そのほとんどはApple IIファミリーすべてのプラットフォームで互換性が維持されていたのだ。ソフトウェアのメーカーや発行者にとって、Apple IIのアーキテクチャはIBM PC、Atari 800、Commodore 64からの価格やハードウェア面での大きな競争にもかかわらず、消費者市場の開発の支柱であり続けた。

Apple IIe上でのプロトタイプ開発へと進み、20パーセントのロイヤリティの約束と少額の前渡し金で活動を続けていたパートナーたちは、なんとなく役割分担をしていた。カーンはプログラミングとグラフィックスを手がけた。バルサムはプログラム設計全体の戦略的な考察を行った（同時にピクセライトのいささか気の進まないビジネス上の主導を行った）[67]。名前の*The Print Shop*は後になってから登場したが、名称はブローダーバンド社が所有し、ピクセライトはソフトウェア自体の権利しか維持しなかった[68]。9ヵ月近く後の1984年夏にブローダーバンド社が発行したこのソフトは、Apple IIとプリンタしか持たない利用者をこの世界の中心に置くことで、その驚異的な成功を実現するのだ。

＊　＊　＊

*The Print Shop*の発行者ブローダーバンド社の能力と市場での強みは、このプリンタに基づく製品の有効なパブリシティと小売ポジショニングを確保

するのに大いに貢献した。だがその熱烈な受容と彗星のような成功に貢献したのは、このソフトウェア自体の性質だった。最も明らかなのは、まさにそのソフトの機能だった。だが、その機能の実現方法のほうが重要かもしれない。慎重に調整されたユーザインターフェースがその要であり、これはバルサムとカーンが開発に費やした数ヵ月で磨き上げられていったのだった。Perfect Occasionのプロトタイプは、利用者が描いたりソフトウェアのグラフィックツールを使って作ったりした画像に文字を重ねる、というアイデアを核としていた。だがやがて彼らはこの機能が「あまりにオープンエンド」だと判断した[*69]。製品改訂の中心を画像生成やグラフィックレンダリングに据えるのではなく、各種デザイン要素の間での選択を、クリエイティブな力点とした。まずは印刷のテンプレート、または「モード」(グリーティングカード、レターヘッド、ポスター、バナー) の選択から始め、続いて縁模様、フォントスタイル、画像、基本的な文字の配置といった装飾的な特長の選択に移るのだ[*70]。

　この広範な選択肢の組み合わせの中で利用者を導くため、バルサムとカーンは*The Print Shop*を、一連の専用フル画面メニューの連続にして、利用者のクリエイティブな自由の感覚をまさに管理しようとした[*71]。利用者がひとたびモードかテンプレートを選んだら、体験の残りは決められてしまったも同然だった。たとえば、看板をデザインする利用者は、デザイン要素を一つずつ、次の順番で選ぶよう求められた。縁取り、画像、画像のサイズ、レイアウト、フォント、最後にメッセージを書いてその位置、効果、サイズを決めるのである。利用者は、前に戻って選択肢を変えることはできたが、デザインプロセスをどこから始めるかは選べないし、テンプレートそのものも変えられない。たとえばバナーに2つのちがう画像を使うことはできないし、グリーティングカードのカバー内側に字を書くこともできないし、看板の文字を回転させることもできない。一部の制約は、ソフトウェアを48Kで機能させるためのハードウェア的な現実のせいだったが、その多くは意図的なものだった。バルサムが説明したように：

　　[*The Print Shop*は] あまりいろいろ質問しないし、何も要求しない。むしろ、その人の一部、探究的、創造的な部分が少し小さな世界へと出てくるのを可能にする、

シナリオを提示することで機能するんだ。（中略）*MacPaint* のようなオープンシステムではない。意図的に制約されている。でもその制約の範囲内では、できることは無限にある。その制約をどこに設定し、どこにオープンさをつくるかというのは、本当にデリケートなバランスとなる。プログラム設計で最もむずかしいところは、何を・し・な・い・かということじゃないかと思うんだ。（中略）*The Print Shop* のコンセプトは（中略）非アーティスト、非グラフィックス指向の人間のためのグラフィックアートだ。（中略）ターゲットの観衆には、極端なオープンシステムは提供できない──迷子になってしまい、するとすぐに楽しさが苛立ちにかわり、このソフトの狙いがまったくダメになってしまう。[*72]

　The Print Shop 開発者の観点からすると、このプログラムの線形なメニューや各種のデザイン制約は、実はコンピュータプログラムを使うときにありがちな複雑性を減らすのに本当に役立った。だからバルサムの指摘は、生まれつつあるコンピュータ利用者の基盤全体に見られた、より大きな不安を反映している。マイクロコンピュータはしばしば、初期の非専門家利用者を、専門用語や複雑な要求で溺れさせてしまい、苛立たせた。それが利用者とマシンの障壁になっていると考えられていた──まさに「家庭用コンピューティング」というマーケティング言説が、売上を刺激するためにシフトしようとしていた種類の利用者を疎外してしまうのだ。

　ソフトウェア発行者や開発者は、コンピュータ利用の根本的な課題自体はどうしようもなかった。しかし *The Print Shop* は、ソフトウェアのコンセプトやデザインが、職業人でもホビイストでもない自宅利用者に適応するというのがどういう意味かについての成長してきた感覚に、意味ある形で貢献できることを示した。*The Print Shop* のユーザー・エクスペリエンス・デザインはこのように、創造性の体験が利用者にとって起こる場を生産的に位置づけ直すのに貢献したのである。何でもできるようにプログラムされたシステムに直面し、圧倒されてしまうかわりに──これはホビイストにとっては創造的な興奮の源だ──*The Print Shop* の利用者は、限られた印刷フォーマットとデザイン要素を様々な並べ方で組み合わせることにより創造的体験をつくり出した。そしてそのすべてを印刷して利用者自身の生活に持ち込むことができたのだ。

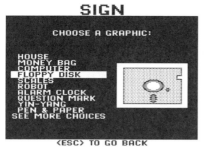

The Print Shop の各種メニュー画面、インターネットアーカイブ MAME エミュレーション上で稼働中（上）。右から左、上から下へ、これらの画面は1984年頃のこのプログラムでサインを作るための一歩ずつの選択を示す。画面キャプチャ提供：著者。

　このプログラムと説明書の両方の敷居の低さは、しばしば *The Print Shop* のレビューでもほめられていた。「Softalk」1984年6月号の *The Print Shop* のレビューで、マーゴ・コムストック・トマヴィクは述べている。「これはゲームではない。繰り返す。ゲームではない。家族全員が列をなして遊ぼうとするはずではないし、集会で群衆を集めたりするはずではないし、すさまじく中毒性を持つはずでもない。でも、実際に人を集めるし、中毒性もあるのだ」[73]。トマヴィクにとって、*The Print Shop* の「あらゆる選択肢が、選択をしているときに画面上に画像的に表示される」という「自明なメニュー」は、このソフトウェアの「激しい」「利用者への配慮」の例なのだった[74]。同様に、「COMPUTE!」1985年3月のレビューは、利用者がマニュアルを読まなくていいというのは「誇張された主張」ではないと強調した。「このプログラムは徹底してエラーが起きないようになっている」[75]。

　バックアップディスクと分厚いマニュアルやレファレンスカード、変化するディスクオペレーティングシステムの世界にあって、多くの新規利用者た

ちはプログラミングがむずかしく、しばしばそんなにおもしろくもなく、コンピュータでできそうな目新しいことは、思ったよりもはるかにハードルが高いことに気がついた。そこでの*The Print Shop*の魅力は、複雑でクリエイティブなことを、死ぬほど簡単に説明書も読まずにコンピュータにやらせられるということだった。小売価格たった49.95ドルというのも、消費者向けコンピュータ利用のバブルが産業を破裂させはじめた陰気な年においては、手の届く明るい値段だった。

　だが、*The Print Shop*のこれほど強力な魅力ポイントとなったのは、プログラムの出力——利用者が、物質的な存在を持つ物体を作り出せるようにする能力——だった。「家庭用」ソフトウェア市場の実に多くでは、コンピュータ化自体が目新しさであり、それでおしまいだった。だがグリーティングカードのコンピュータ化を最終目的として扱わないことで、ブローダーバンド社のフィードバックはバルサムとカーンを押し戻して、コンピュータを単なる入力と出力の間の仲介役として想像させた——アイデアを得てから、それをこの世に存在させる間の存在として。

　家庭用コンピュータ利用の私的な性質のおかげで、人々が*The Print Shop*でずばり何をしたかはわかりにくいが、製品の説明書にはかなりの実例があるし、さらにこのプログラムが受けた熱烈な報道も雄弁だ。ピクセライト・ソフトウェアを扱った1985年の記事は、*The Print Shop*のファンメール郵便箱は厚さが4センチもあり、単語の綴りを教えるのから、認知療法やアート療法まで各種の用法が伝えられたという（その詳細は書かれていないが）[76]。*The Print Shop*のレファレンス・マニュアルに載った画像は、*The Print Shop*の華やかさを使うことで、利用者が人生のどの部分で恩恵を受けられるか考えてインスパイアするよう明らかに意図された例を提供している。マニュアルは、記念日、休日、感謝状のカード、ガレージセール案内、高齢者のダンスパーティー、ピアノ教室のポスター、備忘録や「禁煙」の張り紙、中小企業のレターヘッド、誕生日や結婚式や卒業祝いのバナーを挙げている。そして*The Print Shop*のグラフィック能力は、専門の印刷サービスにはとてもかなわないが、バルサムは一部の利用者が、このプログラムを使ってちょっとした副業もこなしたと主張している——ある利用者は地元組織にバナーを売り、別の利用者は「レストラン向けモノグラムつきナプキン」を

作ったそうだ[*77]。1987年になると、ダグ・カールストンはブローダーバンド社が、予想外の利用法を書いた「何千通もの手紙」を受け取ったと報じている。中には「ヨットの名前をペイントするためのステンシル、（中略）贈り物の包装紙、クリスマスの飾り、パーティー用の帽子、額縁」などがあったという[*78]。このソフトウェアをこうした予想外の使途に拡大しようという利用者の努力は、家庭用コンピュータ利用の多くのマーケティング活動の核心にあったものを反映している。コンピュータが自分の人生にどう介入するかを人々に想像させるということだ。そういうコンピュータを使った活動が、同じくらい簡単に他の手段で実現できてもいいのだ。

　散乱して不完全ながら、コンピュータソフトウェアの売上チャートもまた、*The Print Shop* の消費者たちへの人気ぶりについて、説得力ある印象を提供している。「Softalk」は *The Print Shop* が Apple II 市場で見せた成功の相当部分を記録できる前に廃刊したが、娯楽産業の業界誌「Billboard」は、1983年10月からソフトウェア販売の追跡をしており、この物語を十分に語ってくれる[*79]。*The Print Shop* は最初に、「Billboard」1984年7月28日号の家庭管理トップ10チャートに登場し、初登場4位で、翌週には2位に上がった。これは「Billboard」の「家庭」部門のソフトで、ワードプロセッサでも家計簿パッケージでも情報管理スイートでもない唯一のものだった。特に「Billboard」は、各種のマイクロコンピュータシステム、たとえば Apple II、Atari 400/800、Commodore 64、IBM PC など各種のマシンごとに売上を追跡していた——このため、*The Print Shop* がすぐにトップ5入りしたというのは、それが当初は Apple II 専用で、複数プラットフォームに移植されたソフトと張り合わねばならなかったことから考えて、なおさら驚異的なことだった。*The Print Shop* を Atari 400/800 と Commodore 64 に移植するには1年近くかかった（コモドールの最も人気あるプリンタ用にソフトをプログラムし直すのは、どうやらかなりハードルが高かったようだ）。だがこのプログラムの家庭用ソフト分野における人気はまったく衰えなかった[*80]。*The Print Shop* は、「Billboard」家庭管理トップ10に113週間もランクインした——そしてもっと続いたはずなのだが、そこで1986年秋に「Billboard」がコンピュータソフトウェアのチャートを打ち切ってしまったのだった。だが「Billboard」誌が売上ランキングを発表した3年近くで、*The Print Shop*

より長命だった製品はほんの一握りしかない。たとえばブローダーバンド社の*Bank Street Writer*、デヴィッドソン＆アソシエイツの*Math Blaster*、マイクロソフト社の*Flight Simulator*などだ。家庭用ソフトウェアでは他に足下にすら及ぶものはなかった。

　こうした理由から、ダグ・カールストンはブローダーバンド社の頂点から、*The Print Shop*を「不朽の（エバーグリーン）」と見なすようになったのだ。これは彼が*Bank Street Writer*にも以前に見出していた性質だ。「これらは毎年、毎年売れる製品です。我々はまさにそうした見方で考えるようになってきたところでした」とカールストンは回想した[81]。ベストセラーがものの数ヵ月、下手をすると数週間で台頭しては没落する市場生態系において、常緑製品は企業を一変させ、他の製品を開発する間の継続的な売上を確保できる。さらに*The Print Shop*の設計は、もっと多くの縁模様、フォント、背景、画像の追加グラフィックパッケージを販売できるようになっていた——このため*The Print Shop*は、相補財の販売を見事に促進する、1980年代ソフトウェアの珍しい事例となったのだった。

　この意味で*The Print Shop*は単なる製品ではなかった。ブランドだったのだ。1987年にブローダーバンド社は、この単一の製品の平均売上が、同年消費者ソフトウェア市場で驚異の4パーセントを占めたと発表している[82]。1983年には、*The Print Shop*は100万本を売った[83]。ビジネス市場にとっての*VisiCalc*のような、家庭用コンピューティング市場にとっての「キラーアプリ」ではなかったが、そんな必要もなかった。*The Print Shop*の威力は、人々にコンピュータを買う理由を与えたことにあるのではない——買う理由ならもっといいものがあった——人々がコンピュータに対して抱く親密さを強化したことにあるのだ。コンピュータの専門家も初心者も、このプログラムの印刷に基づく創造物に対するストレートなアプローチを受け入れて活用した。結果として、コンピュータのホビー活動は、プログラミングとハードウェアのハッキングだけが占めるものではなくなった。自分自身のグリーティングカードを印刷し、包装紙をデザインし、誕生日用のバナーを作るのは、それ自体がホビーとなれた。このシフトは、「家庭用」コンピュータ利用の概念におけるより大きな転回を反映したものだった——コンピュータはその利用者と同じくらい独特な潜在ニーズの世界に奉仕できて、したがって

人々の日常生活に居場所を見つけられるというものである。

＊　＊　＊

1987年に『*The Print Shop* 公式ハンドブック（*The Official Print Shop Handbook*）』という300ページのこのソフト専用のデザイン、カスタムグラフィック、ハックや小技をのせた参考書が出た。その序文で、ランディ・ベントンは *The Print Shop* が世界に影響を与えていると確信した瞬間を振り返る。最初は、南仏の小さな町で休暇を過ごしているときだった。石畳の丘陵町で、標識は鉄製、「狭いくねる小径が走る」町だ[84]。だがある小さな石造りの美術館で、彼女は *The Print Shop* 製の美術展のチラシを見つけたのだった。そしてこの旅行から帰って間もなく、*The Print Shop*（とベントンが思ったもの）は今度は全米ステージに登場した。

> 10月初頭、我が家では野球プレイオフシーズとして知られる時期だった。アメリカリーグ・プレイオフの第4試合で、カメラはスタンドの大きなサインにズームインした：
>
> ROSES ARE RED
> VIOLETS ARE BLUE
> THE ANGELS IN FIVE
> I GOT SERIES TICKETS TOO!
>
> 一目でわかった。このサインは *The Print Shop* のバナー4枚を重ねたものだ。[85]

ベントンにとって、こうした *The Print Shop* が現実に出回って使われているのを見つけるという不釣り合いな瞬間は、このソフトウェアの効用だけでなく、その実装のために利用者が持ち込んだ巧妙なアイデアの世界を示すものでもある。

しかしベントンはまちがえていた——とはいえその映像が画面に出たのはものの数秒だったことを考えれば、無理もないまちがいだったが。確かに彼

ボストン・レッドソックスとロサンゼルス・エンジェルスの、1986年アメリカリーグ・チャンピオンシップシリーズにおける第4試合からのスクリーンキャプチャ。スタンドのファンたちは *The Print Shop* の競合ソフトである *PrintMaster* で作った印刷サインを示している。スクリーンキャプチャは著者。ビデオはユーザ Classic MLB1 が2019年2月22日に YouTube に投稿したもの：https://www.youtube.com/watch?v=zjXKixxvoFI。

彼女の言う通り、自家製の印刷バナーがその試合には登場していたが、それを作ったのはユニゾン社の製品 *PrintMaster* だったのだ。これはルックアンドフィールがあまりに *The Print Shop* そっくりだったので、ブローダーバンドは1986年に著作権侵害訴訟を起こして勝っている[*86]。

この裁判は、著作権保護をユーザインターフェースにまで拡張する判例となったが、消費者にとって *PrintMaster* と *The Print Shop* のちがいは、ないも同然だった。*The Print Shop* が作り出したものは、もはやただの製品ではなく、一種の社会文化的なミームだった。*VisiCalc* が「スプレッドシート的な知識」を生み出したなら、*The Print Shop* は人生を、このプログラムのビジュアルでプログラム的で物質的な論理を通じた、創造的で表現力ある強化の対象として見る方法のきっかけとなったと言えるかもしれない（コンピュータ的なものづくり？　プリンタ的な創造性様式？）。ベントンの見誤り——あまりに無害ながら、あまりにかすかで、40年近く経って YouTube 利用者が提供した無数の大量コンテンツのおかげでやっと確認できるもの——を通じて、*The Print Shop* のようなプログラムの集合的効果を、バナ

216

キュラーなデジタル実践として見ることができる。コードとは無関係の考え方やコンピュータ活動だ。*The Print Shop* 式の、創造性を「行う」やり方が我々の間に根づき、繰り返され、テンプレート化された形ほどパーソナルなものが他にあるだろうか。しかもそれは、我々がコンピュータ利用について何も知らないと想定したものだったのだ。

　そしてなぜか、それは決して終わらなかった。*The Print Shop Companion*（1985）、*The Print Shop Deluxe*（1993）、*The Print Shop Deluxe Companion*（1994）といった改訂を経て、バージョンの数字はやがて1にリセットされ、2022年春現在、*The Print Shop* はまだデラックスバージョン6.0として販売されており、現在のブローダーバンド（Broderbund）社ウェブサイトから、インフレにも負けずに49.99ドルという価格でダウンロードできる（同社は21世紀になった時点でoの字の斜線をなくした）[87]。ピクセライト・ソフトウェアは、1990年代初頭にブローダーバンド社との取引がトラブルに陥って、このプロジェクトから離れた。だがバルサムとカーンはプログラムは所有していても、名前を所有しているのはブローダーバンド社だった。ピクセライトは、ブローダーバンド社との発行契約から離脱するのは勝手だったが、バルサムとカーンが構築を手伝ったブランドは持っていけないのだ。

　頑張って先に進もうとして、バルサムとカーンは自分たちのコードベースと制度的な知識を他の発行者に持ち込み、自分たちのプログラムを独自に復活させ、それが何度か繰り返された[88]。1992年には *Instant Artist* として再登場した。発行はオートデスク社で、同社が消費者向けソフト市場に参入しようとした短命な試みの中で出てきたものだった。そこからは、有名な *Simcity* 開発者のマクシス社に持ち込まれ、1994年に *Print Artist* として発行され、「アーティストの含まれた」「パーソナルクリエイティビティ」製品としてブランディングされた[89]。1995年にシエラ・オンライン──その頃には消費者向けソフトの巨人になっていた──が踏み込んできて、ピクセライトとそのスター商品をすべて買い取り、プログラムの開発者たちは健全な売却益を得た。シエラの「ホーム」部門の下で、これはきわめて人気の高い *Sierra Print Artist* となり、このソフトはなぜかいまだに流通していてノバ・デベロップメント社から購入できる。

　アップルがソフトウェア開発者と利用者との間に耕してきたエコシステム

は、開発者がソフトウェア利用のむずかしさのハードルを引き下げることで、コンピュータ利用についての新しい想像力を構築できるようにしたものだったが、それが最終的には、ハードコアホビイストたちの現実離れした想像力や、小売業者や広告業者や業界予測家たちの処方的ビジョンよりも、パーソナルコンピュータの姿を定義づけるにあたり、持続力を持っていた。多くの点で、ホビイストも業者たちも利用者たちに高望みしすぎていた。コンピュータ革命や計算機的家庭の至福はあまり台数販売に貢献しなかった。ほとんどの人々が求めたのは、Appleの内部で何が起きているかを考えずにすむことだった。歴史の記録の一部として *The Print Shop* を理解するすさまじい価値は、コンピュータが得意とするとされる家庭コンピュータ利用を何もやっていないのに、それがなぜかこのソフトウェアジャンルすべての中で、最もわくわくして、創造的で、遊び心に満ちた部分を定義づけるようになったということだった。そうする中で、それは家庭でのコンピュータ利用について我々が自明で不可避と思っている想定をすべて破壊すると同時に、家庭でのコンピュータ利用が素晴らしい可能性を持っていたことを裏付けるのである。プリンタドライバとインターフェースカードの区別もつかない利用者の世界は、コンピュータ革命を夢見たホビイストたちのほとんどが期待していたものではなかった。良かれ悪しかれ、これは消費としてのコンピュータ利用であり、ホビーはもはやコンピュータそのものを中心にめぐるのではなく、その無数のアプリケーション習得が中心となっていたのだった。

第7章

教育——*Snooper Troops*

「Creative Computing」誌1985年4月号は、ストレートとはまったく言いがたい特集を組んだ。「教育用コンピュータ利用：その現状とは？」。「Creative Computing」は、こうした思索にはふさわしい場だった。1974年、まともなマイクロコンピュータ革命もない頃に創刊されたこの雑誌は、昔から教育用計算機システムを求めていた教育者のためのリソースとなってきた[*1]。同誌はその後の十年にわたり形を変え、教師以外の読者にも届くようになっていたが、コンピュータ利用の教育への応用を特に強調し続けていた——コンピュータが学習を革命化する能力を、他の雑誌よりはるか前に支持していたのだ。

　それでは、1985年春頃の教育用コンピュータ利用はどうなっていたのだろうか？　「Creative Computing」誌は決してストレートな答えを出していないが、同誌の特集巻頭記事「さよなら、小さな赤い校舎よ」と題された「ソフトウェア一覧」から、察しがつくかもしれない。この記事の特集イメージは、『大草原の小さな家』が情報時代と出会ったようなものだ。教室一つの校舎がソフトウェアで建てられ、屋根を葺くのはフロッピーディスク、壁はソフトウェアのパッケージが重ねられている。子どもたちは建物の中のどこ

にもいない。学校にいる唯一の存在はニッコリ笑うMacintosh、アップル社初のグラフィカルユーザインターフェースを持つ、消費者グレードのデスクトップマイクロコンピュータだ[*2]。

　この一覧そのものを見ても、1985年の読者がこの10ページの特集から何を読み取ったのかはなかなか想像がつかない。企業がABC順に並べられ、それぞれが一番人気の製品の概要を挙げているが、「教育用」がどんな意味かの選択基準は提供されていない。学力試験の準備プログラムが、6年生向けの算数計算ドリルと肩を並べ、未就学児に色や形を教えるソフトウェアが、データベース利用法に関する大人向けチュートリアルと並んでいる。確かにいろいろソフトウェアはある。だがそれは何をするソフトなのか？　だれのニーズに応えているのか？　自分の必要なものをどうやって見つけるのか？それは買う価値があるのか？　一覧に先立つ編集論説では、教育技術の動向記者ベッツィ・ステープルスは、両親や教育者たちが「やたらに喧伝され、効果で、役立たずなこともあるソフトウェアの、海図なき海」で迷走していると認めている[*3]。彼女の主要なアドバイスは皮肉なものだ。両親や教師たちは、それを理解できるよう自分で勉強しろと言うのだ。

　「さよなら、小さな赤い校舎よ」に反映された、何ら基準もないソフトの濫造ぶりだけ見ても、マイクロコンピュータ教育ソフトウェア市場が登場してほんの数年で、いかに困惑するような状況が出現したかわかる。コンピュータ支援学習（CAE）での実験は1960年代にまで遡れるが、学校でのコンピュータ利用の必要性についての認識は、1980年代初頭に新しい形をとった。ハードウェア費用の低下と拡大するソフトウェア市場が、アメリカがきたるべき情報時代の要求に対する準備ができているのかという新たな不安と交差したのだ。賃金が停滞し、インフレが高騰し、失業がますます高まる中、ハイテク未来論者、学術研究者、コンピュータの売り込み屋たちは等しく、このハイテクがもたらした変化に対応する唯一の方法は、さらなるハイテクにより自分たちの再生を促すことだと主張した。アメリカの教育者たちも、親も、政策担当者たちも、コンピュータリテラシーの問題について触媒的な危機感を内面化させた——その危機感はまちがいなく、安いデスクトップのマイクロコンピュータを使った出来合いの解決策がすでに用意されているという印象で増幅されたのはまちがいない。1980年から1984年に

かけて、50万台のマイクロコンピュータが全国の公立学校に入り、「教育目的で少なくとも1台のマイクロコンピュータを使っている」学校の比率は、わずか4年で18.2パーセントから85.1パーセントに上がった[*4]。「Popular Computing」誌が1983年に述べたように、「学校はコンピュータ熱に取り憑かれている」[*5]。

この盛り上がりで教師たちの負担が過重になり、親は苛立ち、学校管理当局が古い予算に新たな柔軟性を見出そうと必死になったが、マイクロコンピュータのハードウェアとソフトウェア産業は商機を見ただけだった。ハードウェアメーカーたちは先を争って、アメリカの子供たちの一世代に自分の計算機的ブランド認知をインストールしようとした。1985年までに、アップルコンピュータ社はアメリカ教育市場の半分強を支配するようになる——第2位の競合ラジオシャックの2倍以上、コモドールの3倍だ[*6]。ソフトウェアも同様に棚ぼた状態で、古くからの教科書出版社は教材一覧にソフトウェアを追加し、同時に同じ市場を狙う新規企業も何十と生まれた。

そしてその中で、教育ソフトの家庭内市場も成長の肥沃な余地を見つけた。カリキュラム固有のベンチマークの要求にひるむことなく、消費者重視の発行者は子供たちが学校で受けていた、限られたコンピュータへの曝露を補いたがっている裕福な両親たちに直接訴えかけた。そうした家庭教育発行者の一つが1982年創業のスピナカー・ソフトウェア社であった。その最初の製品2つは、演繹的な推論ミステリーゲームで、どちらも *Snooper Troops* と呼ばれ、同社の創業年に発売された。*Snooper Troops Case #1*（事件その1）と *Case #2*（事件その2）は、どちらも独立ソフト開発者で中学校教師だったトム・スナイダーが設計したもので、スピナカー社の最も人気ある、最も記憶に残る製品の一つとなる。*Snooper Troops* とスピナカー社の関係は、教育ソフトウェア市場の突然のブームの根底にあった緊急性と金銭的利害の多くを体現しており、さらにカリキュラム的な学校での指導用ソフトウェアと、自家用のソフトとの開発方法の違いにも光をあててくれる。

1982年にビル・ボウマンとC・デヴィッド・スースというボストン拠点の元経営コンサルタントたちが創業したスピナカー社は、教育ソフトウェア市場に信頼性ゲームの倫理をもってアプローチした。シエラ・オンラインやブローダーバンド社のような会社とは違い、これは自作マニアからのたたき

上げでもなければ、プログラマ技能に動かされた会社でもなかった。スピナカー社は、ビジネスプランとして着想され、製品が一つもないうちに80万ドルのベンチャー資本を得ていた。ボウマンとスースの観点からすると、小売りソフトウェア市場の本当の成長阻害要因は、それが「しっかりした消費者マーケティング」を欠いていることだった――二人は自分たちがこの問題を解決できる独特な立場にいると考えた。どちらもBASICを1行たりとも書いたことさえなかったのだが[*7]。彼らの企業哲学は単純だ。消費者パイプラインを構築し、マーケティングで他の競合すべてよりたくさんお金を使え。

しかしスピナカー社のマーケティング戦略は、まちがいなく*Snooper Troops*を目立たせはしたが、ゲームそのものは広告の総和以上のものだった。もともとは、教室セッションで教師1人の指導の下に複数のコンピュータを使う子供たちのグループ向けに考えられたものだった。だがスナイダーはボウマンとスースからアプローチを受けたとき、これを家庭市場向けの製品にするために作り直さねばならなかった。しかしこのゲームを特筆すべきものにした相当部分――そのインタラクティブ性と探究的な性質、情報を小出しにする手の込んだやり方、注意力とメモ取りに依存するやり方――はスナイダーが、カリキュラム的な教育ソフトウェア開発の以前の仕事からと、子どもの間での合意形成促進の重要性に関する、独自の教育哲学から導き出したものだった。この意味で、*Snooper Troops*は1台のコンピュータの前にすわる1人の子どもを意図したものではない、開発哲学の手に負えない派生物として理解するのが最もよい。それなのに、1台のコンピュータの前の子ども1人というのは、スピナカー社が成功に不可欠と考えた消費者哲学なのだ。スナイダーとスピナカー社のそれぞれのエートスは一致しなかったが、スピナカー社と*Snooper Troops*はアメリカの教育ソフトウェア市場を掘り起こした、ステークホルダーやイデオロギーの広範な広がりの証拠となるものである。

* * *

1978年1月に、28歳のトム・スナイダーはガールフレンドのアン・ワディントンと同居していたマサチューセッツ州ケンブリッジのアパートに、予想

外の追加品を持ち帰った。TRS-80 モデルⅠだ[*8]。彼はこの購入を、ある種の「買い物療法」と述べている。ボストンのノースショアにあるパーカーブラザース社に対する売り込みに失敗した直後のことだったのだ。彼はゲーム購入部門に、自分が教室用に開発したインタラクティブ装置を売り込もうとしていたのだが、到着したら約束の日を1日まちがえていて、もう何ヵ月も先までリスケの余地はないと言われたのだ。ケンブリッジに戻る車の中で落胆し──「この壮絶な失敗を引き起こしたのが、どんな個人的、心理的、自滅的なメカニズムなのか信じられない思いでした」──彼はラジオシャックに車を走らせ、最初は単にエレクトロニクスを眺めるだけで傷を癒すつもりだった[*9]。だがかわりに、貯金をはたいて当時全国ベストセラーのマイクロコンピュータを抱えて出たのだった。

　スナイダーは、それまでマイクロコンピュータを見たことがなく、1970年代のコンピュータホビー主義やハッカー文化のことなど何も知らなかったが、まったく場違いというわけでもなかった。後にハードウェアやソフトウェア業界に入った実に多くの男性同様、彼は少年時代はエレクトロニクスマニアだったのだ。スナイダーは、マサチューセッツ州デダムの予備校図書室で、ブール代数に関するクロード・シャノンの修士論文を見つけた鮮明な記憶を持ち、1960年代初頭には両親の地下室で、自作のリレーによるコンピュータさえ作っている[*10]。高校では、その熱意を消して、コンピュータやエレクトロニクスをロックンロールと女の子に切り替えた（「自分がちょっとポール・マッカートニーみたいだと誤解してたんですよ」と彼は優しく回想する）。だがそうしたエレクトロニクスの知識はまだ残っており、表面の下でうなっていた。家に戻ってワディントンに説明したように、このマシンで何かできるのは確信していた。もっともそれが何かは確信がなかったが。「言わば『なあ、ウチの牛は売っちまったが、この魔法の豆を買ったんだよ』と言ったわけです」[*11]

　彼の計画というのは、計画と呼べればだが、TRS-80を使って教育的──そして起業家的──目標を実現することだった。スナイダーはケンブリッジのシェイディ・ヒル校の中学校科学教師だった。この仕事はスワスモア大学でフランス文学の学位を取り、キャピトルでレコードを録音し、1970年代初頭にはバーモントのスキー場で演奏してまわった後で、回り道の末にたど

教育ソフトデザイナーのトム・スナイダー、Apple IIでゲームをする子供たちと作業中。1980年代半ば。写真提供：トム・スナイダー。

たどりついたものだった。先の見えない生活に飽きて、スナイダーは1974年にレスリー・カレッジの教育実習大学院課程に登録し、1975年にシェイディー・ヒル校の常勤となり、そこで数年後にワディントンに会った。スナイダーの教育哲学は、ワディントンに強く影響された、というより正確には、二人が共有する精神的な伝統に影響された。どちらも先祖がキリスト友会（フレンド派）、いわゆるクエーカーとつながりを持っていたのだ。これはプロテスタント系のキリスト教宗派で、コミュニティ、平和主義、神との個人的な興隆で知られる。スナイダーは、育ちやスワスモア（クエーカーが創設した大学）での時期にクエーカーの伝統に馴染んでいたが、ワディントンと交際するようになってから、その関心を新たにしたのだった。

　この頃、スナイダーは合意に基づく意思決定のクエーカーモデルに特に惹かれた。協働的な判断手順を通じた一体性実現は、「どの個別メンバーがそれまで持っていた意見や判断よりも優れている」[*12]。スナイダーは、明示的な宗教哲学を生徒に伝えようとはしなかったが、合意モデルは生徒たちの間にコミュニケーションと発見を生み出す強力な手法だと考え、放課後何時間

もかけて、そうしたエンゲージメントを促進する活動を開発した。

　合意モデルをカリキュラム技法として機能させるため、スナイダーはまず、事前に決まった情報が、複数の生徒たちに分けて与えられ、グループ討議により正しい観察が得られるようにするシナリオを開発しなければならなかった。この教育様式の最初の実験ではコンピュータは使わなかったが、教育用コンピュータ利用にスナイダーをことさらオープンにする、技術的好奇心は先取りされていた。1977年に彼は、五感がいっしょに働く様子を実証するための電気機械リレー装置のプロトタイプ作成を始めた。「パーソンク（Personk）」と名付けられたこの装置は腕を5本持つ木製の仕掛けで、クモのような形をしており、出力にヘッドホンジャック、入力にダイヤルを持ち、それぞれの子どもは自分だけの感覚情報をこっそり受け取れる[*13]。その情報をお互いに共有しないと、子供たちの集団は彼らが集合的に「感じた」のが何かがわからず、世界の中でどう動くべきか決められないのだ。

　こうした探索は彼の生徒たちの教育に役立ったが、スナイダーのほうもその商業的な可能性を認識してそれを追求した。パーソンクは、まさに1978年に彼がパーカーブラザース社に売り込もうとして失敗した装置なのだった——その失敗が彼をラジオシャックへ導き、TRS-80とそれを使った活動すべてへと導いた。ここでスナイダーの技術能力、独自の教育スタイル、個人的な創造的、起業家的エネルギーが相互に強化し合うものとなった。1970年代と1980年代のコンピュータを手に入れる影響に関する物語として語られる通俗的な記述とはちがい、TRS-80を見てもスナイダーは教育コンピュータ利用を追求しようなどと「インスパイア」されなかった。まるでマイクロコンピュータが、それまでなかった欲望の表現手段とでも言いたげな話ではなかったのだ。むしろ、スナイダーが子供時代の経験に基づいて把握していたTRS-80の能力は、教室ですでに探究していた活動の延長として十分に捕らえられるものだった。マイクロコンピュータの便益は、それがカスタマイズされたデバイス構築の時間と費用を蒸発させ、試行錯誤の繰り返しを素早く行えるようにして、リレーによる装置で現実的にできるよりも多くの情報を使えるということだった。この文脈は、スナイダーがマイクロコンピュータの購入を合理化したやり方の理解に役立つ。彼はそれを自分の娯楽のための技術的なおもちゃとして見たのではなく、ほぼまちがいなく何か

商業的なアプリケーションを考えていたのだ。

　スナイダーはTRS-80用のパーソンクのプロトタイプに手を出しはしたが、結局はそのエネルギーをもっと野心的なプロジェクトに注ぎ込むことになった。それは紙と鉛筆の航海シミュレーションとして始まったが、すぐにスナイダーがTRS-80 BASICをTRS-80ハンドブックで自習する中でコンピュータ化された。このシミュレーションは学校の地理の授業用に設計したもので、大発見時代の植民地主義的論理の様相を持っていた。生徒たちは船で海洋を渡り、新世界を見つけ、地図と財宝を持って戻らねばならないのだ。子どもたちは4人か5人のグループで海を渡る中で、長距離の植民地化を可能にした数学の簡易版を試し、環境と気象的なデータに基づいて常に海上での位置を確定し続けねばならない。生徒の一人が海の深度を測定し、もう一人は星の位置を調べ、もう一人は貿易風を見て、という具合だ。力を合わせることで、グループはだれも一人では見つけられない航路をプロットする。それぞれが数字を更新する中で、それぞれの生徒グループはスナイダーのところにきて新しい入力データを求める。スナイダーの回想では「ぼくはサイコロを転がして、小さな電卓で素早く情報を書き留め、紙に書いてその子たちの机に戻すのです」[*14]。

　スナイダーはこうした技能が有効ながら「教師集約的」だと考えた。相当な準備がいるし、ゲームの状態を構築する変数をその場で把握していなくてはならないのだ。パーソンクの便益は、装置の中のリレーが出力生成と入力の実装を扱ってくれるところにあった。だがスナイダーの航海シミュレーションは複雑すぎて、リレーでうまく構築できず、費用効率も低かった。大した計算能力は必要なかったが、それまで実験したもっと物理的な計算装置で構築できる以上のものは必要だった。TRS-80はこの難問にまさに答える、出来合いのソリューションなのだった。

　スナイダーは1978年末にシミュレーションのコンピュータ化を開始し、ゲームの状態を維持し更新し、乱数発生し、経験全般を即応的で活き活きとしたものにするためのBASICコードを書いた。またコンピュータを使うことで、他の社会科学分野のシミュレーションも簡単に用意できる。最初の地理用プログラムに続いて、スナイダーはエネルギー利用、考古学、地質学、公民についての社会科学シミュレーションを作った。重要な点として、スナイダーはコンピュー

タを教師主導の授業にかわるものとしては考えなかった。むしろ、彼のシミュレーションは、参加者に求める計算、分析、記録の量は、学習体験の中心としての教師の立場をさらに強化した。コンピュータは、シミュレーションの計算を扱う機会だが、決定は子供たち自身がやらねばならず、スナイダーの存在はその対話を支援して、難所を乗り切らせるために不可欠だった。

　若い教師が教室にコンピュータを持ち込むことについて、スナイダーは特に懸念が表明されたことはなかったと言う——シェイディー・ヒルで彼が教えていた子供たちの、都会的で教育水準の高い社会環境を反映した落ち着きだ。スナイダーの回想では、生徒たちはほとんどが「ハーバード大学やMITの教授陣の子弟だった（中略）あるいはケンブリッジの旧家の金持ち子弟だ」。まさにコンピュータを未来のツールとしてある程度は認識できるだけの、資産か教育のある親たちとなる。そしてスナイダーは教育活動をひけらかす有能なショーマンでもあった。自分の創ったものを授業参観でデモして、この遊びと技術と学習の交差について、親たちを子どもと同じくらいわくわくさせたのだ。

　この生徒たちの中には、ボストンの投資家階級出身の子どももいた——スナイダーの将来的な見通しにとっては決定的な文脈である。1978年のある夜、スナイダーがハーバード・スクエアの酒屋で買い物をしていたら、ジェレ・ディケマという人物に出くわした。彼は元弁護士の投資マネージャーで、その息子がスナイダーの教室にいたのだった[*15]。ディケマはスナイダーに気がつき、話を始めてそのまま二人で夕食にでかけた。ビールを飲みながらディケマはスナイダーの起業家物語すべてに耳を傾けた——パーソンク、パーカーブラザースでの失敗、TRS-80、シミュレーションゲーム、まだ完全に終わったわけではない音楽キャリアまで。ディケマがスナイダーのどこに見所があると思ったのかは知りようがない。だが壮絶なエネルギーを作って働き倒れるまで作り続ける意欲には気がついたはずだ。そしてこれは1978年のどこかだった。ケンブリッジの別の場所ではダン・フィルストラがアパートの居間から*Microchess*の注文を発送していた。ダン・ブリックリンとボブ・フランクストンは、Apple II向けにスプレッドシートを展開させる方法を考えていただろう。そして国の反対側では、アップル社の投資家マイク・マークラが、小さなコンピュータを大金に変えていた。ディケマが

こうした話の一部、あるいはすべてを知っていたかどうかはわからないが、彼はスナイダーに、力任せの資本主義が要求するような尽きせぬエネルギーを見たのだった。その夕食の終わりに、スナイダーに彼は申し出をした。少なくともスナイダーはそう記憶している。「いまここで3万ドル渡すから、事業の30パーセントをよこしなさい」。何か具体的な事業や製品ではなく、スナイダーがちょっとしたシミュレーションで考えているパーソンクでも音楽でも何でもない。ディケマはスナイダーを買いたがったのだ。

　この申し出は、スナイダーの教師年収5年分に近かった。それまで何ら支援もなく家族からの金銭支援も受けたことはなかったので（そしてビールを飲みながら何万ドルも申し出られたこともなかったので）スナイダーは二つ返事で承知した。シェイディー・ヒル校では非常勤の地位を維持したものの、自分でコンピュータ・ラーニング・コネクション社を立ち上げ、ディケマと定期的に面談してプロジェクトの戦略化を始めた。ディケマはスナイダーが望んだスコープと、実際に手が届く範囲とのギャップを埋めた——枝を少しだけ下げて、スナイダーが果実をもぎ取れるようにしたのだ。もちろん、リンゴ10個のうち3個は自分のものだと十分承知してのことではあった。

＊　＊　＊

　実業界でのかなりのコネを活用して、ディケマはスナイダーのシミュレーションをどのように発行すべきかについてコンサルタントを雇った。すると、国際出版社のマグロウヒルに売り込むように言われた。今日では主に教育出版社として知られる同社は、1970年代には巨大な情報サービスコングロマリットで、事業分野は出版（書籍、雑誌、オーディオビジュアルメディア）、金融サービス、包装活動に広がっていた。同社は情報フローの管理が得意で、どこで料金を取るべきか、そして将来の流れ（とそれにともなう料金）がどこからくるかわかっていた[16]。

　スナイダーとディケマはマグロウヒルに1978年から1979年のどこかでアプローチした——マグロウヒル社がホビイストコンピュータ利用の支柱雑誌とも言うべき「BYTE」を買収したのと同時期だ。「BYTE」買収は単なる人気コンピュータ雑誌を買ったというだけの話ではなかった。それは、マグロ

ウヒル社が情報時代の技術となると予測したものに、消費者向け料金所を確立しようという多面的な努力の一環なのだった。1979年までにマグロウヒル社はこうした料金所をいくつか作りつつあった。「BYTE」に加えて初心者家庭コンピュータ利用者を狙った「onComputing」を創刊し、コンピュータ書籍やマニュアルの小規模出版社を買収し、TRS-80向けのポートフォリオ管理購読サービスも開発していた[17]。競合他社はこの業界に4、5年後に参入し、ソフトウェアのゴールドラッシュの波に乗るつもりだったがその波はついぞこなかった。だがマグロウヒル社はそれとはちがい、一夜で成功を収める必要はなかった。じっと雌伏して、混乱を乗り切ればいいのだ。冬に向けて穀物をためこむアリのようなものだ。同社はマイクロコンピュータ分野への参入でも類似のアプローチを採用し、早めに投資して、複数の部門のシナジーを活用してそれまで未踏の情報サービス領域に参入するのだ。それが教育コンピュータ利用だった。

　教育コンピュータ利用は1960年代に遡れるが——特にダートマス・タイムシェアリングシステム（DTSS）とミネソタ教育コンピューティング・コンソーシアム（MECC）は名高く、どちらもジョイ・リシ・ランキン『A People's History of Computing（コンピュータ利用の人民史）』で詳述されている——これらの活動は、通常は時分割処理ネットワークを中心に構築されており、全国的な規模でどこにでもあるとはとても言えないものだった[18]。ヴィクトリア・ケインが教育メディア史『Schools and Screens: A Watchful History（学校と画面——慎重な歴史）』で述べるように、この時期には「地理と人口学的な偶然がK-12学校でのコンピュータアクセスを決めた」。大学やハイテクハブに最も近い子供たちは、時分割システムや他のコンピュータ曝露に分不相応なほどのアクセスを得られたのだった（この主題は本書にも繰り返し登場し、ウォズニアックからブリックリン、バルサム、スナイダー自身にも当てはまる）[19]。たとえばDTSSはアイビーリーグのダートマス大学の教授陣による研究から生まれてきたし、MECCなど初期の教育時分割の地域的な探検は、ミネアポリス＝セントポール地域が無数のコンピュータ事業、たとえば3M、ユニバック、ハネウェル、コントロールデータ社などのハブだったことから大きな恩恵を受けている[20]。マグロウヒル社のような出版社は、長年にわたり映画やスライドといった非教科書メディアを長年

扱ってきたが、時分割システムの地域や個別の学校への統合を形成した、き
わめて局所的で地域的な異質性の高い条件は、あまり魅力的な教育サービス
出版市場にはならなかったであろう。

　だがマイクロコンピュータは、計算力へのアクセスを個別学校にとって、
少なくとも表面的には安価にすることで、この経済的、産業的な微積分をシ
フトさせた。時分割処理は多くの利用者に費用を分散させられるときにしか
費用対効果が高くない。その費用には、ミニコンピュータやメインフレーム
を買ったりする費用、端末を買う費用、接続料、さらにネットワークの維持
管理と従業員費用が含まれる。マイクロコンピュータは、少なくとも一見す
ると比較的安いし、州や地方の統括組織からの監督を受けずに購入できた。
Apple IIがデータ処理部門の監督をかわすことでウォール街のオフィスに入
り込んだのと同じように（これは第3章で論じた）、マイクロコンピュータ
は学校から正面切って入り込めたし、実際に入り込んだ。これはスナイダー
自身の戦術が実証した通りだ。1980年代初頭から半ばにかけて、マイクロ
コンピュータ購入の資金調達のためにPTAが宝くじやお料理持ち寄り販売
会などを開いていたことを無数の文書が示しているし、1982年には「ニュー
ヨーク・タイムズ」は、生徒たち用のコンピュータシステムを買うため、個
人で15,000ドルの借金をした26歳のカリフォルニアの学校教師について報
じている[21]。

　こうした動きはまちがいなく、それを実行している教師たちにとっては元
気が出るものだっただろうが、全体としてそれは、教室でのコンピュータ利
用へのアプローチに見られたネオリベラル的なシフトを反映している。マイ
クロコンピュータの見かけ上の安さは、教育コンピュータ活動への連邦資金
が低下しつつある環境では重要だった。これはコンピュータ技術がますます
アメリカのイノベーションにおいて中心的な部分であり、グローバル経済に
おけるアメリカの立場を維持するにあたり中心的な役割を果たすものと思
われていた時期に起きたことだった[22]。この文脈において、マイクロコン
ピュータはもっと多くのことを安くやらねばならない問題に対する、安上が
りで手っ取り早いソリューションに見えたのである。ほんの数千ドルで似た
ような結果が、自分のやり方で自分のタイムラインに沿ってできると思った
ら、時分割ネットワークなどを調整したい学区などあるわけがない。そして、

230

マイクロコンピュータへの転換は多くの教師に、コンピュータ利用とそのカリキュラムの中での位置づけについて自分で勉強するよう強いたが（大規模な時分割処理ネットワークの機関としての知識に頼れなくなった）、それがマイクロコンピュータ利用の約束の足を引っ張ることはほとんどなかった。マイクロコンピュータの起業家たちは、生徒たちが個人としての成功を実現するようにインスパイアするという、この技術の本質的と称する能力を実現するのに嬉々としており、多くの教師たちも熱心にそれをやった（しかも多くは無給で）[23]。ケインが書くように「パーソナルコンピュータは、1950年代に教育テレビを支持したのと同じ派閥の多くを魅了した。（中略）新技術に目がくらんだ教師たち、学習効率を上げて教育費用を減らそうとする管理者、技術こそがアメリカの学校を近代化する鍵だと考えた政策担当者たちだ」[24]。教育用マイクロコンピュータ利用は、このため、教育用時分割という先達に比べれば困ったバーゲンなのだった。それが提供する価値提案は、学術資金を減らして民営化しつつ学術結果を改善したいと思っている国においてのみ価値提案になるものだったのだ。その結果は一種の全国的な教育パラドックスだった。アメリカが集合的な国民として世界の舞台で成功できる唯一の方法は、学校がそうした結果についての責任感を内面化することだったのだ。

　だが教育が一握りの分散された集合的な時分割処理ネットワークから、潜在的に無数の独立デスクトップコンピュータシステムの海へとシフトしたことで、まさにマグロウヒルのような企業が学校市場向けを狙った教育ソフトを発行し始めるための経済条件が最適化された。スナイダーとディケマはいっしょにマグロウヒルに売り込みに出かけ、スナイダーはTRS-80をニューヨーク市まではるばる抱えて行き、摩天楼に登った。教室でいろいろプロジェクトを実行している学校教師はたくさんいたが、完成した実地試験済みのソフトウェア群を持ってやってくる人は他におらず、経験豊かな財務重役の支援を受けた者もいなかった。だから借り物のスーツで、不安の発作を抑えつつ、スナイダーは自分のソフトウェアを「部屋一杯に並んだ、ウィングチップを履き、デスクに家族の写真を置くような連中」に売り込んだ[25]。古典的なまでにミッドタウン的な企業文化がスナイダーにはまったく異質に思えたとしても、彼が示したものはその人々の重役的な利己性に響いた。ここには新た

な料金所、自分たちの既得流通ネットワーク内部で戦略的に情報を統制することで金銭的な入口を作り上げる、新たな手法があった。言い換えると、それが教科書だろうとスライドだろうと映画リールだろうとソフトウェアだろうと、マグロウヒル社は学校システムに製品を売り込む方法を知っていた。

スナイダーのソフトウェア・シミュレーションは*Search Series*として知られるようになった。中学校の社会科学教師向けのプログラム5本セットだ[26]。スナイダーにとって、これは教育ソフトウェア開発者としてのキャリアの始まりだった。大金を稼ぐチャンス、本当の事業を持つチャンスなのだ。ディケマにとっては、スナイダーが投資に対する収益をもたらすチャンスだった。マグロウヒル社にとっては、同社の新しい概念「コースウェア」への最初期の参入となった——この用語は同社の1981年株主向け年次報告書で最初に登場したものだ。この報告書はマグロウヒル社が、「通信革命」と歩調を合わせていることを裏付けるように作られたものなのだった[27]。この意味で、スナイダー、ディケマ、マグロウヒル社はみんな、世界の同じ細かい力に反応し、発明と金融の間の自己強化的なフィードバックシステムを作っていたのだった。

*Search Series*の説明書をすべて作るのに加え、スナイダーはマグロウヒル社との契約を確保するにあたり、もう一つ要件を満たさねばならなかった。ソフトウェアをTRS-80からApple IIに移植しなくてはならなかったのだ。1970年代末はまだ教室のマイクロコンピュータにとって初期ではあったが、教育市場の恩恵はハードウェアメーカーには明らかだっただろう。量販できるしトリクルダウン効果もある。親たちは、学校で子どもが使っているのと同じマイクロコンピュータを家庭用に買う気になるかもしれないからだ[28]。アップル社は早めにこうした見通しに積極的で、1978年にはMECC——ミネソタを教育用時分割処理のリーダーにしたあのコンソーシアム——により主要マイクロコンピュータプロバイダとなる入札を競り落としている[29]。この取引は大きな波及効果を持っていた。ランキンが述べるように、「MECCがApple IIを採用したことで、コンソーシアムは新しい役割を獲得した。時分割処理のBASICをApple BASICへと翻訳する役割である」[30]。言い換えると、MECCは、教育用時分割処理利用者の生み出したソフトウェアの大量カタログがあったが、その創造物をApple II用に変換し始め、システム上で教

育用プログラムの在庫をつくり出して、それが他のところでも Apple II 購入に拍車をかけることになった。学校や学区は、もちろん既存のすぐに使えるソフトウェアの供給がなければ、マイクロコンピュータ投資には及び腰だった。マグロウヒルがどこまでこうした取引を認識していたかは不明ながら、*Search Series* を Apple II 用にリリースする必要があると信じる程度には状況を理解していた。教育ソフトウェア市場における Apple II の既得権はこのように、マイクロコンピュータそのものだけの結果ではなく、ハードウェアとソフトウェアのもっと広いエコシステムにおける Apple II の戦略的な位置づけの結果でもあったのである。

＊　＊　＊

　1981年12月1日のこと、ビル・ボウマンは、自分がだれと昼食をとることになっているのか知らなかった。その日彼は、全米最大の独立系ベンチャー資本企業である TA アソシエイツにやってきて、同社の経営者と会おうと思っていたが、不在だと言われた。かわりにジャッキー・モービーなる人物が会うという[31]。

　ボウマンは顔をしかめた。30代で実業重役兼元マーケティング・コンサルタントだった彼は、TA に話を聞くことで、ミニコンピュータソフトウェアスタートアップを立ち上げるにあたってのフィードバックを得たいと思っていたのだ。ボウマンと彼のパートナー、C・デヴィッド・スースは、我々の物語のこの時点ではすでにまったく意外性のない経歴の持ち主だった。どちらも1970年代にハーバード・ビジネススクールを卒業し（ボウマンはパーソナル・ソフトウェア社の創業者ダン・フィルストラと同じ年度だ）、高名なボストン・コンサルティング・グループで働いているときに出会った。同社での仕事は市場分析と戦略立案で、それをボウマンの表現では「かなり退屈な2～3パーセント成長産業でやっていた」とのことだ[32]。ボウマンは、自分とスースが実際に資金調達の必要があるとは思っていなかった。TA にでかけたのも、紹介してくれた友人への義理からのことだった。だからこそ、面談をだれか別人にまわされるのは気が進まなかった。まして彼が後に認めるように「相手がだれか知らなかった──秘書かなんかかと思っ

た。聞いたこともなかった」[33]。

　実はジャッキー・モービーは秘書などではなかった。TAの副社長の一人で、同社をコンピュータ革命への出資へとほとんど一手に導いた人物なのだった[34]。1970年代末、彼女はメインフレーム用ソフトウェア産業で、資本金不足の見込み事業を見つけることで腕を磨いたが、最近になってゲーリー・キルドールのスタートアップ企業デジタル・リサーチ社の、ベンチャー資本4社による出資話をまとめる支援を行った。デジタル・リサーチ社は人気のCP/Mオペレーティング・システムのメーカーである[35]。彼女がまとめた取引だけを見ると、活発で頑固な人物に思えてしまうが、モービーはまたもっと大きな金融的な流れの後押しも受けていた。1970年代末、モービーが駆け出しの頃に、連邦投資政策と税制の変化で、ベンチャー資本投資の環境がずっと好転したのである。まず、株や不動産といった資産売却益に対する税率が、1978年に35パーセントから28パーセントに引き下げられ、さらに1980年には20パーセントまで下げられた——投資促進を狙った「トリクルダウン」課税理論の一部である（またはジミー・カーターの財務長官が「1978年億万長者救済法」と呼んだものだ）[36]。全体的な投資資本の供給はまた1979年従業員退職所得保障法の改正で激増した。これで民間企業の年金基金がベンチャー資本の資金源に使えるようになったのだ[37]。

　この変化があわさって、新規事業へのベンチャー資本投資の大波が生じた。キャピタルゲイン課税の変化だけでも、1977年から1978年にかけてベンチャー資本投資の15倍増をもたらした[38]。そして、こうした変化がコンピュータイノベーションや潜在的な新市場の台頭と一致したのは偶然ではない。キャピタルゲイン課税の改訂を訴えていた主要なロビイストの一人は、アメリカエレクトロニクス協会（創設社はヒューレット・パッカードのデヴィッド・パッカード）であり、インテル創業者ロバート・ノイスさえもキャピタルゲイン課税の引き下げを訴えて議会で証言した[39]。ベンチャー資本家企業の利害が、高リスクのコンピュータ業界の利害と重なって、起業家活動に最適化された金融環境を作り出した。モービーがボウマンと話し合いを始める頃には、彼女はすでに潜在的な投資対象としてスカウト中の計算機的見込み企業を大量に抱えていた。

　モービーは、マーケティングとミニコンピュータ利用の双方におけるボウ

ベンチャー資本家ジャクリーン（ジャッキー）モービー、マイクロコンピュータ業界におけるベンチャー資本の記事で「Infoworld」表紙に登場。1984年12月3日号。画像は著者のコレクションより。

マンの経歴を知りたがったが、彼女の考えでは、マイクロコンピュータが圧倒的に優勢だった。ボウマンの回想では「マイクロコンピュータについて話をする中で、我々二人とも、価格が下がれば流通チャネルも激変すると合意した。専門店から量販店に変わるはずだ、と」[40]。言い換えると、二人ともマイクロコンピュータ利用はニッチのホビイストの過去と、大衆技術としての未来の間での転換点にあると考えていた。彼らの観点からすると、こうした新しいサプライチェーンを支配する者こそが成功するのであり、必ずしも売れる最高の製品をものを持っている者が勝つのではない。だがモービーはまた、マイクロコンピュータのソフトウェア企業の中で、重役構成のレベルでこうした移行に対処する用意があるところはほぼないも同然だと知っていた。ほとんどの消費者向けソフトウェア企業は、相変わらずおおむね、経験や訓練を問わず友人や家族で構成されていたのだ[41]。つまりモービーがボウマンに目をつけたとき、彼女の一部はまちがいなく、そうした面倒をとばして、プログラマがコンピュータ店にフロッピーディスクをいっぱい入れた箱を持ってやってきて、それを店主に直接売ったり、近所の子を雇って広告

用の絵を描いてもらったりしていた、居心地のいい1979年や1980年の古き日々にノスタルジーなど抱かない人間を見ていた。ボウマンとモービーは、ビジネス形成のメタゲームを理解していたという点で似た者同士だった。株主の収入をつくり出すのだ。

そこでモービーはその場でボウマンを説き伏せ、彼とスースにマイクロコンピュータのソフトウェア産業をもっと細かく検討する計画をつくれと示唆した。3週間後、クリスマスのほんの数日前に、TAはボウマンとスースに資金を与え、3週間の業界調査を行って市場参入の最も有利な道筋を検討するように言った[42]。当初彼らは、ビジネスソフトウェアに参入することになるだろうと思っていたが、小売業者にニーズを聞いてまわると、ちがった答えが出てきた。「小売店をまわって、『お客さんが求めるのに製品がないソフトは何ですか？』と尋ねた。すると答えは常に『教育用ソフト』だった。だから我々が戦略に到達したのは、別に素晴らしい分析技法なんかによるわけじゃない。単に小売店に、世間が求めているものを尋ねたんだ」[43]

だが1982年初頭において、これはズバリどういう意味だったのだろうか？　どんな「教育」がコンピュータにできると思われていたのか？　コンピュータ技術の教育目的への活用に対する魅了は、1960年代と1970年代を通じて各種の研究イニシアチブを生み出していた。これは単に、全国のコンピュータ利用ホットスポットに登場した教育時分割処理システムにとどまらない。コンピュータ科学者シーモア・パパートが開発した子どもに優しいプログラミング言語LOGOや、コンピュータ支援教授システムPLATO、その他コンピュータを使う各種の実験及び行動心理学研究イニシアチブも含まれる[44]。こうした象牙の塔の探究は、必ずしも地上の起業的なソフトウェア開発に貢献はしなかった。またこうした研究は、マイクロコンピュータ利用への突然の消費者の関心を利用するのに特によい立場にいたわけでもなかった。初期の教育ソフト企業の創業者たちは通常、トム・スナイダーのように、教師や教育技術専門家がマイクロコンピュータ熱に取り憑かれた場合が多かった。教育技法に多少の関心は払いつつも、マイクロコンピュータの技術的な制約の下で実現可能なことに限定されてもいた[45]。提供されているソフトウェアのほとんどは、算数、科学、地理、綴り、読解などに最も適した、暗記に基づく標準的な教育活動に、グラフィックス、フィードバックなどの単

純なインタラクションを追加しただけだった*46。もっと複雑な教育哲学に取り組めるようなソフトウェア設計は、消費者用マイクロコンピュータが読み込みの遅いカセットソフトを使っているときにはむずかしく、設計への思慮深いアプローチは素早いソフトのリリースには向かなかった。教育用ソフト開発者や発行者たちはこのように、何を「教育用」だと定義するかについて、すさまじい幅を与えられており、多くの場合は、標準的な学習練習問題に単にコンピュータをあてはめただけで、子どもや教師はどちらも大興奮となるのだった。

だが教育ソフトウェア産業が1980年初頭までには開花しつつあったという事実にもかかわらず、それは非ホビイストや技術力のない人や、何時間もコンピュータマニア雑誌を読み込みたくな一人には、特に手が出しやすいものではなかった——つまりそれは、モービーとボウマンなど多くの投資家たちや起業家やMBAたちが、業界の収益性に不可欠と考えた消費者たちにはハードルが高かった。一方では、マグロウヒル社のような巨大出版の先発が、学校専用の販売を念頭に、コースウェアに投資しており、それなりのお値段をつけていた。スナイダーの*Search Series*は、1セットが180ドルで、もっと広い教材市場ではそのくらいが普通だったが、消費者にはまったく手が届かないものだった。だが消費者側では、その製品がだれのためのもので、消費者がそれをどう評価して入手すべきかは、ずっとはっきりしなかった。エデュウェア、ステケティー・エデュケーショナル・ソフトウェア、ラーニングカンパニー、ベーシックス＆ビヨンドといったもっと小規模な教育ソフトのスタートアップの中ですら、製品は主に学校向けだった。こうした初期の企業は正規の教育環境に専念していたので、消費者向けのマーケティングはおおむね後付けだった*47。もちろん平均的なApple II利用者でもエデュウェアに電話して、代数の練習プログラムを注文はできただろう。だがそもそもエデュウェアの存在そのものを知るためには、1982年初頭では、かなりの時間を数少ない広告を読むのに費やし、業界ニュースを追いかけている必要があった。

伝統的な消費財の成長と運営を改善するのが仕事だったボウマンとスースは、これが解決可能な問題だと考えた。流通チャネル構築に集中するビジネス思考を、以前の仕事で扱った大衆商品の代わりにコンピュータソフトをに

対して適用したのだった——この考え方が彼らをほとんどのソフトウェアスタートアップ起業家とはかけ離れた存在にした。この分野の通常の起業家は、まず製品を開発してから市場は後から考えるのだ[48]。TAアソシエイツに1982年2月15日に示されたビジネスプランの冒頭の段落は、彼らの意図をしっかりまとめている。

> 弊社はマイクロコンピュータ産業における家庭教育および高度なゲームのセグメントでソフトウェアを発行する。（中略）ソフトウェアは当初、外部の著者から購入し、同社はドキュメンテーション、パッケージ、頒布、小売支援で付加価値をもたらす。同社は広告と直販営業部隊に大きく投資して、ブランドフランチャイズを作り、強い小売支援を構築し、マーケティングで競合に対する障壁を作り出す[49]。

ほんの数年前、フィルストラのような発行者がソフトウェア頒布ビジネスを居間で運営していたり、ウィリアムズ夫婦が*Mystery House*の広告を、でっちあげの法人化もしていない会社名の下で売ったりした時代から、マイクロコンピュータのソフトウェア業界は一変していた。アメリカ消費者の大半は、コンピュータを持つべきかは確信が持てなかったが、モービーのような投資家はビジネス能力と、十分なスタートアップ資本で大量のマーケティングを買い取り、小者の競合を潰せば、成功できると自信を持っていた——自分たちがそのジャンル以外で何を発行するのかまったく見当もつかなった時点ですら。モービーの見立てでは、ボウマンとスースは「私たちほど特にソフトウェア市場に詳しいわけではありませんでしたが、ソフトウェア事業のだれも持っていない技能を持っていたし、適切な人々に紹介できると思ったんです」[50]。つまり投資の観点からすると、モービーはコード技能などビジネス技能に比べれば二の次と判断したわけだ。ボウマンとスースが売るべき製品を何も持っていなくても構わなかった。業界での経験がなくても、マイクロコンピュータでの実地のプログラミング経験がなくてもよかった。むしろ彼らが持っていたのはビジネスプランで包んだ戦略であり、問題の技術がいかに最先端、ハイテク、革新的になろうとも、伝統的な経済法則は維持されるという、決して無理のない想定なのだった。結局のところ、店頭で棚に並んだ箱を売るには変わりないのだから。

1982年3月半ばには、TAアソシエイツはボウマンとスースに80万ドルの出資を承認した——名前すらなく、まして売るソフトもなく、地域の中でベンチャー支援を受けたマイクロコンピュータ用ソフトウェア企業としてはわずか2社目だった（最初の会社はミッチ・ケイパーの化け物企業ロータス社だった）[*51]。やがて彼らはこの事業を「スピナカー」と名付けた。これはボストンとケンブリッジを隔てるチャールズ川を満たす、ヨット文化へのオマージュだ。この川はアメリカ最古のヨットクラブをいくつか擁していたのだ。スピナカーとは競争用ヨットや大型帆船の舳先につける大きな三角帆のことだ。風を受けると、それは印象的な視覚効果をもたらし、舳先の上になめらかにふくれあがって、鳥が胸をふくらませたときのように見える。だがスピナカーは通常は、ある特定の風が吹いているときにしか役に立たない。風下に向かうときか、風の吹いている方向に向かっていないと、スピナカーは役に立たないのだ。同社の様式化された、アーチを描く三角形のロゴと、強い斜体になっている社名のタイプ処理はこうした視覚キューを反映したものだったが、他の主題をも物語っていた。ボウマンとスース、およびその投資家たちは、自分たちがまっすぐ正しい方向に向かっていて、有利で不可避な追い風を受けていると思っていたのだ。こうなると、あとはボウマンとスースが会社を立ち上げるために必要なのは、製品だけだった——そしてジャッキー・モービーは、息子がシェイディー・ヒル校に通っていたので、だれを紹介すべきかズバリわかっていた[*52]。

＊　＊　＊

トム・スナイダーが*Search Series*をマグロウヒル社に販売してからの忙しい数年で、彼は自分の熱意を中心に人生を形成するのに成功した。ロックの曲を書き、コードを叩き出し、たまにシェイディー・ヒルで科学と音楽の授業をする。自分の会社、コンピュータ・ラーニング・コネクションの社長すら見つけてきたので、お金のことは無視して自分の作品開発に専念できた——「自分らしくあるだけで、制限なし」[*53]。*Search Series*の移植とバグフィックスとアップグレードをすることでロイヤリティは入り続けたが、1982年初頭には、次の教育コンピュータ利用の創造物を構想し始めていた。

それが後に*Snooper Troops*となる、推論ミステリーゲームだった。

　これは古典的なコンセプトをコンピュータ化したもので、子どもたちがチームを作って小さな町で起きたミステリーを解く探偵役を演じるというものだ。ナンシー・ドルーやハーディー・ボーイズなど少年探偵団的な小説を、容疑者のコンピュータデータベースと無線腕時計でハイテク化したものを想像してほしい。*Search Series*のように、彼は生徒たちがいっしょにプレイして、ちがった情報の流れを共有して協働的に推論活動をするように促すようなゲームを考えていた。この設定は、スナイダーの以前の作品の教育的な傾向をさらに促進するもので、子どもたちがいっしょに各種情報を集めて分析することで、混乱から解明へと移行するというものになっていた。だが*Snooper Troops*はまた、情報管理ツールとしてのマイクロコンピュータへの関心という重要なシフトを示すものでもあった。彼はこのゲームを、集団でやるにとどまらず、3台の別々のマイクロコンピュータでプレイし、できればそれをネットワーク化して、それぞれの子が同じストーリーを中心に独立したヒント集めをできるようにするつもりだった。最終的にはこのプログラムをマグロウヒル社に売って、教室使用向けに使ってもらうつもりだった。これにより、すでにこのありがたい発行者と構築していた有利な関係を継続しようと思っていたのだ。

　そしてまさにそうなったかもしれないところへ、ビル・ボウマンとデヴィッド・スースが訪ねてきた。ジャッキー・モービーの示唆で二人はトム・スナイダーの元にやってきたのだった。スナイダーは、モービーの息子が作文と構文の勉強で使えるようなカスタムソフトを書いてやっていた――こんな献身的でハイテク指向のクリエイティブな教育手法を、親が忘れるはずもない[54]。スナイダーは、それ以前にモービーが接触したり機会を議論したりしたという記憶はないが、彼女のほうは明らかにスナイダーを頭の電話帳にしまい、才能に応じて分類してあり、必要なときにそれが引き出されたのだ。

　ボウマンとスースがやってきたのは、4月か5月のどこかだった。彼らは取引をまとめようと必死で探し回っていた。6月半ばまでには、何を作るかもわからないが、そのマスターディスクが必要だったからだ（スナイダーの回想では「その必死ぶりはかなりのものだった」）[55]。このタイムラインは、創業者たちの無知により拍車がかかっていた。彼らは当初、翌年の春に製品

をリリースするつもりだったが、後になってソフトウェア販売の大半は冬休みの間に行われるというのを知ったのだった。さらに、クリスマスシーズンに棚に並ぶよう間に合わせるには、物理的な製造と流通をすべて夏の半ばには終わらせねばならないというのも、その後に知ったのだ。これは疑問の余地なく、ソフトウェア開発にはふざけたほど短く非現実的なタイムラインだった[56]。だからスナイダーのゲームのアイデアが魅力的であるのは重要ながら、そのアイデアがすでに細かく詰められていて、彼があまり監督を受けずにソフトを完成させる経験を持つというほうが重要だったのだ。

　だがこの取引の条件として、ソフトウェアに一つ重要な変更が要求された。ゲームは子ども1人で遊べねばならなかったのだ。ボウマンとスースがビジネスプランで述べたように、同社は「家庭教育」分野でのソフトウェア発行に集中していた。その同じ文書は、消費者と学校の両方に販売する野心は認めてはいるものの、優先されるのは、どちらの文脈でも活用できる製品だった。これが現実にどういう意味かと言えば、スナイダーはコンピュータの前で、子供たちのグループが遊ぶという想定を使えなくなったということだ。ゲームの対話的な性質は、子ども1人の経験を可能にするものでなければならない。スナイダーは次のように回想する。

> Snooper Troops を売ったらすぐに、ぼくは全部投げ出して最初からやり直した。これはいまや消費者市場向けになるからだ。ぼくがいつも設計対象にしていた社会的インターフェースと呼ぶものは、もはや関係なくなった。個別の子どものために何かを書くのはこれが初めてだった。（中略）だからぼくにとって楽しい部分を全部捨てねばならなかった。それは合意形成と共有知識という側面だ。そこに、子ども2人でやりましょうという推奨を入れておくことはできるが、ビルとデイヴィッドは「うん、やりたきゃそれを強調してもいいけど、でも1人でできないと絶対だめだ」と言った。[57]

　ソフトウェアが個人用の製品で、多くの個別世帯に販売することで儲かるのだ、という発想は当然ながらスピナカー社だけのものではなかった。だがスナイダーのゲーム設計を無理矢理変えさせた部分は、教育的な戦略が、コンピュータは個別、あるいは少なくとも個別世帯止まりの大きさの単位で経

験されるものだという概念をソフトウェア自体が表現しなくてはならないという経済の論理に乗っ取られた様子を示している。スナイダーの教育的な技法は、子供たち同士の豊かで広範な取り組みを可能にするツールとしてのコンピュータを重視するものだったが、スピナカー社の経済モデルは、そうした力学を子どもとコンピュータの回路へと単純化することを求めた。これは家庭用品で動かされる核家族の社会経済的な論理を再現するものだ。もちろんこれは、消費財のマーケティングコンサルタントという経歴を考えれば、ボウマンとスースが完全に自然だと考えた論理だった。何であれ製品の点数を動かすなら、人々を個別消費者として考えねばならず、学習コミュニティだの実践のネットワークだのと考えるわけにはいかない。コンピュータそのものは革命的な教育ツールとして提示されていたにしても、その経済は純粋に古典的だった。

　そしてスナイダーの集合的なプレイと合意形成モデリングという教育的な選好にもかかわらず、彼もまた消費者経済の論理を *Snooper Troops* の中核部分に埋め込んだ。彼は *Snooper Troops* を、汎用データモデルを核として構築するようこだわった。これは同じ中核論理を使って複数のゲームをつくれるようにしてくれる（今日ならゲームエンジンの元型とでも言おうか）[58]。つまりスナイダーは、スピナカー社のために、*Snooper Troops* のゲームを1本ではなく2本つくる約束をした。*Snooper Troops Case #1: The Granite Point Ghost*（スヌーパートループス 事件その1：グラニットポイントの幽霊）と、*Snooper Troops Case #2: The Disappearing Dolphin*（事件その2：消えるイルカ）だ[59]。この2つのゲームはゲームプレイの仕組みとグラフィックスにおいて、機能的に同じだ。探究すべき場所は、道路の格子状のネットワークで、番号付きの家が等間隔で並んでおり、そこをキーボードで制御する車両（ゲームにふさわしく「SnoopMobile［スヌープモービル］」と呼ばれている）がある。主要な教育的、遊戯的活動は、各種の探究の仕組みを通じて獲得され、プレーヤーは情報を収集、文書化、考察し、それを手書きする。プレーヤーたちは文字通り車で戸別訪問して、容疑者に一つずつ質問をする（そしてときには、なんとも説明がつかないが、その家に侵入して証拠の写真を撮る）。こうした情報収集の目標は、どの人物のアリバイが本当かを、証拠の相互参照を通じて見極めることだった[60]。このゲームは

本質的に、データベースの上に絵を重ねたものだ。ゲームを走らせるコードと、プレーヤーがミステリーを解決するのに使う文字のゲームデータを別々にすることで、スナイダーはゲームのコードを安定させておき、データファイルだけが交換可能な製作モデルを活用できた。スナイダーの回想する通り「コードは 1 行も変えなかったと思う」[*61]。

データモデル（そしてプロのフリーランスライター 2 人の契約作業）のおかげで、スナイダーは苦労もせずにゲームを仕上げ、夏の半ばまでにマスターディスクをスピナカー社に納品した。だがそこからのプロセスは、典型的な発行者＝開発者の関係よりも深入りしたものとなった。Snooper Troops の教育製品は、フロッピーディスクを 44.95 ドルで販売するために動員された、最も深い財力で支えられたマーケティング、ブランディング、流通マシンをくぐりぬけることになる——これはスナイダーのソフトウェアだけに向けられたマシンではなく、スピナカー社を教育ソフト発行の巨人になるべき存在として位置づけようとするものなのだった。

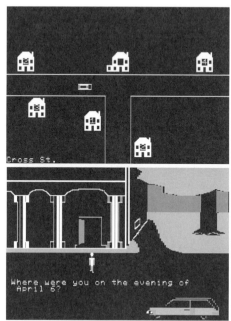

Snooper Troops Case #1: The Granite Point Ghost（1982）からのゲーム画面、インターネットアーカイブの MAME エミュレーションで稼働中。上の画像は架空の町のプレーヤーたちが車で容疑者をまわりヒントを集めている様子。下の画像は容疑者の家での尋問プロセスを示す。画面キャプチャは著者。

＊　＊　＊

　製品を持つことそれ自体は目標ではなかった。ボウマンとスースが求めていたのは、ブランドとしての名声を構築するための製品ラインだった。ほとんどの初期のマイクロコンピュータ発行者たちは、まず1つか2つ製品をリリースして、それが初期の成功をおさめた場合にだけ次の製品を開発したが、スピナカーの創業者たちは成功などすでに約束されていると考えた——系統的なブランディングと流通チャネルにより消費者の信頼を生成すれば自然に生み出せるものだというわけだ。

　これを実現するため、同社の共同創設者たちは、最初のラインアップに追加で2つのソフトウェアをでっちあげ、同時にパッケージと広告の準備を進めた。埋め草ソフトの1つは、ミスター・ポテトヘッドのような福笑いソフトの*Facemaker*だった。子供たちは顔の部品をデジタルの顔の上で取り替えるのだ。もう1つは子ども用アニメーションソフトの*Story Machine*だ。どちらも西海岸のデザインウェア社が開発したものだった[62]。この4つのタイトルを一貫性ある製品ラインにまとめるため、ボウマンとスースはブランディング、マーケティング、デザインに巨額の投資をした。彼らはパッケージングがこのプロセスで重要なコンポーネントだと理解していた。それが店頭で消費者が手にする実際の物理的な物体だからだ。この頃のほとんどの消費者グレードソフトウェアは、蓋付きかタブ式の段ボール箱に入って売られていたが、スピナカーの製品はすぐにわかるプラスチックのクラムシェルケースに入っていた[63]。本のように開くこれらのケースは、薄型で潰れにくいため、ふつうのパッケージよりも丈夫でプロ的に見えた。製品小冊子はすべて同じ大きさ（5.75×7インチ）で、5.25インチのディスクとともに、成形プラスチックの内側にぴったりはまるので、手に取って動いたり振ったりしてもがたつかなかった（当時の他の消費者ソフトウェアとちがうところだ）[64]。こうした種類のデザイン決定は、ほとんどの消費者グレードの企業が一度もやったことがなく、またそれを支えるスタートアップ資本もないような、事前の計画を必要とした。スピナカー社のデザインチームはまた、ブランディングが単なるロゴ以上のものになれることを認識していた。製品のパッケージング、広告、マニュアルは、あらゆる製品とサポート資料すべて

にデザインの一貫性をつくり出す、茶色がかったグラデーションの縁取りとなっていた。

　全体として、こうした性質のおかげでスピナカー社の製品は競合から抜きん出たものとなった。おぼつかない草創期のスピナカー社は存在しなかった。その首脳たちが台所でディスクをコピーしていたり、自分の広告を自分でタイプセットしたりしていた、魅力的で不器用な段階は存在しない。ボウマンとスースは、ソフトウェア開発と製造のストレスなどまるでご存じなかったが、その消費者向けの戦略はそれをあらわにすることはなかった[*65]。二人は「Creative Computing」「COMPUTE!」「PC Magazine」「Softalk」に大きな広告枠を買った。立派なカラーの全ページ広告で、前景には遊びを通じた学習を約束する製品ラインを並べ、「楽しすぎてお子さんたちは勉強していることを忘れてしまいます」というコンピュータ体験を約束していたのだ（図版17参照）[*66]。一方、ジャッキー・モービーはその夏と秋に、ボウマンに無数の新聞記事でインタビューを受けさせ、ジャーナリストたちを使って彼こそは消費者教育ソフトウェアの権威なのだとポジショニングさせたのだ。実際には教育面でもソフトウェア面でも何の経験も持たず、運営している会社はまだ一つも製品をリリースしていなかったのだが。

　スピナカー社の製品は9月に出荷された。学校の新年度開始とクリスマス商戦への滑走路という最適なタイミングでのことだった。*Snooper Troops*は、レビューアーに好評で、特に大人と子どもの両方に魅力を持つ多様性が評価された。「子供向けに*Snooper Troops*を買う親たちは、子どもが寝た後でそれを自分で解決しようと徹夜するはめになる」とマーゴ・コムストック・トマヴィクは、「Softalk」1982年9月号のこの新プログラムレビューで書いている[*67]。「Creative Computing」も同様にこのゲームの奥深さに感心して「子供向けの教育アドベンチャーとされてはいるが、我々にとってもかなりむずかしく、10分や15分で簡単に解けるものではないと感じた」[*68]と報じている。プレーヤーが検討しなくてはならない情報の量だけでも、*Snooper Troops*はその教育的な仕組みという上辺をはるかに超えて、プレーヤーが本当に本腰を入れねばならないゲームとなっていた。対象年齢が「10歳から大人まで」とされているこのゲームは、他の教育用（さらに普通のアドベンチャー）ゲームにはない、広範な年齢層が楽しめる広がりを持っていたのだ。

Snooper Troops の深みと多様性は、まちがいなく好意的な評価を受ける
ものだったが、スピナカー社のラインアップすべては、教育用ソフトを作ろ
うという業界努力が、教育ソフトに対する消費者の関心上昇と一致してい
ることで恩恵を受けた。「ニューヨーク・タイムズ」1982年春の年3回行わ
れる「教育現状調査」特集を、学校でのコンピュータに充てたのは、決して
つまらない話ではなかった。そこで同紙の教育編集者エドワード・B・フィ
スクはコンピュータが知的生活を変革する能力について、深い分析論説を書
いていた[69]。教育学者やノーベル賞受賞者ハーバート・サイモンからコン
ピュータ科学者アラン・ケイ、人工知能研究者アラン・ニューウェルまで引
用しつつ、フィスクの論説は読者に対し、コンピュータは単に情報に対する
我々の到達範囲を広げるにとどまらず、「まったく新しい学習、教育、思考
そのものの形態の可能性を拓く」という印象をもたらした[70]。学校教育の
あらゆる水準において、コンピュータはそれまでの数年で存在感を高め続け
ていたが、フィスクのような論説はそうしたトレンドを、自分自身の存在そ
のものの変化に備えて身構えているアメリカ社会の中で確実に拡大させるも
のだった。コンピュータ利用が持つ革命的な能力は、アーサー・ラーマンや
シーモア・パパート、および名高い未来学者アルビン・トフラーによって
さらに広められ、彼らは自分の考えを産業、学術、主流出版物で流通させた
[71]。マイクロコンピュータがますます未来の日常生活の技術と思われるよ
うになるにつれて、こうした理論の最も薄まったバージョン——子どもがコ
ンピュータに触れるだけで明らかな優位性を獲得するといった信念——です
ら、コンピュータ利用の教育的な力に関する消費者の想定を刺激する、根底
的な真実となった。これこそまさに、ボウマンとスースが小売店調査を通じ
て発見した時代精神なのだった。彼らは、ソフトウェアの店頭が「教育ソフ
トウェア」の要求をされているのに、1980年代初頭にはそれがほとんど存
在しないと見極めたのだ。

　こうした教育におけるコンピュータ利用の影響についての強い主張は、基
本的にはフィードバックループになり、それまでは存在していなかったはず
の消費者ソフトウェア部門の成長に拍車をかけた。家庭ソフトウェアという
分類と同様に、消費者向け教育ソフトウェアという独立の分類は、ビジネ
ス、ゲーム、ユーティリティといったもっと有力な分野に比べると数年遅れ

を取っていた。そしてその理由も同様だった。Altairのような初期のマイクロコンピュータ、さらに1977年の最初期の第2世代システムは、非ホビイスト、特に子供たちにはなかなか近寄りがたかったのだ。そうしたマシンは高価で、複雑で、多くの点でデリケートであり、同じく複雑ながら内部にさわれないビデオゲームのコンソールのような子どものおもちゃとして分類することはできなかった。この草創期には、コンピュータが子どもを教育する能力は、コンピュータやそのソフトウェアについて何か明示的に教育的な点に基づくものではなく、コンピュータに触れるだけでそうした恩恵が生じるものという思い込みに基づいたものだった[*72]。

　だから1977年の御三家のリリース直後には、ホビイスト雑誌にはわずかばかりの教育用ソフトも見つかるが、その点数はきわめて少なく、「家庭」ソフトに入れられるのが通例だった[*73]。この市場は1980年代の最初の数年にはギクシャクした成長を見せた——特に教育という言葉がずいぶん過大な期待を抱かせたからだ。雑誌編集社やレビューアーは、しょっちゅう、少しでも指導的な性質を持つプログラムを、その対象年齢などおかまいなしに教育的とくくってしまい、学校向けの高価なコースウェアが、しばしば一般消費者向け価格帯の製品と並んでレビューされた[*74]。たとえば、「Creative Computing」誌の1980年9月号および10月号の2回にわたり掲載された、二部構成の教育ソフト総括特集は、教師向けのソフトウェア（つまり業界固有の職場プログラム）を含んでいただけでなく、このソフトウェア分類にありがちなごった煮を示しており、パーソナル・ソフトウェア社の避妊教育カセットプログラムが、ラジオシャックの文法や中学校数学ドリルと並んでいるのだった。何が教育的かという前提は、柔軟というか自己参照的とすら言えた。レビュー対象製品を選ぶにあたり、記事の著者デヴィッド・ルバーは2つの基準を使って「教育」ソフトを選んだ。「メーカーが『教育用』と銘打っているもの」および「『教育用』とされていなくても、利用者に新しい概念、新しい情報、新しい問題解決アプローチを提示しているもの」だ[*75]。つまりこの分類は独自の業界論理を含んでいる。教育ソフトを作る最初の鍵は、単にそれを「教育的」と宣言することなのである。

　はっきりアップル的な文脈において、教育ソフトウェアという分類を作るべきかという問題が「Softalk」1982年12月号で初めて大きく注目されたの

第7章　教育── *Snooper Troops*

247

は、スピナカー社製品2本がこのアップル利用者向け雑誌の専門特化したベストセラーランキングに入ったときだった。その2本とは、*Snooper Troops Case #1: The Granite Point Ghost* と *Facemaker* だ（同年10月の売上を反映したランキングだった）[76]。どちらも同誌の総合トップ30に顔を出すほどではなかったが、どちらもかなりの売上だったから、「Softalk」としてはどこかにそれぞれのプログラムをランクインさせざるを得なかった。*Snooper Troops Case #1* は「ファンタジートップ5」に入り、人気ロールプレイングゲームの *Ultima* と同率3位だった。*Facemaker* は「Softalk」誌「家庭トップ10」で8位となった。これはソフトウェア広告が教育ソフトを家庭活動の延長として位置づける傾向を反映したものだった。*Snooper Troops* をファンタジーゲームとして位置づけるのは、お手軽さを重視したこじつけらしい。「*Snooper Troops* I が間もなく新しい教育ランキングに移行するだろう」とは認めつつも、編集者たちはこのゲームが「子どものファンタジーロールプレイングゲーム」の枠組みで機能していると考えたのだった[77]。教育ソフトの目新しさを裏付ける記述として、「Softalk」は、*Facemaker* は「家庭トップ10にランクインした初の教育指向ソフトウェア」2本の一つだと認めている（もう一つは子どもに優しいプログラミング言語 *Apple LOGO* だった）。

　だから1982年クリスマスシーズンは、教育ソフトが消費者に届いたティッピングポイントとなった——そうした状況にはまちがいなく、スピナカー社の存在そのものも貢献した。「Softalk」はそのまさに翌月1983年1月に、1982年11月の休日ショッピングの全貌を捉える方法として「家庭教育トップ10」のランキングを開始した。同誌編集者はこう書く：

　　11月には、10月の2倍近いソフトウェアが売れたし、そのすべてがエンターテインメントソフトウェアではなかった。ソフト教育パッケージとでも言うべきものが大きく登場している。ソフト教育パッケージは、学習プロセスを糖衣にくるんだものであり、通常はカリキュラムに基づくものではなく、売り上げは学校での採用より家庭の買い手に依存している。（中略）教育ソフトウェアの状況変化を認識して「Softalk」は家庭教育ベスト10の分類を実装した。[78]

「Softalk」のベストセラーリストにおいて「家庭教育」の「家庭」は重要

な用語だった。これは使う場所と消費者の種類の両方を指していたからだ。「Softalk」は、専門教育流通業者を通じて販売される、カリキュラムに基づく売上のデータは入手できる立場ではなく、これは彼らもこの号ではっきり認めていた。これにより市場が定義され、磨かれ、自分自身を基準に先鋭化した。家庭教育製品は確かに教室に入り込むこともあっただろうし、その逆もあっただろうが、追跡できる存在は生徒利用者ではなく個別消費者だけなのだ。

　家庭教育を独自の分類として切り分け、小売業者に対してその分野で何を販売しているか尋ねることで、新しい製品が視野に入り、一部は分類を変えられ、このソフトウェア市場の部分についての指標が突然できた。家庭教育トップ10の最初のランキング1位は、ライトニング・ソフトウェアの*MasterType*だった。これはタイプ教習ゲームだ（類似ながらこれほどゲーム化されていない製品、マイクロソフトの*Typing Tutor*もトップ10入りしていた）。どちらのプログラムも、教育指導的な指向のために教育として分類されており、どちらも主に大人向けで、どちらもそれまでトップの座にいた「家庭用」の分類から移動してきたものだった*79。どちらも実に驚くほど長く販売されたが（特に*MasterType*は何年にもわたり教育ソフトのベストセラーにとどまる）、こうしたプログラムはもっと大きな「糖衣にくるんだ」ソフトのもっと広いラインアップの中では異質だ。トップ10の70パーセントは子供向けで、ほとんどは他の「Softalk」ベストセラーリストに登場したことはなかった*80。他には、『セサミストリート』制作のチルドレンズ・テレビジョン・ワークショップ開発でアップル社が発行する教育ゲーム2本、*Step By Step*、*Early Games for Young Children*社といった、小規模開発者の一発限りのソフトが並んでいた。

　1983年を通じて、教育製品はますますApple用ソフトウェア産業全体の中でも、トップ30のベストセラーとして地位を確立していった。1983年11月には、「Softalk」は「教育用分野は売上が最速で伸びており、最も競争の激しい分野となった。かつては、コンピュータ小売店で教育用ソフトを置いているところなどなかったのに、いまや多少なりとも数の出る教育用製品の製品一覧は、弊誌の他のどんな分野よりも長くなっている」*81と述べている。マイクロコンピュータの教育の可能性は、かつては単なる信念でしかなかったのが、十年もしないうちに経済的な提案の勝ち組となっていた──家

庭や教室でのその実際の効用はいまだに証明されていなかったのだが。

＊　＊　＊

スピナカー社の「Softalk」誌ベストセラー入りはかなり不安定だった。トップ30に入った最初のプログラムは1983年3月の*Story Machine*、だが、その月限りだった（おそらくクリスマスにコンピュータを買った家族が1983年1月に買った結果だろう）。*Facemaker*が1983年5月と7月に登場している。そして*Snooper Troops*は、あれだけ絶賛されつつも、1983年6月と7月までベストセラーリスト入りせず、それぞれ27位と17位だった。だがこの程度の変動は、Apple IIの全体としての過密な市場、スピナカー社の既存競合の安定した業績、この時期の家庭教育分野への大量の新規参入を考えれば別に意外ではない。新規参入としては、ラーニング・カンパニーの*Rocky's Boots*、ゼロックス社の幼児向けゲームシリーズである*Stickybear*などがあった。

だがスピナカー社は個別製品でランキングトップとなることはあまりなくても、それなりに成功し続けた製品の数においては十分な業績を挙げていた。たとえば、1983年9月に家庭教育トップ10のトップ5は5つの会社が割拠していたが、6位から10位まではスピナカー社独占だった。ボウマンとスースは、小売ゲームは自社が店舗の棚をどれだけ支配できるかにかかっているのを知っていた。彼らは製品ラインを提供していたので、単独製品の業績は、ライン全体の業績ほどは重要でなかった。だから同社の個別製品が、*MasterType*や*Early Games*のようなトップのソフトより売上が少なくても、同社はその製品ミックスのおかげで広く多様化していたし、特にLOGOと似た*Delta Drawing*、就学前児童向けの*Kindercomp*、そしてトム・スナイダーによる新作アドベンチャーゲーム*In Search of the Most Amazing Thing*といった新作を次々にリリースしていたのでなおさらだった。

だがスピナカー社の真の強みはアップル市場以外にあった。1982年には、市場にプラットフォームがありすぎて、ソフトウェア開発者たちは単一のハードウェアプラットフォームだけに注力することはできなかった。かつてはソフトウェアという尻尾がハードウェアという犬を振っている状態だっ

たが、その力学が急激にシフトして、開発者たちや発行者たちは、ますますどのプラットフォームにソフトを出すかについて戦略的な決断を余儀なくされた。スピナカーの最初の1982年製品発表は、Apple II、IBM PC、Atari 400/800（ディスク版のみ）と互換性があった。これは教育ソフトが主にハイエンドユーザの市場だとスピナカー社が想定していたためである。だが1983年になると、スピナカー社は製品のカートリッジ版製造にも手を広げた。Atari 400/800の双方と、もっと重要なCommodore 64向けのものだ。1982年にリリースされたCommodore 64は、強気の値下げでコンピュータ市場のローエンドを焼き尽くし、同年半ばまでに家庭コンピュータ市場のシェアを23パーセントから50パーセントまで上げていた[*82]。コモドールの価格競争力は、コンピュータがまちがいなく家庭に入るという業界の想定を加速させた。一方、スピナカー社を含む無数の企業はコモドールに追随して、マイクロコンピュータを主流の家庭用品にすると思ったこのプラットフォーム向けにカートリッジを発行した。

　さらにコモドールがマス市場的な側面を持ち、シアーズやKマートなどの量販店にも置かれるようになると気がついたスピナカー社は、その共同創業者の強みを活かした戦略を起動させた。ボウマンとスースは、主流小売業者に強気の売り込みをかける方法を知っており、大衆マーケティング向けに用意されたような製品ラインを持っていた。スースの回想では：

> ボストン・コンサルティング・グループの副社長が言ったように「大物は大物同士で遊ぶ。小物は小物同士で遊ぶ」。そして我々は大物のように振るまい、取引した。すぐに最大の小売業者に接近し、最高の市場シェアを探した。我々の経歴は、大きく考えるのに実に有用だった。[*83]

　店頭におけるスピナカー社製品に対する消費者認知を高めるため、同社は1983年クリスマスシーズンには強気のキャンペーンをかけ、教育用ソフトウェア企業としては初めて「Better Homes & Gardens」「Good Housekeeping」「ニューズウィーク」といった主流消費者向け雑誌に広告を打った[*84]。

　こうした1983年秋の広告は、拡大市場に対するスピナカー社のアプロー

チを客観的に示すものである（図版18参照）。スピナカーのもともとの広告は同社の製品を、子どもが遊びたがる学習ゲームと位置づけていた。退屈で暗記中心で、きちんと開発されていない教育ソフトウェア製品とは別物だというわけだ。さらに、1983年の広告キャンペーンはそのソフトウェアを、「あなたがお子さんに遊ばせたいコンピュータゲーム」として設定しており、何が教育的で何がただのゲームかについての親の疑念に直接応えている。こうした広告は、コンピュータ知識を欠く消費者を意図しており、インタラクティブでカラフルなコンピュータ活動はすべて、ビデオゲーム的な無意味なものと見なす人々に向けられている。こうした思い込みに対抗するため（あるいはスピナカー社が広告の最後の文章で述べているように「コンピュータゲームの名誉挽回のため」）、同社の広告キャンペーンはそのソフトウェア・パッケージを子どもの手に届くものとして描き、その子どもがさらに両親の明示的な監督下に置かれている様子を示す[*85]。視覚的には、どちらの広告も家庭ソフトウェア市場で流通している、階級と人種的な不安の集合とほぼ同じものを呼び起こそうとしている。その同じ秋に出た「Family Computing」創刊号の表紙に見られるものと同じだ（第6章で論じたように）。だが、こうした広告はコンピュータを家族全体の一部として設定するのではなく、子どもを中心としている。両親は切り離されている。二人の手の白さだけが登場し、それが不安げに子どもの肩に置かれている。母親は結婚指輪をはめ、その洋服で見えること——金ボタンのダークブレザー、ニットのセーター、レース縁の袖口——はこの両親の階級的な位置について、知るべきことをすべて教えてくれる。ここでコンピュータは、親の指導と権威の延長となり、それは肩に置かれた導きの手として、優しくだがしっかりと行使されるのだ。

　拡大したマーケティングと、対応する消費者コンピュータ4機種により、スピナカー社は大繁盛だった。1983年1月に初の事業年度を終えたときには年商75万ドル（製品の実売期間が5ヵ月だったから、かなりの数字だ）、1983年度は期待をはるかに上回る1,130万ドルの売上だった——売上増加率が1,400パーセント高まり、ビジネスプランの予測のおよそ3倍だ[*86]。この驚異的な成長が最もよく反映されているのは、「Billboard」教育ソフトトップ10のチャートで、複数のマイクロコンピュータシステムにまたがる売上を追跡したものだ[*87]。「Billboard」誌が初めて1983年10月にソフト

ウェアのリリースを追跡し始めてから1984年春まで、スピナカー社は常にベストセラー一覧に製品を4本以上は載せていたのだ。その支配が頂点に達したのは1984年2月11日、「Billboard」誌の教育トップ10のうち7本がスピナカー社のソフトだったときである[88]。

スピナカー社の経済活力は、ベンチャー資本の標準となる。ジャッキー・モービーとTAアソシエイツは、160万ドル企業の半分など保有したくはなかった。ずっと大きな会社のもっと小さな割合を所有したかった。スピナカー社は1982年12月には950万ドルの時価評価見直しとなり、それから1年もしない1983年10月にその時価評価は5,000万ドルとなった[89]。このラウンドは世界的な投資活動となり、ゼネラルエレクトリックの年金基金、ヨーロッパのプライベート投資家、現在のステークホルダーからの継続投資などが行われた[90]。ある業界アナリストが述べたように、「これはスピナカー社的な特性を持つ企業に対する時価評価としてはおそらく最高額だっただろう」[91]。

スピナカー社は1984年に株式公開の予定だった——無理もない。事業は急成長し、企業戦略があった。アドベンチャーゲーム、アーケードゲーム、家庭プロダクティビティソフトへも展開する計画があった。フィッシャー・プライス社のような伝統的なおもちゃ会社からの邪魔を撃退するため、スピナカーは同社と提携した[92]。ブランド認知を高めようと、同社は製品をウォールデン書店で販売するように契約した。個別の教育用製品が古びてくると、スピナカーは在庫を捨ててしまうよりいいアイデアを思いついた。安売りブランドを発明し、製品の名前を変えて10ドルでゲームとして販売したのだ。

そしてアメリカ全国で見ると、教育への不安は空前の高さだった。教育コンピュータ利用への全般的な煽りに加え、1983年連邦報告書『A Nation at Risk: The Imperative for Educational Reform（危機の国民：教育改革の提案）』は、アメリカが教育面でひどい苦境にあり、「国際商業の新たな原材料」である「知識、学習、情報、技能ある知性」の用意ができていないと訴えたのだった[93]。アメリカの学校の見通しが暗いなら、家庭教育ソフトウェアこそは、それに手が届く親にとってはギャップを埋めるものとなる——こうしたすべては業界およびスピナカー社にとっては結構なことだった。だがそれが破綻した。

＊　＊　＊

　スピナカー社は、その年に他のあらゆるマイクロコンピュータ利用企業が学んだのと同じ教訓を学ぶ。果てしない成長などないという教訓だ。その下降は、一部は教育市場における新しい競争のフェーズによるものだった。コンピュータや出版業界の「旧路線企業」と「Softalk」誌が呼んだものが教育市場に参入し、それがソフトウェアのバブルをつくり出して、ゲーム市場と同じくらいひどい崩壊を引き起こしたのだ[94]。だがもっと大きな原因はもちろん、業界全体だった——それは消費者に、あまりにたくさんのハードウェア選択肢を提供して混乱させ、消費者支出を正当化するものをまともに出せなかったのだ。だがスピナカー社が儲からなくなったわけではない。むしろ、巨額の支出に対して思ったほどの収入が得られなかっただけだ。だが成長が鈍化していると気がついた1984年半ば頃には、急ブレーキにはもう遅すぎた。スピナカーの売上は1,500万ドルに伸びたが、市場シェアは変わらなかった。一部の推計では、スピナカー社はアメリカ筆頭の独立系ソフトウェア発行者であり、1984年にはブローダーバンド社と比肩していた。しかし市場は、同社のとんでもない価値評価を正当化するほどは成長していなかった。いわゆる専門家による売上予測なるものは、実は本当に・予・測するのではなく投資を・触・発するだけの存在だったのだ——成長が起こるという主張の事後効果として成長をつくり出すことを狙ったインチキなのだった。

　だがスピナカーほどの規模と戦略投資を持つ会社であれば、自分たちがなんとか乗り切れる限り、業界の落ち込みも多少は有利に働いた。資金を出したがるベンチャー資本が干上がったということは、1985年まで同社が持ちこたえられれば、相手にするべき新規の競合は減るということで、売上は見直し後に1,900万ドルとされた。ボウマンはパーソナルコンピュータ利用の単なる潜在性ではなく現実に基づく再調整の結果、1986年に逃げ出して同社の首脳部から離れた。スースが「ボストングローブ」紙に報告したように「ビルと私は二人でスピナカー社を始め、家庭へのコンピュータ浸透率40〜50パーセントを想定していた。（中略）大企業を作るつもりが、家庭のコンピュータはアメリカ全世帯のたった4パーセントにとどまったので、それが実現しなかった」[95]。この現実はつまり、スピナカー創業者とその主要投

資者TAアソシエイツは「まだ一般に株式を販売して大儲け」するに到っていないということだった*96。その後間もなく同社は教育から脱して、中小企業と個人用生産性ソフトに集中するようになった。ボウマン、スース、モービーにとって、これはもともと教育における計算機利用の価値に関する本質的な真実の話などではなかった。みんなそのときの商機に乗っかっただけだった。スピナカー社が教育ソフトを作ったのは、小売業者が教育ソフトをほしがったからだ。市場が約束に満たなかったら、スピナカーの創業者と非公開株主たちは他へ進もうとした。

　トム・スナイダーのほうはと言えば、学校ベースの学習に向けた教育ソフトづくりに戻り、さらにトム・スナイダー・プロダクションズの下でさらに広いクリエイティブな事業を展開した。スナイダーは十年にわたり、この静かであまり表に出ない仕事を続けたが、1996年にカナダのマスメディア企業トースターに買収された（この企業は、この買収を報じた「ボストングローブ」紙によると、「ハーレクイン・ロマンス小説の所有者」として知られる）*97。トム・スナイダー・プロダクションズの売上の80パーセント近くは教育ソフトと学校市場からきていたが、残り20パーセントは新規事業からきており、それが今日ですら、スナイダーを最も有名にしたものとなっている。1995年にコメディー・セントラルで放映開始となった、スナイダーの共同製作による『Dr. Katz, Professional Therapist（ドクター・カッツ：専門セラピスト）』で使われた「Squigglevision（スクウィグルヴィジョン）」アニメーション技法である*98。

　そしてこの長く不思議なめぐりあわせで、トム・スナイダー・プロダクションズはぐるりと一周して元に戻った。同社は2001年に教育出版社スコラスティックに、900万ドル程度で買収された。インタラクティブな教育ソフトウェアにおけるスナイダー社の強みが、胎動するインターネット時代における教育コンピュータ利用の必要性についての最新の波を、スコラスティック社が乗り切るのに役立つと思われたのだ*99。

　同年2001年に、スタンフォードの教育学教授ラリー・キューバンが『学校にコンピュータは必要か──教室のIT投資への疑問』を刊行した。この本は、学校における20年にわたるコンピュータ利用に対する手厳しい評価だった。キューバンの推計では、ステークホルダーの幅の広い連合──「役

人、企業重役、ベンダー、政策担当者、親たち」——は学校での新技術ア
クセス性を改善する改革アジェンダを推進したが、コンピュータには経済生
産性を動かす可能性があるのだというほとんど宗教的なまでの信仰は、教室
でのコンピュータ利用を「効果で狭い捉え方しかされないイノベーション」
にとどまるものにしてしまった[*100]。

　キューバンの著書が劇的に裏付けるのは、アップル社のような企業がアメ
リカ人の教育的野心に基づいて収益を求めたのがいかに正しかったかという
ことである。アップル社は1980年代初頭に獲得した教育市場での強い立場
を、特にMacintoshの発表により維持した。この複雑なところのないグラフィ
カルユーザインタフェースと、文字通り開けないシャーシ（反ホビイストだ
がずっと子ども耐性は上がる）により、Macintoshは未来らしさの演出には
極度に成功したが、それを未来的にする本当の仕組みは教育システムの中に
はなかった。アメリカ教育システムの苦闘は、当時も今も、深く焼き込まれ
た問題を中心としており、それについての明確な合意はない。協力的な政治
的意思のない中、輝く画面やプラスチックのキーボードは、最もお手軽な果
実なのだ——そして十年くらいごとに、我々はすでにそれを食べたことを忘
れてしまうらしい。

未結論

　終わるにあたり、最初に戻ろう。スティーブ・ジョブズの2007年iPhone
キーノートに戻るのだ。
　iPhone キーノートは1時間19分のイベントで、新世代の卒業論文を生み
出せそうな気の利いたフレーズだらけだった。「音楽に触れよう」「視覚的な
留守番電話」「電話をかけるのがキラーアプリ！」。時代の最も重要なイン
ターネットおよび電気通信系CEOたちがゲストとして登場し、ステージを
横切ってジョブズと握手した。エリック・シュミット（Google社の三代前の
CEO）、「チーフ・ヤフー」のジェリー・ヤン、シンギュラー社長のスタン・
シグマン。こうした登場には、実に気安いながら貧相なものがある。自信たっ
ぷりながら優雅さのない男たちが、トコトコと舞台を横切り、チノパン姿で
歩き、パートナーシップの威力についてご託を垂れるのだ。「これからの年
月で、我々はいっしょにいろいろすごいものを市場に出すんだ」と最後近く
でジョブズがさえずる。これらは財務的な交合儀式なのだ。
　キーノートの最後の数分で、ジョブズは——いつもながらのショーマン、
いつもながらの自分語りで——話の最初に出てきた歴史的なセットの商品に
戻ってくる。彼は観衆に、自分の当然の権利たるこの技術的な継承について

念を押さねばならないのだ。「Mac」と「iPod」という言葉がジョブズの唯一の背景となるスライドショーに何度も登場し、その後に Apple TV のロゴが続き、そして「iPhone」という言葉。ジョブズはスライドが変わるのに重ねてこうナレーションする。

さて今日、我々は Mac と iPod にさらに追加しました。Apple TV と、さらに iPhone です。そしてご存じの通り、この中でコンピュータとして思い描けるのは Mac だけです。そうですよね？　そして我々もそれについて考えて、そこで思ったんですよ。ねえ、うちの社名もそれを現状より少し反映するようにすべきじゃないかってね。そこで今日我々は、社名から「コンピュータ」を取ります。今日から弊社はアップル社です。今日の弊社の製品ミックスを反映するために。

ジョブズの背後の画面がこの消失を示して見せる。ある瞬間にスライドは「アップルコンピュータ社」となっている。そしてアニメコマンドの一線で、「コンピュータ」という単語がちりぢりの粒子となって吹き飛ばされる。キーボードから圧縮された空気の一拭きがホコリを吹き飛ばすような感じだ。アップル社はコンピュータ化された機器を作るかもしれないが、ジョブズはそうした機器を特定の形のコンピュータ利用と結びつける理由などないと考えたのだ。ジョブズが直感的に認識したのは、同社の成長を続けるためには、アップル社は新しい技術投資を正当化するためにもっと壮大な物語が必要だということなのだった——というのも、同社は本当はどこへ向かう必要もないのだから。このような形で、ジョブズはアップル社の物語を、まるでコンピュータ自体が何か別のものへの一歩でしかなかったかのように語り直す。まるでそれが当初からずっと意図していたことでもあるかのように。ジョブズの新しい神話においては、コンピュータは到るところにあり、どこにもない。ポケットの中にあり、壁にある。デスクの上の箱で、もう言うまでもない結論だ。スティーブ・ジョブズにとって、パーソナルコンピュータ利用からユビキタスコンピューティングへの移行は、自明で不可避なものとしてでっちあげられるものだった。だがそこへの到着は、そもそもパーソナルコンピュータ利用を自然のものとして、それがどのようにして起こったか、どんな力がその台頭を可能にしたかを尋ねないことでのみ可能なのだ。

これに対して本書は、そうした質問を出発点としている。こうしたマシンはどのようにして可能になり、どうしてそれがこの時点で人々にとって重要となったのか？　これらのページで我々が共に歩いてきたのは、多くの規模で作用している物語だ。まず、マイクロコンピュータはコンピュータ利用内部の既存技術や傾向、およびその利用のまわりに形成されたコミュニティの合流として到来した。ある利用者の構築に基づくデータ処理様式が必要であり、何十年もかかるエレクトロニクスの小型化の実現が必要であり、技術所有にともなうパワーにこだわるアーリー・アダプター・ホビイストの堅牢なネットワークが必要であり、生産をスケールさせるための即座の利潤生産の滑走路が必要だった。こうした現象がすべて1970年に合流し、Altair 8800のような初のマイクロコンピュータの登場を生み出し、さらに1977年までにしばしば言及されるApple II、TRS-80、コモドールPETの御三家を生み出した。スティーブ・ウォズニアックやスティーブ・ジョブズによるApple II開発は、オープンなエンジニアリングとマーケティングの才覚の思慮深いブレンドであり、投資家、ホビイスト、ハイテクの素人たちを一様に惹きつけたのだった。Apple IIのまわりに爆発したソフトウェア市場は、その衝突の力の再現をほとんど地質学的な精度で可能にする大量の文献を後に残したのだった。

　その時点から展開するソフトウェア史は、ここではそのナラティブの進行の中に統合されている。それはマイクロコンピュータの実践が何か未決定のものとして始まり、各種のステークホルダーがコンピュータ利用の可能性、潜在性、未来について競争し合う中で明確になっていった様子を示す。だが扱ったそれぞれの個別ソフトウェアは――*VisiCalc*や*The Print Shop*のような有名なプログラムから、*Locksmith*や*Snooper Troops*などのとっくに忘れられた変わりものまで――我々にソフトウェア開発、発行、マーケティング、受容に関する独特な個別要素への窓を与えてくれた。単独のソフトウェアを使ってより大きなソフトウェア分類の総体を論じることで、それぞれの章は中心的な記述を提供しつつも、より一般化可能な利用のドメインを記録し、アメリカ消費者のコンピュータ実践が台頭した最初期の様式について何かを物語った。

　だがそのすべてを通じて、イノベーションがどんな形をとるか想像しよう

とする欲望においてすら、金融投機と市場構築が果たした手に負えない役割は明確に見て取れる。技術的なうずきと創造的な本能は、ある経済条件が事前にあり、その中に後からやってくるものなのだ。ここで説明したアーリー・アダプターたちの手の中で、マイクロコンピュータは同時に彼らの創造的な探究と富の蓄積のベクトルだった。ダン・ブリックリンの、Ｘウィングから撃ったレーザーで数字をそぎ落とすファンタジーがどうであれ、彼とボブ・フラクストンは自分たちが根本的に支払いを得ようとしている人物なのだと理解していた。*VisiCalc* の開発における多くの紆余曲折で、彼らは既存の技術的、経済的条件の制約にあてはまるようにソフトウェアの範囲と形を決めたし、発行者ダン・フィルストラはこの製品を、当時国民を痛めつけていた財務的な不安に直接訴えることでマーケティングした。ロバータ・ウィリアムズはゲームを台所のテーブルでデザインしたかもしれないが、フリーランスのプログラマである夫の精力的な深夜作業、二人が共有しカップルとしての二人を動かした貪欲なエネルギー、という文脈の中でそれを行った。*Locksmith* は、プログラマの実験として設計されたものかもしれないが、その著者がだれにせよ、その商業的な機会を予見するにはまったく何の努力も必要なかった——そしてそれにより彼らはビジネスをやる「権利」とは何かという問題をめぐってApple IIの世界すべてを炎上させたのである。デヴィッド・バルサムとマーティン・カーンは成功したリソース豊富なブローダーバンド社のような場所で、創造的な才能をまとめてベイエリアに脈打つ活動に一枚噛む方法を考案できた。トム・スナイダーは常に自分の好きなこと、音楽から教師から子どものためにおもちゃやゲームを作ることをやって生計を立てようとしてきた。*Snooper Troops* 用に設計したエンジンモデルのように、販売の期待はその作成に組み込まれていた。

　だがこうしたソフトウェア行動はそれ単独でそれ自体としては、パーソナルコンピュータをパーソナルにするには不十分だった。本書が実証したように、マイクロコンピュータは売り込まれねばならなかった——店頭から販売されるにとどまらず、潜在的な利用者の心と頭に売り込まれねばならなかったのだ。自分自身のコンピュータという概念を自然化し普通化するためには大量の社会および財務的な努力が注ぎ込まれた。単にこれらの技術を現実的にするためには利用者がそうした技術を再想像しなければならなかったとい

うだけの話ではない。とは言え、そうした行動の例はこの時代に大量にある
のだが。それはつまり、パーソナルコンピュータ利用が、個人の創造性、発見、
機会主義を技術革新による国家若返りの感覚に結びつける、感情的な想像力
と結びついて出現したということだ。これは、大衆消費者の関心が希薄で、
不確実で、あるいは場合によってはまったくないことが何度証明されたとし
ても、消費者向けマイクロコンピューティング業界を存続させてきたしびれ
るエネルギーと熱心な資本再投資の源なのだ。コンピューティングが我々の
世界に組み込まれるというのが本当に当然の結論になるまで、パーソナルコ
ンピューティングが何度失敗しても許され、再試行が許可されたのは、将来
やってくるかもしれないものへの期待のためだったのだ。

　さてそれで、みんな求めるものを得たのだろうか？　あなたは？　みんな
疑問を抱くべきである。この歴史がどのような結果になったかを見てもわか
るように、アップル社のミッションの中心からコンピュータを外したことで、
デジタル製品ではなくデジタルサービスへの依存への道が開かれたのだ。成
長と株主価値の向上を促進するために、比較的最近になって起きたことだ。
現在ユビキタス化しているデジタルサービス、電源を切ることのないコン
ピュータ機器、絶えずうなるネットワークと信号のおかげで、アップル社の
ような企業は、我々の時間と関心、ハードウェアのアップグレード、サービ
ス契約、コンテンツのサブスクリプションという形で、より多くの「価値」
を獲得しようと手ぐすね引いている。デジタルサービスが支配する消費者コ
ンピューティング市場への転換は、ジョブズの基調講演で行われたように、
コンピュータが管理する業務が生活にますます深く浸透しているにもかかわ
らず、コンピュータがますます視界から消えていくということなのだ。多く
の人のように、コンピューティングの過去が将来の世代にとってエネルギー
的でインスピレーションを与えるリソースであると主張したいなら、おそら
くその歴史——つまりコンピューティングの実際の起源の曖昧さ、業界の横
行する金融投機の貪欲な無関心、そこから少しでも価値を引き出すためにほ
とんどの人が行わねばならなかった苦闘——を知る必要があるのかもしれな
い。そして、テクノロジーの進歩が必然的にエスカレートするという概念遵
守に最も熱心に取り組んできた人々によって与えられた歴史を、我々自身の
ために解体し始めるべきなのかもしれない。

エピローグ

委託販売フロアにて

　1912年10月、無線工学業界誌「The Marconigraph」は、アメリカ・マルコーニ無線電信社が目下開発中の「地球を取り巻く無線のゲートル」について語る論説を掲載した[*1]。同社の主任技師が書いたこの論説は、帝国の拠点を次々と──パナマからハワイ、マニラ、バンガロールからアデン、さらにヨーロッパへと、一連の高出力送信局と受信局によって、無線信号がどのようにホップしたりスキップしたりできるのかを概説している。それは「広い地中海を渡り、イタリアのブーツを登り、氷に覆われたアルプスを登って、静かにロンドンに落ちる。これらすべてを2000分の1分未満で行う」[*2]。だがこの回線を完成させるには、広大なアメリカ大陸を横断させ信号を太平洋越しに戻すために、アメリカ東海岸に受信ポイントが必要だった。そして実は、マルコーニ社はまさにその年に、まさにそのための用地を購入し、無線ゲートルが確実に実現するよう「ニューヨーク市近郊、ニュージャージー州ベルマーに、マストと施設を建てるための500エーカーの土地を取得した」[*3]。

　それから1世紀と9年が経った2021年10月、私は昔購入されたその土地の小さな区画に立って、2階半建ての赤レンガの建物を眺めていた。これはかつてマルコーニホテル（受信局に24時間常駐する無線通信士の宿泊施設

という、古風な意味での「ホテル」だ）として運営されていた建物だった。現在までの長い年月で、この建物とその周囲の人々はさまざまな人生をたどった。戦間期にはクー・クラックス・クランの避暑地として機能し、一時的には宗派を超えたキリスト教大学の本拠地となった。第二次世界大戦中は、米軍が既存の通信インフラを奪い取った中でキャンプ・エバンスとなり、軍事レーダーと電子研究の国家センターとなった。

　かつては一連の軍事検問所があったらしき入口を覆うのは、金網と生い茂る木の葉だけだった。国定歴史建造物として保護されているこの施設は、現在では主にかつての記憶の宮殿として運営されており、『インフォエージ（InfoAge）』科学歴史博物館（オンラインツアーマップで宣言されているように「ニュージャージーの小型スミソニアン博物館!!」）が入居している。この博物館はSTEMに焦点を当てた教育非営利団体として活動する地域史イニシアチブの集合体なのだ[4]。そこには、ニュージャージー難破船博物館もある。第二次世界大戦のホームフロントを再現したリビングルーム。軍事通信技術、レーダー、信号電子機器のコレクション。第二次世界大戦の戦場ジオラマ。鉄道模型の設置。黒人男性のエンジニアや科学者に焦点を当てた「アフリカ系アメリカ人歴史室」。どういうわけか同時に「レニ・レナペ・アメリカン・インディアン」、ヨーロッパ人による植民地化、そして独立戦争に捧げられた部屋。ニュージャージー州軍事技術博物館というのは、最も目に見える部分は太陽の下に座っている戦車部隊らしい。そして少なくともパンフレットでは「核シェルター劇場」と呼ばれるものだ[5]。その土曜日の午後、私がニュージャージー州のシャーク川干潟の南端の湿地帯に沿ったこの一片の土地にきたのは『インフォエージ』のためだった。もっと具体的に言うと、その土曜日に『インフォエージ』内で起きていたことのためだ。年に一度の地域レトロコンピューティング大会であるビンテージコンピュータ・フェスティバルイーストの２日目なのだ。かつてApple IIのような初期のマイクロコンピュータを中心に栄えたホビイスト集団の見る影もない慣れの果てだ[6]。

　プログラムでは「時をさかのぼる素晴らしい家族向けの冒険」と宣伝されているこのフェスティバルは、我々の技術的過去に対するある種の理解について、ある種の想像力を垣間見せるある種の窓である。教育セッションでは、1970年代のマイクロコンピュータ雑誌の見出しから抜き出してきたような

エピローグ：委託販売フロアにて

263

トピックが深く掘り下げて説明される。CRTの修理、Atari 2600グラフィックスプログラミング。そろばんと計算尺をマスター。週末にかけて一連の基調講演が行われ、この本をほぼ読み終えた皆さんならすでにおなじみの名前や企業が取り上げられた。デヴィッド・アールとテッド・ネルソン。コモドール社のマイケル・トムツィクとアドベンチャー・インターナショナルのスコット・アダムズ。これは、主にその技術的機能に還元されたコンピューティングの歴史であり、1977年と今日の間で変化したことのほとんどはハードウェアの仕様だとする歴史なのだ。つまり、メモリの量、プロセッサの速度、オーディオに利用可能なチャネル、スプライト、色のカタログ、相対コストの変化。素材性も魅力の重要な要素であり、見た目や雰囲気という単純な概念を超えたものとなっている。キーボードの弾力性、ジョイスティックの抵抗、ディスクドライブの回転音について語っている。それを聞くとドライブが正常に動作しているかどうかがわかるのだ。これらのマシンの物質的な遺産に敬意を表し、メイカースペースには、ハンダ付けの入門だけでなく、いじくり回しや探索のためのさまざまなハードウェアキットが用意されていた。一方、体験できるものの大半は展示品だ。これこそこのフェスティバルの誇りと醍醐味であり、地元のレトロコンピューティング愛好家が、1970年代と1980年代の最初のマイクロコンピュータフェアを思い出させる形で、テーブルを設置してハック、改造、歴史的システムを披露するのだ——あるいは、かつてスティーブ・ウォズニアックが、ホームブリュー・コンピュータクラブの集まるスタンフォード大学の講堂の外の廊下でトランプ用テーブルの脇に立ち、通行人に目立たない小さな6502コンピュータ基板に興味を持ってもらうよう勧めていたときのことを思い出させる。

　この冒険で私に同行した（そしておそらく付き添いもした）ジェイソン・スコットは、元UNIXシステム管理者からコンピュータ歴史ドキュメンタリー作家に転身し、インターネットセレブの猫飼いからインターネットアーカイブ常駐のマッドハッターに転身した人物だ。彼はインターネットアーカイブにおいて、米国のコンピューティング史に関連する史料、および1970年代と1980年代のエミュレートされたソフトウェアを広範な収集（この本の存在自体が恩恵を受けている資料のコレクション）をほぼ一手に引き受けた人物なのである[7]。スコットは私を車で1時間以上かけて連れて行ってく

インフォエージ科学歴史博物館の標識。コンピュータ史はアメリカ軍事史とホビイストエレクトロニクス展示と同じ文脈に置かれている。写真：著者撮影、2021年10月9日。

れた。マンハッタンからニュージャージー州のガーデンステート・パークウェイを下る間は、フェスティバルとその主催者の形成史を構成する、果てしなく複雑に絡み合った個性の絡み合いについてあれこれ語ってくれた。私たちは実際の参加者というよりも、ゴンゾー民俗学者のように敷地内を歩き回った。スコットは、ひげを生やし、シルエットを際立たせるシルクハットをかぶり、巨大なデジタル一眼レフカメラのレンズを通してイベントをストーキングした。ネオングリーンのジャンプスーツを着た私は、一見同じような廊下、出入り口、時折90度の曲がり角で交差する会議室で構成された、まったくインスピレーションのないDoom MODのような漠然と似たような建物の質素な配列を駆け抜け、横切りながら、この現場を満喫することに専念していた。オリジナルの*Pong*マシンをプレイした。ニュージャージー・アンティーク・ラジオ・クラブの無線技術博物館の精巧な所蔵品を周回した。実際の1970年代のコンピューティングコンベンションTシャツと「Creative Computing」のビンテージコピーを購入した。出展者とおしゃべりした。退屈して、さまよって、戦車に登った。スコットがキャンパスに来た瞬間、彼の携帯電話はテキストメッセージで爆発した。だれも私を知らず、特に興味も持たなかった。

この土曜日にフェスティバルに行った理由の一つは、第1章の冒頭にその
コンピュータと世論のついての考察を挙げた「Creative Computing」創刊人
デヴィッド・アール氏の講演を聞くためだった。しかし、ビデオゲーム史最
初の50年に関する彼の1時間以上の講演の、4分の1ほどさえ我慢できなかっ
た。アールがコンピュータ史上最大のヒット、たとえばブレッチリー・パー
クの暗号解読機能、アラン・チューリングの模倣ゲーム、ジョセフ・ワイゼ
ンバウムの1950年代のチャットボットELIZAなどに関するパワーポイント
のスライドを次々に見ている間、私はスコットに「この部屋にいる人ならこ
んなことは知らないわけがないでしょう?」とうるさくメールした。彼の返
答は俳句に近いテーゼだった。

　　みんなこんな話は知っている
　　これは教会なんだ異教徒め

　私は自分が信仰していない神の祭壇に来るという間違いを犯してしまった
のだ。歴史研究者として、私がビンテージコンピュータ・フェスティバルの
ようなものに参加するのは、過去を祝ったり、自分の献身を神聖化したり、
追悼の儀式に参加したりするためではなく、過去とは何であるかについて
そのようなコミュニティが行っている歴史的議論を理解するためだ——そ
の探究には話し言葉と沈黙の両方の質感への注目が必要なのだ。スコットが
示唆したように、ここで起こるすべてについては信仰がある。この過去は尊
重され、認識され、記憶され、救われ、保存されなければならないという信
仰だ——とはいえそれがずばり何のために保存されるべきかは不明だ。イン
フォエージ自体と同じように、このフェスティバルはその活動の教育的価値
を自明のこととしている。展示されているテクノロジーが現在でも使用され
ているからではなく、それらがこの地球上での人類の役割を表現すると信じ
られているイノベーションの大きな連鎖の一ステップを構成しているからだ
(というのが公式のお話だ)。歴史的なテクノロジーの祖先の運用に対する
この想定された信念は、インフォエージのミッションステートメントで明ら
かにされている:

「科学イノベーションを保存、教育、讃えることで、新世代の思考者、夢見る人々、ビジョナリーたちに霊感を与えること」

これらすべてが意味するのは、過去に対する、つまり歴史を意味あるものにする、ある種の指向だ。戦車やレーダー砲、水爆や無線局、さらにはコンピュータさえも、それがどれほどパーソナルであっても、その生産条件、材料の用途、その使用方法や経済循環から切り離された無垢の存在だという概念を吹き込むのは、明らかにばかばかしい。しかし、これは、書かれたコンピューティングの歴史の多くが何度も繰り返し行っていることであり、技術の拡張、転送、監視、包装という途方もない流れの最新のエントリーとして祝われ、同時に、その歴史の政治的、経済的、社会的暴力を、大衆消費者の遊び道具としての普及を通じたそれ自体の美徳の主張を永遠に復活させることによって、脇に置くよう求めるのである。

この本の主な目的は、実際には製品にすぎなかったものに対する英雄的な同一視やそれをめぐる技術的な謎を超えた歴史を提供することだ。これはそうしたものを貶めるためではない——資本主義は独自の感情的な力を発揮する——我々の日常生活においてコンピューティングが果たす主要な役割は、自由や創造性、あるいはあらゆる進歩に類するものよりも、征服、支配、特に資本と関係があるかもしれないことを理解するためである。アメリカ文化は経済的な成功を技術革新の報酬として扱い、世界のハイテク覇者たちが天文学的で数学的には理解できない給料を稼いでいることを受け入れている。しかし、それが逆だったらどうだろうか。技術的な「イノベーション」が市場の不安やストレス反応の裏側にすぎず、コンピュータ技術が資金をある拠点から別の拠点に吸い上げるための柔軟な媒体にすぎなかったとしたらどうだろう。過去50年間、数十年ごとに、消費者コンピュータ利用技術は、金融パイプラインがどのように流れ、誰に流れるのかを多少なりとも再配線してきた。しかし、流れが多数から少数へと向かうという事実は決して変えていない。

これは、私たちのツアーが終了した場所、フェスティバルの委託販売専用フロア、大規模改修中の巨大なオープンスペースで最も明白となった。委託販売フロアはレトロコンピューティングイベントの定番であり、零細ディーラーや過剰在庫のコレクターが一種の共同フリーマーケット、コンピュー

ティングの死後の世界のお買い得品箱を作り出す場所である。私は何周もして、部屋の雰囲気を感じ取ろうとした。これは、キャンプ・エバンスの２つの「Ｈ複合施設」の片方の南東翼で、第二次世界大戦中にキャンプのレーダー生産活動を収容するために建設されたものだ。床は滑らかで容赦のないコンクリートだった。壁と天井は未完成のしっくい壁らしい。強烈な蛍光灯が空間の純白を照らす。露出した窓枠からは断熱材がはみ出し、毛羽立ったクモの巣と混ざり合っており、そのクモの巣は誰かがこのスペースを維持している場合に生育できるはずのサイズよりもはるかに大きいように見えた。よく見ると、窓ガラスのガラスが少し割れていることに気づく。

　部屋の一番端には講演会場に入れなかった人用のオーバーフロー席があり、訪問者はそこに座ってプロジェクターで講演を鑑賞できた。不均一な音調の音声が、未完成の建築物に混沌と反射している。しかし、その先は、安価で大規模なケータリングイベントで使用されるような、折りたたみ式のスチール製の脚が付いた木製のテーブルが並ぶスペースとなっている。そして、それがどれほど空っぽに見えたか覚えている。委託販売されているものはほとんどなかったので、すべてが部屋全体に広げられていたが、それがなおさら空虚感を高めるだけで、空間を単調で放棄されたものに感じさせた。まるで500人の結婚式のためにテーブルを並べたのに、パーティーの招待客のうち到着したのはわずか数十人だけだとでも言うようだ。確かに新型コロナウイルスのせいもある――スコットはこのフェスティバルにこれほどの来訪者を見たことはないと主張したが――しかし、私にとっては、あらゆる物体が半端物コンピュータ機器の島から休暇をとってきたかのようで、別の意味で憂鬱に感じられた。

　スコットがスタンドの売り手とやりあう間、私はテーブルを歩き回った。レイアウトには何ら論理も美学もなかった。こっちにCueCatsが詰まった箱がある。あっちには絡み合ったイーサネットケーブルの山。64KBコアメモリ基板の箱。古い、手つかずの穿孔プリンタ用紙のロール、10ドル。箱入りのトミーチューター、LaserJetプリンターのカートリッジ、技術カンファレンスのグッズの巣窟に、「無料のストラップ」とだけ書かれた手書きの看板が付いている。そしてどこを見てもApple製品。私は、おんぼろの長方形テーブルの上に4台のApple IIディスクドライブが巧みに無計画に配置され、

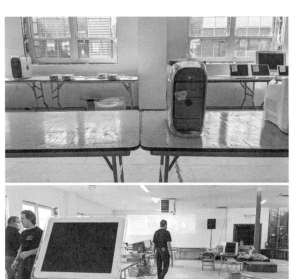

インフォエージで開催された、2021年ビンテージコンピュータ・フェスティバルイーストのまばらな委託販売フロア。写真：著者撮影、2021年10月9日。

ケーブルは束ねられておらず、青いペインターテープに黒マジックで「VCF $30」と価格が書かれたものに惹かれた。1979年価格で8ドルにもならない（図版19参照）。

　Appleの残骸が山積みだ。いくつか向こうのテーブルには2000年代半ばのMacBookとPowerBookの一団、20数インチの外部モニター、そしてiMac G5が、大西洋中部の涼しい午後の光の角張った影の中に平然と座っていた。後ろには、滑らかなメカニカルネックにわずかに上向きに張り出した本格的なスクリーンを備えたiMac G4、ブロック状の古いImageWriter IIとPersonal LaserWriter、特徴的なプラスチックシャーシの「グラファイト」PowerMac G4、スロットローディング式のiMac G3（カラー：ブルーベリー）があった。まわりにあるものはすべて、世界を変えたとされる消費者向けコンピュータの設計の歴史だった。技術ジャーナリストのスティーブン・レビーが、Macintoshがどのように「すべてを変えた」かについての著書の題名で言うように「めちゃくちゃ素晴らしい」（*Insanely Great*、邦題：『マッ

キントッシュ物語』）ものが、いまや 100 ドル以下で手に入る。

　ここでは、歴史は生き続けていると称しつつも、実は死ぬ。この本が追跡したすべて──マイクロコンピューティングを可能にしたイノベーションと文化的実践の長い弧、ウォズニアックの技術的苦労、ジョブズの常軌を逸したショーマンシップ、愛好家の好奇心旺盛な輝き、市場の初期の起業家たちの野放図なリスクテイク、同じ市場の初期の投資家の妥協なき利己性、これらの魔法の機械と言われているものを読みやすく、インスピレーションよりも不安を感じることが多い消費者にとって有用なものにするためにサブカルチャー全体が費やした計り知れない努力、経済崩壊と地政学的な競争が共謀してコンピュータに明るい国民の必要性を強調した様子──そのすべてがどういうわけかここに取り残されてしまったのだ。私が他の場所で最もうまく言ったように「歴史とは、我々が何を話すかではなく、その意味を私たちがどのように組織するかにある」[8]。ビンテージコンピュータ・フェスティバル、インフォエージ、ポップ・ジャーナリズムの全部門、YouTube ビデオ、出版業界はすべて、コンピュータ利用がどのようなインスピレーションを与え、どのような未来を生み出すのかなど、コンピュータ利用に関する同じ懐かしい物語を私たちに伝えることに専念している。これらの物語を消費しようとする我々の意欲は、歴史の中に自分自身を

2021 年ビンテージコンピュータ・フェスティバルイーストの委託販売フロアに散在する、古びた誰にも求められないアップル製品。写真：著者撮影、2021 年 10 月 9 日。

見たいという我々自身の欲求に直接比例している。歴史とは、先祖崇拝の世俗版、または白人が遺産に執着できる文化的に許容される数少ない空間なのだと想像することもある。というのも白人の伝統への訴えそのものが社会的に不適切なものとなってきているのだから。

この本の執筆と編集のプロセスを通じてずっと、私の開発担当編集者のティム・ラウリオは、章ごとに、コンピュータを「パーソナル」なものにしたものは何かという話で何を言いたいのか明らかにするように求めてきた。彼は、慎重なコメント、練られた文章、再構成された結論によって、私からこれを引き出した。そして私はこの質問に屈した。結局のところ、それは本書の題名〔編注：原題は How the Computer Became Personal〕なのだから。しかし最終的には、理論的かつ学術的に受け入れられる正統な範囲の正当化を通じて、私が考える「個人的」とは何かを伝えるような壮大な総合は存在しない。正直に言うと、私の目的はそれよりも粗野で、もっと単純だった。これは、この歴史がいかに妥協し、不安を抱え、無関心であるかを我々すべてに示すことで、できるだけ多くの人々からコンピューティングの原初の無垢さに対する大切な信仰を奪うことを目的とした強盗だったのだ。ノスタルジーを打ち破るのは危険なゲームだが、それだけの価値はある。それは、なぜ私たちの歴史幻想がそのような形、つまり過去に失われたものよりも常に現在によってより多くの情報を与えられた形を取るのかを考えさせる。

これが委託販売フロアで好きなところだ。ここではすべてがより正直になっているように見える。訪問者は、展示ホールでこれらと同じテクノロジーに目を細める。そこでは、それらが慎重に組み立てられ、入念に記録され、展示用に並べられている。ここでは、それらは法定通貨と交換されるものにすぎない。目的を剥ぎ取られ、自然の年表や影響力の暗示的な軌跡を無視して散在し、すべてがまったくどうでもよいものとされ、売れなければプラスチックの箱に詰め戻されるのを待っているだけだ。すべてのものは再び生き返るのを待っているが、そのほとんどは生き返ることはできず、生き返ることもない。ここで私たちは真実を語る。あそこにあるフロッピーディスクドライブは、かつては現代テクノロジーの驚異であり、今でも世界で最も裕福な企業の一つによって作られたものだ。それが今や、無料でも引き取り手がいないほどなのだ。

謝辞

　本書の進捗は、2020年1月7日に始まる単一の連続したツイッターのスレッドで記録した。その後の28ヵ月にわたり、私はそのスレッドに本書の作業をした毎日投稿し、自分が執筆した時間、章の単語数、進捗に関するコメント、苦労、一貫的な情緒の状態について記述した。本書は35分以上か3時間以上にわたる時間の区切りを使ってコツコツと進めたが、そのスレッドは単なる時間経過よりはるかに多くを記録している。それは我々の足下で砕け散った世界の痕跡を残しているのだ。そのスレッドを構成する何百ものツイートをスクロールしつつ、私は捕らえるつもりのなかった経験のモザイクを横切って運ばれる：すべての仕事が在宅勤務になることによる予期せぬ疲労。人間との接触を奪われること。抗議活動、行進、頭上を爆音で飛ぶヘリコプター、沈黙の中を響き渡るサイレン。いくつかのツイートの折り目には、恋に落ちる、別れる、慢性的な痛み、年を取るなど、私自身の個人的なドラマが隠れている。そして、別の生活パターンがゆっくりと現れ、屋外でのたまり場や編集セッション、天候への新たな注目、「オフィスへの復帰」、衛生という見かけの非現実的な体制、そしてどういうわけか、すべてが止まった様子。

　しかし、このスレッドが私に確信させてくれることは、何よりもこの本がコミュニティ内で書かれたものであるということだ。まわりの人々がツイートに「いいね！」をしたことがあるのか、スレッドの存在を知っていたのかは関係ない。結局のところ、Twitterでなくても他のものがあった。Zoom、WhatsApp、Signalのグループ、毎日のSlackの投稿、InstagramのDM、

SMS、古き良き電話、そして大量のメールだ。ここで言及されているすべての人々、そして私が忘れているはずのさらに多くの人々に言いたい。あなたは役割を果たし、貢献し、その過程で私を助けてくれた。この本は皆さん全員のおかげなのだ。

　彼らなしでは、この本の当初の可能性のごく一部も実現できなかっただろうという恩人が3人いる。まず、シカゴ大学出版部の私の編集者であるジョセフ・カラミア。皆様の温かい忍耐と思慮深いフィードバックのおかげで、この本はその意図を達成できた。さらに私のエージェント、サラ・レビットに。何年も前、あなたは私がまだ自分でも見えていなかった何かを私の中に見てくれた。そしてそれがすべての変化をもたらした。最後に、この本の隠れた主人公は間違いなく、私の開発担当編集者であるティム・ラウリオだ。もしこの本がよく構成され、有能に書かれていると感じた読者がいるなら、その賞賛は彼に帰属する。ティム、あなたはこの作品に最も鋭い目と最も深い敬意を示してくれた。あなたの小さくて優しい欄外のコメントは私を笑顔にし、あなたが思っている以上に何度もこの作品を元気づけてくれた。

　この本を推進した人々以外に、本書の起源に責任のある人々もいる。この本は、ニューヨーク大学メディア・カルチャー・コミュニケーション学部の先輩同僚、つまりフィン・ブラントン、スー・マレー、ナターシャ・シュル、マリタ・スターケンからの戦略的指導がなければ存在しなかっただろう。これは私がMCCに着任したときに書こうと思っていた本ではなかったが、最終的にこの本を書くことになったことを、私は忘れられないほど感謝している。私と同じくらい頑固だった皆さんそれぞれ（だが特にマリタかもしれない）に感謝する。

　MCCの同僚、およびもっと広くニューヨーク大学／ニューヨーク市の学術界の皆様：個別の貢献を列挙するのは困難だが、いくつかの特別な言及は必要だろう。もう一度、スー・マレーに感謝する。彼は執筆プロセスのほとんどを通じて私の部門長を務めたほか、信頼できる思いやりのある指導者であり、おそらく私の最大の応援団長でもあった。マラ・ミルズもまた、素晴らしい指導力、仲間意識、CSAの残り物を提供してくれる素晴らしい人物だ。後輩の同僚、ホイットニー（ホイット）パウ、ジェームス・シグル・ワフトゥ、アンジェラ・シャオ・ウー、励まし、信頼、そして敬意をありがとう。

同様に、この仕事はMCCの才能あるスタッフと管理者の助けなしには不可能だった。彼らは仕事と教育に関連する数え切れないほどの事柄で私を助けてくれた。レベッカ・ブロウ、ダレル・カーター、トレーシー・フィゲロア、アネット・モラレス、ドヴ・ペドルスキー、ダニ・レスト、カーリーサ・ロビンソン、ウィニー・ウーに感謝する。知的なサポートや個人的なサポートも、部門の枠を超えることがよくあった。ニューヨーク各地の学者、思想家、ゲームやアートの制作者の勤勉な集団、特にヨースト・ファン・ドリューネン、R・ルーク・デュボア、コリーン・マックリン、ナンシー・ノヴァック、ジョン・シャープに感謝する。

　私はこの本を、MCCで最初の博士課程の講義「コンピューティングの歴史」を教える文脈の中で書き上げた。この原稿の最終編集をまとめるとき、クラスでの会話が何よりも頭にあった。この受講者の献身、思慮深さ、忍耐力、そして好奇心に感謝する：トニー・ブレイブ、リア・シトリン、チェルシー・ダン、シカール・ゴエル、ナビル・ハセイン、グレース・リム、チャーリー・ミュラー、ジンヒ・パーク、レーン・イェーツ、ナンソン・ジョウ。

　散在する資料や歴史的手がかりを追跡するという点で、スタンフォード大学図書館のヘンリー・ローウッド氏とコンピュータ歴史博物館のデイビッド・ブロック氏に多大な支援をいただいた。この研究の歴史的根拠の多くは、コンピュータマニア雑誌「Softalk」から来ている。幸運にも、Softalk Apple Projectの人々の助けのおかげで、私はキャリアの早い段階でこの雑誌を探求できた。さらに、ジョージア工科大学で大学院クラスを教えていた間、特にケラ・アレンと協力していた間、「Softalk」アーカイブを深く調査できた。「Softalk」とVisiCalcの両方の歴史についての初期の会話は、これらのトピックについての私の考えに影響を与えた。とても思慮深い対話者になってくれたケラに感謝する。また、原稿を査読してくださった匿名の学者の方々にも感謝したい。彼らの思慮深いフィードバックにより、最終的な形が改善された。

　画像に関しては、コンピュータ歴史博物館のマッシモ・ペトロッツィにお世話になった。企業リードではアレックス・クランツ。フェアユースへの協力ではケヴィン・ドリスコル。ヒューレット・パッカード社のジェニー・バルスロップ。国立アメリカ歴史博物館アーカイブセンターのケイ・ピーターソン。ストロング遊び博物館のベス・マークル。シエラ博物館のブラッド・

ハーバート。最後の最後になってからの写真撮影のアンドリュー・ボーマンとテガ・ブレイン、必要としたまさにその瞬間にそのものズバリの写真を見つけてくれたアンドリュー・バージャー。自作の共有精神が今も生き続けていることを証明してくれたスティーブ・ウォズニアックとダン・ソコル。最後の段階での画像許可の支援については、メアリー・アイゼンハート、パット・ジョンソン、ジェイソン・スコット、エフレム・シーゲルに感謝。

　この本のインタビューに時間を割いてくれた方々、デヴィッド・バルサム、ダグ・カールストン、マーティン・カーン、コーリー・コサック、トム・スナイダー、そしてケン・ウィリアムズとロバータ・ウィリアムズ夫妻（以前他のプロジェクトでもインタビューを受けてくれた）にはとんでもなく感謝している。自分の物語を語るのは簡単だと思う。他の人にそれを伝えることを任されることは、はるかに難しい仕事だ。この本の中で特に目立った人物、つまりデヴィッド、マーティ、トムの皆さんにとって、私が書いたものが当時の精神や皆さんの経験の一部を少しでも捉えていることを願いたい。

　この本で私が彼と呼んでいる「インターネットアーカイブの常駐マッドハッター」であるジェイソン・スコット（@textfiles）は、専用の段落にふさわしいので、ほらこうして段落を与えよう。ジェイソン、あなたはこの本の執筆にこれまで以上に献身的に協力してくれた。さまざまな場面で、非公式の研究助手として、果敢なソーシャルメディアの宣伝者として、そして常に肯定的なインターネットのお父さんとして働いてくれた。それがあなたに誇りを与えてくれることを願う。

　この謝辞の冒頭が示唆するように、Twitter 上での私の人間関係（その多くはTwitter 上でだけのもの）は、本書が書かれる環境的な背景ノイズを構成した。本書の内容を気にかける人々が「そこに」いるという感覚は、執筆中に孤独を感じることがなかったということである。したがって、すべての返信者、すべての「いいね」とリツイート、そして私の技術的な質問に足を止めて相手をしてくれたり、アーカイブ画像についてチャットしたりしたすべての人に感謝の意を述べたい。情報源を示唆してくれたり、初期のマイクロコンピューティングが抱えている困難な技術的問題を理解するのを手伝ってくれたりする人さえいた。進めつつ助けて暮れた人々の一覧を記録しておいた（見落としがあればお詫びする）：@apple2europlus、@brouhaha、@bzotto、@

cjmenning、@dosnostalgic、@enf、@foone、@JeffAStephenson、@kaysavetz、@n1ckfg、@sehugg、@ultramagnus_tcv。さらに@a2_4amは親切にもコピー保護方式の議論における大きな洞察と決定的なファクトチェックを提供してくれた。

　私はサポート、励まし、そして時折「君ならできるよ！」というミームを、自分の所属機関を超えた何人かの同僚から受け取った。たとえばロリ・エマーソン、マシュー・カーシェンバウム、ソラヤ・マレー、リサ・ナカムラ、そして特に最初の章の初期バージョンを読んだパトリック・マックレーなど。また、このプロジェクトに対する初期のサポートとフィードバックをくれたイアン・ボゴストにも特別な感謝の意を。さらに、コンピューティング、情報、社会のための特別関心グループ（SIGCIS）と『ROMchip: A Journal of Game Histories』の両方で協力し、学んだコミュニティ、特にモーガン・エイムズ、ピーター・サックス・コロピー、ジェラルド・コン・ディアス、ステファニー・ディック、ケヴィン・ドリスコル、ジェイソン・ギャロ、レイフォード・グインズ、シャオチャン・リー、ヘンリー・ローウッド、アンドリュー・ミード・マギー、ソロヤ・マレー、デヴィッド・パリシ、エリザベス・ペトリック、ジョイ・リシ・ランキン、アンディ・ラッセル、メラニー・スウォルウェル。

　ここからは難しい部分になる。友情のネットワーク、つまり貢献が定量化できなくても仕事を可能にした気遣いのレイラインをたどることである。まず、メディアスラッカーズたち。ジェイコブ・ガブーリー、私の仕事上のあらゆる面での夫。引き込まれる本物性を持つカーリン・ウィング。デイブ・パリシ、不屈の人物。そして、ステファニー・ボルクとパトリック・ルミューは、うまく演じられた人生を信じ、模範としてくれた。ボートや暴飲、バーボンについては、月明かりに照らされたいかだに乗り、火を囲んで読書することで築かれた友情、N・D・オースティン、ジョシュ・ビスカー、ダニエル・バトラー、セレステ・ルコンプト。賭けや総張り、そして実にしばしば勝たせてくれたウィリアム・A・アンダーソン、アレックス・クランツ、ティム・ファン、レイチェル・ロビンジャー、レイチェル・マーサー。テガ・ブレイ、サム・ラヴィン、クリス・シュー——みんな最も暗いタイムラインの希望の光だ。車に載せてくれたラムジー・ナセル、儀式についてはステファニー・

ディック。ケビン・カンシエンヌとマーガレット・ロバートソン：あなたた
ちは家族だ、完全に。必要とされた外での読書や、ヌードルディナー、『ジー
ナ』の視聴マラソンでは、ホイットニー（ホイット）パウとジェシー・ロイ
に。チャールズ・エプリー：あなたがいなくて寂しい。クィアコミュニティ
を私にプレゼントしてくれたセレステ（再び）とエリン・L・トンプソンに。
リズ・バリー、あなたはちょうどこの本の最終編集が終了したとき、私の人
生に滑り込んできた。驚きと最高級の喜びでした。私の理学療法士、リズ・
レモンターニュに５つ星のレビューと限りない感謝を。彼なしでは文字通り
この本を書くことはできなかった。ブレント・ストラングとA・C・デガー：
もっと電話をかけるべきだった。

　そして、もし私が生命維持装置を必要とした場合に法的責任を負う人物は
世界に２人いる。フィン・ブラントンとケッテ・トーマスだ。フィン、あな
たは伝説から出てきた友人、ファンタジーの本の主人公で、ヴァルハラ行き
を運命づけられたひげを生やしている。あなたは太陽のように明るく、私の
影を消し去る。そしてケッテへ：あなたの友情は、知られるという屈辱的な
試練を定義づけている。私はあなたにすべてを負っている。

アーカイブと情報源について

　情報源とアーカイブ、およびタイミングについて一言言っておくべきだろう（歴史家ですらタイミングは避けられない）。この本は2019年の秋に着想された。4ヵ月後の2020年春、新型コロナウイルス感染症（COVID-19）のパンデミックにより、州、国家、海洋を越えた身体の移動は劇的に変化し、多くの場合停止した。パンデミックの最初の数ヵ月間は、新たな経済危機の出現ももたらし、大学の研究口座や旅行資金に対する激しいロックダウンが生じた。この本を構想するにあたり、すでによく知っていて、すぐに手元にあった資料のコーパスを中心に本書を構成できたのは幸運だった。それは、文字通り何十億もの資料を保管する非営利デジタルライブラリであるインターネットアーカイブに収容されているコンピュータ雑誌アーカイブだ。これは2,800万冊を超える書籍とテキスト、および約60万のソフトウェアプログラムが含まれる（2022年1月現在）。コンピュータ雑誌アーカイブ自体は、それよりは小さい合計3万冊近くの定期刊行物を集めたコレクションである（ただし、一部は重複スキャン）。これまで発行されたすべてのコンピューティング雑誌を網羅しているわけではないが、これらのコレクションには、「BYTE」「Creative Computing」「COMPUTE!」「Family Computing」、特に「Softalk」など、マイクロコンピュータ所有者向けのニュースと知識の初期の基礎を形成したコンピューティング愛好家や業界雑誌が多数収録されている。「Softalk」は、ソフトウェア業界内で厳密な月間ベストセラー一覧を掲載している唯一の雑誌であり、本書にとって重要なアーカイブとなっている。

インターネットアーカイブには、雑誌コレクション以外にも、ホビイスト
のニュースレター、マーケティング資料、操作マニュアルなど、他の多くの
貴重な資料のスキャンもホストされている。インターネットアーカイブ上の
これらの作品は、何千ものエフェメラを個別にスキャンしたり、一括スキャ
ンを調整したりする、レトロコンピューティング愛好家の小規模で猛烈な献
身的なコミュニティの献身と善意の証である。インターネットアーカイブ上
でそれが存在する一部としてこれらのテキストがOCR処理されたことによ
り、数万ページのコンテンツの素早いキーワード検索が可能になり、わずか
10年か20年前でも不可能だったであろう速度と規模でこのプロジェクトを
実行できるようになった。

この作業では、インターネットアーカイブに保管されている資料に加えて、
私自身が集めた初期のパーソナルコンピューティングのガイドブック、マ
ニュアル、バイヤーズ ガイド、百科事典、辞書の折衷コレクションを利用
した（オフィスに戻ってアクセスできるようになった時点で）。主要な新聞
や米国の全国定期刊行物など、より伝統的な情報源にもオンラインでアクセ
スできました。必要に応じて、電話やZoomでの個人インタビューで一次文
書を補足した。

この本の執筆の大部分では、アーカイブに足は運べなかった。それがで
きていれば、スタンフォード大学アーカイブとコンピュータ歴史博物館の
Apple関連の所蔵品を調べていただろう。ただし、（より広範なコンピュー
タソフトウェア業界ではなく）アップルコンピュータ社の歴史についてはっ
きり触れているのは第2章だけだ。この章は、まさに新型コロナウイルスが
ニューヨーク市を襲ったまさにその瞬間に書いていたため、デジタルで入手
可能な一次および二次文書の範囲内に収まるように設計されているこの本は
全体として、アップル社という特定の企業の歴史について独自の主張をしよ
うとするものではなく、またそのより大きな主題を裏付けるためにはその必
要もない。（現在も進行中の）パンデミックのさまざまな段階で旅行が現実
味を帯びてきたが、最終的にインターネットアーカイブの広さによって、こ
こでの主題に対する独自の、おそらく前例のない形式のデューデリジェンス
が可能になったと判断した。

注

はじめに

1. ジョブズのiPhone発表の現場から直接報告した記事としては、Block, "Live from Macworld 2007"; Honan, "Apple Unveils iPhone." 参照。

2. ジョブズのプレゼンテーションのクリップはYouTubeで大量に出回っているが、このキーノートは全部通して観る価値がある。Jobs, "iPhone 1," 参照。

3. "The Shakeout in Software."

4. コンピュータの所有が1980年代半ばにはたった二桁だったという議論については、第6章の注3参照。1990年代アメリカのパーソナルコンピュータ利用のインストールベースに関する情報はEric C. Newberger, "Computer Use in the United States," *Current Population Reports*, US Department of Commerce and the US Census Bureau編纂, October 1997, issued September 1999; Eric C. Newberger, "Home Computers and Internet Use in the United States: August 2000," *Current Population Reports*, US Department of Commerce and the US Census Bureau編纂, issued September 2001 参照。

5. この系譜はBardini, *Bootstrapping* より。メディア理論家アン・フリードバーグはモノグラフ *The Virtual Window* 最終章で同じ議論をしており、パーソナルコンピュータを主に視覚メディアとしている。

6. この問題に関する一次参照文献としてはCoburn, *Learning about Microcomputers*, 1-42; Willis and Miller, *Computers for Everybody* 参照。

7. 本書では、商業的にリリースされたすべてのソフトウェア製品のタイトルを斜体にすることにした。これは、シカゴスタイルを含むほとんどの書誌標準から逸脱している。シカゴスタイルでは、ソフトウェアとアプリケーションを斜体にしないことが義務付けられている。ゲームはこの規則の唯一の例外だ。*Chicago Manual of Style* の第17版によれば、ゲームは「映画と同様に、二つの芸術形式間の物語と視聴覚の類似性を認識する使用法」(8.190) で斜体にする必要がある。しかし、文化的かつ経済的な形態としての消費者向けソフトウェアの夜明けについての本の中で、ゲームと他のソフトウェア製品の間の書誌上の区別を主張することは、この歴史家の意見では支持できない。シカゴスタイルのルールは、ゲームと他のタイプの動画メディアの間の時代遅れの類似性に依存しており、さらに、何をもってコンピュータゲームとするのかという判断さえ自明ではない。マイクロコンピュータゲームソフトウェアは、現時点では他のすべてのマイクロコンピュータソフトウェアと同じ製造および流通チャネルを通じて製造、出版、販売、購入されていた。本書のより大きな政治経済的アプローチに沿って、私はすべてのパッケージ化され、個別に販売されるソフトウェア製品を出版物として扱うことにした。ただし、この分類は、無料でリリースされたソフトウェア、または自作集団によって配布されたソフトウェア (TINY BASICなど)、オペレーティングシステム (Appleのフロッピーディスクドライブ DOS 3.3など)、またはオリジナルのハードウェアに付属して配布されたプログラミング言語およびインタープリタ、たとえばApple IIの整数BASICとApplesoft BASIC (どちらもROMに保存) には適用されない。タイトルが斜体になっていない一次文書から引用する場合は引用元の活字体裁のままにした。これらの詳細について考えるのを手伝ってくれたメディア歴史家でアーキビストのピーター・サックス・コロピーに感謝する。

8. Apple IIソフトウェアの歴史の重要なコンポーネント2つ、ワードプロセッサとオペレーティングシステムCP/Mは、本書の範囲外として脇に置いた。ワードプロセッシングには、もっと広いコンピューティング開発とオフィスオートメーションにおいて複雑な歴史がある。マシュー・キルシェンバウムが彼のモノグラフ "Track Changes" で述べているように、ワードプロセッサは作文の労力自体を物質的および概念的な方法で変えた。ワードプロセッサはパーソナルコンピューティングの出現ときわめて関係が深いが、私は (主にスペースの制約により) まだ単行本レベルの注目を集めていないソフトウェ

280

ア分類に焦点を当てることにした。ディスクオペレーティングシステムのCP/M（Control Program/ Microprocessorの略）はと言えば、これはハードウェアの周辺機器、マイクロソフト社のソフトカードとして現実化した。これはApple IIのソフトウェアライブラリを拡張した。だがソフトカードとCP/Mは、本書で概念化しているようなソフトウェア分類を構築しなかった。ワードプロセッサについてくわしくはHaigh and Ceruzzi, *A New History*, 208-13; Kirschenbaum, *Track Changes* 参照。CP/MとSoftcardの説明はWeyhrich, *Sophistication*, 133-36参照。

9. Macintoch のきわめて一般的な歴史としてはLevy, *Insanely Great*。

第1章

1. アメリカにおけるコンピュータ開発の包括的な歴史としてはCampbell-Kelly et al., *Computer*; Haigh and Ceruzzi, *A New History* 参照。

2. Ahl, "Computer Power," 46-47.

3. Ahl, 42.

4. Campbell-Kelly et al., *Computer*, 241. 1977年の神話のパーソナルコンピュータ利用の社会的認知に関する部分の批判としてはNooney, Driscoll, and Allen, "From Programming to Products" 参照。コンピュータ利用がアメリカ社会に到達した瞬間をより正確に反映した瞬間があるとすれば、それはおそらくパーソナルコンピュータを「今年のマシン」に選んだ「TIME」誌1983年1月3日号と、いまや伝説となった1984年のMacintoshスーパーボウル広告の間のどこかで見つかるだろう。

5. コンピュータの定義は安定しておらず、各種の歴史的な解釈が存在する。だがこうした問題は本書の範疇を超える。多くの機械式および電気機械的な「計算」装置が1940年代以前に存在したが、アメリカにおける「モダン・コンピューティング」は「繁栄と強い消費者市場の環境において1945年に発達した。それはまたソビエト連邦との連戦の最中だった」というポール・E・セルージの記述から私は拝借する。*Modern Computing*, 7.

6. この夜の映像は、レポーターのチャールズ・コリングウッドとUNIVACとのやりとりの数瞬間を含めYouTubeで見つかる。CBS News, "Election Coverage" 参照。

7. こうした表象と懸念は1950年代末から1960年代初頭のオートメーションと労働をめぐる全般的な国内不安と整合している——ジョン・F・ケネディの1961年オートメーション労働力局創設がその一例である。

8. 戦後アメリカにおけるメインフレームコンピュータ利用の歴史についてさらに詳しくはCampbell-Kelly et al., *Computer*, chaps. 4-7; Ceruzzi, *Modern Computing*, chaps. 1-5参照。

9. 推計はRankin, *People's History*, 13より。

10. インフレ調整するとこうした値は2020年ドルでおよそ$22,220から$1,022,300になる。数字はIBM 360/20とIBM 360/67の1968年夏のリース費用に基づく。"Monthly Computer Census" 参照。

11. ランキンは、メインフレームへのアクセスに必要な手順と、この種のシステムの様々な制約についての効果的なナラティブを提供している。Rankin, *People's History*, 12-15. アメリカコンピュータ利用史におけるジェンダー化された労働の記述についてはAbbate, *Recoding Gender* 参照。

12. この時分割処理の説明はCeruzzi, *Modern Computing*, 154-55より。またCampbell-Kelly et al., *Computer*, 203-5; Wilkes, *Time-Sharing* も参照。時分割処理は1960年代後半に商業的にも制度的にも普及したが、その前例はSABREやSAGE（それぞれ航空予約と軍空域監視に使用）のような大規模なメインフレームコンピューティング設備で最初に試行されたリアルタイムのインタラクティブ性に見られる。

13. Driscoll, "Professional Work," 259.

14. テレタイプなどの端末は、通常、それ自体はコンピュータではなかった。メモリと独立した処理能力を持たなかったのである。むしろ、それらはリモート入出力デバイスとして機能する通信機能を備えて設計されていた（そのため、独自のコンピュータの「頭脳」を持たないという想定で、「ダム端末」と呼ばれることもあった）。端末とテレタイプのより詳細な議論はKirschenbaum, *Track*

Changes, 124参照。

15. ミニコンピュータという用語は一般的に使えるものだが、常に使用されていたわけではない。IBMは、自社のミニコンピュータを「ミッドレンジ」システムと呼ぶ傾向があった。ミニコンピュータのセットアップは、マーケティングと実装に応じて、「小規模ビジネスコンピュータ」または単に「小規模システム」と呼ばれることもある。メインフレームとミニコンピュータの区別は、特にすべてのシステムがマイクロプロセッサを使用し始めてからは、やや恣意的なものになりがちである。何をもってミニコンピュータとするかという検討についてはCampbell-Kelly et al., *Computer*, 216-18; Ceruzzi, *Modern Computing*, 124-39参照。教育の文脈におけるミニコンピュータとそれがもっと広範なパーソナルコンピュータ史とで持つ関係の事例研究はRankin, *People's History*, chap. 3参照。

16. Campbell-Kelly et al., *Computer*, 216.

17. Ceruzzi, *Modern Computing*, 133.

18. Ceruzzi, 124.

19. Rankin, *People's History*, 4-5.

20. 1980年代初頭から中頃にかけて、子どもも大人も同様にコンピューティングへの興味刺激を目的とした指導教材が大量に生じた。Litterick, *How Computers Work*, 10; Conniffe, *Computer Dictionary*, 64; Coburn, *Learning about Microcomputers*, 14参照。

21. 統計はCampbell-Kelly et al., *Computer*, 223より。小型化研究促進に対する米軍の関心の役割はよく記録されている。Ceruzzi, *Modern Computing*, chap. 6; Lojek, *Semiconductor Engineering*, esp. chap. 7; Misa, "Military Needs"参照。

22. これらの技術はどれも、それ以前の技術と完全な決別を示すものではない。標準化された電気コンポーネント間の移行は拡散しており、通常、それらの間には10年以上の重複があった。集積回路の歴史はCampbell-Kelly et al., *Computer*, 215-25; Ceruzzi, *Modern Computing*, chap. 6; Kilby, "Integrated Circuit"; Lojek, *Semiconductor Engineering*参照。

23. アメリカにおける半導体製造台頭の同時代の記録としてはVacroux, "Micro*computers*"参照。

24. ムーアの法則の簡単なまとめはCeruzzi, *Modern Computing*, 217参照。その部分の脚注43は、ムーアの法則のありがちな誤解について有益な記述を提供し、またこの問題についてのゴードン・ムーアの1975年の論文への参照も含む。しかしこの概念についてムーアの最初期の検討は1965年だった; Moore, "Cramming"参照。

25. マイクロプロセッサは同時発明の好例である。1970年代初頭にはいくつかの企業が同様の技術に取り組んでいたが、インテルが最も重要であると広く考えられている。インテルの4004開発の物語は、このテクノロジーの中核となる経済的および技術的特性の多くを示している。Campbell-Kelly et al., *Computer*, 231-32; Ceruzzi, *Modern Computing*, 217-21; Faggin et al., "*History* of the 4004"; Noyce and Hoff, "Microprocessor Development"参照。

26. Vacroux, "Micro*computers*," 32からの引用。マイケル・オームはこのスケーリングを半導体産業の「学習曲線」と呼ぶ. Orme, *Micros*, 127-28参照。

27. Orme, *Micros*, 128.

28. 4004のような汎用マイクロプロセッサは、電卓の機能を実行するべきだとどのように「認識」したのか？ 4004マイクロプロセッサは、インテルがリリースした、コンピュータ的に使える4つのチップセットの一つでしかない。何らかの実装の命令はROMプログラムメモリチップ（4001）に保存されており、これはより簡単にカスタマイズでき、安価に製造できる。Faggin et al., "*History* of the 4004," 16を参照。これら4つの集積回路（ROMとCPUに加えてRAMと入出力レジスタ）が、インテルの言葉で言えば「マイクロコンピュータシステム」となる。この用語は、「Electronic News」1971年11月15日号にインテルが掲載した元の広告に由来する。

29. オルセンの発言なるものは広く出回ったが、その出所は不明。オルセンは、「自分専用のコンピュータを欲しがる人がいる理由なんか思いつかない」と「個人が自宅にコンピュータを持つ理由はない」という2つの類似発言をしたとされる。最初の引用は、1974年5月のDECでの会合のものとされ、Ahl, "Dave Tells Ahl," 72で報告されている。2番目の引用は、オルセンが1977年にワールド・

フューチャー・ソサエティーで行った講演からの引用で、2016年に「タイム」に再掲されたと報じられる。オルセンはその後何度もこの声明を修正し、条件をつけている。Mikkelson, "Ken Olsen," 参照。

30. これらの制限のため、Intelは4004の商業販売に消極的だった。「ミニコンピュータの能力に慣れている顧客は、マイクロプロセッサの貧弱なパフォーマンスに適応できないだろう」と考えたからだ。Faggin et al., *"History of the 4004,"* 18.

31. Ceruzzi, *Modern Computing*, 244-55.

32. Ceruzzi, 222.

33. 趣味は多岐にわたる性質を持っているため、この主題に関する文献は比較的少ない。クリステン・ヘリングの*Ham Radio*は、技術的な趣味を扱った作品の決定版である。私は「エレクトロニクス愛好家」を、ヘリングの言うところの「技術愛好家」のサブセットと同定する。技術愛好家には、オートバイの改造や模型飛行機の製作などの活動が含まれる。ヘリングは、技術的な趣味を「単にテクノロジーを操作する方法を超えた、何らかの技術的な理解またはスキル」が必要と定義する。Kristen Haring, *Ham Radio* 2を参照。趣味というものの性質を考えると、その膨大な数を知ることは不可能だが、最も人気のあるホビイスト雑誌の一つ「Popular Electronics」の発行部数は1974年に433,000部を超え、これは米国の世帯の約1.6パーセントに相当する。年間の発行部数と頒布数は、1962年以降の各1月号の裏面に記載されている。*Popular Electronics*, January 1975, 110.

34. Haring, *Ham Radio*, 76.

35. 事例は、「Popular Electronics」1971年1月号、7月号、11月号の巻頭特集より。11月号の記事は自作電卓についてのもので、エレクトロニクスホビイストメーカー、マイクロ・インスツルメンテーション・テレメトリー・システムズ（MITS）共同創業者エド・ロバーツが書いている——1975年にAltair 8800マイクロコンピュータをリリースする企業である。

36. 例外は何が普通かを裏付けてくれる。既知の最も古いコンピューティング愛好家グループは、エンジニアのスティーブン・グレイがアマチュアコンピュータ協会（ACS）を設立した1966年に遡る。このグループの最初のニュースレターには160人の購読者がおり、コンピュータの構築に関する情報の流通を奨励している。メンバーはほぼすべて大学、防衛企業、またはコンピューティング業界自体でコンピューティングの分野で働いていただろう。Campbell-Kelly et al., *Computer*, 218-19. ACSニュースレターの分析はGotkin, "When *Computer*s Were Amateur"を参照。

37. Haring, *Ham Radio*, xii.

38. Haring, 75. 技術的な趣味を持っている人の40～73パーセントが工学や科学系の仕事に就いていると推定されるが、全就業年齢のアメリカ人だとこの数字はわずか2パーセントだ。Haring, 81.

39. Haring, 157.

40. Haring, 78-88.

41. 1960年代初頭におけるコンピュータプログラミング産業の広範な男性化についてはEnsmenger, *Computer Boys*, 77-79参照。

42. Haring, *Ham Radio*, 44-48. エレクトロニクス分野で働くアフリカ系アメリカ人についての情報はFord, *Think Black*; McIlwain, *Black Software*; Shetterly, *Hidden Figures*参照。

43. Scelbi-8HとMark-8はどちらもIntel 8008を使っている。これはインテルの2番目の商用マイクロプロセッサである。Ceruzzi, *Modern Computing*, 225. Mark-8についての元の論説はTitus, "Build the Mark 8"参照。

44. Helmers, "What Is BYTE," 6. 反対方向の影響もあり得る。同じ号である購読者兼アマチュア無線家は「アマチュア無線はコンピュータホビイストが当然入れる分野」と書いている。Campbell, letter to the editor, 87.

45. MITS創業、エド・ロバーツの役割、Altairが「Popular Electronics」表紙になった経緯についてはFreiberger and Swaine, *Fire in the Valley*, 27-36参照。

46. $397という価格は2020年インフレ調整で$1,900ほど。また簡易版が$298、組立済は$498。

注

Roberts and Yates, "Altair 8800," 34.

47. Ceruzzi, *Modern History*, 227-28に、AltairがMark-8やScelbi-H8に対して持っていた優位性の説明がある。その大きな利点の一つはMITSが1974年に発表されたばかりのインテルの8ビット8080プロセッサを実装するという決断である。最新のマイクロプロセッサを使う費用はAltairをホビイストのまったく手の届かないものにしたはずだが、Altairの設計者エド・ロバーツは、インテルがホビイスト市場未経験なのを活用して、大幅な低価格で手に入れた——このためAltairは、初期のキットのコンピュータよりも技術的に優れ比較的安価なものとして市場に最初に登場できた。

48. 技術探究の政治化はアメリカのハッカー倫理の中核にある。それは「コンピュータへのアクセスは（中略）無制限で全面的であるべき」と主張し「すべての情報は自由になりたがっている」「当局を疑え——分権化を促進せよ」と述べる。Levy, *Hackers*, 39-51 参照。

49. ラジオキットの遺産と、自作と購入との緊張関係についてはHaring, *Ham Radio*, 49-73 参照。

50. Salsberg, editorial, 4; 強調引用者。Mark-8とScelbi-8Hは1974年にこれを技術的に達成はしていたが、Altairがもっと先進的なIntel 8080マイクロプロセッサを使ったことで、こうした以前のシステムよりずっとミニコンピュータ的になった。

51. この歴史解釈についてのさらなる説明はJoy Lisi Rankin, A *People's History*のエピローグ "From Personal Computing to Personal *Computers*" を参照。

52. ベイエリアのマイクロコンピュータ・ホビイスト世界を満たす創造的で技術的なコミュニティについては無数の本が記録している。Isaacson, *Innovators*, 263-382; Johns, *Piracy*, 463-96; Levy, *Hackers*, 153-278; Turner, *From Counterculture to Cyberculture* 参照。

53. Elizabeth Petrickは同様に、商業企業が初期のホームブリュー・コンピュータクラブの文化に商業実業がどこまで埋め込まれていたかを検討する。Petrick, "Imagining the Personal *Computer*," 36-37.

54. Ceruzzi, *Modern Computing*, 240.

55. エド・ロバーツの事業取引とAltairの技術開発に関する一部の記述はFreiberger and Swaine, *Fire in the Valley*, 31-35; Levy, *Hackers*, 186-92にある。

56. MITS, 広告.

57. 一部の情報源では、マイクロコンピュータとマイクロプロセッサという用語は多かれ少なかれ同義語だったが、これはおそらく、最初はこれらのマシンにはマイクロプロセッサ以外の機能がほとんどなかったためだろう。例としては、「BYTE」創刊号（1975年9月）を参照。この記事では、「あなたに最適なマイクロプロセッサは」という記事で、Altairを含む人気のマイクロコンピュータキットを調査している（「8080ベースのシステムを購入できるパッケージ」との説明）。同様に、「Scientific American」の1975年5月号では、表紙にテレダイン・システムズ・カンパニーのTDY 52マイクロプロセッサの写真が掲載されているが、そのチップ自体をマイクロプロセッサではなくマイクロコンピュータとしている。DECのPDP-11ファミリのコンピューティングシステムのマイクロプロセッサマニュアルに見られるように、ミニコンピュータは、「ミニコンピュータの速度と命令セットを備えた16ビットマイクロコンピュータ」として宣伝され、マイクロプロセッサを使用している場合にはマイクロコンピュータと記述されることもある。Digital Equipment Corporation, *Microcomputer Handbook*, xv 参照。

58. MITS, *Altair System*, 2.

59. Campbell-Kelly, *Airline Reservations*, 97-99. マーケティングサービスとしてのソフトウェアは特に一般的だった。特に銀行や保険などの特定の業界向けのソフトウェアパッケージの品質は、企業がメインフレーム会社を選択する際の決定要因となっていた。

60. 契約プログラミングからソフトウェア製品へのこの変革に関する最も明確な歴史的事例研究は、1964年に元々RCAによって契約されていたアプライド・データ・リサーチのフローチャートプログラム*Autoflow*の分析の中でキャンベル-ケリーによって記録されている。Campbell-Kelly, *Airline Reservations*, 100-101.

61. これらの価格は、どちらも1960年代にリリースされたインフォマティクスのMark IVとアプライド・データ・リサーチの*Autoflow*の記載費用に基づいている。Campbell-Kelly, *Airline Reservations*,

106, 100. この同じ時期の1969年に、IBMは、ソフトウェアを含む提供サービスを、顧客に請求する総費用からアンバンドリングすることに同意した（この動きは間違いなく米国司法省によるIBM独禁法違反調査に結び付いている。当時IBMは米国のコンピューティング市場の70%を支配していたからだ）。Campbell-Kelly, *Airline Reservations,* 109-10.

62. "Software Prices," 3. BASICインタープリタをAltairのメモリに読み込むと、プログラマはAltairが処理できるコードをBASICで書ける。インタープリタは本質的に、機械語（コンピュータが受け付けられる最下級の英数字コマンド）で書かれたプログラミング言語の命令の翻訳である。一般的なプログラミング言語の具体的な実装として、インタープリタを使用すると、特定のコンピュータのメモリ制限やマイクロプロセッサ設計に合わせて言語をカスタマイズできる——これは、メモリが貴重品であった時代には必須だった。言い換えれば、1970年代には「1つの」BASICは存在しなかった。多くのBASICが存在し、それぞれが実行されるハードウェアシステムに合わせてカスタマイズされていた。構文は同じ言語のインタープリタ間で保持されるが、プログラミングの細かい部分はよく変更された。

63. "Software Prices," 3. また50ドルの4K BASICバンドルもあった。MITS, *Age of Altair,* 21.

64. AltairのBASIC販売に対する消費者の不満の一部は、プログラミング言語自体がダートマスで発明され、より広範なコンピューティングコミュニティに自由に配布されていたという事実だった。BASIC開発についてのさらなる情報はRankin, *People's History,* 66-105参照。

65. Altair 8800専用BASICインタープリタだったTINY BASICはAltairのインテル8080マイクロプロセッサ専用にカスタマイズされ、Altairの最低限の総4Kメモリのうちたった2Kで走るようになっていた（このため「タイニー［小さい］」とされた）。Allison, Happy Lady, and Friends, "DESIGN NOTES," 15-18; Levy, *Hackers,* 231.

66. Allison, Happy Lady, and Friends, "DESIGN NOTES," 15.

67. *Altair BASIC*、TINY BASIC、*Altair BASIC*の海賊版についてかなり詳しい記述がLevy, *Hackers,* 225-29にある。特にレビーの記述はベイエリアやホームブリュー・コンピュータクラブの中での紙テープ複製源としてダン・ソコルを指摘する。自作ホビイストコミュニティの中での共有エートスの詳細についてはDriscoll, "Professional Work"; Johns, *Piracy,* chap. 16; Petrick, "Imagining the Personal *Computer*"; Freiberger and Swaine, *Fire in the Valley,* 140-43参照。

68. 10パーセントという推計は2つの情報源で参照されている：Allen, *Idea Man,* 93; Gates, "Open Letter," 2.

69. MITSのビジネスモデルはハードウェアで儲ける仕組みになっていた——Altair自体はほとんど原価販売なので儲からないが、中心的なハードウェアを最大限に使うための周辺機器や拡張ボードで儲けるのだ。Allen, *Idea Man,* 94.

70. *Altair BASIC*の起源の物語は学術論文およびジャーナリスティックな実に多くの文献で記述されている：Campbell-Kelly, *Airline Reservations,* 204-5; Ceruzzi, *Modern Computing,* 232-36; Cringely, *Accidental Empires,* 2-4; Levy, *Hackers,* 225-29.

71. Isaacson, *Innovators,* 332-33.

72. Manes and Andrews, *Gates,* 82.

73. Campbell-Kellyはこの取り決めの独自性について*Airline Reservations,* 205で述べている。

74. Driscoll, "Professional Work," 263-64.

75. Driscoll, 264.

76. Driscoll, 265.

第2章

1. 最初の2年間におけるホームブリュー・コンピュータクラブの起源、人口構成、価値表明についてはPetrick, "Imagining the Personal *Computer*"参照。

2. Wozniak, *iWoz,* 154.

3. 夜のアクティビティは、ゴードン・フレンチとフレッド・ムーアが企画した。優れた政治活動家であるムーアと、軍レベルのセキュリティ許可を持つエンジニアであるフレンチは、共通の不満から思いがけない提携を結んだ。2人ともピープルズ・コンピュータ・カンパニーで教育活動に携わっており、グループの創設者でありコンピューティングの伝道者であるボブ・アルブレヒトが自分たちの労働を過小評価していると感じていた。Markoff, *What the Dormouse Said*, 273-76; Moritz, *Little Kingdom*, 103-4.
4. Wozniak, *iWoz*, 154. 最初とその後のホームブリュー会合についてのウォズニアックの完全な記述は *iWoz*, chap. 10にある。
5. Wozniak, 155.
6. Moritz, *Little Kingdom*, 21.
7. Moritz, 29.
8. Wozniak, *iWoz*, 14.
9. Wozniak, 16.
10. ウォズニアックはアマチュア無線従事者免許を持つ最年少の人物になったと本人は考えている。
11. Malone, *Infinite Loop*, 16.
12. Barak, "John McCollum."
13. Moritz, *Little Kingdom*, 47-49.
14. Moritz, 46; Wozniak, *iWoz*, 98.
15. 女性たちはどこ?と疑問に思うかもしれない。良い質問だ。女性たちはいつもどこかにいて、男性が自分たちについて語る物語の背景に投げ込まれていた。寛容で感じの良い母親、イライラしながらも協力的な妻、1ドルで回路基板のソケットにチップを差し込む妹、あるいはまったく名前が挙げられない女性たち。
16. Moritz, *Little Kingdom*, 47-50.
17. Wozniak, *iWoz*, 119; Moritz, *Little Kingdom*, 119.
18. Wozniak, 56-118.
19. Wozniak, 75-92.
20. ブルーボックス開発の記述はMoritz, *Little Kingdom*, 70-79; Isaacson, *Steve Jobs*, 27-30; Wozniak, *iWoz*, 93-118; Butcher, *Accidental Millionaire*, 25-33.
21. Moritz, *Little Kingdom*, 76; Wozniak, *iWoz*, 115.
22. 価格はIsaacson, *Steve Jobs*, 29にある。ジョブズとウォズニアックは「この小さなデバイスに興味を持つ女性などいないと確信していた」(Moritz, *Little Kingdom*, 75)。二人のブルーボックスの逸話は約1年後には静まった。ジョブズは「退屈と起こり得る結果への恐怖が重なって」最初にプロジェクトを去り、しばらくの間、珍しくウォズニアック自身が事業を運営することになった。(Moritz, *Little Kingdom*, 77)。Moritz (*Little Kingdom*, 77-78) は彼らの事業がおよそ1年続いたと示唆しており、つまりそれが1972年の夏のどこかで終わったらしい――ちょうどジョブズがリード大学に進学しようとしており、ウォズニアックがエレクトログラス社に就職した頃だ。
23. Moritz, *Little Kingdom*, 95. 明らかに、ビル・フェルナンデスもウォズニアックも、ジョブズがアタリ社に就職したと知って驚いた。どちらもジョブズを大したエンジニアと思っていなかったからだ。
24. Moritz, 95.
25. ジョブズがこの仕事を獲得した経緯については諸説ある。マーティ・ゴールドバーグとカート・ベンデルによると、アタリ社の社長ノーラン・ブッシュネルはアタリ社のエンジニア全員にその機会を与えたが、興味を持ったのはジョブズだけだったという(彼らは、ボールとパドルのゲームはエンジニアたちには時代遅れだと考えられていたと主張している)(*Atari Inc.* 162-65)。ウォルター・アイザックソンによれば、ジョブズはブッシュネルのオフィスに呼ばれ、ゲームのデザインを依頼されたという(*Steve Jobs*, 52)。ブッシュネルがただの技師だったジョブズと交流したのは異例に思えるが、当時アタリはまだ小規模な会社であり、ジョブズを雇ったアタリ社の主任技師アル・アルコーンは、ジョブズがそんな仕事を受けたことさえ知らなかったと主張している(Goldberg and Vendel, *Atari*

Inc., 163; Alcornインタビュー、26での発言）。

26. ゴールドバーグとベンデルによると、ブッシュネルとアタリのエンジニアであるスティーブ・ブリストウは、ジョブズに仕事を与えればウォズニアックがそれを完成させると知っていたという（*Atari Inc.*, 163）。ウォズニアックがたった20個のチップで設計した自家製*Pong*クローンを見ていたため、ブッシュネルはウォズニアックがすごいエンジニアだと知っていたと主張する記述さえある。

27. 新しいアーケードゲーム用基板設計の通常の時間推計はアル・アルコーンの回想より。Goldberg and Vendel, *Atari Inc.*, 163.

28. Goldberg and Vendel, *Atari Inc.*, 162.

29. Goldberg and Vendel, 165.

30. Moritz, *Little Kingdom*, 78.

31. Moritz, 100; Johnson and Smith, "*Breakout* Story."

32. どれだけチップを節約できたかについては諸説ある。アイザックソンは、ブッシュネルが50未満のチップごとにボーナスを与えたと主張するが、この主張の証拠には出典がない（*Steve Jobs*, 52-53）。ゴールドバーグとベンデルは、ボーナスは120未満のすべてのチップに対してボーナスが出たと報告する。彼らの情報源は主に、アタリ社の主要担当者への直接インタビュー。Goldberg and Vendel, *Atari Inc.*, 162を参照。すべてを考慮すると、ゴールドバーグとベンデルの報告の方が可能性が高そうだ。アイザックソンの記述だと、ブッシュネルがチップを節約するたびに1,000ドルのボーナスを配っていたことになり（現在の価値では約4,700ドル）、ほとんどのアーケードマシンのチップは50から100の間ではなく、100を超えていた。ボーナス額の推定について、リー・ブッチャーの*Accidental Millionaire*は7,000ドルだったというウォズニアックの主張を引用している。*iWoz*でウォズニアックは「数千ドル」と述べる（148）。

33. Isaacson, *Steve Jobs*, 54.

34. Moritz, *Little Kingdom*, 36-40.

35. Isaacson, *Steve Jobs*, 31-52; Moritz, *Little Kingdom*, 86-101.

36. Hertzfeld, "Reality Distortion Field."

37. ジョブズが自分の取引を守らなかった記録例として、完全に組み立てられたApple 1コンピュータに関するポール・テレルとの最初の契約がある。テレルが受け取ったのは完全に組み立てられたプリント基板だけだったが、それでもそれを受け取った（Moritz, *Little Kingdom*, 145）。ニューヨーク市の著名なコンピュータ小売店であるスタン・ヴェイトは、検討のためにApple 1を提供というジョブズの申し出を受け入れたら、500ドルの代引きとなったと回想している（Veit, *History*, 89）。

38. Wozniak, *iWoz*, 155.

39. Wozniak, 156.

40. 1975年の夏、ウォズニアックがTV端末のことを考えていた理由はもう一つあった。ウォズニアックは、マウンテンビューに本拠を置く時分割処理会社コール・コンピュータ（Call Computer）のオーナー、アレックス・カムラッドのためにTV端末を設計することに同意していたのだ。カムラッドはホームブリューの初期の参加者だった。1975年7月5日のニュースレターでは、彼はクラブに専用時分割処理アカウントを提供し、「TVT［テレビ端末］の優れたデモを提供してくれた」と感謝されている。マイケル・モリッツによると、カムラッドは「テレビに接続できるタイプライターキーボードを備えた,より便利な端末を顧客にレンタルまたは販売したいと考えていた」という。彼はウォズニアックを雇い、一緒にコール・コンピュータの子会社コンピュータ・コンバーサー（Computer Conversor）を設立した。カムラッドはスタートアップ資金として1万2,000ドルを提供したが、ウォズニアックは会社の30パーセントとコール・コンピュータの無料アカウントと引き換えに端末を開発すると約束した。モリッツの記述ではカムラッドはこの端末を「より壮大な計画の一部」、スタンドアロン型コンピュータ開発の出発点として捉えていたという。Moritz, *Little Kingdom*, 116-26を参照。ウォズニアックとカムラッドがいつ一緒に事業を始めたのか正確には不明だが、スタンフォード大学アーカイブに保管されている「コール・コンピュータ・ターミナル」の回路図は1975年6月22日のものとされており、ウォズニアックが機能するマイクロコンピュータの完全な設計を完了した

注

と主張した数日前である（*iWoz*, 166を参照）。TV端末と同様に、コンピュータ・コンバーサーは
メディアとコンピュータの歴史の痕跡である。ウォズニアックの最初のApple 1プロトタイプとほぼ
同時に作成されたことが、コンピュータ・コンバーサーが一般的な記述に登場しない理由を説明で
きそうだ。それは年表を複雑にするだけでなく、ウォズニアックの自作コンピュータ商品化の要とし
てのスティーブ・ジョブズの役割を小さくするからだ。

41. Kirschenbaum, *Track Changes*, 124, プロの文脈では、ガラス製端末を使用する利点は、ノイズが
ないことと、リアルタイムのテキスト編集ができること（専用のワードプロセッサ機器にありがちな
機能）だった。

42. Wozniak, *iWoz*, 153. このような装置の変種はホビイスト雑誌で数年間流通し、文書化された最
も古い例は「Radio-Electronics」の1973年9月号に遡る。「TVタイプライター」と呼ばれるこ
の機器は「時分割処理サービス、学校、実験用途向けのコンピュータ端末」として宣伝された。
Lancaster, "TV Typewriter," 43.

43. これらの機能は、1976年のAppleの最初の広告で教示的に示され、そこでは「キーボードインターフェー
ス」と「完全なビデオ端末エレクトロニクス」の接続が明確にラベル付けされている（p. 60参照）。

44. 6502とその発明者チャック・ペドルの簡単な説明はCoughlin, "Chuck Peddle"参照。

45. Wozniak, *iWoz*, 167.

46. ウォズニアックはApple 1をホームブリューでデモした経験について*iWoz*, 184-85で語っている。
Apple 1は最大8KのRAMを載せられたが、販売したものは4K搭載だった。

47. Apple 1に関するいくつかの歴史的記述は、それが初期状態のAltairの16倍のメモリを提供したと
主張するが、この主張はいくぶん不誠実である。確かに、最低限のAltairキットには256バイトの
メモリしかなかったが、マシンを使いこなすためにはほぼ全員がアップグレードする必要があった。
特に、Micro-Softの*Altair BASIC*を実行するには4Kメモリが最小要件だったため、4Kメモリはマ
シンを使いこなすための最小量であると考えられていた。

48. Moritz, *Little Kingdom*, 127.

49. "Member Micro*computer* Systems."

50. Moritz, *Little Kingdom*, 136.

51. Moritz, 137.

52. Mortiz, 135-36.

53. モリッツによると、ジョブズはウォズニアックを説得してコール・コンピュータとの提携を諦めさせね
ばならなかった。*Little Kingdom*, 140.

54. 当初のパートナーシップは、実際にはウォズニアック、ジョブズ、そしてジョブズがアタリを通じて
知っていたロン・ウェインの3人で行われた。ウェインはアップルのオリジナルのイラストロゴをデ
ザインしたが、公式にはアップルコンピュータの株式10パーセントと引き換えに、機械エンジニ
アリングと文書化の責任を負っていた。ウェインは2週間も経たないうちにパートナーシップを離
れ、保有株をウォズニアックとジョブズに800ドルで売却した。Moritz, *Little Kingdom*, 139-40;
Wozniak, *iWoz*, 174, 185.

55. ウォズニアックの自伝では、ホームブリュー・コンピュータクラブへのプレゼンテーションは1976
年3月に行われ、それはテレルが契約を結んだ後に起こったと主張されている。これはアイザック
ソンとは整合しない。Wozniak, *iWoz*, 177, 184; Isaacson, *Steve Jobs*, 66-67. テレルがホームブ
リューの頻繁な出席者であり、ウォズニアックとジョブズとApple 1 100台の契約を結んだという以
上の話について、一連のできごとの正確な解明は将来の学者に任せるしかない。

56. Moritz, *Little Kingdom*, 142-43.

57. Moritz, 150-52.

58. Apple 1用BASIC開発をめぐるウォズニアックの記述は*iWoz*, 180-84参照。言語インタープリタの
開発方法についてはほとんど知識がなかったウォズニアックは、BASICの実装を（*Altair BASIC*で
はなく）HP BASICに基づいて行い、浮動小数点演算の代わりに整数を使用した。このBASICは後
に更新され、Apple IIに実装された。ただし、浮動小数点の不在は一部のプログラマにとって問題だっ

た。アップル社は後にApplesoft BASICのリリースでこれを修正しようとした。詳しくはWeyhrich, *Sophistication*, 47-53参照。

59. Moritz, *Little Kingdom*, 153.

60. Wozniak, *iWoz*, 188.

61. Wozniak, 189-90.

62. PC '76で販売されたApple 1の数に関しては諸説ある。ウォズニアックとジョブズとブースを共有したスタン・ベイトは、何も売れなかったと主張している。ウェイン・グリーンもフェアに参加していたが、別のブースにいて、ジョブズから聞いた数字として、20台のApple 1が売れたと述べる。Veit, *History*, 97; Green, "Remarks from the Publisher," 6.

63. ウォズニアックはアタリへの売り込みを*iWoz*, 196で述べる; モリッツはコモドールとの取引を*Little Kingdom*, 161-62で記述。

64. Moritz, *Little Kingdom*, 174.

65. Nicholas, *VC*, 187.

66. バレンタインの投資スタイルの概要と、彼がアメリカのベンチャーキャピタルの歴史にどうあてはまるかについては、Nicholas, *VC*, 222-31を参照。

67. Moritz, *Little Kingdom*, 175.

68. Moritz, 176.

69. Moritz, 177.

70. Isaacson, *Steve Jobs*, 79-80.

71. 西海岸コンピュータフェアの最初の発表はホームブリュー・コンピュータクラブ会誌1976年9月号表紙にある。

72. Ahl, "First West Coast *Computer* Faire," 24.

73. アップルブースの位置は、イベントプログラム内の出展者リストとフロアマップを照合することで確認可能; *Computer* Faire, program, 36, 42参照。

74. Moritz, *Little Kingdom*, 188, 191.

75. Moritz, 191-92; Veit, *History*, 96-97.

76. Moritz, *Little Kingdom*, 186-91.

77. Stein, "Domesticity," 196.

78. Moritz, *Little Kingdom*, 188.

79. ウォズニアックの選択は先見の明があった。6502は最終的に、Atari VCSや初代ファミコンを含む多くの人気家電製品に採用されることになる。

80. 初期のBASICについてはWeyhrich, *Sophistication*, 47-51参照。

81. 購入にはカセットデッキは付属しなかった。ウォズニアックは、ホビイストが自前のデッキを用意するという想定に基づいて開発した。Weyhrich, *Sophistication*, 42-43.

82. ウォズニアックにとってゲームは常に中心的な関心事だった。Apple IIプロトタイプの最初のプログラミング試験の一つは、アタリの*Breakout*を再現することだった。Wozniak, *iWoz*, 190-92.

83. Moritz, *Little Kingdom*, 193.

84. ラジオシャックは1978年にモデルI拡張インターフェースをリリースした。これにより、利用者はRAMと周辺機器を追加できるようになった。

第3章

1. 一覧はマッド・ハッター・ソフトウェア広告より。「BYTE」1979年3月号, 163。

2. Rosen, "*VisiCalc*," 1.

3. Rosen, 2.

4. Rosen, 2.

5. マーティン・キャンベル=ケリーの言う「キラーアプリ」仮説は、「新しいアプリケーションが、以前

は不可能だった、またはコストが高すぎた活動を可能にすることで、新しいテクノロジーが広く採用されるようになる」というものである。*Airline Reservations,* 212. *VisiCalc* に関する多くの一般向け報道やレトロ愛好家の文章は、この神話的な立場を維持しており、ソフトウェアのおかげでパーソナルコンピューティング産業が成り立っていると主張している。もちろん、そのような主張は行きすぎだ。キャンベル＝ケリーが書くように「パーソナルコンピュータ革命は、*VisiCalc* の有無にかかわらず起こっていただろう。しかし、*VisiCalc* によってプロセスが数カ月早まった可能性は高い」。「キラーアプリ」仮説の詳細については、Campbell-Kelly, *Airline Reservations,* 212-14 参照。

6. Carroll, *It Seemed Like Nothing Happened,* 207-32.

7. Carter, "Energy and the National Goals."

8. Harvey, *Neoliberalism,* 2.

9. ハイテクジャーナリストスティーブン・レビーは、これがアラートン・クシュマンのパンフレット「Apple Byter の告白」の主要な記述だとして参照している。Levy, "Spreadsheet Way of Knowledge."

10. Levering, Katz, and Moskowitz, *Computer Entrepreneurs,* 130.

11. ブリックリンの背景について詳しくは Bricklin, *Bricklin on Technology,* 423-26; Levering, Katz, and Moskowitz, *Computer Entrepreneurs,* 129-31 参照。

12. Campbell-Kelly, "Number Crunching," 7.

13. こうした各種口承については Bricklin, *Bricklin on Technology,* 424, 426; Campbell-Kelly, "Number Crunching," 7; Cringely, *Accidental Empires,* 64-66; Grad, "Creation," 21; Levering, Katz, and Moskowitz, *Computer Entrepreneurs,* 131 参照。

14. ビジネス環境におけるコンピューティングの使用は、伝統的に1951年のUNIVACから始まる。このシステムは当初、米国政府の国勢調査計算の自動化を支援するために考案されたが、その後すぐに市場調査会社, 保険会社、その他の企業活動に買収された。Campbell-Kelly et al., *Computer,* 99-103.

15. 20世紀半ばのソフトウェア製品産業概観は Campbell-Kelly, *Airline Reservations,* chaps. 4 and 5 参照。

16. この売上のおよそ3分の2は産業固有および業界横断的なアプリケーションからきていた。Campbell-Kelly, *Airline Reservations,* 126.

17. Campbell-Kelly, 126-27.

18. Grad, "Creation," 21.

19. バート・グラッドは、Typeset-10とHarris 2200がブリックリンのデザイン精神に与えた影響について、より深く概説している。"Creation," 21-22.

20. Campbell-Kelly, "Number Crunching," 7. ほとんどの情報源は、ブリックリンとフィルストラはHBS教授によって紹介されたと主張しているが、ポール・フライバーガーとマイケル・スウェインは、フランクストンはすでにフィルストラを知っており、パーソナル・ソフトウェア社用にApple IIのブリッジ・プログラムを変換していたと主張している (*Fire in the Valley,* 229)。

21. Fylstra, "Personal Account," 4.

22. Fylstra, "User's Report"; Fylstra, "Radio Shack TRS-80."

23. ダン・ブリックリンとボブ・フランクストン、マーティン・キャンベル＝ケリーとポール・セルッツィによるインタビュー、2004年5月7日。

24. *VisiCalc* の設計と実装については Grad, "Creation," 24-26 参照。

25. Bricklin and Frankston, interview, 15; Grad, "Creation," 23; Bricklin, "Special Short Paper."

26. フランクストンとフィルストラはどちらも、*VisiCalc* という名前を考案したのは自分だと述べる。Bricklin and Frankston, interview, 40; Fylstra, "Personal Account," 8 参照。

27. ブリックリンは Apple IIでの開発プロセスを *Bricklin on Technology,* 427 で説明している。

28. 正確な売上の数字は確定しにくい。ここでの推計は Weyhrich, *Sophistication,* 55より。

29. Fylstra, "Personal Account," 5. パーソナル・ソフトウェア社の売上データは、フィルストラに、新興消費者向けコンピュータ小売フランチャイズコンピュータランド (*Computer*land、アップル製品

を販売）が、フランチャイズ店以外の店舗と比較して地位を高めていることも示していた。

30. Grad, "Creation," 26. *VisiCalc* の高いメモリ要件は、同時計算モードと画面スクロールによるもので、これによりユーザはモニターよりも大きなワークスペースを移動できた。こうした情報は、たとえ利用者に見えなくても、メモリに保持する必要があった。

31. Weyhrich, *Sophistication*, 29.

32. Apple のマスストレージ周辺機器 Disk II 概観は Weyhrich, *Sophistication*, 55-61 参照。

33. Helmers, "Magnetic Recording Technology," 6-8.

34. Altair 用にもフロッピーディスクはあったが、主にビジネス製品とされていた。MITS の 1975 年クリスマスカタログは、ディスクドライブとコントローラーを組立済で 1,980 ドルとしており、一般ホビイストにはまったく手の届かない価格だった。MITS, "MITS-mas," 6.

35. 1970 年代末のカセットテープによる保存メディアを論じる一次文献としては Willis, Smithy, and Hyndman, *Peanut Butter*, 59-64; Electronic Data Systems Corporation, *Little Computers*, 48-50; Freiberger and Chew, *Consumer's Guide*, 31-32 参照。

36. 磁気データストレージの理論分析としては Kirschenbaum, *Mechanisms*, chap. 1 参照。書き込み概念の明示的な議論としては 58-68 参照。

37. コモドール PET の設計者はカセットプレーヤーをコンピュータのシャーシに組み込むことまでやった（オールインワンのコンピュータ購入という発想に肩入れするにはいいが、デッキのアップグレードはどうしても不可能になった）。

38. Weyhrich, *Sophistication*, 42.

39. Willis, Smithy, and Hyndman, *Peanut Butter*, 65.

40. Electronic Data Systems Corporation, *Little Computers*, 49.

41. 一部の報告では *VisiCalc* はカセットテープに利用者データを保存できるようにしていたのだが、その機能はすぐに捨てられたという。"*VisiCalc*: User-Defined Problem Solving Package."

42. フロッピーディスク開発の情報は Weyhrich, *Sophistication*, 56; Ceruzzi, *Modern Computing*, 231-32; Bates, "Floppy Disk," F11 参照。フロッピーディスクの産業的な寿命については Amankwah-Amoah, "Competing Technologies" 参照。

43. フロッピーディスクの仕組みについての当時の説明は、Shelly and Cashman, *Computer Fundamentals*, 9.1-9.6 参照。

44. Hoeppner, "Interface," 72.

45. Weyhrich, *Sophistication*, 60.

46. アップルの 5.25 インチディスクドライブは、1978 年 7 月に Disk II としてリリースされ、その容量は 113K で、シュガートが標準で提供していたドライブより 20K 大きい。このストレージ容量の強化は、ウォズニアックが Disk II 用に用意したカスタムハードウェアとソフトウェアによる。TRS-80 の拡張インターフェースユニットの説明書は Radio Shack, *Expansion Interface* 参照。

47. Weyhrich によると Disk II は、アップル社がドライブを在庫する以前に予約する場合に限り、制御カード込みで $495 という新発売価格があったという。いったん Disk II がリリースされたら、価格は $595 だった。Weyhrich, *Sophistication*, 60. ウォズニアックはまたドライブの内部プロセスを管理する制御ソフトウェアも大幅にカスタム化し、通常より高速なフロッピーディスクアクセス時間を実現した。*iWoz*, 212-17 参照。

48. Rose, *West of Eden*, 62.

49. サードパーティー製ソフトに対するラジオシャックの制限についての雑誌記述は Green, "Painful Facts" 参照。

50. このアナロジーの例は Campbell-Kelly, "Number Crunching," 7; Carlston, *Software People*, 70 にある。

51. ホビイストの複製やソフトウェア海賊は、小売ソフトと並んでグレーマーケットとして存在した。この話については第 5 章参照。

52. パーソナル・ソフトウェア社創業について詳しくは Campbell-Kelly, "Number Crunching," 7;

注

Tommervik, "Exec Personal," 6参照。

53. パーソナル・ソフトウェア社広告。「BYTE」1978年3月号, 118参照。

54. 「BYTE」1978年3月号, 118; および1978年4月号, 170の広告参照。

55. Fylstra, "Personal Account," 7.

56. 発行者が卸売収益と直接販売でロイヤルティの割合がわずかに異なることは珍しくない。発行者はこの2つの売上フローで得る利ざやが少しちがうからだ。通常、出版社のソフトウェア収益の大部分は卸売収入であり、小売価格の50〜70パーセントに設定されていた。卸売ロイヤルティは、小売価格ではなく、ソフトウェアを流通業者に販売することで得られた売上に基づいて支払われた。ただし、この時点では業界が十分に小さかったため、ほとんどの発行者は通常通信販売を通じて消費者に直接販売していた。直販では、実店舗との価格差が生じないよう小売価格で販売した。つまり発行者はサプライチェーン内の流通業者と小売業者に伝統的に与えられていた利益をすべて吸収するということだ。つまり、発行者が自社のソフトウェアを消費者に直販すると一本あたりの利益が増加する。ただし、これらの利益は、注文処理に必要な労働者のコストと、低い製造価格を生み出すために必要な規模の経済によって相殺された（これは流通業者が大量購入によって生み出した卸売収入によってのみ可能だった）。この時期の販売代理店の価格表の例については、Brøderbund Dealer Price List（1982年2月1日）, Strong Museum of Play, Brøderbund Software, Inc. , Collection, Subseries E: Sales and Marketing,Box 8, Folder 2.

57. 多くの初期のソフト発行者はあまりに小さく、ある個人がプログラムしたソフトウェアだけで構成されていた。たとえばDon Alan Ltd.やRobert C. Kelly. 他にはEd-Pro, Digital Research, Software Records, AJA Software, National Corporate Sciences, Structured Systems Group, Sunshine *Computer* Company, Contractor's Management Systemsなど。すべての例は「BYTE」1978年5月号から。

58. *Microchess*開発について詳しくはFreiberger and Swaine, *Fire in the Valley*, 134; Jennings、インタビュー、10-19。

59. "Gold Cassette"のレファレンスは「BYTE」1979年6月号, 142の広告参照。

60. Tommervik, "Exec Personal," 7.

61. Fylstra, "Personal Account," 6.

62. Fylstra.

63. Jenningsによるとこの率は自分が*Microchess*で得たロイヤリティを参考にした。Jennings, "*VisiCalc*—The Early Days"参照。

64. Grad, "Creation," 27.

65. Grad.

66. Tommervik, "Exec Personal," 7.

67. 時分割処理システムは、ブリックリンとフランクストンがMITで使用していた時分割処理システムと同様のPL/1コンパイラを備えたPrime 350ミニコンピュータだった。カスタムミニコンピュータ環境でマイクロコンピュータ用ソフトウェアを開発するのは珍しいことではなかった。それによりプログラミングユーティリティやツールをより多く活用できるからだ。Bricklin, *Bricklin on Technology*, 447; Grad, "Creation," 26; Jennings, "*VisiCalc*—The Early Days"参照。

68. Jennings, "*VisiCalc* 1979," 1, 2参照。Personal Software社が開発チーム以外でユーザテストを実施したという文献証拠はない（ただし、FrankstonとJenningsは二人とも1978年の確定申告に*VisiCalc*を使用したらしい）。

69. 「BYTE」1979年9月号, 50の広告参照。

70. Fylstra, "Personal Account," 9-10.

71. Veit, *History*, 99.

72. Veit, 100.

73. Bricklin, *Bricklin on Technology*, 452. この引用はもともと、業界を変えた人々に与えられる1979年のホワイトエレファント賞を*VisiCalc*に授与する際にアダム・オズボーンが行ったスピーチから書

き起こしたもの。

74. Fylstra, "Personal Account," 9.「完全製品」はレジス・マッケンナ開発のコンセプト。レジス・マッケンナのマーケティング戦略については McKenna, *Regis Touch* 参照。

75. ブリックリンによるとこのマニュアルは3回書き直された。最初はブリックリンによって、次にフリーランサーによって、最後にフィルストラによって。パーソナル・ソフトウェア社は、レファレンスカードの印刷以外のすべてを自分でやった。カードは、フィラデルフィアで印刷所を経営していたブリックリンの父、バルーク・ブリックリンが印刷した。

76. Fylstra, "Personal Account," 10.

77. この画像は「BYTE」1979年9月号にある。

78. Jennings, "*VisiCalc* 1979," 3.

79. メインフレームとミニコンピュータのソフトウェア産業発展について詳しくは Campbell-Kelly, *Airline Reservations,* chap. 5 参照。

80. データ処理部門の構造とマイクロコンピュータがそれらの従業員にもたらした課題の詳細については、Beeler, "Personal Computing" 参照。

81. Helmers, "Tower of Babel," 156.

82. McMullen and McMullen, "Screen Envy," 277-78.

83. McMullen and McMullen, 278.

84. McWilliams, *Personal Computer Book*, 60.

85. アップル社は新進気鋭の新興企業としてあまりに名声があったので、1979年「Inc.」誌プレミア号で特集された。Sklarewitz, "Born to Grow" 参照。

86. "*Softalk* Presents the Bestsellers," *Softalk*, January 1984.「Softalk」のベストセラーリストのこの号では、*VisiCalc* が前月4位から11位に転落したと報告された。「Softalk」は、この低迷の原因として、ホリデーシーズンのエンターテインメントソフトウェアの好調、*Multiplan* など他の製品との競争、そして「Softalk」が「新規所有者の特性変化」、つまり「数値計算よりもワードプロセッシングを重視するようになっていること」(267) などを挙げた。

87. "*Softalk* Presents the Bestsellers," *Softalk*, December 1981, 205.

88. Sigel and Giglio, *Guide to Software Publishing*, 49-50 参照。シーゲルとギグリオは、表3.11で、その年の消費者購入額が9億500万ドルであると記録しているが、割引販売とOEMバンドルの普及により、出版社は50パーセント以上を獲得できたはずはない(発行者の売上は5億ドル近くとなる)。

89. Sigel and Giglio, 47.

90. Sigel and Giglio, 46; 強調原文ママ。

91. Personal Software, "*VisiCalc*," 2.

92. Levy, "Spreadsheet Way of Knowledge."

93. Levy.

94. Levy.

95. Levy.

96. Deringer, "Michael," 56.

97. Harvey, *Neoliberalism,* 2.

98. Allen, "Official Response," 42.

99. Dan Fylstra, "Tradetalk,"「Softalk」1982年3月号, 43での引用。

100. ビジコープとソフトウェア・アーツの訴訟に関する情報源としては Pollack, "Software Winner"; Caruso, "VisiCorp, Software Arts" 参照。

101. Pollack, "Software Winner."

102. ケイパーは、ビジコープ社の補完的な *VisiCalc* 製品である *VisiPlot* と *VisiTrend* を開発していた。ケイパーがビジコープを離れることを決めたとき、120万ドルでこれらの製品のロイヤルティを放棄した。ビジコープはこの価格を即座に支払い、買収契約への追加条項にも異議を唱えず、

おかげでケイパーは独自のスプレッドシート製品に取り組めた。ケイパーと*Lotus 1-2-3*のさらなる情報は Levering, Katz, and Moskowitz, *Computer Entrepreneurs*, 188-95; Campbell-Kelly, *Airline Reservations*, 216; Hixson, "*Lotus 1-2-3*"にある。

103. Caruso, "Software Gambles."

104. Pollack, "Visicorp Is Merging into Paladin."

第4章

1. 例外は必然的に何が通例だったかを証明する。ランキンが記録したように、ミネソタ州の多くの学生は、州全体の時分割処理ネットワークを介して、ゲームを含む教育および探索目的のソフトウェアに校内でアクセスできた。しかしそうしたネットワークは決してゲームプレイ専用設計や、ゲームプレイに特化したものではなかったという論点はそれでも成り立つ。Rankin, *People's History*, chap. 5参照。

2. コンピューティングの歴史家マイケル・R・ウィリアムズが述べるように「人間の発明に関連するあらゆる活動に「最初」などというものはない。説明にいろいろ形容詞を追加すれば、いつでもお気に入りのものを最初だと言える」。Arthur, *Nature of Technology*, 126で引用。それでもロバータ・ウィリアムズが、1970年代後半から1980年代前半にかけて商業用コンピュータゲームやコンソールゲームを作成したごく少数の女性開発者の一員なのは間違いない。このカテゴリーに属する他の注目すべき女性には、キャロル・ショウ、ドナ・ベイリー、ジョイス・ワイズベッカーがいる。

3. *Mystery House*作成の詳しい説明は Nooney, "Let's Begin Again"にある。

4. Levering, Katz, and Moskowitz, *Computer Entrepreneurs*, 236.

5. Levy, *Hackers*, 295; Nooney, "Let's Begin Again," 79-80; ロバータ・ウィリアムズ、著者との対面インタビュー、2019年1月14-15日。

6. Levy, *Hackers*, 284-87.

7. Nooney, "Let's Begin Again," 80. ロバータが多少のCOBOLプログラミングをやったと認める情報源はあるが、彼女のコンピュータ利用への曝露はそれまで記述されていたものよりもかなり広かった。ロバータ・ウィリアムズ、著者との対面インタビュー、2019年1月14-15日。

8. *ADVENT*創設と、ウィリアムズ夫妻がこのプログラムにアクセスした方法についての詳細は Nooney, "Let's Begin Again," 74-83参照。

9. おもしろいことにDECユーザグループのカタログにおける*ADVENT*の説明はこのプログラムを「ゲームと言うよりはパズル」と書いている。繰り返しプレイできないためである。Digital Equipment Computer Users Society, *DECUS Program Library*, 47参照。

10. Levy, *Hackers*, 296.

11. *Cathexis*はデヴィッド・サドナウの*Pilgrim in the Microworld*からの用語。他のゲームに対するプレイヤーのこだわりの例は Brand, "SPACEWAR"にある。

12. Albert et al.、インタビュー、9; Levy, *Hackers*, 294; Tommervik, "On-Line Exec," 4.

13. 二人がなぜApple IIを選んだかは記録されていないが、おそらくはダン・フリストラやダン・ブリックリンをこのプラットフォームに導いたのと同じ特徴に動かされたのだろう。1979年末か1980年初頭にマイクロコンピュータを探している真剣なプログラマなら、Apple IIを選ぶのは当然だった。その堅牢な技術能力、独立系開発者へのオープンさ、早めに出荷されたフロッピーディスク周辺機器、ある程度の低価格のためである。

14. ウィリアムズ夫妻がどんなマイクロコンピュータに触れていたかについてのより深い記録としては Nooney, "Let's Begin Again," 83-84, esp. notes 26 and 28参照。

15. Levering, Katz, and Moskowitz, *Computer Entrepreneurs*, 240.

16. *Clue*および『そして誰もいなくなった』（ときには*Ten Little Indians*とも呼ばれる）への言及は当時の一次文献に頻出する。Levering, Katz, and Moskowitz, *Computer Entrepreneurs*, 240; Levy, *Hackers*, 297; Tommervik, "On-Line Exec," 5参照。だがこのゲームや小説がロバータのデザイン過程に具体的にどう影響したかははっきりしない。

17. ウォズニアックが述べたように「Apple IIはまたコンピュータゲームを設計したい人には理想のコンピュータだった」*iWoz*, 209.

18. 第2章で説明したように、ウォズニアックはアタリ社でジョブズの仕事を手伝い、個人でプログラムされた*Pong*をプレイするためだけに独自のコンピュータシステムを構築した。Wozniak, *iWoz*, 141-47.

19. North, "Apple II *Computer*," 28. ウォズニアックは、システムの最初のゲームである*Brickout*、*Breakthrough*、または*Little Brickout*など各種の呼び名を持つ*Breakout*のクローンも設計した。このクローンは、最初のApple IIでカセット販売され、後にDOS 3.2システムアップデートのデモとして他のさまざまなゲームやインタラクティブなソフトと共に同梱された。

20. Apple IIは専用カラーグラフィックスチップを持っていなかった。むしろウォズニアックはApple IIにカラーを出力させるために、白黒信号のカラーバーストを操作した。これはアル・アルコーンとのインタビューでのスティーブン・キャスの表現では「テレビがアナログビデオ信号を復号する方法のクセを利用した」ものだった。アタリ社の*Pong*マシンを作ったエンジニアのアルコーンは、ウォズニアックが自分からこの技法を学んだと主張する。詳しくはCass, "Al Alcorn" 参照。

21. これらのメーカーは、これらのシステムをカラーに拡張する代わりに、まったく新しい互換性のないシステムでTandy Color ComputerとCommodore VIC-20を1980年にリリースした。

22. Apple IIの低解像度モードは、競合のPET（25×40）やTRS-80（16×64）が提供する解像度と比較しても競争力があるか、むしろ優れていた。Wallace, "PET vs. the TRS-80" 参照。Apple IIのどちらの解像度モードでも、技術的には画面の下部に4行のテキスト表示スペースがあり、それをなくせば追加のグラフィックスペースが得られた。さらに、低解像度モードでは厳密には16色が提供されていたが、グレーの2色は当時のCRT画面では区別できず、使用できる色は15色に減った。Finnigan, *New Apple II,* 294 参照。

23. Finnigan, *New Apple II,* 307.

24. Integer BASICとして知られるApple II用のオリジナルのBASICインタープリタは浮動小数点演算をサポートしておらず、さまざまなアプリケーションでの使用が制限されていた。Apple II Plusのリリース理由の一つは、Applesoftと呼ばれる浮動小数点サポートを備えたオンボードBASICの提供だった。AppleのBASICとApple II Plusの詳細については、Weyhrich, *Sophistication*, 47-53, 115-23参照。特にプログラマの観点から見たApple IIとApple II Plusの比較については、Carpenter, "Apple II vs Apple II Plus" 参照。

25. Weyhrich, *Sophistication*, 116.

26. このアプローチには先例がある。ハイレゾモードは形の表を使っており、利用者は標準的な形をベクトル座標により再現できた。

27. プレイヤーがこのゲームを元のハードウェアか適切なエミュレータで実行すると、線は画面上に、ロバータ・ウィリアムズが描いた順番で生成される。Nooney, "Let's Begin Again," 86 参照。

28. ケン・ウィリアムズ、著者との電話インタビュー、2013年10月8日。

29. アメリカにおけるアーケード時代とアーケードのキャビネットデザインについて詳しくはGuins, *Atari Design*; Kocurek, *Coin-Operated Americans* 参照。

30. アメリカのビデオゲームコンソール産業の国内力学について詳しくはNewman, *Atari Age*, 特に第3・4章参照。

31. 家庭用コンソールの経済についてさらなる情報はWilliams, "Structure and Competition," 44.

32. ラジオシャックはTRS-80を499ドルで広告したが、アタリVCSは定価164ドルでマテルIntellivisionはJCPennyで269ドルだった。RadioShack, 1980 Catalog, 170; JCPenney, Christmas 1980, 556-57.

33. ゲーム開発スタジオアクティビジョンは、サードパーティーのゲーム開発競争をコンソール市場に持ち込むのに最初に成功した企業だった。これがアタリ社に与えた影響について詳しくはDonovan, *Replay,* 89-93参照。サードパーティー開発を管理するため、コンソール業界は後にライセンス供与の仕組みに切り替えた。Williams, "Structure and Competition," 44-45参照。

34. 第3章で述べたように、ラジオシャックのような競合は、ラジオシャックストアでのソフトウェアの販売を制限することで、サードパーティソフトウェアの開発を妨げた。このためTRS-80には1980年までに大規模なソフトウェアカタログがあったのだがラジオシャックの閉鎖的な流通のため、ラジオシャックの許可（および歩合の支払い）がなければ、そのどれもラジオシャックストアでは買えなかった。

35. *VisiCalc*は例外だった。この製品の販促活動の一部は買い手に安心感を与えることだったので、フィルストラとジェニングスは主流ビジネス誌で広告を打った。だがこれはマイクロコンピュータのソフトウェア開発初期には極度に稀だった。

36. MOS 6502はApple IIだけでなくコモドールPETやSYM-1、AIM-65といった各種のあまり耳にしない訓練システムで使われていたマイクロプロセッサである。こうしたシステムすべての広告はウィリアムズ夫妻が出稿したのと同じ「MICRO」1980年5月号にある。

37. Levering, Katz, and Moskowitz, *Computer Entrepreneurs*, 240.

38. Levy, *Hackers*, 299.

39. Levy. *Skeetshoot*（*Skeet*という名称とされる）のレビューと珍しいスクリーンショットがLubar, "Software," 24にある。

40. ビデオゲーム史におけるスクリーンショットの理論化にはGaboury, "Screen Selfies" 参照。

41. Levy, *Hackers*, 299.

42. Levy, 300.

43. Albert et al.、インタビュー、19; Levy, *Hackers*, 300.

44. Levy, *Hackers*, 300.

45. Albert et al.、インタビュー、19。

46. ケンは事業をボブ・レフに売却し、レフは在庫と売掛金を使ってソフトセル（Softsel）を創業し、同社はすぐにアメリカ最大のコンピュータソフトウェア流通業者となった。Tommervik, "Exec Softsel," 4-6, 47-48.

47. Nooney, "Let's Begin Again," 87.

48. Lubar, "Software," 24.

49. "Softalk Presents the Bestsellers,"「Softalk」1980年10月号, 27。「Billboard」の「Hot 100」週間ポップチャートに倣った「Softalk」のベストセラー一覧では、Apple IIソフトウェアのベストセラー上位30本の定量的な月次ランキングが提供され、「市場の相対的な強さ」を示す指数も付けられていた。マイクロコンピュータ愛好家雑誌では読者アンケートは普通だが、ソフトウェアの販売実績や市場での強さを追跡しようとした雑誌はなかった。「Softalk」のベストセラーリストは、消費者支出の日常的なスナップショットとして、ソフトウェア発行者に、自社の販売記録だけでは得られない情報、つまり自社の相対的な業績と実際にどんなソフトウェアが売れているかの両方を把握する情報を提供した。

50. 残りの8つのソフトウェアは、ユーティリティ3本、ワードプロセッサ2本、データ管理／小規模ビジネスパッケージ2本、タイピング指導ソフトウェア1本で構成されている。

51. ヤロスラフ・シュベルフは消費ソフトウェアとしてのゲームについて似たような指摘をしている。Švelch, *Gaming the Iron Curtain*, 138.

52. International Resource Development, *Microcomputer Software Packages*, 14, 159. シーゲルとギグリオは1983年ソフトウェア市場を顧客支出で15億ドルと推計している。Sigel and Giglio, *Guide to Software Publishing*, 5参照。

53. International Resource Development, *Microcomputer Software Packages*, 159.

54. インフォコムやアドベンチャー・インターナショナルなど、ゲームのみをリリースする少数の発行者は、通常テキストアドベンチャーに特化していた。テキストのみのゲームを他のシステムに移植する方がずっと簡単だった。つまり、これらの企業は、他のソフトウェア分類に移行するより、あらゆるシステムにリリースすることで多様化と拡張を実現したのだ。

55. 拝借した用語はスミソニアン協会アーカイブにおけるエクルンドのアルバートらとのインタビューで大量に使われている。

56. 非常に初期のマイクロコンピュータ業界では、配布がまだかなり分散化されていたため、同一のゲーム間のこの種の競争が存在した。コンピュータランドのような大手チェーンは、在庫する同一のゲームの数を制限しただろうが、一部のゲームは地域限定、非チェーンのコンピュータショップでしか流通しない、または主に通信販売だった可能性もある。

57. オンラインで人気だったクローンのApple IIゲームは*Threshold*（ギャラガ）、*Gobbler*（パックマン）、*Pegasus II*（スクランブル）、*Cannonball Blitz*（ドンキーコング）など。こうしたやり方で一部の発行者は攻撃された。たとえばオンライン・システムズ、ブローダーバンド、ストーンウェアなど。アタリはオンラインがパックマンのクローン*Jawbreaker*をリリースしたことでケン・ウィリアムズに訴訟をちらつかせた。詳しくはLevy, *Hackers*, chap. 16; Tommervik, "Great Arcade/Computer Controversy" 参照。

58. シュベルフは移植と変換をプログラミングのやり方として公式に区別する。Švelch, *Gaming the Iron Curtain*, 164-66 参照。移植はマイクロコンピュータ特有ではない。いくつかの情報源はこのやり方が1970年代ミニコンピュータまで遡るとしているが、おそらく他の先例もありそうだ。こうした情報源をTwitterで指摘してくれたマシュー・ホッケンベリー、ヤロスラフ・シュベルク、ホセ・ザガルに感謝する。Malcolm, "Real-Time," 3-4; Tanenbaum, "Guidelines" 参照。

59. 広告では、Apple II向け発行者が自社製品をTRS-80やTI 99/4Aに変換した例もあるようだが、MOS 6502ベースのマシンほど多くはなかったようだ。これらが元のコードベースを何らかの形で使用した移植だったのか、それとも単純にゼロから再プログラムしたのかは不明。

60. エンターテインメントソフトウェアへのベンチャー資本の到来に関する詳しい記述はCarlston, *Software People*, chap. 8 参照。

61. Metz, "Pac-Man and Beyond."

62. 投資家の関心はまた、税制改革にも後押しされた。特に1978年歳入法および1981年経済回復税法で、どちらも長期キャピタルゲイン課税を引き下げた。第7章参照。

63. ハーバード・ビジネススクール教授トム・ニコルズはベンチャー資本の収益分布が初期の19世紀捕鯨産業に似ているという鋭い指摘を行っている。捕鯨では、大半の船は費用を回収できないか、まったく戻ってこなかったが、限られた少数が投資家に天文学的な収益をもたらした。Nichols, *VC*, chap. 1 参照。

64. Levy, *Hackers*, 359.

65. Campbell-Kelly, *Airline Reservations*, 225.

66. こうした緊張関係は、レビーのシエラ・オンラインに関する埋め込まれた報道での記録が最も名高い。Levy, *Hackers*, 第3部参照。

67. CBSソフトウェア代表エドマンド・アウアーの発言からの引用。Larson, "Many Firms," 23. いささか紛らわしいが、CBSは1982年に玩具部門の子会社としてCBSビデオゲーム（CBSエレクトロニクスというほうが有名かもしれない）も立ち上げた。CBSビデオゲームはコンソール市場に重点を置き、Atari 2600用のカートリッジを生産した。CBSの広告の一部を見ると、CBSはテレビと雑誌の両方でプロダクトプレイスメントできるため、ビデオゲーム部門と広範なメディアリーチとの間で同様の相乗効果を考えていたらしい。CBS, "CBS Video Game Plan" 参照。CBSビデオゲーム／CBSエレクトロニクスは、1983年の北米ビデオゲームクラッシュの頃に閉鎖されたらしい。

68. Larson, "Many Firms," 23.

69. Carlston, *Software People*, 206.

70. リリースはされなかったが、マンガの*The Family Circus*に基づく一連のアドベンチャーゲームも計画されていた。Gear, "Backtalk," 122-24.

71. Rosenthal, "Atari Speaks Out," 58.

72. Sipe, "*Computer* Games," 10-11.

73. Nooney, "The Uncredited," 129.

74. マリー（カビン）アイデン、著者との電話インタビュー、2015年9月3日。

75. Lock, "Editor's Notes," 6.

76. "Showgirls," 269.
77. 統計と業界分析は Kneale, "Overloaded System," 1, 13より。
78. 1983年北米ビデオゲームクラッシュの各種分析はCohen, *Zap*; Donovan, *Replay*, chap. 8; Guins, *Game After*, 220-30; Kline, Dyer-Witheford, and De Peuter, *Digital Play*, 103-6参照。
79. Sigel and Giglio, *Guide to Software Publishing*, 40.
80. Campbell-Kelly, *Airline Reservations,* 226.
81. Crawford, *Art of Computer Game Design*, 54, 44.
82. Nelson, *Home Computer Revolution*, 154.

第5章

1. 元の広告は「MICRO: The 6502 Journal」1981年1月号, 80に登場。
2. Tripp, "Copyright," 5.
3. このような区別の粒度は、DECの人気のあるPDPミニコンピュータシリーズ利用者に提供された1960年代と1970年代のソフトウェアインデックスであるDECUSプログラムライブラリのカタログからわかる。「ユーティリティ」は、ミニコンピューティング操作に関連するソフトウェアの約12の専門カテゴリーの一つにすぎない。DECUS, *DECUS Program Library Catalog* (November 1969), ii; DECUS, *PDP-8 Program Library Catalog* (June 1979), 149参照。
4. *Gates*, "Software Contest," 1, 3.ソフトウェアコンテストは、「Computer Notes」の上巻と下巻の前半に恒例の特集だった。「Computer Notes」では「プログラム」と「サブルーチン」の投稿を区別し、ユーティリティは両方に存在する可能性があることに注意。
5. Altair Users Group Software Library, i.
6. Hallen, "INDXA."
7. Hallen, 116.
8. この例を現代の読者にとって明確にするため、ハレンの実際の言葉を修正した。ハレンは、個々のプログラムを「ルーチン」と呼び、それを「連続したプログラムとして1本のテープに」まとめようとしている。ハレンの表現では、INDXAユーティリティは複数のルーチンから1つのファイルを作成する。Hallen, 116.
9. Hallen, 119.
10. Southwestern Data Systems, "Apple-Doc." サウスウエスタン・データ・システムズとその創立者ロジャー・ワグナーについて詳しくはTommervik, "Assembling Useful Utilities" およびワグナーの個人ウェブサイトhttps://rogerwagner.com/参照。
11. *Bill Budge's 3-D Graphics System*, 1. 現代的に言えば*Bill Budge's 3-D Graphics System*はグラフィクスライブラリを作り管理するツールである。このソフトウェアで作り再販されたゲームはすべてパッケージと説明書、ゲーム自体にクレジットを入れねばならない。
12. *Bill Budge's 3-D Graphics System*.
13. Yuen, "Head's Up!," 72.
14. アメリカのソフトウェアの法律史に関する詳しい文書はCon Díaz, *Software Rights* 参照; 最初のソフトウェア著作権については、63-64参照。1980年初頭において理解されていたソフトウェアの法的地位のレビューはMihm, "Software *Piracy*" 参照。
15. Con Díaz, *Software Rights*, 163.
16. 初期のマイクロコンピュータ業界での著作権利用に関するさらなる情報はCon Díaz, 161-84参照。
17. この用語は*Microchess*のKIM-1文書の2種類の版からのものを両方使っている：「The *Computer*ist」発行版のマニュアルおよびジェニングス自身の自己発行版マニュアル（ジェニングスのウェブサイトにテキストとして再現）である。Jennings, *MicroChess for the KIM-1*, 2; Jennings, *MICROCHESS* 参照。
18. Jennings, *MicroChess for the KIM-1*, 2; Jennings, *MICROCHESS*.

19. Fylstra and Raskin, *Microchess*, 2.

20. 国内の海賊版行為がもたらすとされるリスクについての考察は、Johns, *Piracy*, chap. 15 参照。

21. ハッカー倫理の情報は、Levy, *Hackers*, 39-51 参照。

22. ここではレトロコンピューティング愛好家でプログラマ、アンドリュー・マクファデンの功績に恩恵を受けている。彼はカセットベースのコピープロテクトに挑んだ経験を自身のウェブサイトに綿密に文書化している。McFadden, "Early Copy Protection" 参照。

23. コピー防止についての学術著作（ほとんどゲームソフトに集中）概観としては Aycock, *Retrogame Archaeology*, chap. 7; O'Donnell, "Production Protection"; Hodges, "Technical Fixes"; Kelty, "Inventing Copyleft" 参照。

24. Apple IIフロッピーディスクは1980年8月リリースのDOS3.3アップデートで13トラックから16トラックとなった。Worth and Lechner, *Beneath Apple DOS*, 2-3.

25. このありがちな図示はいささか不正確である。トラックは相互に接しておらず、セクタは実際には相互にずれている。これを示すものとしては Chamberlain, "Apple II Copy Protection" 参照。

26. 多くの情報源では、フロッピーディスクのセクタが256バイトを保持すると詳述しており、ここでは簡便性のためにその説明を踏襲したが、ディスク上に保持されているデータをバイト単位で語るのは技術的に完全に正確ではない。ソフトウェアハッカー 4am（https://twitter.com/a2_4am）との詳細な電子メールでの会話から、フロッピーディスクのデータ構成とコピープロテクションについて理解できた。彼は、バイトという用語の使用が混同されていると説明してくれた。「バイト」（メモリ内のバイトなど。セクタには256バイトが含まれる）と、Apple IIの世界では一般に「ニブル」（実際に物理ディスクに保存されているビットストリームの8ビットのチャンク）と呼ばれるものの2つがあるのだ。Disk IIハードウェアの制限により、メモリ内の256バイトだったものは、実際にディスクに保存される342ニブルに変換され、ディスクからロードされるときに逆変換される。これらの342ニブルには、特別なニブルシーケンスD5 AA 96といくつかのセクタ固有のメタデータがプレフィックスとして付けられる（著者のメールインタビュー、2021年2月16日）。

27. Appleの最初のDOSであるDOS 3.0は、ドライブ自体とともに1978年6月にリリースされた。その最も長続きしたバージョンであるDOS 3.3は1980年8月に登場し、すぐにAppleユーザの間で業界標準になった。DOS 3.3は、ハードウェアとソフトウェア両方のアップグレードだ。新しいシステムマスターだけでなく、Disk IIの制御カード用に改良されたROMチップも付属しており、ドライブ自体に高価な変更を加えることなく、Disk IIドライブの動作を強化した。ウォズニアックが設計した新しいROMチップは、より効率的な符号化方式を使用しており、これによりAppleはディスク上のセクタ数を13から16に増やせた。フロッピードライブのハードウェアとソフトウェア設計が違っているために、Apple IIなどあるハードウェアシステム用にフォーマットされたディスクは、コモドールPETやTRS-80などの他のハードでは読み取れない。Apple II DOSの詳細な内部構造についての議論は Weyhrich, *Sophistication*, 65-75; Worth and Lechner, *Beneath Apple DOS* 参照。

28. これらの厳密な命令については Apple *Computer*, *DOS Manual*, 38-40 参照。

29. ディスクのコピー保護には無数の手法があった：例は Chamberlain, "Apple II Copy Protection" を参照。スパイラル技法は SpiraDisc と呼ばれ、シエラ・オンラインのプログラママーク・デュシノーが考案した。Levy, *Hackers*, 376-77. ここでの説明の要素は4amとのメール会話からも引いた（注26参照）。

30. Ekblaw, letter to the editor, 36.

31. Yuen, "Pirate, Thief," 14.

32. Tommervik, "Staggering Value," 17.

33. Morgan, "Editorial," 10.

34. Yuen, "Pirate, Thief," 15.

35. 前述したように、著作権侵害はユーザグループなど各種の集団内で発生し、どれだけ組織的に行われるかはいろいろだった。ゲイツの「ホビイストへの公開書簡」（第1章で説明）をめぐるドラマは、海賊行為の蔓延を示す一つの兆候にすぎないが、このテーマに関する議論は当時の文書で日

常的に行われている。例としては、Yuen, "Pirate, Thief"; Wollman, "Software *Piracy*" 参照。程度は低いものの、競合他社がソフトウェアコードを盗んで自社製品として販売するという懸念もあった。Becker, "Legal Protection" 参照。さらに、ストロングプレイ博物館のブローダーバンド・ソフトウェアのコレクションにあるSPA資料は、多数の中小規模の著作権侵害行為を明らかにしている（これも本章で後述）。

36. Harman, letter to the editor, 19.
37. コピー防止反対論として、二番手ながらも重要なものは、利用者がバグを修正やニーズに合わせてソフトウェアをカスタマイズするためにソースコードに直接アクセスしにくくなるということだった。ソースコードを編集したい一部のユーザの記録としては、Ekblaw, letter to the editor, 37 参照。
38. Apple Computer, *DOS Manual*, 37.
39. Meehan, letter to the editor, 27; Anderson, letter to the editor, 35.
40. Fields, letter to the editor, 20.
41. 特にわかりやすい例は、「Softalk」1982年4月号の "letter to the editor" にある。「*Wizardry* がディスクアクセスを必要とするコマンドを与えたら、ディスクが無限にシュルシュル回転するばかりでまったく反応しなくなった」という経験をしたサーテックのゲーム *Wizardry* の利用者が、コピー保護を解除するために *Locksmith* を使用したという。Behrens, letter to the editor, 8-9.
42. Milewski, "VCOPY Clones *VisiCalc*," 36.
43. Sirotek, letter to the editor, 22. シロテックによると、破損ディスクの問題の88％は情報の上書きによるもので、彼はこれを「ディスクの間違った領域に読み戻されたデータ」と定義しており、このエラーは通常、ドライブ自体のメンテナンスの問題によって生じる。
44. Brøderbund Crown, October 1984, Brøderbund Software, Inc. Collection, 37.
45. Con Díaz, *Software Rights*, 138. *Computer* Software Copyright Act in 1980 の可決に繋がる議論について詳しくは Con Díaz, chap. 6.
46. Con Díaz, 137-38.
47. *Copy II Plus* と *Back-It-Up* は普通のビットコピーソフトだったが、*V-Copy* は *VisiCalc* ディスク複製専用に設計されていた。Milewski, "VCOPY Clones *VisiCalc*," 1, 36参照。
48. Alpert, "Censorship," 8.
49. Bayer, "No Truce in Sight," 17.
50. Omega Software Systems, "*Locksmith*," 80.
51. Omega Software Systems.
52. *Original Locksmith Users Manual*, 6.
53. Alpert, "Censorship," 8; *Original Locksmith Users Manual*, 6. *Locksmith* の出自をめぐる全般的な謎の雰囲気のおかげでプログラマの正体について諸説が登場した。アルパート自身だという人もいるし、スティーブ・ウォズニアックだという説さえある。1985年「PC Magazine」の記事ではアルパートがプログラマとされ、ウォズニアック説はハイテクジャーナリストロバート・X・クリンジリーが、アップル従業員アンディ・ハーツフェルドから聞いたとして流通させた。Lewenstein, "Ethics," 186; Cringely, "Verizon's iPhone Story". だが散在する文書を見ると、マーク・ポンプという人物が *Locksmith* の匿名著者かもしれないと示唆される。いずれの場合にも、問題の記事に対する反応で、プログラマの名前はマーク・ポンプに訂正された。まず、アルパートが「PC Magazine」に宛てた手紙で、*Locksmith* を自分の作とするのは不正確だと指摘した。2つ目は、オメガ社でポンプと一緒に働いていたと主張する「マイク」という名前の人物がクリンジリーのウェブサイトに残したコメントである。Alpert, letter to the editor, 63. どちらの出典も裏付けはない。ポンプもアルパートも、1980年代半ばから後半以降は、パーソナルコンピューティングソフトウェア業界でまったく活動していないようだ。オメガ・マイクロウェアは1981年以前には存在しなかったようだが、やはり1980年代半ばまでに記録から消えている。しかし、ポンプは1985年2月の「Computer Chronicles」のエピソードに、*Locksmith* の後期バージョンを配布していたアルファ・ロジックという会社の社長として登場した。私もデイブ・アルパートかマーク・ポンプのどちらかを見つけよう

したが、手がかりはなかった。

54. Lock, "Editor's Notes," 4, 9.

55. Lock, 9.

56. "No More!," 18.

57. これらの編集部論説に対する反応はかなりまちまちで、場合によっては編集スタッフが追加コメントを出すこともあった。「InfoWorld」は手紙 2 通を受け取ったが、どちらも消費者がビットコピーソフトウェアを使用する権利を支持するものだった。Naritomi, letter to the editor, 13, 47; Leavitt, letter to the editor, 12 参照。「COMPUTE!」1981 年 5 月号は、友 愛 団 体 *Computer* Using Educators（CUE、コンピュータ利用教育者協会）からの異様なほど詳細な手紙を掲載した。同団体は、学生の誤った取り扱いや過剰なコストから保護するために、学校がソフトウェアを簡単かつ手頃な価格で複製できるようにすべきだという長い意見書を出したのだ。「COMPUTE!」1981 年 7 月号は、ソフトウェア著作権に関するフォローアップ論説を掲載し、この主題に関する読者の誤解を正そうとした。

58. 「Call-A.P.P.L.E.」誌もまたビットコピーソフトの広告に反対する編集部からの訴えを行った。Bayer, "No Truce," 17.「Softalk」はこの問題にはっきりした声明は出さなかったがオメガ社の広告料を「利息付きで」返却したとされる。Alpert, "Censorship," 9.

59. 「Hardcore」が最初の購読者 200 人を獲得したのは、ほとんどが「Softalk」と「Call-A.P.P.L.E.」に出した目立たない広告によるものだった。広告は「Hardcore」がコピー防止とバックアップディスクに注目すると強調し、それがコピー防止破りを支持するとは明示的に書かなかった。「Softalk」1981 年 5 月号, 70 の広告参照。また "Thanks," 11 も参照。

60. Haight, "What I Need," 2.

61. Haight.

62. Haight.

63. Haight, "Censorship," 4. チャックとベブは同じ姓だが、二人の正確な関係は不明。ベブは Beverly の略称であると考えたくなるが（*Software Rights* の第 1 刷でコン・ディアスが行っているように）、ベブは第 2 号の社説で Bev を指す男性代名詞 he を使用している。メディア学者 Gavin Mueller は彼らが兄弟だと主張しているが、裏付けはない（*Media Piracy*, 58）。しかしチャックとベブが結婚していなかったのはほぼ確実である。ワシントン州タコマ（「Hardcore」出版地）の郡記録によると、チャールズ・ヘイトは 1981 年にカレン・フィッツパトリックと結婚した。カレン・フィッツパトリックは「Hardcore」の購読管理人の名前でもある。チャールズとベブの関係についてフォローアップした際、郡の記録を調査してくれたコン・ディアスに感謝する。

64. Fitzpatrick, "Bit Copy Programs," 10.

65. Alpert, "Censorship," 8.

66. 初期のマイクロコンピューティングホビイスト雑誌やユーザグループの世界でのバル・ゴールディングの役割は多層的である。「Call-A.P.P.L.E.」は Apple Puget Sound program library exchange の出版物で、かなり洗練されたユーザグループ雑誌に見え、特定の地理的地域を超えて広く発行されていた。ゴールディングは、さまざまなアップルユーザグループ間のリソースの調整と共有を支援するために設立された組織であるインターナショナル・アップル・コア（IAC）の出版物「Apple Orchard」の元編集者でもあった。「Apple Orchard」と IAC の歴史についての簡単な説明は、Weyhrich, *Sophistication*, 175-76 参照。

67. Alpert, "Censorship," 8.

68. Alpert.

69. Alpert, 9.

70. Alpert.

71. Bayer, "No Truce," 17.

72. Golding, "Rebuttal," 12. アルパートの告発は「Hardcore」のページにとどまらなかった。彼は「Softalk」に手紙を書き、オンライン・システムズのエロチックなアドベンチャーゲーム *Softporn*

の広告を掲載したのに*Locksmith*の広告掲載を拒否したことについて、同誌が偽善的だと非難した。Alpert, letter to the editor, *Softalk*, 10.

73. Alpert, letter to the editor, *Softalk*, 9.

74. *Locksmith*は最初に1982年2月号のホビートップ10一覧に登場し、4月までとどまり、6月に消える（どうやら「Softalk」は5月の一覧を掲載し忘れたらしい）。

75. "Most Popular Program," 166.

76. しかし「Softalk」自身の規定によれば、*Locksmith*は選考対象にさえ入らないはずだった。この賞の目的は新しいプログラム紹介であり、*Locksmith*はその1年前の1981年のリリースだったからだ。*Locksmith*は、前年に大幅な改訂を受けていたので、候補に挙がった他のいくつかのプログラム（*Screenwriter II*、*PFS: File*、*Apple Writer II*、*Global Program Line Editor*など）とあわせて一覧に入ってしまったのだった。それが混乱のもとだった。「Softalk」はこれまでの年には、改訂があってもソフトを一覧に入れなかったのだ。受け取った数千票を失格にすることを躊躇した「Softalk」は、「誰にとっても満足できないであろう解決策を思いついた」。受け取った票数に応じてすべてのプログラムをランク付けしたが、不適格なプログラムの隣には番号付きのランクではなくアスタリスクを付けたのだ。"It's Choplifter," 77.

77. 例としては、こうした製品の広告は以下で見られる：「MICRO 6502」1981年7月号, 86;「Softalk」1981年11月号, 59;「Softalk」1982年9月号, 91. モビーゲームスではゲームのフルタイトルは*A City Dies Whenever Night Falls*となっている；https://www.mobygames.com/game/a-city-dies-whenever-night-falls. このゲームのレビューはHarrington, "Marketalk Reviews," 155参照。

78. この広告は「Creative Computing」1982年1月号、「BYTE」1981年11月号、「Kilobaud Microcomputing」の2号（早いほうは1981年10月号）に掲載された。

79. Morgan, "Editorial," 6.

80. Pelczarski, letter to the editor, 26.

81. Pelczarski, 26-27.

82. Neiburger, letter to the editor, 26. ナイバーガーはビットコピーソフトの支持者で「InfoWorld」1981年5月25日号にも登場しているが、そこで彼がイリノイ州ワウケガンの歯科医で「Dental Computer Newsletter」発行者だとわかる。ロバート・トリップによる「MICRO」編集部論説に自分のニュースレターで反論したナイバーガーは読者が「広告主がまちがいなく雑誌にかけていると思われる圧力に対抗するため」「MICRO」への広告出稿者をボイコットすべきかも、と示唆している。Bayer, "No Truce," 18-19. ナイバーガーはどうやら歯科医にパーソナルコンピュータを紹介する重要なプレーヤーだったようだ。彼はインターナショナル・アップル・コアの"Dental SIG"でアップルコンピュータ社のコンサルタントだった。"Contributors," *Chairside Magazine* 6, no. 1 (January 31, 2011), https://glidewelldental.com/education/chairside-dental-magazine/volume-6-issue-1/contributors/; http://www.drneiburger.com/dr.-ns-books---articles.html; http://www.drneiburger.com/about-us.html参照。

83. Software Publishers Association, "Open Letter"; Doug Carlston to the SPA membership, March 13, 1985, Brøderbund Software, Inc. Collection.

84. "SPA Copyright Protection Fund," SPA内部ドキュメンテーション、1985年7月25日。Brøderbund Software, Inc. Collection.

85. "SPA Copyright Protection Fund."

86. "Future Visions Computer Store," July 25, 1985, Brøderbund Software, Inc. Collection.

87. John Kim to SPA, January 5, 1985, Brøderbund Software, Inc. Collection.

第6章

1. この号p. 14にある広告。

2. まったく同じ画角と撮られたように見える写真が、このフェアで撮られたいくつかのゲッティ・イメー

ジにある——この詳細はありそうだ。レジス・マッケンナはアップルの最初のブースとこの広告の両方をデザインしたのだから。

3. この数字はシーゲルとギグリオの1984年市場報告, *Guide to Software Publishing*, table 1.6, p. 18からのもの。シーゲルとギグリオの報告は、マイクロコンピュータ市場を3つに分類する。パーソナル（つまり職場、インストールベース270万台）、家庭（インストールベース600万台）、教育（インストールベース40万台）。だがパーソナルコンピュータと家庭用コンピュータの場合、この2つの分類はマイクロコンピュータのブランドで定義されており、そのコンピュータの使われる場所には基づかない。価格が高いためアップルはパーソナルコンピュータとされ、家庭用コンピュータではないとされた。タンディなど他のメーカーはどちらの分類にも登場する。だからパーソナルコンピュータ分類のうちどれだけが実際に家庭で使われていたかはわからない。シーゲルとギグリオの統計に基づくなら、家庭で使われているコンピュータの実際の推計は600万台より多そうだ。

4. Gutman, "Praising Weirdware," 7.

5. Gutman.

6. Willis and Miller, *Computers for Everybody*.

7. Goehner, "Pixellite Software," 34.

8. 例外は規則を証明する。1960年代初頭頃から、家庭にテレタイプ端末を持つ家族の事例が記録されている。Rankin, *People's History*, 78-79参照。だが全国的な規模で見ると、こうした利用は極度に稀だったはずだ。

9. Spicer, "ECHO IV"; Neiman-Marcus Christmas Book, 84. また Marcus, *His and Hers*, 123-30; Atkinson, "Curious Case"参照。ECHO IVの説明はInfield, "A *Computer* in the Basement?"; Spicer, "If You Can't Stand the Coding"; "Electronic *Computer* for Home Operation"参照。

10. Salsberg, editorial, 4.

11. ある号には、財務計画、食事管理、システム制御、個人の娯楽のためのホームコンピューティングの将来に関する推測的な論説が掲載されていた。Gardner, "The Shadow."

12. Haller; "Golf Handicapping"; Fox and Fox, "Biorhythm for *Computer*s."

13. Lau, "Total Kitchen Information System," 45.

14. Ciarcia, "*Computer*ize a Home," 28.

15. "Softalk Presents the Bestsellers,"「Softalk」1980年10月号, 27。ソフトウェア市場が発展するにつれて、ワードプロセッサとタイピング指導ソフトウェアは、独自のソフトウェアのサブタイプとして扱われる傾向があった。

16. これはまた「Softalk」が「ビジネス」トップ10を掲載した最初の号でもあった。

17. 一つ注意点は「Softalk」のベストセラーリストは小売販売だけを反映したものだということだ。主に通販のソフトウェアはこの指標には含まれない。

18. "Top Thirty Bestsellers,"「Softalk」, September 1981, 116.

19. "Top Thirty Bestsellers,"「Softalk」, October 1981, 145-47.

20. "Top Thirty Bestsellers," 147.

21. Nooney, Driscoll, and Allen, "From Programming to Products," 119.

22. Nooney, Driscoll, and Allen.

23. Nooney, Driscoll, and Allen, 122-23.

24. Williams, "*Computer*s," 243.

25. Nelson, *Computer Lib/Dream Machines*; Levy, *Hackers*, 39-51参照。

26. Tommervik, "Straightalk," 3.「Softalk」の独特な編集アプローチについて詳しくはNooney, Driscoll, and Allen, "From Programming to Products"参照。

27.「Popular Computing」はMcGraw-Hillの「onComputing」の改名で、これは1979年に創刊したコンピュータ初心者向けの隔月刊雑誌だった。Morgan, "Over into the Future," 4.

28. Cohl, "Join Us," 8.

29. Reed, "Domesticating," 170. パーソナルコンピュータ時代のコンピュータ恐怖症の広がりに関する

詳しい情報は169-75参照。

30. Reed, 174.

31. Willis and Miller, *Computers for Everybody*, 2-3.

32. Kortum, "Confessions," 36.

33. 科学技術社会論（STS）の文献では、こうしたプロセスはウィーベ・バイカー的な意味での「安定化」やスティーブン・ウールガー的な「利用者設定」と呼ばれる。Bijker, Hughes, and Pinch, *Social Construction*; Woolgar, "Configuring the User" 参照。

34. Zonderman, "From Diapers to Disk Drives"; Ball, "The Computer."

35. Olson, "Family *Computer* Album"; Levine et al., "Family *Computer* Diary" 参照。

36. Levine et al., "Family *Computer* Diary," 117.

37. Willis and Miller, *Computers for Everybody*, 61-71.

38. Willis and Miller, 61.

39. Eisenhart, "Broderbund Software," 40.

40. デヴィッド・バルサム、著者とのZoomインタビュー、2021年6月6日。バルサムの回想によれば、学校にはIBM 360と、彼が「マイクロコンピュータ」と呼んだオリベッティとワングのデスクトップシステムのある研究室の両方が設置されていた。バルサムは具体的なモデル番号を明らかにしなかったが、おそらくこれらはWang 2200とOlivetti P602であり、どちらも1970年代初期から中期にリリースされたものだ。どちらのシステムもビジネスおよび研究機能を重視しており、消費者市場には投入されなかった。これらは、専用の汎用デスクトップサイズのコンピューティングシステムであり、ミニコンピュータとマイクロコンピュータの間の単純な系譜を複雑にするシステムの一部である。ちなみに1970年代初頭に、時分割処理やパンチカード以外のものを使用していたコンピュータ室を備えた学校システムについて、私はそれまで聞いたことがなかった。バルサムの記憶が正しければ、ジョン・デューイ校のコンピュータラボはユニークな場所だったことになる。

41. マーティン・カーン、著者とのZoomインタビュー、2021年6月10日。

42. カーンは、コンピュータ生成アートを作ってサンフランシスコのギャラリーシーンに参入しようとしたが、この媒体にはまったく興味を持ってもらえなかった。しかし白黒作品のコレクションを *Computer Imagery* という塗り絵の本にまとめ、1981年にゴールデン・トライアングル・ディストリビューターズから出版した。

43. Goehner, "Pixellite Software," 32.

44. Kahn、インタビュー。

45. Kahn、インタビュー。

46. Balsam、インタビュー。ブローダーバンド社内ニュースレター「The Brøderbund Crown」によると従業員の79パーセントは35歳以下だった。*The Brøderbund Crown* 1, no. 2, June 1983, Brøderbund Software, Inc. Collection, 9.

47. かなり包括的なブローダーバンド創業者自身の創業物語はCarlston, *Software People*, 57-71参照。

48. Carlston, *Software People*, 6.

49. この社名の起源に関する説明はいろいろで、しばしばゲイリー・カールストンがスカンジナビア研究の学位を持っていてスウェーデンで女子バスケットボールのコーチをしていた経験があるからスウェーデン語だとされる。ダグはボツワナでも過ごしており、おそらくオランダの植民地言語アフリカーンスに遭遇し、これは各種スカンジナビア言語と西ゲルマン系のルーツを共有している。"ø" はデンマーク語の母音と、ASCIIにおいてゼロとアルファベットのoを区別するためのスラッシュつきゼロへの言及の二重の役目を果たす。ティム・バーギンによるダグ・カールストンへのインタビュー、2004年11月19日。

50. Campbell-Kelly, *Airline Reservations*, 225.

51. ブローダーバンドがこうした業界の立ち位置を企業成長のかなり早い時期に確立したのは、1981年に日本のソフト開発企業スタークラフトのアメリカ流通業者となったおかげである。

52. Balsam、インタビュー。

53. Goehner, "Pixellite Software," 32.

54. Goehner.

55. バルサムとカーンはどちらも、プロトタイプをゲイリー・カールストンに見せたのを記憶している。彼は同社の記録では、当時は製品開発担当副社長だった。*The Brøderbund Crown* 1, no. 1, May 1983, Brøderbund Software, Inc. Collection, 6.

56. Goehner, "Pixellite Software," 34. フロッピーディスクのフォーマットはプラットフォーム依存なので、送信者と受信者の両方が同じマイクロコンピュータを必要とするという事実によって、スケーラビリティの欠如はさらに悪化したはずだ。

57. Rosch, "Printer Comparisons"; Ahl, "Buying a Printer"; Mazur, "Hardtalk."

58. Rosch, "Printer Comparisons," 35.

59. Ahl, "Buying a Printer," 12.

60. アップル社とApple II対応プリンタについてのさらなる情報はWeyhrich, "Bits to Ink," in *Sophistication*, 231-37 参照。

61. Balsam、インタビュー。

62. Cronk and Whittaker, *PrintShop Reference Manual*, 13.

63. Balsam、インタビュー ; Kahn、インタビュー ; Cosak、インタビュー。

64. バルサムによれば、エレクトロニック・アーツにも売り込みを行ったが、ほとんどは一緒に仕事をしたかったブローダーバンドの当て馬としてだけだったという。ダグ・カールストンは、修正プロトタイプを1983年9月にブローダーバンドに戻したと回想している。Eisenhart, "Broderbund Software," 42.

65. Apple IIeの特長と開発史についてさらなる情報はWeyhrich, *Sophistication*, 197-201.

66. Willis and Miller, *Computers for Everybody*, 191.

67. Goehner, "Pixellite Software," 34. バルサムはもともとロイヤリティ30パーセントと回想したが、カーンがこれを修正して20パーセントとした。Balsam、インタビュー ; Kahn、インタビュー。

68. マーティン・カーンはメールで、プログラム名は自分のアイデアだと述べた。これをブローダーバンドの企業資料やダグとゲイリー・カールストンに確認する余裕はなかった。

69. Goehner, "Pixellite Software," 34.

70. すべてのモードが同じ設計要素にアクセスできるわけではなかった。たとえば、バナーやレターヘッドには枠線を付けて印刷できないし、レターヘッドにはアウトライン形式で住所情報を含めることはできない。さらに*The Print Shop*は、実質的にPerfect Occasionのオリジナルのプロトタイプである「Screen Magic」と呼ばれるモードも提供した。

71. *The Print Shop*は初期のデスクトップパブリッシングソフトウェアの一種と呼ばれることもあるが、1980年代後半に登場した*PageMaker*や*QuarkXPress*のようなプログラムを定義していたドラッグ・アンド・ドロップやWYSIWYG機能はまったく搭載されていなかった。

72. Goehner, "Pixellite Software," 35; 強調ママ。

73. Tommervik, "*The Print Shop*," 114; 強調ママ。

74. Tommervik, 115.

75. McCollough, "*The Print Shop*," 74.

76. Goehner, "Pixellite Software," 32.

77. Zuckerman, "New on the Charts," 31.

78. Carlston, Foreword to *The Official Print Shop Handbook*, xiii. ブローダーバンド社員は、このプログラムを使用して社内ニュースレター「The Brøderbund Crown」をデザインした。このニュースレターは、ストロングプレイ博物館の同社アーカイブで見ることができる。

79. *The Print Shop*は、1984年8月に「Softalk」の最後のベストセラートップ30リストに掲載された。全体では20位、家庭用ソフトウェアでは3位だ。「Billboard」によるコンピュータソフトウェアチャートの導入に関する記事は "New Charts for Computers, Vidisks," 3, 76を参照。最初のコンピュータソフトウェア「Billboard」チャートもこの号に掲載されており、エンターテイメントトップ20、教育

トップ10、家庭管理トップ10が出ている。マイクロコンピュータのベストセラー情報の最も確実な情報源は、販売代理店であるソフトセルの週刊「ホットリスト」だろうが、現時点ではこの情報のアーカイブやコレクションの存在は確認されていない。

80. カーンはApple II対応プリンタのドライバはプログラミングしたが、コモドールやアタリへの移植はブローダーバンドのプログラマコーリー・コサックが行った。コーリー・コサック、著者とのZoomインタビュー、2021年5月30日。

81. ダグ・カールストン、著者との電話インタビュー、2021年4月7日。

82. "Inside the Industry," 8.

83. "Inside the Industry."

84. Benton, Author's Note, in *The Official Print Shop Handbook*, xv.

85. Benton.

86. Unison v. Brøderbund 訴訟については "Unison Loses Software Suit,"「ニューヨーク・タイムズ」1986年10月16日付、D22参照。どのプログラムがこのバナーを作ったかを見分けるために、私は画像やフォントを両方のプログラムのマニュアルと突き合わせた。印刷物で描かれた花の画像は*PrintMaster*で提供されている "rose" と "bouquet" アートである。 https://archive.org/details/Print_Master_Users_Guide/.

87. モビーゲームスのブローダーバンドロゴの歴史での主張だが、同社のロゴをざっとYouTubeで調べると、1990年代半ばには普通のoを使ったロゴも見られる。https://www.mobygames.com/company/brderbund-software-inc/logos.

88. バルサムとカーンにはこの時点でケン・グラントが加わっている。彼はピクセライト3人目のパートナーとなった。バルサムに言わせると彼は「増大するソフトウェアチームの管理に重要であり、また外部発行者との契約交渉でも活躍した」。Balsam、著者とのメール、2022年3月28日。

89. Maxis, "Maxis Print Artist Advertisement (1995)."

第7章

1. David Ahlはこの雑誌創刊について当事者として "Birth of a Magazine" で語っている。

2. Macintoshはグラフィカルユーザインターフェースを持つアップル社初のコンピュータではなかった。この地位は1983年発表のApple Lisaのものである。だがLisaは消費者はおろか中小企業向けですらなかった。およそ10,000ドルのこのコンピューティングユニットは「ワークステーション」コンピュータだと考えられた――オフィスでしか見かけないものだ。

3. Staples, "Educational Computing," 62.

4. これらの数字はReed, "Schools Enter the Computer Age"; "Micro Use Is up"; Chion-Kenney, "Schools Bought." から取った。統計は、民間市場調査会社マーケット・データ・リトリーバルが実施した全国調査に基づいている。

5. Watt, "Computers in Education," 83.

6. Chion-Kenney, "Schools Bought."

7. Kay Savetz, Interview with Bill Bowman, https://archive.org/details/bill-bowman-320/Bill+Bowman+320.mp3.

8. トム・スナイダー、著者とのZoomインタビュー、2021年7月25日。1978年1月という日付はAhl, "Profile" より。

9. Snyder、インタビュー。

10. Snyder.

11. Snyder.

12. Birkel, "Leadings."

13. スナイダーは当初この装置を「コンセンサー（Consensor）」と呼んでいた。これは "consensus" と "sensors" のかばん語である。名前をPersonkに変えたのはワディントンとの間の私的なジョークだっ

たという：「ある時点で、『K』、AからKまでの数の人々が一度に接続できるようにしていたんだ。（中略）ガールフレンド（アン・ワディントン）がやってきて、「パーソンクって何?」と言った。（中略）なぜなら、ぼくは小さなコントローラーに『人物K（パーソンK）』と書いてあったからだ。そこで私は『それがぼくの製品の名前です』と言ったんだ」。Snyder、インタビュー。

14. Snyder、インタビュー。

15. "Memorial."

16. McGraw-Hill, annual reports, 1978-82.

17. McGraw-Hill, 1979 *Annual Report*, 10; McGraw-Hill, 1980 *Annual Report*, 12.

18. 特に米国における教育コンピューティングの歴史の詳細については、Rankin, *People's History*; Cain, *Schools and Screens*; Boenig-Liptsin, "Making Citizens"を参照。教育コンピューティングの取り組みのより広範な歴史に関連するテキストとしては、Ames, *Charisma Machine*; Cuban, *Oversold and Underused*などがある。特に世紀半ばにおいて、テクノロジーが教育の機械化と自動化にどのように使用されたかについてのより一般的な研究については、Watters, *Teaching Machines*参照。

19. Cain, *Schools and Screens*, 143.

20. ミネソタ州のMECCネットワークは、1975年までに州の公立学校の生徒の84パーセントが参加し、国内最大の教育時分割処理ネットワークだった。このような教育の実施には持続的な政治的意志と有利な市民条件がどれほど必要だったかを例証している。ミネソタ州の学区が独自に管理する時分割処理ネットワークを形成できるのは、州の共同権限の直接の結果であり、これにより各学区が単一の組織として団結して時分割処理サービスに入札できるようになった。

21. Reed, "Schools Enter the Computer Age," 1.

22. Cain, *Schools and Screens*, 144.

23. ケインが指摘するように、マイクロコンピュータの個人化された性質は、「個性と創造性に対するカウンターカルチャーの重視」と「集団の進歩よりも個人の自主性と達成」に対する保守的なこだわりの両方にアピールした。Cain, 146.

24. Cain, 145.

25. Snyder、インタビュー。

26. 5つのプログラムはそれぞれ個別に販売された。このシリーズには、*Geography Search*（地理検索）、*Energy Search*（エネルギー検索）、*Community Search*（コミュニティ検索）、*Archaeology Search*（考古学検索）、*Geology Search*（地質検索）が含まれていた。*Search Series*のレビューを読むにはBoston, "*Search Series*"参照。教育リソースのソフトウェアの説明については、Hunter, *My Students*, 198-200, Braun, Micro*computer*s, 108-9を参照。

27. McGraw-Hill, 1981 *Annual Report*, 7; California State Board of Education, *Program Descriptions*, 19.

28. 1977年御三家のハードウェアメーカーが教育向け割引をいつ提供し始めたかは不明だが、1981年までにアップルが5パーセント割引、ラジオシャックが10パーセント割引を提供し、コモドールが教育向け購入者向けに「3 for 2」契約を結んでいたと報告されている。Grady and Gawronski, *Computers*, 49.

29. Rankin, *People's History*, 238-40.

30. Rankin, 240.

31. 1981年6月、「Wall Street Journal」は、TAアソシエイツの払込資本金が国内のあらゆる独立系企業の中で最高の1億500万ドル（最も近い競合他社より500万ドル高い）だと報じた。"Congress and Estate Taxes," 23.

32. "Spinnaker Software Corporation," 1.

33. Zientara, *Women*, 131.

34. モービーの簡単な伝記的紹介はZientara, *Women*, 127-34; Zientara, "Five Powerful *Women*," 58参照。

35. "Digital Research," 12.

36. Nicholas, *VC*, 177; Pierson, "Steiger's Capital Gains," 20; "Blumenthal," 3. キャピタルゲイン税の引き下げで、個別投資家は手元に残せる利益が増えるばかりか、潜在的な起業家が賃金労働を辞めるリスクが減り、起業家活動が刺激されると考えられた。ベンチャー資本に対するキャピタルゲインの影響の詳細については、Nicholas, *VC*, 177-81を参照。

37. Nicholas, *VC*, 173-77.

38. Zientara, *Women*, 127.

39. Nicholas, *VC*, 178.

40. "Spinnaker Software Corporation," 3.

41. たとえば、Brøderbund社のマーケティング部門を率いていたのは、ダグとゲイリー・カールストンの妹であるキャシーだった。キャシーは、ロード＆テイラーの元バイヤーとして小売業の訓練を受けていた。より典型的な例は、シエラ・オンラインである。この会社では、既存のマーケティング部門は、ケン・ウィリアムズの弟であるジョニーによって運営されていたが、彼は未経験だった。

42. "Spinnaker Software Corporation," 3.

43. "Spinnaker Software Corporation," 4.

44. シーモア・パパートによるLOGOの開発とそのイデオロギー的基礎に関する確かな分析については、Ames, *Charisma Machine*を参照。PLATOの歴史については、Rankin, *People's History* chaps. 6 and 7参照。機械化された教育用機械に焦点を当てた、教育におけるコンピュータの前史は、Watters, *Teaching Machines*参照。さらに、スタンフォード大学のパトリック・サペス教授らの研究と深く関係する「コンピュータ支援学習」と呼ばれるものの下で、多くの研究活動が行われた。

45. ザ・ラーニング・カンパニーとエデュウェアの創設者は、どちらも1980年代の著名な教育ソフトウェア開発者で発行者であり、共通の教育的背景を持っていた。エデュウェアの創設者シャーウィン・ステフィンは教育技術者だった。ザ・ラーニング・カンパニーのテリ・パールとアン・マコーミックは両方とも教育学の博士号を持っていた。Tommervik, "Exec Edu-Ware"; CRAW, "Teri Perl"; "Ann McCormick"参照。

46. 1980年代初頭の幅広い教育用ソフトウェアの開発発行の概要については、Lubar, "Educational Software"参照。

47. このことは、当時のコンピュータホビイスト向けの人気雑誌にはそのような広告が比較的なかったことからわかる。ただし、これらの会社の製品は、1980年代半ばの教育ソフトウェアディレクトリに定期的に掲載されていた。

48. "Spinnaker Software Corporation", 6.

49. "Spinnaker Software Corporation", 4.

50. Zientara, *Women*, 131-32.

51. "Spinnaker Software Corporation", 6-7. この文書の図1は、1982年6月22日のスピナカーの「クリティカルパス」チャートの複製で、それによるとスピナカーのロゴの作業は5月14日に開始され、5月28日に承認された。

52. Snyder、インタビュー; Bowman、インタビュー。

53. Snyder、インタビュー。CLC社長の名前はリック・エイブラムス。

54. このソフトウェアがずばり何をしたかは不明。ビル・ボウマンのインタビューで、彼はモービーの息子が作文に問題を抱えていたと語る。スナイダーへの私自身のインタビューの中で、彼はこのプログラムについて次のように説明した。「テキストを表示するサイドプログラムを書いたんだ。入力すると――これは私のTRS-80上で走った――間違いがあれば教えてくれる。また生徒は、間違いを犯してからどれくらいの時間が経過してから教えてほしいかを設定できる。だからぼくが作ったのはちょっと遅いワードプロセッサで、彼の宿題か何かを入力できて、親がそれを入力してもいいし、ぼくが入力してもいいけど、それから子どもに遊んでもらえるんだ」

55. Snyder、インタビュー。

56. "Spinnaker Software Corporation," 4, 19.

57. Snyder、インタビュー。

58. このような技法は、特定の形式のゲーム開発、特にテキストやグラフィックのアドベンチャーではすでにある程度一般的だった。これはスナイダーが目指した目標だったが、*The Search Series* では十分に達成できなかった。

59. *Snooper Troops #1* と *#2* のストーリーを書いたのはそれぞれカレン・イーガン、およびデボラ・コバックスとパトリシア・レルフである。コバックスとレルフはどちらもチルドレンズ・テレビジョン・ネットワーク（『セサミストリート』を製作）の元従業員でスナイダーのプロジェクトをフリーランスのギグとして引き受けた。

60. 巧妙にも、ゲームに勝利するには、具体的な手がかりデータを使用して個々の容疑者を除外しなければならない（したがって当てずっぽうは防止される）。

61. Snyder、インタビュー。

62. 「Softalk」の1982年7月の「Tradetalk」セクションの業界宣伝文によると、スピナカー社の発売ラインナップには4つのゲームが含まれていたが、同社は当初10種類のゲームを提供すると述べていた。デザインウェアは、1980年にジム・シャイラーが設立した。同社の歴史とシャイラーの経歴の詳細については、Schuyler, "DesignWare's Founding"; Schuyler, "Jim Schuyler" 参照。

63. ケースはミネアポリスの会社が製造した。Bowman、インタビュー。

64. ほとんどのソフトウェアはカセットまたはフロッピーディスクで販売され、製品カタログ、ゲームマニュアル、追加説明書、保証書、他社のプロモーションなど、さまざまな形やサイズのさまざまな印刷物と一緒に固定されないまま箱に梱包された。1983年にスピナカー社のケースはカートリッジを収容できるようにわずかに設計変更され、製品ケースの高さが高くなり、教材は長手開きではなく横開きになった。これらの変更は、ディスクベースの製品パッケージには影響を与えていないようだ。

65. いくつかの文献記録ではボウマンとスースがマイクロコンピュータソフトウェア会社を経営できる状態ではなかったことがわかる。たとえばサベッツによるボウマンのインタビューの中で、製造した製品を保管するための倉庫と、製品組み立ての労働者が必要だと気づいて驚いたと語っている。また "Spinnaker Software Corporation," 5参照。

66. こうした広告は以下にある: *Creative Computing*, November 1982, 16-17; *COMPUTE!*, October 1982, 4-5; *PC Magazine*, September 1982, 14-15;「*Softalk*」, September 1982, 12-13.

67. Tommervik, "Marketalk Reviews."

68. Ahl, "Learning," 134.

69. Fiske, "Schools."

70. Fiske, 38.

71. たとえば、トフラー『未来の衝撃』『第三の波』参照。パパートは、子供向けのプログラミング言語LOGOの発明者であり、この言語は当時, 教育分野と消費者分野の両方で広く流通していた。ルーアマンはコンピュータリテラシーの普及に一役買ったとされる。Taylor, *Computer in the School*, 127-58 掲載の彼の各種論説を参照。

72. 第一世代のマイクロコンピューティングが子どもの教育的ニーズに一般的に使いにくいことを示す好例は、「BYTE」1976年11月号カバーストーリー「クレヨンより楽しい」に見られる。この特集は、5歳と7歳の息子を持つマイコン愛好家によって書かれたもので、父親の1KBの自作マイコンを使用して、システムのテレビ画面出力上にシンプルなグラフィック画像を作成した子どもたちの体験を記録している。父親は、7歳の息子に「約2時間の指導」が必要で、年少の息子には継続的な援助が必要だったことを認めた。このようなシナリオでは、多くの場合、ホビイストの父親の関与が非常に重要であり、ジェンダー化された個人的な興味の文字通りの世代間継承が強調されるが、これはまた、すでに献身的なホビイストが家にいて支援がなければ、コンピュータ自体が子どもたちにまるで効果をもたらさなかったことを示している。Rosner, "It's More Fun," 9.

73. 教育ソフトの初期の広告例としては「BYTE」, March 1979, 127; *Creative Computing*, November 1979, 11, 40参照。

74. この一部は、教育者がコンピュータホビイスト雑誌の読者層の少なからぬ部分を占めていたという

前提で説明されるかもしれないが、教育出版業界がかなり早く学校向けのガイドブックやソフトウェアのカタログをリリースし始めたことも事実である。

75. Lubar, "Educational Software," 64.

76. 教育ソフトウェアが分類の問題となったのはこれが初めてだったが、「Softalk」はそのわずか数ヵ月前の1982年5月に「The Schoolhouse Apple」と呼ばれる新しいセクションを立ち上げていた。このセクションは「情報爆発のこの側面の過負荷の中、一見した迷路の中で自分の道を見つけ、本質を把握することを容易にする」ことを目指していた。教育コンピューティングの分野には「学校、家庭、企業」向けに開発されたソフトウェアが含まれことは認識されていたが、このセクションでは主に学校でのコンピュータの用途や企業一覧に焦点を当てた情報を扱っていた。Varven, "Schoolhouse Apple," 36.

77. "Softalk Presents the Bestsellers," December 1982, 336. *Snooper Troops*を「ファンタジーロールプレイングゲーム」に分類するには、両方のジャンルを拡大解釈する必要がある。このゲームは、プレイヤーが探偵の役割を果たすという意味でのみ「ロールプレイング」ゲームだ（RPGの一般的な特徴である、プレイヤーが管理する統計やキャラクター属性はない）。このゲームが「ファンタジー」なのは、非常にアメリカ的ではあるが、架空の東海岸の町を舞台にしているという意味に限られる。

78. "Softalk Presents the Bestsellers," *Softalk*, January 1983, 249.

79. これらのプログラム、特にスペースシューティングゲームの技を使ってタイピング訓練を実行する*MasterType*は確かに子どもでも使用できたが、プログラムには推奨年齢範囲が示されていない。タイピング指導ソフトウェアの人気を考えると、消費者層のかなりの部分が学校でタッチタイピング（女性化された労働スキル）を学んだことがない成人男性であったと考えられる。「*Softalk*」の1983年6月号で、編集者は、ワードプロセッサとタイピング指導ソフトウェアを同時に購入する新規購入者という傾向についてコメントしている。"*Softalk* Presents the Bestsellers,"「Softalk」1983年6月号, 281.

80. この一覧で唯一、まともに大人も相手にしていると言えるのは*Apple LOGO*だけだった。ただしこのプログラミング言語は、主に子ども向けに開発されたと思われていた。

81. "*Softalk* Presents the Bestsellers," *Softalk*, November 1983, 335-36.

82. "Summer-CES Report," 35.

83. "Spinnaker Software Corporation," 6.

84. こうした広告の証拠としては：*Good Housekeeping*, October 1983, 127; *Better Homes & Gardens*, October 1983, 54; *Newsweek*, October 31, 1983, 50.

85. *Better Homes & Gardens*, October 1983, 54.

86. "Spinnaker Software Corporation," 6.

87. 「Billboard」は当初、Apple II、アタリ、コモドール、IBM、テキサス・インスツルメンツ、TRS、CP/M、および「その他」の売上を追跡した。1984年、テキサス・インスツルメンツは同社がマイクロコンピューティング部門を閉鎖したので区分が消え、その分類はMacintoshに引き継がれた。

88. この時点でスピナカーの最も人気ある商品は*Facemaker*と*Kindercomp*だった。

89. 5,000万ドルの評価額は、伝統的にIPOに先立って行われる中リスク資本投資の一形態であるメザニンラウンドでの追加の500万ドルの調達に基づいていた。メザニン資金調達の機能の詳細な説明については、Nicholas, *VC*, 241-42を参照。

90. "Spinnaker Software Corporation", 7.

91. "Spinnaker Software Corporation".

92. スピナカー社は取引をしてフィッシャー＝プライスの名前を使い、彼らのためにソフトウェアを作った。"Spinnaker Software Corporation", 10-11.

93. National Commission on Excellence in Education, *Nation at Risk*.

94. "Softalk Presents the Bestsellers," *Softalk*, May 1984, 208.

95. Rosenberg, "Bowman," 93.

96. Rosenberg.

97. Rosenberg, "A Is for Acquisition," 41.

98. Rosenberg.

99. "Scholastic Acquires Tom Snyder Productions."

100. Cuban, *Oversold and Underused*, 196.

エピローグ

1. Sammis, "Wireless Girdle," 255.

2. Sammis.

3. このニュージャージー州の場所はレナペホキングにある。これはレナペ人たちが譲り渡していない領土であり、これはニューヨークからニュージャージー、デラウェア、東ペンシルバニアの一部に広がっている。

4. InfoAge, "Visitor Self-Tour Map."

5. InfoAge.

6. このフェスティバルと主催組織についてさらなる情報はVintage Computer Federation, "Vintage Computer Festival East"参照。

7. スコットのアップロード作業の規模の一端をうかがうにはScott, "User Account"参照。大量のBBSテキストファイルを含む彼の個人ウェブサイトを検討するにはScott, textfiles.comを参照。

8. Nooney, "Pedestal"; 強調ママ。

文　献

Abbate, Janet. *Recoding Gender: Women's Changing Participation in Computing*. Cambridge, MA: MIT Press, 2012.

Ahl, David H. "Birth of a Magazine." *Creative Computing*, March–April 1975, 6–7.

―――. "Buying a Printer." *Creative Computing*, March 1983. https://archive.org/details/Creative-ComputingbetterScan198303/.

―――. "Computer Power to the People! The Myth, the Reality, and the Challenge." *Creative Computing*, May–June 1977.

―――. "Dave Tells Ahl." Interview by John Anderson. *Creative Computing*, November 1984.

―――. "The First West Coast Computer Faire." *Creative Computing*, July–August 1977.

―――. "Learning Can Be Fun." *Creative Computing*, April 1983.

―――. "Profile of a Super Trooper." In *Creative Computing Software Buyers Guide 1983*, 60. Morris Plains, NJ: Ahl Computing, 1983.

Albert, Dave, Douglas G. Carlston, Margot Comstock, Jerry W. Jewell, Ken Williams, and Roberta Williams. Interview by Jon B. Eklund, July 31, 1987. Smithsonian Institution Archives, Record Unit 9533 Minicomputers and Microcomputers Interview.

Alcorn, Allan. Interview by Henry Lowood, April 26, 2008, and May 23, 2008. "Oral History of Allan (Al) Alcorn." Computer History Museum. https://archive.computerhistory.org/resources/access/text/2012/09/102658257-05-01-acc.pdf.

Allen, Kera. "'The Official Response Is Never Enough': Bringing VisiCalc to Tunisia." *IEEE Annals of the History of Computing* 41.1 (2019): 34–46.

Allen, Paul. *Idea Man: A Memoir by the Cofounder of Microsoft*. New York: Penguin, 2012. ［アレン，ポール（著）夏目大（訳）ぼくとビル・ゲイツとマイクロソフト――アイデア・マンの軌跡と夢　講談社，2013］

Allison, Dennis, Happy Lady, and Friends. "DESIGN NOTES FOR TINY BASIC." *People's Computer Company* 4, no. 2 (September 1975): 15–18. https://archive.computerhistory.org/resources/access/text/2017/09/102661095/102661095-05-v4-n2-acc.pdf.

Almaguer, Tomas. *Racial Fault Lines: The Historical Origins of White Supremacy in California*. Berkeley: University of California Press, 2008.

Alpert, David M. "Censorship in Computer Magazines, part 2: An Interview with: Dave Alpert of Omega Software about the 'Locksmith' Ad. Controversy." Interview by *Hardcore Computing* magazine. *Hardcore Computing* 1, no. 1 (1981): 8–9. https://archive.org/details/hard-core-computing-1/.

―――. Letter to the editor. *PC Magazine*, April 1985.

―――. Letter to the editor. *Softalk*, December 1981.

Altair Users Group Software Library. Atlanta, GA: Altair Software Distribution Company, [1977?]. Vintage Technology Digital Archive, http://vtda.org/docs/computing/AltairUserGroup/AltairUserGroup_SoftwareLibraryCatalog.pdf.

Amankwah-Amoah, Joseph. "Competing Technologies, Competing Forces: The Rise and Fall of the Floppy Disk, 1971–2010." *Technological Forecasting and Social Change* 107 (June 2016): 121–29.

Ames, Morgan G. *The Charisma Machine: The Life, Death, and Legacy of One Laptop per Child*. Cambridge, MA: MIT Press, 2019.

Anderson, Tim. Letter to the editor. *Softalk*, May 1983.

"Ann McCormick." Dust or Magic. Accessed December 31, 2021. https://dustormagic.com/speaker/ann-mccormick/.

Apple Computer. *The DOS Manual: Apple II Disk Operating System*. Cupertino, CA: Apple Computer Inc., 1980. https://archive.org/details/the-dos-manual/.

Arthur, W. Brian. *The Nature of Technology: What It Is and How It Evolves*. New York: Free Press, 2009. ［アーサー、ブライアン. W.（著）有賀裕二（監修）日暮雅通（訳）テクノロジーとイノベーション──進化／生成の理論　みすず書房，2011］

Atkinson, Paul. "The Curious Case of the Kitchen Computer: Products and Non-Products in Design History." *Journal of Design History* 23, no. 2 (2010): 163–79.

Aycock, John. *Retrogame Archaeology: Exploring Old Computer Games*. Dordrecht: Springer, 2016.

Ball, Jeff. "The Computer: A New Tool for the Garden." *Family Computing*, March 1984, 38–41.

Barak, Sylvie. "John McCollum: HS Teacher Taught Electronics with Love." *EE Times*, December 11, 2012. https://www.eetimes.com/john-mccollum-hs-teacher-taught-electronics-with-love/.

Bardini, Thierry. *Bootstrapping: Douglas Engelbart, Coevolution, and the Origins of Personal Computing*. Stanford, CA: Stanford University Press, 2000.

Bates, William. "The Floppy Disk Comes of Age." *New York Times*, December 10, 1978, F11.

Bayer, Barry D. "No Truce in Sight in Copy-Protection War." *InfoWorld*, May 25, 1981.

Becker, Stephen A. "Legal Protection for Computer Hardware and Software." *BYTE*, May 1981.

Beeler, Jeffry. "Personal Computing Is Big Business: No Turning Back." *Computerworld*, December 27, 1982–January 3, 1983, 21–24. https://archive.org/details/sim_computerworld_december-27-1982-january-03-1983_16_52/.

Behrens, Adam. Letter to the editor. *Softalk*, April 1982.

Benton, Randi. Author's Note, in *The Official Print Shop Handbook: Ideas, Tips, and Designs for Home, School, and Professional Use*, by Randi Benton and Mary Schenck Balcer, xv–xvi. New York: Bantam Books, 1987. https://archive.org/details/officialprintsho0000bent/.

Bijker, Wiebe E., Thomas Parke Hughes, and Trevor Pinch, eds. *The Social Construction of Technological Systems: New Directions in the Sociology and History of Technology*. Cambridge, MA: MIT Press, 1987.

Bill Budge's 3-D Graphics System and Game Tool. User manual. Davis, CA: California Pacific Computer Co., 1980. https://www.apple.asimov.net/documentation/applications/misc/Bill%20Budges%203-D%20Graphics%20System%20and%20Game%20Tool.pdf.

Birkel, Michael. "Leadings and Discernment." In *The Oxford Handbook of Quaker Studies*, edited by Stephen W. Angell and Ben Pink Dandelion, 245–59. Oxford: Oxford University Press, 2013.

Block, Ryan. "Live from Macworld 2007: Steve Jobs Keynote." *Engadget*, January 9, 2007. https://www.engadget.com/2007-01-09-live-from-macworld-2007-steve-jobs-keynote.html.

"Blumenthal Attacks Plan to Cut Tax Rate on Capital Gains, Wrangling Senate Panel." *Wall Street Journal*, June 29, 1978.

Boenig-Liptsin, Margarita. "Making Citizens of the Information Age: A Comparative Study of the First Computer Literacy Programs for Children in the United States, France, and the Soviet Union, 1970–1990." PhD diss., Harvard University, 2015.

Boston, Bruce O. "Search Series, Educational Software for TRS-80." *InfoWorld*, April 18, 1983, 54–56.

Bowman, Bill. Interview by Kay Savetz. *ANTIC: The Atari 8-bit Podcast*. May 16, 2017. https://ataripodcast.libsyn.com/antic-interview-278-bill-bowman-ceo-of-spinnaker-software.

Brand, Stewart. "SPACEWAR: Fantastic Life and Symbolic Death among the Computer Bums." *Rolling Stone*, December 7, 1972.

Braun, Joseph A., Jr. *Microcomputers and the Social Studies: A Resource Guide for the Middle and Secondary Grades*. New York: Garland, 1986. https://archive.org/details/microcomputersso-0000brau/.

Bricklin, Dan. *Bricklin on Technology*. New York: Wiley, 2009.

———. "Special Short Paper for the HBS Advertising Course." 1978. http://www.bricklin.com/anonymous/bricklin-1978-visicalc-paper.pdf.

Bricklin, Dan, and Bob Frankston. Interview by Martin Campbell-Kelly and Paul Ceruzzi, May 7, 2004. Charles Babbage Institute. https://conservancy.umn.edu/bitstream/handle/11299/113026/oh402b%26f.pdf.

Brøderbund Software, Inc., Collection. Brian Sutton-Smith Library and Archives of Play, Strong National Museum of Play, Rochester, NY.

Butcher, Lee. *Accidental Millionaire: The Rise and Fall of Steve Jobs at Apple Computer*. New York: Paragon House, 1988.

Cain, Victoria. *Schools and Screens: A Watchful History*. Cambridge, MA: MIT Press, 2021.

California State Board of Education. *Program Descriptions for History–Social Science Instruction Materials*. Sacramento: California State Board of Education, 1983. https://archive.org/details/ERIC_ED240019/.

Campbell, Gregory D. Letter to the editor. *BYTE*, September 1975.

Campbell-Kelly, Martin. *From Airline Reservations to Sonic the Hedgehog: A History of the Software Industry*. Cambridge, MA: MIT Press, 2003.

———. "Number Crunching without Programming: The Evolution of Spreadsheet Usability." *IEEE Annals of the History of Computing* 29, no. 3 (July–September 2007): 6–9.

Campbell-Kelly, Martin, William Aspray, Nathan Ensmenger, and Jeffrey R. Yost. *Computer: A History of the Information Machine*. 3rd ed. Boulder, CO: Westview Press, 2014. [Campbell-Kelly, M. ほか (著) 杉本舞 (監訳) 喜田千草, 宇田理 (訳) コンピューティング史——人間は情報をいかに取り扱ってきたか 共立出版, 2021]

Carlston, Doug. Foreword to *The Official Print Shop Handbook: Ideas, Tips, and Designs for Home, School, and Professional Use*, by Randi Benton and Mary Schenck Balcer, xiii. New York: Bantam Books, 1987. https://archive.org/details/officialprintsho0000bent/.

———. Interview by Tim Bergin, November 19, 2004, Mountain View, CA. Transcript, Computer History Museum. http://archive.computerhistory.org/resources/text/Oral_History/Carlston_Doug/Carlston_Doug_1.oral_history.2004.102658043.pdf.

———. *Software People: Inside the Computer Business*. New York: Simon & Schuster, 1985.

Carpenter, Chuck. "Apple II vs Apple II Plus." *Creative Computing*, May 1980.

Carroll, Peter N. *It Seemed Like Nothing Happened: America in the 1970s*. New Brunswick, NJ: Rutgers University Press, 1990. [キャロル, ピーター・N. (著) 土田宏 (訳) 70年代アメリカ——なにも起こらなかったかのように 彩流社, 1994]

Carter, Jimmy. "Energy and the National Goals: Address to the Nation." Delivered July 15, 1979. Jimmy Carter Presidential Library and Museum. https://www.jimmycarterlibrary.gov/assets/documents/speeches/energy-crisis.phtml.

Caruso, Denise. "Software Gambles: Company Strategies Boomerang." *InfoWorld*, April 2, 1984, 80–83.

———. "VisiCorp, Software Arts Battle for *VisiCalc* Rights." *InfoWorld*, March 5, 1984, 13–15.

Cass, Stephen. "Al Alcorn, Creator of *Pong*, Explains How Early Home Computers Owe Their Color Graphics to This One Cheap, Sleazy Trick." *IEEE Spectrum*, April 21, 2020. https://spectrum.ieee.org/tech-talk/tech-history/silicon-revolution/al-alcorn-creator-of-pong-explains-how-early-home-computers-owe-their-color-to-this-one-cheap-sleazy-trick.

CBS. "The CBS Video Game Plan." Print advertisement. *Billboard*, December 11, 1982, 2–3.

CBS News. "CBS News Election Coverage: November 4, 1952." NewsActive3: A Television News Archive. YouTube video, 31:02. https://www.youtube.com/watch?v=5vjD0d8D9Ec.

Ceruzzi, Paul E. *A History of Modern Computing*. 2nd ed. Cambridge, MA: MIT Press, 2003. [セルージ，ポール・E.（著）宇田理，高橋清美（監訳）モダン・コンピューティングの歴史　未來社，2008]

Chamberlain, Steve. "Apple II Copy Protection." *Big Mess o' Wires* (blog), August 27, 2015. https://www.bigmessowires.com/2015/08/27/apple-ii-copy-protection/.

Chion-Kenney, Linda. "Schools Bought Record Number of Computers in 1984." *Education Week*, March 27, 1985.

Ciarcia, Steve. "Computerize a Home." *BYTE*, January 1980, 28–54.

Coburn, Edward J. *Learning about Microcomputers: Hardware and Application Software*. Albany, NY: Delmar, 1986.

Cohen, Scott. *Zap: The Rise and Fall of Atari*. New York: McGraw-Hill, 1984. [コーエン，スコット（著）熊沢孝，ルディー和子（訳）「アタリ社の失敗」を読む──先端"遊び"ビジネスの旗手　ダイヤモンド社，1985]

Cohl, Claudia. "Join Us in Family Computing." *Family Computing*, September 1983.

Computer Faire. Program for the First West Coast Computer Faire, April 15–17, 1977. https://archive.org/details/the_First_West_Coast_Computer_Faire_April-1977/.

Con Díaz, Gerardo. *Software Rights: How Patent Law Transformed Software Development in America*. New Haven, CT: Yale University Press, 2019.

"Congress and Estate Taxes... Venture Capital's Record Year." *Wall Street Journal*, June 22, 1981.

Conniffe, Patricia. *Computer Dictionary*. New York: Scholastic, 1984.

Coughlin, Tom. "Chuck Peddle—Creator of the MOS 6502 Microprocessor Passes." *IEEE Consumer Electronics Magazine* 9, no. 3 (May 2020): 6–7.

CRAW. "Teri Perl." Women in Computer Science, Computing Research Association Committee on the Status of Women in Computing Research (CRAW). Accessed December 31, 2021. http://users.sdsc.edu/~jsale/CRAW/craw_bro.html.

Crawford, Chris. *The Art of Computer Game Design: Reflections of a Master Game Designer*. Berkeley, CA: Osborn/McGraw-Hill, 1984. https://archive.org/details/artofcomputergam00chri/. [クロフォード，クリス（著）　Shino，OJ（訳）クロフォードのゲームデザイン論　https://drive.google.com/file/d/0B8hNP1Ff_uUwLWNDQXRWdWY1ejg/view?usp=sharing&resourcekey=0-GXReGTdfycTAoCzOZXzh5g]

Cringely, Robert X. [Mark Stephens]. *Accidental Empires: How the Boys of Silicon Valley Make Their Millions, Battle Foreign Competition, and Still Can't Get a Date*. New York: Harper, 1992. [クリンジリー，ロバート・X.（著）薮暁彦（訳）コンピュータ帝国の興亡──覇者たちの神話と内幕（上）（下）　アスキー，1993]

———. "Verizon's iPhone Story Isn't So Black and White." *I, Cringely* (blog), January 11, 2011. https://www.cringely.com/2011/01/11/verizons-iphone-story-isnt-so-black-and-white/.

Cronk, Loren, and Richard Whittaker. *The Print Shop Reference Manual for the Apple*. n.p.: Brøderbund Software, 1984.

Cuban, Larry. *Oversold and Underused: Computers in the Classroom*. Cambridge, MA: Harvard University Press, 2001.

Digital Equipment Computer Users Society (DECUS). *DECUS Program Library Catalog*. Maynard, MA: Digital Equipment Computer Users Society, November 1969. https://ia801901.us.archive.org/23/items/bitsavers_decdecuspratalogNov69_6809707/DECUS_Catalog_Nov69.pdf.

———. *DECUS Program Library: PDP-11 Catalog*. Maynard, MA: Digital Equipment Corporation,

August 1978. http://www.bitsavers.org/pdf/dec/decus/programCatalogs/DECUS_Catalog_
PDP-11_Aug78.pdf.

———. *PDP-8 Program Library Catalog*. Maynard, MA: Digital Equipment Computer Users Society, June 1979. https://archive.org/details/bitsavers_decdecusprDP8ProgramLibraryCatalogJun79_14606795/.

Digital Equipment Corporation. *Microcomputer Handbook*. Maynard, MA: Digital Equipment Corporation, 1976. https://archive.org/details/bitsavers_decpdp11har-Handbook19761977_34390691.

"Digital Research Attracts Investors: Maker of CP/M Expands." *InfoWorld*, October 5, 1981.

Donelan, B. L. Letter to the editor. *BYTE*, June 1976.

Donovan, Tristan. *Replay: The History of Video Games*. East Sussex: Yellow Ant, 2010.

Driscoll, Kevin. "Professional Work for Nothing: Software Commercialization and 'An Open Letter to Hobbyists.'" *Information & Culture* 50, no. 2 (2015): 257–83.

Edwards, Paul N. *The Closed World: Computers and the Politics of Discourse in Cold War America*. Cambridge, MA: MIT Press, 1996.

Eisenhart, Mary. "Broderbund Software: Next Stop World Domination?" *Microtimes*, September 1985, 36–42.

Ekblaw, Richard. Letter to the editor. *Softalk*, April 1983.

"Electronic Computer for Home Operation (ECHO): The First Home Computer." *IEEE Annals of the History of Computing* 16, no. 3 (Fall 1994): 59–61.

Electronic Data Systems Corporation. *Little Computers... See How They Run*. Dallas, TX: Electronic Data Systems Corporation, 1980.

Ensmenger, Nathan L. *The Computer Boys Take Over: Computers, Programmers, and the Politics of Technical Expertise*. Cambridge, MA: MIT Press, 2012.

Faggin, Frederico, Marcian E. Hoff Jr., Stanley Mazor, and Masatoshi Shima. "The History of the 4004." *IEEE Micro* 16, no. 6 (December 1996): 10–20.

Felsenstein, Lee. "Excerpts from a Chalk Talk on the Tom Swift Terminal by Lee Felsenstein Presented at the June 11, 1975, HCC Meeting." Homebrew Computer Club newsletter, July 5, 1975.

Fields III, J. Burford. Letter to the editor. *Softalk*, August 1982.

Finnigan, David. *The New Apple II User's Guide*. Lincoln, IL: Mac GUI, 2012.

Fiske, Edward B. "Schools Enter the Computer Age: An Analysis." *New York Times*, April 25, 1982, sec. 12.

Fitzpatrick, Karen. "Bit Copy Programs." *Hardcore Computing* 1, no. 1 (1981): 10–13.

Ford, Clyde W. *Think Black: A Memoir*. New York: Amistad, 2019.

Fox, Joy, and Richard Fox. "Biorhythm for Computers." *BYTE*, April 1976, 20–23.

Freiberger, Paul, and Michael Swaine. *Fire in the Valley: The Making of the Personal Computer*. New York: Osborne/McGraw-Hill, 1984. ［フライバーガー, P., スワイン, M.（著）大田一雄（訳）パソコン革命の英雄たち――ハッカーズ25年の功績　マグロウヒルブック, 1985］

Freiberger, Stephen, and Paul Chew. *A Consumer's Guide to Personal Computing and Microcomputers*. Rochelle Park, NJ: Hayden Book Company, 1978.

Friedberg, Anne. *The Virtual Window: From Alberti to Microsoft*. Cambridge, MA: MIT Press, 2009. ［フリードバーグ, アン（著）井原慶一郎, 宗洋（訳）ヴァーチャル・ウィンドウ――アルベルティからマイクロソフトまで　産業図書, 2012］

Fylstra, Dan. "Personal Account: The Creation and Destruction of VisiCalc." May 2004. https://www.computerhistory.org/collections/catalog/102738286.

———. "The Radio Shack TRS-80: An Owner's Report." *BYTE*, April 1978.

———. "User's Report: The PET 2001." *BYTE*, March 1978.

Fylstra, Dan, and Jef Raskin. *Microchess 2.0*. User manual. n.p.: Personal Software Inc., 1978. https://mirrors.apple2.org.za/Apple%20II%20Documentation%20Project/Software/Cassettes/Microchess%202.0%20Manual.pdf.

Gaboury, Jacob. "Screen Selfies and High Scores." Fotomuseum Witherthur, May 7, 2019, https://www.fotomuseum.ch/en/2019/07/05/screen-selfies-and-high-scores/.

Gardner, Richard. "The Shadow, Buck Rogers, and the Home Computer." *BYTE*, October 1975, 58–60.

Gates, Bill. "An Open Letter to Hobbyists." Homebrew Computer Club newsletter, January 31, 1976.

———. "Software Contest Winners Announced." *Computer Notes*, Altair Users Group, July 1975.

Gear, Tommy. "Backtalk." *Softalk*, January 1984.

Goehner, Ken. "Pixellite Software: The People Behind The Print Shop." *Microtimes*, April 1985, 30–43. https://archive.org/details/microtimesvolume00bamp_6/.

Goldberg, Marty, and Curt Vendel. *Atari, Inc.: Business Is Fun*. Carmel, NY: Syzygy Company Press, 2012.

Golding, Val. "Rebuttal: A Letter from: Val Golding." *Hardcore Computing* 1, no. 2 (1981): 12. https://archive.org/details/hardcore-computing-2/.

Gotkin, Kevin. "When Computers Were Amateur." *IEEE Annals of the History of Computing* 36, no. 2 (April–June 2014): 4–14.

Grad, Burton. "The Creation and the Demise of VisiCalc." *IEEE Annals of the History of Computing* 29, no. 3 (July–September 2007): 20–31.

Grady, M. Tim, and Jane D. Gawronski. *Computers in Curriculum and Instruction*. Alexandria, VA: Association for Supervision and Curriculum Development, 1983.

Green, Wayne. "Painful Facts of Life." *80 Microcomputing*, August 1980.

———. "Remarks from the Publisher..." *inCider*, January 1983.

Guins, Raiford. *Atari Design: Impressions on Coin-Operated Video Game Machines*. New York: Bloomsbury, 2020.

———. *Game After: A Cultural Study of Video Game Afterlife*. Cambridge, MA: MIT Press, 2014.

Gutman, Dan. "Praising Weirdware." *InfoWorld*, November 26, 1984.

Haigh, Thomas, and Paul E. Ceruzzi. *A New History of Modern Computing*. Cambridge, MA: MIT Press, 2021.

Haight, Bev R. "Censorship in Computer Magazines." *Hardcore Computing* 1, no. 1 (1981): 4–5. https://archive.org/details/hardcore-computing-1/.

Haight, Chuck R. "What I Need Is a USER's Magazine." *Hardcore Computing* 1, no. 1 (1981): 2. https://archive.org/details/hardcore-computing-1/.

Hallen, Rod. "INDXA: A BASIC Routine File Index." *Creative Computing*, November/December 1978.

Haller, George. "Golf Handicapping." *BYTE*, February 1976, 46–47.

Haring, Kristen. *Ham Radio's Technical Cultures*. Cambridge, MA: MIT Press, 2007.

Harman, Jill B. Letter to the editor. *Softalk*, May 1984. https://archive.org/details/softalkv4n-09may1984/.

Harrington, William H. "Marketalk Reviews." *Softalk*, May 1983.

Harvey, David. *A Brief History of Neoliberalism*. New York: Oxford University Press, 2005. ［ハーヴェイ，デヴィッド（著）渡辺治（監訳）森田成也ほか（訳）新自由主義——その歴史的展開と現在　作品社，2007］

Helmers, Carl. "Magnetic Recording Technology." *BYTE*, March 1976.

———. "Returning to the Tower of Babel, or... Some Notes about LISP, Languages and Other Topics..." *BYTE*, August 1979.

———. "What Is BYTE—(the First) Editorial." *BYTE*, September 1975.

Hertzfeld, Andy. "Reality Distortion Field." *The Original Macintosh* (blog), *Folklore*. https://www.folklore.org/StoryView.py?story=Reality_Distortion_Field.txt.

Hixson, Amanda. "Lotus 1-2-3, Integrated Program for the IBM PC." *InfoWorld*, August 1, 1983, 39–41.

Hodges, James. "Technical Fixes for Legal Uncertainty in the 1980s Software Cracking Scene." *IEEE Annals of the History of Computing* 41, no. 4 (2019): 20–33.

Hoeppner, John. "Interface a Floppy-Disk Drive to a 8080A-Based Computer." *BYTE*, May 1980.

Honan, Mathew. "Apple Unveils iPhone." MacWorld, January 9, 2007. https://www.macworld.com/article/1054769/iphone.html.

Hunter, Beverly. *My Students Use Computers: Computers Literacy in the K–8 Curriculum*. Reston, VA: Reston Publishing Company, 1984. https://archive.org/details/mystudentsusecom0000unse/.

Hurlocker, Charles. Letter to the editor. *BYTE*, June 1976.

Infield, Glenn. "A Computer in the Basement?" *Popular Mechanics*, April 1968.

"Inside the Industry." *Computer Gaming World*, April 1988.

International Resource Development. *Microcomputer Software Packages*. Report #569. Norwalk, CT: International Resource Development Inc., September 1983. https://archive.org/details/1983MicroSoftwarePackagesIntnlRsourceDev/.

Isaacson, Walter. *The Innovators: How a Group of Hackers, Geniuses, and Geeks Created the Digital Revolution*. New York: Simon & Schuster, 2014. ［アイザックソン，ウォルター（著）井口耕二（訳）イノベーターズ──天才、ハッカー、ギークがおりなすデジタル革命史（Ⅰ）（Ⅱ）講談社，2019］

———. *Steve Jobs: The Exclusive Biography*. New York: Simon & Schuster, 2011. ［アイザックソン，ウォルター（著）井口耕二（訳）スティーブ・ジョブズ（Ⅰ）（Ⅱ）　講談社，2011］

"It's *Choplifter* in '82 and *Wizardry* for All-Time Pops." *Softalk*, April 1983.

JCPenney. *Christmas 1980*. https://christmas.musetechnical.com/ShowCatalog/1980-JCPenney-Christmas-Book.

Jennings, Peter. Interview by Sellam Ismail, February 1, 2005. "Oral History of Peter Jennings." Computer History Museum. http://archive.computerhistory.org/projects/chess/related_materials/oral-history/jennings.oral_history.2005.102630656/jennings.oral_history_transcrit.2005.102630656.pdf.

———. *MICROCHESS*. User manual. Toronto: Micro-Ware Ltd., 1976. Reproduced in raw text format on Benlo Park (Peter Jennings's personal website). http://www.benlo.com/microchess/Kim-1Microchess.html.

———. *MicroChess for the KIM-1*. User manual. Chelmsford, MA: The Computerist, 1977. http://retro.hansotten.nl/uploads/files/microchess%20manual.pdf.

———. "VisiCalc—The Early Days." Benlo Park (Peter Jennings's personal website). http://www.benlo.com/visicalc/index.html.

———. "VisiCalc 1979," 2. Benlo Park. http://www.benlo.com/visicalc/visicalc2.html.

———. "VisiCalc 1979," 3. Benlo Park. http://www.benlo.com/visicalc/visicalc3.html.

Jobs, Steve. "iPhone 1—Steve Jobs MacWorld Keynote in 2007—Full Presentation, 80 mins." Protectstar Inc. Recorded on January 9, 2007. YouTube video, 1:19:10. https://www.youtube.com/watch?v=VQKMoT-6XSg.

Johns, Adrian. *Piracy: The Intellectual Property Wars from Gutenberg to Gates*. Chicago: University of Chicago Press, 2010.

Johnson, Ethan, and Alex Smith. "A Breakout Story." *The History of How We Play* (blog), December 29, 2018. https://thehistoryofhowweplay.wordpress.com/2018/12/29/a-breakout-story/.

Kelty, Christopher. "Inventing Copyleft." In *Making and Unmaking Intellectual Property: Creative Production in Legal and Cultural Perspective*, edited by Mario Biagioli, Peter Jaszi, and Martha Woodmansee, 133–48. Chicago: University of Chicago Press, 2011.

Kilby, Jack S. "The Integrated Circuit's Early History." *Proceedings of the IEEE* 88, no. 1 (2000): 109–11.

Kirschenbaum, Matthew. *Mechanisms: New Media and the Forensic Imagination*. Cambridge, MA: MIT Press, 2012.

———. *Track Changes: A Literary History of Word Processing*. Cambridge, MA: Belknap Press of Harvard University Press, 2016.

Kline, Stephen, Nick Dyer-Witheford, and Greig de Peuter. *Digital Play: The Interaction of Technology, Culture and Marketing*. Montreal: McGill-Queen's University Press, 2003.

Kneale, Dennis. "Overloaded System: As Software Products and Firms Proliferate, a Shakeout Is Forecast." *Wall Street Journal*, February 23, 1984.

Kocurek, Carly. *Coin-Operated Americans: Rebooting Boyhood at the Video Game Arcade*. Minneapolis: University of Minnesota Press, 2015.

Kortum, Sarah. "Confessions of a Reformed Computer Phobic." *Family Computing*, September 1983, 34–37.

Lancaster, Don. "TV Typewriter." *Radio-Electronics*, September 1973.

Larson, Erik. "Many Firms Seek Entry into Software." *Wall Street Journal*, January 6, 1984.

Lau, Ted M. "Total Kitchen Information System." *BYTE*, January 1976, 42–45.

Leavitt, Michael R. Letter to the editor. *InfoWorld*, July 6, 1981.

Levering, Robert, Michael Katz, and Milton Moskowitz. *The Computer Entrepreneurs: Who's Making It Big and How in America's Upstart Industry*. New York: New American Library, 1984.

Levine, James A., Joan Levine, Jessica Levine, and Joshua Levine. "A Family Computer Diary." In *Digital Deli: The Comprehensive, User-Lovable Menu of Computer Lore, Culture, Lifestyles and Fancy*, edited by Steve Ditlea, 117–19. New York: Workman Publishing, 1984. Republished online at AtariArchives.org, https://www.atariarchives.org/deli/wall_street.php. Originally published in *Parents* magazine, July 1983.

Levy, Steven. *Hackers: Heroes of the Computer Revolution*. New York: Penguin, 2001. First published Garden City, NY: Anchor Press/Doubleday, 1984. [レビー，スティーブン（著），古橋芳恵，松田信子（訳）ハッカーズ　工学社，1987]

———. *Insanely Great: The Life and Times of Macintosh, the Computer that Changed Everything*. New York: Penguin Books, 1994. [レヴィ，スティーブン（著）武舎広幸（訳）マッキントッシュ物語──僕らを変えたコンピュータ　翔泳社，1994]

———. "A Spreadsheet Way of Knowledge." *Harper's*, November 1984. Reposted on *Wired*, October 24, 2014. https://www.wired.com/2014/10/a-spreadsheet-way-of-knowledge/.

Lewenstein, Bruce V. "The Ethics of Software Piracy." *PC Magazine*, April 30, 1985.

Litterick, Ian. *How Computers Work*. New York: Bookwright Press, 1984.

Lock, Robert. "The Editor's Notes." *COMPUTE!* March 1981.

———. "Editor's Notes." *COMPUTE!*, November 1983.

Lojek, Bo. *A History of Semiconductor Engineering*. Berlin: Springer, 2007.

Lubar, David. "Educational Software: Part One." *Creative Computing*, September 1980, 64–72.

———. "Software, Hardware, and Otherware for Christmas." *Creative Computing*, December 1980.

Malcolm, Michael A., and Gary R. Sager, "The Real-Time/Minicomputer Laboratory," University of

Waterloo, February 1976. https://cs.uwaterloo.ca/research/tr/1976/CS-76-11.pdf.

Malone, Michael S. *Infinite Loop: How the World's Most Insanely Great Computer Company Went Insane*. New York: Doubleday Business, 1999.

Manes, Stephen, and Paul Andrews. *Gates: How Microsoft's Mogul Reinvented an Industry and Made Himself the Richest Man in America*. New York: Doubleday, 1992.

Marcus, Stanley. *His and Hers: The Fantasy World of the Neiman-Marcus Catalogue*. New York: Viking Press, 1982.

Markoff, John. *What the Dormouse Said: How the Sixties Counterculture Shaped the Personal Computer Industry*. New York: Viking Penguin, 2005.［マルコフ，ジョン（著）服部桂（訳）パソコン創世「第3の神話」──カウンターカルチャーが育んだ夢　NTT出版，2007］

Maxis. "Maxis Print Artist Advertisement (1995)." Andy C (YouTube user). YouTube video, 1:27. https://www.youtube.com/watch?v=irAn64mRcyY.

Mazur, Jeffrey. "Hardtalk." *Softalk*, January 1983. https://archive.org/details/softalkv3n-05jan1983/.

McCollough, Karen G. "The Print Shop for Apple, Atari, and Commodore 64." *COMPUTE!*, March 1985, 74–76.

McFadden, Andrew. "Early Copy Protection on the Apple II." Fadden.com (personal website). Accessed July 31, 2021. https://fadden.com/apple2/cassette-protect.html.

McIlwain, Charlton. *Black Software: The Internet and Racial Justice, from the AfroNet to Black Lives Matter*. New York: Oxford University Press, 2019.

McKenna, Regis. *The Regis Touch: New Marketing Strategies for Uncertain Times*. New York: Addison-Wesley, 1985.［レジス・マッケンナ（著）牧野昇（訳）勝利の本質──アメリカ超成長企業に学ぶ新マーケティング戦略　三笠書房，1986］

McMullen, Barbara E., and John F. McMullen. "Screen Envy on Wall Street." In *Digital Deli: The Comprehensive, User-Lovable Menu of Computer Lore, Culture, Lifestyles and Fancy*, edited by Steve Ditlea, 277–78. New York: Workman, 1984. Republished online at AtariArchives.org, https://www.atariarchives.org/deli/wall_street.php.

McWilliams, Peter A. *The Personal Computer Book*. Los Angeles: Prelude Press, 1982.

Meehan, Michael. Letter to the editor. *Softalk*, October 1982.

"Member Microcomputer Systems." Homebrew Computer Club newsletter, October 31, 1975.

"Memorial: Jere Hutchins Dykema '48." *Princeton Alumni Weekly*, February 9, 1994, 40. https://paw.princeton.edu/memorial/jere-hutchins-dykema-%E2%80%9948.

Metz, Robert. "Pac-Man and Beyond." Market Place. *New York Times*, June 4, 1982, D6, National ed. https://www.nytimes.com/1982/06/04/business/market-place-pac-man-and-beyond.html.

"Micro Use Is Up 75% School Survey Shows." *School Library Journal* 32 (December 1985): 12.

Mihm, Mickey T. "Software Piracy and the Personal Computer: Is the 1980 Software Copyright Act Effective?" *John Marshall Journal of Information Technology & Privacy Law* 4, no. 1 (1983): 171–93. https://repository.law.uic.edu/cgi/viewcontent.cgi?article=1553 & context=jitpl.

Mikkelson, David. "Ken Olsen." *Snopes*, September 21, 2004. https://www.snopes.com/fact-check/ken-olsen/.

Milewski, Richard. "VCOPY Clones VisiCalc." *InfoWorld*, December 8, 1980.

Misa, Thomas J. "Military Needs, Commercial Realities, and the Development of the Transistor, 1948–1958." In *Military Enterprise and Technological Change*, edited by Merritt Roe Smith, 253–87. Cambridge, MA: MIT Press, 1985.

MITS. Advertisement. *Digital Design*, June 1975. New York Public Library, call nos. ZAN-V1546 and ZAN-V561. Photocopy available online at http://altair.ftldesign.com/.

———. *The Age of Altair*. Albuquerque, NM: MITS, 1975. https://archive.org/details/bitsavers_mits8800Allog1975_2964267.

———. *The Altair System*. Albuquerque, NM: MITS, 1976. https://archive.org/details/MITS_MITS_TheAltairSystem_Brochure/.

———. "MITS-mas: Special Altair Christmas Catalog." MITS, 1975. https://archive.org/details/altairchristmascatalog/.

"Monthly Computer Census." *Computers and Automation*, August 1968, 66–68.

Moore, Gordon. "Cramming More Components onto Integrated Circuits." *Electronics*, August 19, 1965.

Morgan, Chris. "Editorial: How Can We Stop Software Piracy?" *BYTE*, May 1981.

———. "Over into the Future." *Popular Computing*, November 1981.

Moritz, Michael. *The Little Kingdom: The Private Story of Apple Computer*. New York: William Morrow, 1984. ［モーリッツ，マイケル（著）青木栄一（訳）アメリカン・ドリーム――アップル・コンピュータを創った男たち！企業急成長の秘訣　二見書房，1985］

"The Most Popular Program of 1981." *Softalk*, April 1982.

Mueller, Gavin. *Media Piracy in the Cultural Economy: Intellectual Property and Labor under Neoliberal Restructuring*. New York: Routledge, 2019.

Naritomi, E. K. Letter to the editor. *InfoWorld*, June 8, 1981.

National Commission on Excellence in Education. *A Nation at Risk: The Imperative for Educational Reform*. April 1983.

Neiburger, E. J. Letter to the editor. *BYTE*, June 1982.

The Neiman-Marcus Christmas Book. Neiman-Marcus, 1969. Select pages available in the Computer History Museum's digital archives, http://archive.computerhistory.org/resources/access/text/2011/01/102685475-03-01-acc.pdf.

Nelson, Theodor H. *Computer Lib/Dream Machines*. n.p.: Self-published, 1974.

———. *The Home Computer Revolution*. South Bend, IN: Self-published, 1977.

"New Charts for Computers, Vidisks." *Billboard*, October 8, 1983.

Newman, Michael Z. *Atari Age: The Emergence of Video Games in America*. Cambridge, MA: MIT Press, 2017.

Nicholas, Tom. *VC: An American History*. Cambridge, MA: Harvard University Press, 2019. ［ニコラス，トム（著）鈴木立哉（訳）ベンチャーキャピタル全史　新潮社，2022］

"No More!" Editorial. *InfoWorld*, April 13, 1981.

Nooney, Laine. "Let's Begin Again: Sierra On-Line and the Origins of the Graphical Adventure Game." *American Journal of Play* 10, no. 1 (Fall 2017): 71–98.

———. "The Uncredited: Work, Women, and the Making of the U.S. Computer Game Industry." *Feminist Media Histories* 6, no. 1 (2020): 119–46. https://doi.org/10.1525/fmh.2020.6.1.119.

Nooney, Laine, Kevin Driscoll, and Kera Allen. "From Programming to Products: *Softalk* Magazine and the Rise of the Personal Computer User." *Information & Culture* 55, no. 2 (2020): 105–29.

North, Steve. "Apple II Computer." *Creative Computing*, July–August 1978.

Noyce, Robert N., and Marcian E. Hoff Jr. "A History of Microprocessor Development at Intel." *IEEE Micro* 1, no. 1 (February 1981): 8–21.

O'Donnell, Casey. "Production Protection to Copy(right) Protection: From the 10NES to DVDs." *IEEE Annals of the History of Computing* 31, no. 3 (2009): 54–63.

Olson, Gary. "A Family Computer Album." *Saturday Evening Post*, April 1982, 70–77.

Omega Software Systems. "*Locksmith*: Apple Disk Copy." Print advertisement. *MICRO: The 6502 Journal*, January 1981, 80. https://archive.org/details/micro-6502-journal-32/.

The Original Locksmith Users Manual: Version 5.0. Chicago: Omega MicroWare, 1983. https://archive.org/details/stx_Omega_Microware_Original_Locksmith_5.0_manual/.

Orme, Michael. *Micros: A Pervasive Force*. London: Associated Business Press, 1979. [オーム，ミカエル（著）高地高司（訳）エレクトロニクス革命——日本のマイクロ技術は世界を席巻するか 日本能率協会，1981]

Pelczarski, Mike. Letter to the editor. *BYTE*, June 1982.

Personal Software. "VisiCalc." Sunnyvale, CA: Personal Software, [1980]. https://archive.org/details/TNM_VisiCalc_-_Personal_Software_Inc_20170922_0447/.

Petrick, Elizabeth. "Imagining the Personal Computer: Conceptualizations of the Homebrew Computer Club 1975–1977." *IEEE Annals of the History of Computing* 39, no. 4 (2017): 27–39.

Pierson, John. "Steiger's Capital Gains Steamroller." *Wall Street Journal*, May 31, 1978.

Pollack, Andrew. "How a Software Winner Went Sour." *New York Times*, February 26, 1984, F1–F12.

———. "Visicorp Is Merging into Paladin." *InfoWorld*, November 3, 1984, 29.

"The Programs You Like Best." *Softalk*, April 1983. https://archive.org/details/softalkv3n08apr1983/.

Radio Shack. *Expansion Interface: Catalog Number 26-1140/1141/1142*. TRS-80 Micro Computer System user manual. Fort Worth, TX: Radio Shack, 1979. https://wiki.theretrowagon.com/w/images/c/c8/Radio_Shack_Expansion_Interface_Manual.pdf.

———. *1980 Catalog*. Fort Worth, TX: Tandy Corporation, 1979. https://www.radioshackcatalogs.com/flipbook/1980_radioshack_catalog.html.

Ramirez, Renya K. *Native Hubs: Culture, Community, and Belonging in Silicon Valley and Beyond*. Durham, NC: Duke University Press, 2007.

Rankin, Joy Lisi. *A People's History of Computing in the United States*. Cambridge, MA: Harvard University Press, 2018.

Reed, Lori. "Domesticating the Personal Computer: The Mainstreaming of a New Technology and the Cultural Management of a Widespread Technophobia, 1964–." *Critical Studies in Media Communication* 17, no. 2 (2000): 159–85.

Reed, Sally. "Schools Enter the Computer Age." *New York Times*, April 25, 1982, sec. 12.

Roberts, Ed, and William Yates. "Altair 8800 Minicomputer, Part 1." *Popular Electronics*, January 1975.

Rosch, Winn. "Printer Comparisons: Getting It on Paper with an Apple." *A+ Magazine*, November 1983. https://archive.org/details/aplus-v1-no1/.

Rose, Frank. *West of Eden: The End of Innocence at Apple Computer*. New York: Penguin, 1989. [ローズ，フランク（著）渡辺敏（訳）エデンの西——アップル・コンピュータの野望と相剋（上）（下） サイマル出版会，1990]

Rosen, Benjamin M. "VisiCalc: Breaking the Personal Computer Software Bottleneck." *Morgan Stanley Electronics Letter*, Morgan Stanley, July 11, 1979.

Rosenberg, Ronald. "*A* Is for Acquisition: Watertown Educational Software, TV Production Firm Sold." *Boston Globe*, February 27, 1996.

———. "Bowman Leaves Spinnaker Software." *Boston Globe*, November 28, 1986.

Rosenthal, Peter. "Atari Speaks Out." Interview by Dave Ahl. *Creative Computing*, August 1979. https://archive.org/details/creativecomputing-1979-08/.

Rosner, Richard. "It's More Fun than Crayons." *BYTE*, November 1976.

Salsberg, Art. Editorial. *Popular Electronics*, January 1975.

"Scholastic Acquires Tom Snyder Productions from Canadian Publisher, Torstar Corp." *PRNewswire*, December 21, 2001.

Schuyler, Jim. "DesignWare's Founding." *Sky's Blog* (Schuyler's personal blog). September 19, 2017. https://blog.red7.com/designware-founding/.

———. "Jim Schuyler, Founder of DesignWare." Interview by Kay Savetz, September 11, 2017. YouTube video, 1:42:26. https://www.youtube.com/watch?v=0BW-z-C5X8A.

"The Shakeout in Software. It's Already Here." *Businessweek*, August 20, 1984, 102–4.

Shelly, Gary B., and Thomas J. Cashman. *Computer Fundamentals for an Information Age*. Brea, CA: Anaheim Publishing Company, 1984.

Shetterly, Margot Lee. *Hidden Figures: The Untold Story of the African American Women Who Helped Win the Space Race*. New York: HarperCollins, 2016. [シェタリー，マーゴット・リー（著）山北めぐみ（訳）ドリーム——NASAを支えた名もなき計算手たち　ハーパーコリンズ・ジャパン，2017]

"Showgirls, Splash, Finesse, Not Much Else: Summer CES Wows the Crowd with Glitter and Big Talk." *Softalk*, August 1983.

Sigel, Efrem, and Louis Giglio. *Guide to Software Publishing: An Industry Emerges*. White Plains, NY: Knowledge Industry Publications, 1984.

Sipe, Russell. "Computer Games in 1983: A Report." *Computer Gaming World*, March 1983.

Sirotek, Robert. Letter to the editor. *Softalk*, August 1982.

Sklarewitz, Norman. "Born to Grow." *Inc.*, April 1979.

"Software Prices..." *Computer Notes*, April 7, 1975, 3. https://archive.org/details/Computer_Notes_1975_01_01/.

Software Publishers Association. "An Open Letter to the User Community." *COMPUTE!*, March 1985.

Southwestern Data Systems. "Apple-Doc by Roger Wagner." Product insert. Southwestern Data Systems, Santee, CA, 1981. Viewed on an eBay listing posted by user "klr-store" (Kevin Lefloch). https://web.archive.org/web/20211108202009/https://www.ebay.com/itm/SDS-Southwestern-Data-Systems-Apple-Doc-1979-By-Roger-Wagner-Apple-II-vintage-/121562547579.

Spicer, Dag. "The ECHO IV Home Computer: 50 Years Later." Computer History Museum blog, May 31, 2016. https://computerhistory.org/blog/the-echo-iv-home-computer-50-years-later/.

———. "If You Can't Stand the Coding, Stay Out of the Kitchen: Three Chapters in the History of Home Automation." *Dr. Dobb's*, August 12, 2000. https://www.drdobbs.com/architecture-and-design/if-you-cant-stand-the-coding-stay-out-of/184404040.

Spinnaker Software Corporation. Harvard Business School case study 9-385-252. Prepared by José-Carlos Jarillo Mossi. Boston, MA: Harvard Business Publishing, 1985.

Staples, Betsy. "Educational Computing: Where Are We Now?" *Creative Computing*, April 1985.

Stein, Jesse Adams. "Domesticity, Gender, and the 1977 Apple II Personal Computer." *Design and Culture* 3, no. 2 (2011): 193–216.

Sudnow, David. *Pilgrim in the Microworld: Eye, Mind, and the Essence of Video Skill*. New York: Warner Books, 1983.

"A Summer-CES Report." *Boston Phoenix*, September 6, 1983, sec. 4.

Švelch, Jaroslav. *Gaming the Iron Curtain: How Teenagers and Amateurs in Communist Czechoslovakia Claimed the Medium of Computer Games*. Cambridge, MA: MIT Press, 2018.

Tanenbaum, Andrew S., Paul Klint, and Wim Bohm, "Guidelines for Software Portability." In *Software: Practice and Experience*, 681–98. New York: Wiley, 1978.

Taylor, Robert, ed. *The Computer in the School: Tutor, Tool, Tutee*. New York: Teachers College Press, 1980.

"Thanks." Editorial. *Hardcore Computing* 1, no. 2 (1981): 11. https://archive.org/details/hardcore-computing-2/.

Titus, Jon. "Build the Mark 8 Minicomputer." *Radio-Electronics*, July 1974, 29–33.

Toffler, Alvin. *Future Shock*. New York: Random House, 1970. [トフラー，A.（著）徳山二郎（訳）

未来の衝撃——激変する社会にどう対応するか　実業之日本社，1970]

―――. *The Third Wave*. New York: William Morrow, 1980. [トフラー，アルビン（著）鈴木健次ほか（訳）第三の波　日本放送出版協会，1980]

Tommervik, Allan. "Assembling Useful Utilities." *Softalk*, August 1981.

―――. "Exec Edu-Ware." *Softalk*, May 1981.

―――. "Exec Personal: The VisiCalc People." *Softalk*, October 1980.

―――. "Exec Softsel." *Softalk*, October 1981.

―――. "The Great Arcade/Computer Controversy, Part One: The Publishers and the Pirates." *Softline*, January 1982.

―――. "On-Line Exec: Adventures in Programming." *Softalk*, February 1981.

―――. "The Staggering Value of Pirate's Booty." *Softalk*, October 1980. https://archive.org/details/softalkv1n02oct1980/.

Tommervik, Margot Comstock. "Marketalk Reviews." *Softalk*, September 1982.

―――. "The Print Shop." *Softalk*, June 1984, 114–15.

―――. "Straighttalk." *Softalk*, September 1980.

Tripp, Robert. "Copyright/Copywrong." Editorial. *MICRO: The 6502 Journal*, March 1981.

Turner, Fred. *From Counterculture to Cyberculture: Stewart Brand, the Whole Earth Network, and the Rise of Digital Utopianism*. Chicago: University of Chicago Press, 2010.

"Unison Loses Software Suit." *New York Times*, October 16, 1986, D22.

Vacroux, Andre G. "Microcomputers." *Scientific American*, May 1975.

Varven, Jean. "The Schoolhouse Apple." *Softalk*, May 1982.

Veit, Stan. *Stan Veit's History of the Personal Computer*. Asheville, NC: Worldcomm, 1993.

"VisiCalc: User-Defined Problem Solving Package." *Intelligent Machines Journal* 1, no. 9 (June 11, 1979): 22. https://books.google.com/books?id=Gj4EAAAAMBAJ & pg=PA22.

Wallace, Bob. "The PET vs. the TRS-80." *MICRO: The 6502 Journal*, December 1977–January 1978.

Watt, Dan. "Computers in Education." *Popular Computing*, August 1983.

Watters, Audrey. *Teaching Machines: The History of Personalized Learning*. Cambridge, MA: MIT Press, 2021.

Weyhrich, Steven. *Sophistication and Simplicity: The Life and Times of the Apple II Computer*. Winnipeg: Variant Press, 2019.

Wilkes, M. V. *Time-Sharing Computer Systems*. London: Macdonald, 1968.

Williams, Dmitri. "Structure and Competition in the US Home Video Game Industry." *International Journal on Media Management* 4, no.1 (2002): 41–54.

Williams, Ken. "Computers: The Myth, the Promise, the Reason." *Creative Computing*, November 1984.

Willis, Jerry, and Merl Miller. *Computers for Everybody*. New York: Signet, 1983.

―――. *Computers for Everybody*. Beaverton, OR: dilithium Press, 1984.

Willis, Jerry, with Deborrah Smithy and Brian Hyndman. *Peanut Butter and Jelly Guide to Computers*. Beaverton, OR: dilithium Press, 1978.

Wollman, Jane. "Software Piracy and Protection." *Popular Computing*, April 1982.

Woolgar, Stephen. "Configuring the User." In *A Sociology of Monsters: Essays on Power, Technology, and Domination*, edited by John Law, 57–99. New York: Routledge, 1991.

Worth, Don, and Pieter Lechner. *Beneath Apple DOS*. Reseda, CA: Quality Software, 1981.

Wozniak, Steve, with Gina Smith. *iWoz: Computer Geek to Cult Icon. How I Invented the Personal Computer, Co-Founded Apple, and Had Fun Doing It*. New York: Norton, 2006. [ウォズニアック，スティーブ（著）井口耕二（訳）アップルを創った怪物——もうひとりの創業者、ウォズニ

アック自伝　ダイヤモンド社，2008］

Yuen, Matthew T. "Head's Up! Exec Beagle Bros." *Softalk*, October 1983.

———. "Pirate, Thief. Who Dares to Catch Him?" *Softalk*, October 1980. https://archive.org/details/softalkv1n02oct1980/.

Zientara, Marguerite. "Five Powerful Women." *InfoWorld*, May 21, 1984.

———. *Women, Technology, and Power: Ten Stars and the History They Made*. New York: AMACOM, 1987.

Zonderman, Jon. "From Diapers to Disk Drives." *Family Computing*, September 1983, 30–32.

Zuckerman, Faye. "New on the Charts." *Billboard*, August 4, 1984, 31.

訳者あとがき

　本書はLaine Nooney, *The Apple II Age: How the Computer Became Personal*（University of Chicago Press, 2023）の全訳である。翻訳には出版社からのpdfと、その後修正が2ヵ所入った修正版原稿pdfを元にしている。

1　著者について

　著者レイン・ヌーニーは、ビデオゲームとコンピュータ産業の研究を専門とする研究者であり、2024年現在は、ニューヨーク大学のメディア・カルチャー・コミュニケーション学科准教授を務めている。

2　本書の内容と主題

　さて本書がどんな本かというと……いささか説明しづらい。というのも本書は、著者が副題その他で表明している狙いと、実際に書かれていることがまったくちがっているように見えるからだ。

いずれもかなり単純明快ではある。まず表明された狙いは、副題にあるとおり「コンピュータがいかにパーソナルとなったか」という話。だが実際に書かれているのは、ソフトウェアの各種分野の成立とその代表的（と著者が考えた）ソフトウェアの成り立ちとなる。その記述で著者が重視するのは、コンピュータは技術進歩（だけ）ではなく、商業的な要請により動かされていた、ということである。著者はこれを、Apple II という長命プラットフォームを使って、それに向けた各種ソフトウェアを通じて分析しようとする。それは成功しているだろうか？

2.1　実際に書かれた内容：ソフト開発は儲けが大きな動機！

　まず、書かれていることからいこう。コンピュータ、特にパーソナルコンピュータはこれまで、単純な技術進歩史観やハイテクおたくの自画自賛、そしてジョブズなどの個人崇拝でのみ語られてきた、と著者はいう。しかし実際には、みんな儲けるためにやっていたのであり、投資家や企業の営利目的が、様々なソフトの開発普及にはきわめて重要だったのである！　ソフトウェアは「製品」にすぎない！

　だが訳者には、これがさほど目新しい視点には思えないのだ。世に出回るパソコンやソフト系の話となると、おおむねビル・ゲイツとスティーブ・ジョブズ、ミッチ・ケイパーあたりの話になるが、ほとんどはマーケティングや商売がらみのセンス、ベンチャー資本家との関わりといった話で、ビジネススクールのケーススタディにもなっている。商品として売れるなら、資本や市場に左右されるのは当然では？

　さらに著者はそれをなんとか目新しく見せようとしたのか、記述の相当部分をカルチュラル・スタディーズや左翼がかったポストモダン用語でぬりかためてみせる。たとえば次のような一文を見てみよう。

> ソフトの開発と発行では、創造的な部分と物質的な労働とが切り離され、製品を資本主義的交換様式の中で移動させる組織的社会的労働から、独特の文化製品を作り出す

これは一見すると何やら高度そうだが、よく見れば「資本主義的交換様式」というのは、普通のお買い物や取引というのをむずかしく言っているだけだ。「創造的な部分」は開発、「物質的な労働」は生産の部分だ。「組織的社会労働」というのは、ただの仕事だ。

するとこの文は、ソフトでは開発と量産部分が別々で、いろんな仕事の人たちの取引を経て製品になる、と言っているにすぎない。

……それって、あたりまえでは？　ソフト関係なくね？　あらゆるものはそうでしょ？　こうした言い回しの皮を剥いでしまうと、著者の主張の目新しさがどこにあるのかはまったく明らかではない。

2.2　名目上の狙い：コンピュータが「パーソナル」になるとは？

では本書の名目上の狙いを見てみよう。それはコンピュータがいかにして「パーソナル」になったか、という話だという。そしてApple II用の各種ソフトウェアを通じて、パソコンがパーソナルになる過程を示すのだという。

だが本書で取り上げられている各種ソフトは、コンピュータをパーソナルにしたと言えるのだろうか。VisiCalcは、Apple IIの販売促進に一役買い、普及に貢献した。あるいは各章の題名となるソフトウェアのジャンルが確立したのは、そのコンピュータ利用の多様化の影響ではある。だがそれはパーソナル化なのか？

私見ながら、何かがパーソナルな存在となるには、それが個人レベルで所有、使用されるだけでなく、その使用が人によってちがったものになり、独自性を持つ必要があるのではないか。

つまり、「パーソナル化」を考えるのであれば、利用者の実際の使い方を考えねばならないのではないだろうか。確かに様々なジャンルのソフトが登場した。だが、その具体的な使途は？　だれがどんなふうに使ったのか？　14ページや19ページでは著者もそれに近い認識を述べている。

ところが不思議なことに、各章ではそうした検討がまったくない。各ソフトの開発と流通のプロセスばかり注目されている。だが実際の利用者がそんなものを気にしただろうか。それを見たところで、「いかにしてパーソナル

となったか」は明らかになるのだろうか？　本書の中で、実際のソフトの使われ方について触れられているのは、VisiCalc と The Print Shop くらいだ。

　さらに教育用ソフトが当時のCAEやCAIのかけ声と共に生まれたバブルなのは事実だ。それを実際に教育的に使った人がどれだけいたかは怪しい。なら、それを「パーソナル化」の一環として紹介すべきなのか？　本書で教育用ソフトとして紹介されているSnooper Troopsも、実際にはゲームなのだ。そう考えると、本書が扱うソフトウェアのジャンル、さらにその中の個別ソフトの選択の理由も必ずしも納得感があるものではない。著者の考える「パーソナル化」の観点から、もう少し系統的な理由付けがあってもよかったのではないだろうか。

3　本書の見所

　だが、そうした大きな意図を離れ（さらにカルチュラル・スタディーズ的なレトリックをくぐり抜ければ）、それぞれのソフトの開発プロセスについての記述は、どれもきわめて興味深いものとなっている。

　それぞれがどのようなきっかけで生まれたか。それを実現するにあたり、当時のハードウェアの制約をどのように突破したか、市場の期待や外部要因にどのように応えたか。同時に、それぞれのソフトにおいて、ソフトの開発者と、それを販売する発行者の役割分担が次第に成立してくる。そしてこの両者の同床異夢的な危うい関係が、常にそのソフトの寿命において、とても大きな因子となって作用する。ほとんどのソフトは、この関係が確立することで世に出ることが可能となるが、その関係が両者の取り分や新規製品開発圧力、あるいはドル箱旧製品の温存圧力をめぐって崩壊し、破綻を迎える。

　そしてその過程で、それまで存在しなかったソフトウェア産業というものが次第に生まれるプロセスも興味深い。その意味で本書は、「パーソナル化」よりはソフトウェア産業成立史として読むほうが適切なのかもしれない。

　同時に、本書は各種パソコン雑誌の広告やソフトウェアランキング、インタビュー記事や投書欄を使うことで、そうした記述をなるべく裏付けようとする。定量化までは至らないものの、こうした手法により記述に客観性があ

る程度は担保されている点は、この分野の調査手法として興味深い。そうした産業考古学的な研究の方法論としても見るべき点はあるだろう。

　一方で当時のApple IIユーザは（この訳者も含め）たくさん現役で山ほどいるのだから、「パーソナル化」についてソフト開発者からの視点だけでなく、実際の利用者の体験についてもフィールド調査をかけることは十分可能なはずだ。今後、そうした利用者側の視点をも十分に取り込んだ「パーソナル化」の検証も行われるかもしれない。

最後に

　訳者はまさにApple II草創期にマイコン／パソコン熱につかれ、予備校に通うふりをして秋葉原にでかけてNECのショールームBitINNに入り浸り、その階にある他のパソコン店であれこれマシンをいじっていた世代であり、本書の内容はかなり懐かしいものも多い（ちなみに多くの店で、TRS-80はいくらでも触らせてもらえたが、Apple IIは高価だったので、ひやかし高校生にはおいそれと触らせてはもらえなかった）。リアルタイムで体験した年寄りとしては、本書の内容にいろいろ異論も多いが、一方でその場にいた人間独特の視点のゆがみもあるのだろう。

　翻訳に大きなまちがいはないはずだが、お気づきの点があれば、訳者までご一報いただければ幸いである。

2024年10月　ダカールにて
山形浩生　hiyori13@alum.mit.edu

索 引

■数字

1977年の御三家 16, 72-73,
　　　　　79, 85-86, 185, 247, 259
『2001年宇宙の旅』 26
3M 229
4004 .... 32-33, 51
6502 .... 61-62, 65, 71,
　　　　　94, 128, 136, 140, 200, 264
8008 .... 51, 59
8080 .... 51, 62, 65, 200
99/4A 140

■A

『A Nation at Risk』 253
「A+」 142, 193, 203
ADAM 140
Advantage 199, 200, 205-206
ADVENT (Colossal Cave Adventure)
　.. 117
Altair 37-39, 41-43,
　　　　　45-47, 49, 59-62, 65, 68,
　　　　　72, 86-87, 127, 152, 185, 247
Altair 8800 ... v, 16, 36-38, 41-42, 51, 259
Altair 8800b 42
Altair BASIC 45-49, 86, 93, 160
Altair Users Group Software Library ... 152
APL 44
Apple 1 ... vi, 9, 54, 59-61, 63-66, 68, 71-72
Apple Galaxian 202
Apple II Plus 114, 121, 207
Apple IIe 19, 207-208
Apple LOGO 248

Apple Mechanic 157
「Apple Orchard」 171
Apple Writer 189, 191
Apple-Doc 154-155
Asteroids in Space 134
Astrocade 126
Atari 400 .... 140, 213, 251
Atari 800 .... 19, 114, 136, 140-141,
　　　　　　144, 208, 213, 251

■B

『B. C.』 139
Back-It-Up 167, 170, 174
Bag of Tricks 150
Bank Street Writer 135, 191,
　　　　　　201-202, 214
BASIC 44-46,
　　　　　65, 72-73, 76-77, 84-85, 87,
　　　　　121, 140, 154, 162, 181, 185,
　　　　　189, 199-200, 222, 226, 232
「Better Homes & Gardens」 251
Bill Budge's 3-D Graphics System andGame
Tool 154
「Billboard」 213, 252-253
Breakout 56
「BYTE」 .... viii, x, xii, 36, 40, 72,
　　　　　76, 84-85, 87, 98, 102,
　　　　　135, 174, 180, 185-187,
　　　　　192-194, 197, 228-229, 278

■C

「Call-A.P.P.L.E.」 170-171

Cannonball Blitz	173
CBS	26-27, 138, 142
CBSソフトウェア	138
CES	→コンシューマー・ エレクトロニクスショー
Channel F	126
Choplifter	202
Civil War	112
Clue (ボードゲーム)	119
COBOL	44, 117, 119
CoCo	→TRS-80 カラーコンピュータ
Colossal Cave Adventure	→ADVENT
Commodore 64	114, 136, 140, 144, 200, 208, 213, 251
「COMPUTE!」	142, 169-170, 192, 211, 245, 278
「Computer Gaming World」	141
「Computer Notes」	45, 47
『Computers for Everybody』	194
Copy II Plus	167, 170, 174
COPY/COPYA	163
CP/M	74, 234
「Creative Computing」	25, 40, 69, 131, 152, 170, 173, 191, 203-204, 219, 245, 247, 265-266, 278

D

David's Midnight Magic	200
DEC	iii, 29-31, 33, 38, 41, 81-84
Delta Drawing	250
Disk II	i, 87, 89-90, 119, 161-162
Disk Protection Program	174
DIY	vi, 36, 38, 41, 63, 86, 154
DOS	21, 161-163, 165, 172
DOS Boss	150, 157
Dow Jones News & Quotes Reporter	188
『Dr. Katz, Professional Therapist』	255

DTSS	→ダートマス・ タイムシェアリングシステム

E

Early Games for Young Children	249
ECHO IV	184
「Electronics Letter」	77
ELIZA	266
EPROM 8748	iv

F

Facemaker	244, 248, 250,
「Family Computing」	xiii, xv, 193-196, 252, 278
Flight Simulator	134, 145, 214
FS1 Flight Simulator	113
FORTRAN	44, 52, 81, 116, 118
「Fortune」	103
Frogger	141

G

Galactic Empire	201
Gammon Gambler	132
Global Program Line Editor	172
「Good Housekeeping」	251
Gran Trak	56
Graphics Magician	172
GTEシルバニア	52
GUI	8, 14-15, 21, 37 →「グラフィカル ユーザインターフェース」も参照

H

Hamurabi	112
「Hardcore Computing」	170-171, 173
Home Accountant	191
Home Money Minder	188
Honeywell Kitchen Computer	184

IBM	17, 28, 30, 38, 41, 52, 88, 103, 143, 168
IBM 1130	52
IBM 360	28, 31
IBM 7094 データ処理システム	27
IBM PC	17, 21, 103-104, 109, 208, 213, 251
ImageWriter	204-205, 269
IMSAI 8080	68, 127
In Search of the Most Amazing Thing	250
「Inc.」	103
INDXA	152
「InfoWorld」	167, 169-170, 171
Instant Artist	217
Intellivision	126
IP	→知的財産
iPhone	6-8, 12, 257, 258
iPod	6-8, 258

■ K

「Kilobaud」	40, 192
Kindercomp	250
Kマート	251

■ L

Lisa	8, 14
Lock-It-Up	174
Locksmith	20, 147-151, 157, 167-175, 178-179, 259-260
Loderunner	145
LOGO	236, 238, 250
Lotus 1–2–3	107, 109, 142

■ M

Macintosh	7-9, 14-15, 21, 220, 256
Mark-8	36
MasterType	191, 249-250

「MICRO: The 6502 Journal」	76, 128-130, 147-148, 169-171, 192
Microchess	95-97, 159, 175, 227
Microchess 2.0	159, 161
「Microtimes」	xiv, 203
MIT	78, 83, 112, 227
MITS	37, 40-42, 45-49, 51, 93
Module 6	161
MS-DOS	21
Mystery House	ix, 20, 111, 113-115, 119-120, 122-125, 127-132, 134, 136, 145, 150, 238

■ N

「Nibble」	171, 192
Night Falls	173

■ O

Odyssey	132, 134
Odyssey (マグナボックス)	140
「onComputing」	229
Oregon Trail	112

■ P

PARC	14
「PC Magazine」	245
PDP-1	31
PDP-11	iii
PDP-8	30
Perfect Occasion	202-203, 209
「Personal Computing」	76
Personk	225
PET	16, 72-73, 84-87, 92, 94, 96, 120, 259
Pitfall	125
PLATO	236
Pong	56, 140, 265

「Popular Computing」 193, 221

「Popular Electronics」 v, 34, 36-38, 45-46, 185

Print Artist 217

Print Shop, The xiv, 20, 180, 182-184, 198-199, 206-218, 259

Print Shop Companion, The 217

Print Shop Deluxe, The 217

Print Shop Deluxe Companion, The 217

PrintMaster 216

■Q

「QST」 36

Quickloader 150

■R

「Radio-Electronics」 vi, 36

RAM 61, 71-72, 74, 99, 120, 173

RCA 41

Rescue at Rigel 132, 134

RGS 008A 41

Rocky's Boots 250

ROM iv, 61, 72, 99, 144

■S

S-100 シリアルバス 65

Sargon II 132, 161

Scelbi-8H 36

Screenwriter II 136

Search Series 232-233, 237, 239-240

Sierra Print Artist 217

Skeetshoot 129

SLAC →スタンフォードリニア加速器センター

Snooper Troops 20, 219, 221-222, 240-243, 245-246, 248, 250, 259-260

「Softalk」 ix, 132-133, 136, 142, 154, 156, 163-165, 170,172-174, 187-191, 193, 196, 203, 211, 213, 245, 247-250, 254, 274, 278

SOL-20 60, 68, 72

SPA →ソフトウェア発行社協会

Spacewar! 112

Squigglevision 255

Star Trek 112

Step By Step 249

Stickybear 250

Story Machine 244, 250

Super Kram 150

■T

Tax Preparer 188

TAアソシエイツ 138, 233, 238-239, 253, 255

Temple of Apshai 134

「The Marconigraph」 262

『The Print Shop公式ハンドブック』 215

「The San Jose Mercury」 63

TINY BASIC 45

Tranquility Base 134

Trapshoot 129

TRS-80 16, 19, 72-74, 77, 84-87, 90-92, 94, 103, 118, 120, 126, 140, 201, 223, 225-227, 229, 231-232, 259

TRS-80 カラーコンピュータ (CoCo) 140

TVタイプライター vi

Typeset-10 83

Typing Tutor 188-189, 191, 249

■U

Ultima 248

UNIVAC 26-27, 31

■V

『VC──あるアメリカ史』 67

V-Copy 167

VCS 126, 140

Vector 1 41

VersaWriter 123

VIC-20 .... 136, 140, 144

VisiCalc .... vii, viii, 20, 76-82, 84-88,
　　　　　90, 92-94, 96-105, 107-110, 113,
　　　　　121-122, 125, 127, 131-132, 144,
　　　　　150-151, 159, 161, 166, 182, 197,
　　　　　214, 216, 259-260, 274

VisiTerm 188

■W

Wizard and the Princess 134, 136

Wizardry 173

World's Greatest Blackjack Program 188

■あ行

アーケードゲーム 55, 111-112,
　　　　　120, 125-126, 136, 253

アール，デヴィッド 25, 69, 264, 266

アイザックソン，ウォルター 12, 40, 57

アイゼンハワー，ドワイト・D 26

アクティビジョン 142, 176

アダムズ，スコット 264

アタリ 19, 55-57, 63, 66-68,
　　　　　125-126, 137, 140, 142-143, 200

アップル社／アップルコンピュータ社
　　　　　.......... x, 6-9, 14-15, 19-21, 57, 62-64,
　　　　　66-70, 72-75, 85-87, 89-91,
　　　　　98-100, 103, 114, 121, 127, 137,
　　　　　154, 157, 164, 172, 178, 181, 185,
　　　　　191, 193, 204, 207-208, 220, 221,
　　　　　227, 232, 249, 256, 258, 261, 279

アドベンチャー・インターナショナル
　　　　　.. 133, 264

アマチュア無線 11, 34-37, 41, 52-53

アメリカエレクトロニクス協会 234

アルパート，デイヴ 167-168, 171-173

アルファロジック・ビジネスシステム ... 178

アルブレヒト，ボブ 15

アレン，ケラ 108, 190, 274

アレン，ポール 46-47, 160

アンデント 175

移植 43, 136, 141, 144,
　　　　　200, 213, 232, 255

『イドの魔法使い』 139

『イノベーターズ』 12, 40

印刷（プリンタ） 182, 198, 200,
　　　　　203-207, 209, 210, 212, 214-216

インターネット・アーカイブ 78, 183

インタラクション 25, 30, 43,
　　　　　100, 207, 237

インテル .... iv, 32-33, 41, 51,
　　　　　59, 62, 65, 67, 234

インフォエージ科学・歴史博物館
　　　　　.. 263, 265

ヴァレンティン，ドン 66-67

ウィリアムズ，ケン .... ix, 113-114,
　　　　　116-119, 122-125, 128-131, 134, 141,
　　　　　143, 164, 191, 202, 275

ウィリアムズ，ロバータ .... ix, 113,
　　　　　115-119, 122-125, 129-130, 260, 275

ウェスチングハウス 184

「ウォールストリート・ジャーナル」 103

ウォールデン書店 253

ウォーレン，ジム 15, 69, 72

ウォズニアック，ジェリー 51

ウォズニアック，スティーブ 8-9,
　　　　　20, 23, 50-65, 67-68,
　　　　　71-72, 86-87, 90, 98, 120-121,
　　　　　207, 229, 259, 264, 270, 275

エデュウェア............................237
エバーグリーン........................214
エレクトロニクスホビイスト............34,
　　　　　　　　　　36-38, 184
エンゲルバート, ダグ....................14
オイルショック....................100-101
オートデスク............................217
オートメイテッド・シミュレーションズ
　..133
オズボーン・コンピュータ............133
オフィスオートメーション..............43
オメガ・ソフトウェア・システムズ／オメ
ガ・マイクロウェア....................148,
　　　　　　168, 173-174, 176, 178
オルセン, ケン............................33
オンライン・システムズ........129-131,
　　　　　　133, 136-138, 157, 164

■か行

カーター, ジミー................80, 234
カートリッジ........................125-126,
　　　　　　140-141, 144, 251, 268
カールストン, キャシー................201
カールストン, ダグ..............139, 143,
　　　　　　201, 213-214, 275
カーン, マーティン........................xiv,
　　　　182, 184, 199-202, 204-209,
　　　　212, 217, 260, 275
解像度........18, 72, 74, 120-122, 200, 206
海賊行為..................93, 147-149, 158,
　　　　160, 163-164, 167, 174-176, 178
カウンターカルチャー................15, 40,
　　　　42, 54, 58, 69, 101
『カウンターカルチャーから
サイバーカルチャーへ』................15
カセットテープ....72, 87-90, 94, 153, 161
家庭用コンピュータ............120, 140, 185,

188, 191, 196, 198, 203, 212-213
家庭用ソフトウェア............190, 197, 214
カリフォルニア・パシフィック....133, 154
カリフォルニア大学バークレー校....55, 199
起業家精神....................13, 103, 108
企業向けソフトウェア....................104
キッシンジャー, ヘンリー................55
キャノン, マギー..........................142
キャンベル＝ケリー, マーティン........145
キューバン, ラリー..................255-256
教育用コンピュータ................219, 225
教育用ソフトウェア......................251
キラーアプリ..................78, 214, 257
キルドール, ゲーリー......................234
クエーカー................................224
クォリティ・ソフトウェア................157
グットマン, ダン....................181-182
グラフィカルユーザインターフェース
　　　　　　　　220, 250, 256
クリエイティブ・ソフトウェア............139
クリンジリー, ロバート・X................81
クローン............17, 19, 21, 59, 65,
　　　　　　118, 135-136, 141, 145
クロフォード, クリス......................145
ケイ, アラン......................14-15, 246
ゲイツ, ビル..............12, 46-49, 160
ケイパー, ミッチ....................109-110,
　　　　　　142, 144, 239
ケイン, ヴィクトリア......................229
ゲームエンジン..........................242
ゲームコンソール................140-141, 158
ゲベリ, ナシル............................202
コースウェア..................232, 237, 247
ゴーリン, ダン............................202
ゴールディング, バル......................171
御三家............................→1977年の御三家
個人所有......................12, 26, 37

コックス・エンタープライズ　139

コピー保護　173-174

コメディー・セントラル　255

コモドール　16, 19, 66, 72-74,
103, 143, 213, 221, 251, 264

コン・ディアス，ジェラルド　167, 276

コンシューマー・エレクトロニクスショー
140-142

コンソールゲーム　111-112, 125

コンチネンタル・ソフトウェア　188

コントロールデータ　229

コンパック　21

コンピュータ・マート　99

コンピュータ・ラーニング・コネクション
228, 239

コンピュータ革命　13, 16, 59,
133, 138, 194, 218-219, 234

コンピュータ恐怖症　194-196, 203

コンピュータゲーム　71, 111-118,
121, 124-126, 129, 131-133, 136,
139, 141-142, 144-145, 154, 252

コンピュータ産業　15,
18, 43, 48, 69, 79, 84, 117, 143,
158, 160, 169, 177, 199, 238

コンピュータホビイスト　36, 44-46,
48, 69, 95, 128　→「ホビイスト」も参照

■さ行

サーテック・ソフトウェア　166

サードパーティー　i, 19, 65, 71,
74-75, 92, 120, 127, 172, 178

サイプ，ラッセル　141

サイモン，ハーバート　246

サウスウェスタン・データシステムズ
154-155

サニーベール　51-52, 56

サブロジック　133

サルズバーグ，アート　38

サンタクララバレー　52

シアーズ　60, 251

シアルシア，スティーブ　186

ジヴ　174

シェイディ・ヒル校　223-224,
227-228, 239

ジェニングス，ピーター・R　95,
97-101, 109, 159-160

シエラ・オンライン　104, 113,
138-139, 141, 143-144,
176, 191, 201-202, 217, 221

ジェンダー　35-36, 54, 126, 184

シグマン，スタン　257

ジフ・デイビス　193

時分割　25, 28-30, 37-39, 43,
49-50, 60, 79, 81-84, 97, 102,
111-112, 118, 229-232, 236

シャノン，クロード　223

自由　57-58, 61, 80,
111, 149-150, 160,
164, 177, 192, 209, 267

従業員退職所得保障法　234

自由市場イデオロギー　80

集積回路（マイクロチップ）　iv,
31-32, 34, 40, 54, 61

出版社　15, 93, 160, 221, 228, 229, 255

シュミット，エリック　257

女性　28, 36, 43, 113,
119, 180, 186, 191, 193, 196

ジョブズ，スティーブ　6-12,
20-21, 23, 55-59, 62-68, 70,
74, 100, 257-259, 261, 270

ジョブズ，ポールとクララ　57

所有権　46, 111, 149

ジョン・ワイリー＆サンズ　176

シリウス・ソフトウェア　135, 201-202

シリコンバレー................15, 22, 40-41,
　　　　　　　　　51, 60, 66-67
新自由主義.........................80, 107
スース，C・デヴィッド......221-222, 233,
　　236-242, 244-246, 250-251, 254-255
スクウィグルヴィジョン →Squigglevision
スコット，ジェイソン 264-266, 268, 275
スコット，マイケル...................67-68
スコラスティック........139, 176, 193, 255
スズキ，トニー........................202
スタートアップ資本............19, 238, 244
スタンフォード大学.....................52-53,
　　　　　　　　　264, 274, 279
スタンフォードリニア加速器センター...55
スティーブンソン，アドライ..............26
ステープルス，ベッツィ................220
ステケティー・エデュケーショナル・
ソフトウェア...........................237
スナイダー，トム.................221-232,
　　236-237, 239-243, 250, 255, 260, 275
スピナカー・ソフトウェア.....xv, 104, 176,
　　221-222, 239, 241-246, 248, 250-255
スプレッドシート.................20, 78, 82,
　　　　　　　100, 105-108, 110, 145,
　　　　　　　166, 182, 216, 227
スミス，ダグラス.....................202
セガ................................141
セコイア・キャピタル..................66
『セサミストリート』..................249
ゼネラルエレクトリック..............253
セルージ，ポール.....................30
ゼロックス..............14, 33, 43, 250
全米コンピューティング会議............98
戦略シミュレーション................112
創造性..................125, 184, 210,
　　　　　　　216-217, 261, 267
『そして誰もいなくなった』..........119

ソフテープ..........................161
ソフトウェア・アーツ..................79,
　　　　　　　　97, 99, 109, 113
ソフトウェア著作権法...........167, 173
ソフトウェア発行社協会（SPA）...176-177
「ソフトウェアふるい分け」......142, 144

■た行

『ダーク・クリスタル』................139
ダートマス・タイムシェアリングシステム
　　　　　　　　　　　　　　229
ダブルゴールド・ソフトウェア.........174
タンディ.........................21, 143
『地球爆破作戦』.....................ii, 26
知的財産（IP）..................139, 163
チューリング，アラン................266
著作権.................157, 159-161, 167,
　　　　　　173-174, 176-177, 216
著作権法......22, 158-160, 167, 173, 176
チルドレンズ・テレビジョン・
ワークショップ.......................249
ディケマ，ジェレ....................227
ディスク・オペレーティング・
システム（DOS）....................161
ディスク複製.................149-150,
　　152, 164-165, 167, 175, 177, 188
ディズニー..........................139
デヴィッドソン＆アソシエイツ.........214
データ処理.................25, 27-29, 39,
　　　　　　88, 102-103, 116, 230, 259
テキサス・インスツルメンツ...........31,
　　　　　　　　　140, 143
デザイナー.....70, 95, 113-114, 124, 224
デザインウェア.......................244
デジタル・イクイップメント・
コーポレーション...................→DEC
デジタル・リサーチ..................234

338

デジタルサービス 261
デジタル時計 11
『デスク・セット』 ii, 26
デリンジャー，ウィリアム 107
デル 21
テレタイプ 29, 60, 112, 117-118
テレビ端末 vi, 50, 60, 73
テレル，ポール 63-64
電卓 24-25, 31-32, 34, 37, 42-43,
51, 62, 70, 72, 73, 81, 85, 158, 186, 226
トースター 255
ドキュメンテーション vii,
44, 154, 170-171, 175, 238
特権 22, 38, 42, 51, 83, 101, 116, 194
ドットマトリクスプリンタ 204-205
トフラー，アルビン 246
トマヴィク，マーゴ・コムストック
211, 245
トム・スナイダー・プロダクションズ 255
トムツィク，マイケル 264
ドリスコル，ケヴィン 28, 48,
190, 274, 276
トリップ，ロバート 147-148, 169, 171

■な行

ナイバーガー，E・J 175
ナショナルセミコンダクター 41, 52
西海岸コンピュータフェア 68-69, 98, 101
ニブルコピーソフト 167, 169-172, 178
ニューウェル，アレン 246
ニュージャージー州軍事技術博物館
263
「ニューズウィーク」 251
「ニューヨーク・タイムズ」 109, 230, 246
ネルソン，テッド 15, 145, 192, 264
ノイス，ロバート 234
ノーススター・コンピュータズ 199-200

ノバ・デベロップメント 217

■は行

ハーヴェイ，デヴィッド 80
パーカーブラザース 141-142,
223, 225, 227
パーク，ブレッチリー 266
パーソナル・ソフトウェア 79,
84-85, 94-100, 104, 109, 113,
128, 135, 159, 233, 247
ハーツフェルド，アンディ 58
ハーバード・ビジネス・スクール（HBS）
81, 83, 94, 96, 100
ハーバード大学 23, 46, 78, 83-84, 227
ハイト，チャック・R 170
ハイト，ベヴ・R 170, 173
バイトショップ 63-64
バウム，アレン 50
『パソコン創成「第3の神話」——
カウンターカルチャーが育んだ夢』 15
『ハッカーズ』 12, 40, 130
パッカード，デヴィッド 234
ハッカー倫理 160, 164, 192
バッジ，ビル 113, 154-155
バッチ処理 25, 28
ハネウェル 229
パパート，シーモア 236, 246
バリアン 52
バルサム，デヴィッド xiv, 182,
184, 199-210, 212, 217, 229, 260, 275
ハレン，ロッド 152-153
ハワードソフト 188
バンタム 176
半導体 31-33, 40, 55, 63, 67
ビーグル・ブラザース 155-157
ヒース 41
ヒースキットH8 41

ピープルズ・コンピュータ・カンパニー
.... 45
ピクセライト・ソフトウェア...............182,
207-208, 212, 217
ビジコープ 79, 104, 109, 110
ビットコピーソフト 167
ビデオゲーム..............31, 115, 126, 137,
140, 141, 143, 158, 247, 252, 266
ヒューレット・パッカード...............50, 52,
54-55, 62-63, 65, 68, 70, 234, 274
ビンテージコンピュータ・
フェスティバルイースト ....xvi,
263, 266, 269-270
フィスク，エドワード・B 246
フィルストラ，ダン 78-79, 83-86, 91,
93-100, 109, 159,
227, 233, 238, 260
フェアチャイルド・セミコンダクター 52
フェニックス・ソフトウェア 157
フェルゼンスタイン，リー............... 15, 60
フェルナンデズ，ビル 55
ブシュネル，ノーラン 63, 66
フランクストン，ボブ 78,
83-84, 86, 96-98, 105, 109, 227
ブランド 109, 138-139, 204,
214, 217, 221, 238, 244, 253
ブリックリン，ダン 78, 80-86,
96-98, 101, 109, 227, 229, 260
プリンタ 29, 43, 105, 182, 196,
200, 203-206, 208, 213, 218, 268
ブルーボックス.................. 55-57
プレンティスホール 176
ブローダーバンド・ソフトウェア 104,
135, 137, 139, 143, 166, 176, 182,
191, 200-203, 207-208, 212-213
プログラマ・インターナショナル 128
プロセッサ・テクノロジー...........65, 68, 72

フロッピーディスク 9,
18, 74, 86-91, 94, 113-115, 120,
122-123, 132, 141, 144, 148-149,
158, 160-162, 165-166, 201, 219,
235, 243, 271
米軍.....................31, 263
ベイト，スタン 99
ヘリング，クリステン 35
ペルツァルスキー，マイク 174
ヘルマース，カール 36, 87, 98, 102
ペンギン・ソフトウェア 135,
155, 157, 174-175
ペンシルバニア大学 81
ベンチャー資本.................... 66, 137-138,
156, 191, 222, 233-235, 253-254
ベンチャー資本家.....................66-67,
137-138, 142, 234-235
ベントン，ランディ 215-216
ボウマン，ビル............. 221-222, 233-242,
244-246, 250-251, 254-255
ホームステッド高校 52, 54-55
ホームブリュー.....................26,
36, 38, 42, 45, 60-62, 64
ホームブリュー・コンピュータクラブ
.... 50, 53-54, 56, 60-63, 68, 156, 264
北米ビデオゲームクラッシュ 143
ボストン・コンサルティング・グループ
.....................233, 251
ホビイスト ....vii, 10, 15-18, 26,
34-40, 42, 44-49, 51, 54, 60-65,
69-74, 77,80, 82-83, 87, 90-91,
93, 95, 99, 110, 127-128, 135,
148, 150, 152-154, 156-157,
159-160, 183-185, 187-190,
192-194, 197, 210, 218, 228,
235, 237, 247, 256, 259, 263
ホライゾン 41

■ま行

マーカス，ニーマン 184
マークラ，マイク ...20, 23, 67-69, 98, 227
マイクロウェア 159, 168,
　　　　　173-174, 176, 178
マイクロ＝ソフト 46-49, 93
マイクロソフト 104, 135,
　　　　　188, 191, 214, 249
マイクロプロセッサ .... iv, 11, 31-34,
　　　　　36, 38, 41, 43, 50-51,
　　　　　59-62, 65, 68, 71-72, 128,
　　　　　136, 140, 200
マクシス 217
マグロウヒル 193, 228-229,
　　　　　231-233, 237, 239-240
マサチューセッツ工科大学 ....→MIT
マッカレン，バーバラとジョン 102
マッコラム，ジョン
マニュアル 22, 84, 100, 154-155,
　　　　　159, 165, 168, 181, 184, 194,
　　　　　196, 206, 211-212, 229, 244, 279
マノック，ジェリー 70
マルコーニホテル 262
マルコーニ無線電信社 262
ミニコンピュータ .... iii, v,
　　　　　24-25, 28-31, 33, 36, 38, 42-43,
　　　　　47, 54, 59, 81-82, 84, 92, 102,
　　　　　112-113, 151, 158, 230, 233-234
ミネソタ教育コンピューティング・
コンソーシアム 229, 232
ミューズ 135
ミルケン，マイケル 107-108
ムーア，ゴードン 32
ムーアの法則 32
メインフレームコンピュータ 27,
　　　　　31, 37, 102
メディア企業 138, 255

モービー，ジャッキー 233-240,
　　　　　245, 253, 255
モステクノロジー 41
モリッツ，マイケル 52, 64

■や行

ヤン，ジェリー 257
ユーザ 77, 83, 102, 150, 155, 159,
　　　　　166, 170-171, 189-190, 192, 251
ユーザインターフェース 77,
　　　　　209, 216, 220
ユーザグループ 44, 48, 152, 156,
　　　　　160, 164, 168, 171, 176, 203
ユーザフレンドリー 170, 185
ユーザマニュアル 181
　　　　　→「マニュアル」も参照
ユーティリティ ...20, 44, 82, 123, 135,
　　　　　147, 150-157, 167-168, 172-174,
　　　　　178, 188-189, 199, 246
ユニゾン 216

■ら行

ラーニングカンパニー 237, 250
ラーマン，アーサー 246
ライセンス契約 46, 127, 139
ライトニング・ソフトウェア 249
ライリング，ボブ 69
ラジオシャック 16, 19, 72-75,
　　　　　85, 90-92, 221, 223, 225, 247
ラスキン，ロビン 196
ランカスター，ドン vi
ランキン，ジョイ・リシ 30, 39,
　　　　　229, 232, 276
ランダムアクセスメモリ 87
　　　　　→「RAM」も参照
ランダムハウス 176
リーダーズ・ダイジェスト 176

341

リード，ローリー 194

リード大学 55, 58

利益 12-13, 23, 26, 49, 95,
　　　　　　　98, 127, 147, 159, 176

ルバー，デヴィッド 247

レジス・マッケンナ ...... viii, 67, 70, 100

レバイン，ジョーン 196

レビー，スティーブン 12,
　　　　　　　40, 105-107, 130, 269

ローズ，フランク 90

ローゼン，ベン 76, 78, 98, 104

ロータス 104, 110, 239

ロック，ロバート 142

ロックフェラー財団 108

ロバーツ，エド 42, 46

■わ行

ワードプロセッサ 135-136,
　　　　　　　156, 166, 182, 188-189,
　　　　　　　191, 198, 201, 203, 213

ワーナー・コミュニケーションズ 67, 137

ワイゼンバウム，ジョセフ 266

ワグナー，ロジャー 154

ワッシュ，ケネス 176-177

ワディントン，アン 222-224

ワング 43

［著者］レイン・ヌーニー（Laine Nooney）
ニューヨーク大学スタインハート文科教育大学院メディア・カルチャー・コミュニケーション学科准教授。ビデオゲームおよびコンピュータ産業の歴史的・文化的・経済的分析を専門とする。

［訳者］山形浩生（やまがた・ひろお）
評論家、翻訳家、開発コンサルタント。開発援助関連調査のかたわら、経済、環境問題からSFまで幅広い分野での翻訳と執筆を行う。東京大学大学院工学系研究科都市工学科修士課程およびマサチューセッツ工科大学不動産センター修士課程修了。著書に『新教養主義宣言』『要するに』（共に河出書房新社）、『コンピュータのきもち──新教養としてのパソコン入門』（アスキー）、『経済のトリセツ』（亜紀書房）など。訳書にピケティ『21世紀の資本』（みすず書房）、クルーグマン『クルーグマン教授の経済入門』（筑摩書房）、オーウェル『一九八四』（星海社）ほか多数。

Apple IIは何を変えたのか
パーソナル・ソフトウェア市場の誕生

2025年5月1日　初版第1刷発行

著者	レイン・ヌーニー
訳者	山形浩生
発行者	宮下基幸
発行所	福村出版株式会社
	〒104-0045　東京都中央区築地4-12-2
	電話　03-6278-8508　　FAX　03-6278-8323
	https://www.fukumura.co.jp
装幀・本文組版	米本　哲（米本デザイン）
印刷	株式会社文化カラー印刷
製本	協栄製本株式会社

©2025 Hiroo Yamagata
ISBN978-4-571-41080-2 C0036　Printed in Japan

定価はカバーに表示してあります。
落丁・乱丁本はお取替えいたします。
本書の無断複製・転載・引用等を禁じます。

福村出版◆好評図書

川﨑寧生 著
日本の「ゲームセンター」史
●娯楽施設としての変遷と社会的位置づけ

◎4,600円　　ISBN978-4-571-41070-3　C3036

日本で普及した娯楽施設，ゲームセンターを店舗の形態により4種に分類し，各々の盛衰と現状を分析する。

H.ローザ 著／出口剛司 監訳
加 速 す る 社 会
●近代における時間構造の変容

◎6,300円　　ISBN978-4-571-41069-7　C3036

技術革新はなぜ時間欠乏を解消しないのか。近代社会のパラドクスに潜む加速の論理を解明した理論書の初邦訳。

M.パルマー 著／原田輝一 訳
偽 装 さ れ た 原 爆 投 下
●広島・長崎原爆の物理学的・医学的エビデンスへの再検討

◎4,000円　　ISBN978-4-571-50021-3　C0040

広島と長崎に投下された爆弾は本当に原子爆弾だったのか？ 科学的エビデンスへの再検討から歴史的背景を探る。

A.ガザレイ・L.D.ローゼン 著／河西哲子 監訳／成田啓行 訳
私 た ち は な ぜ ス マ ホ を
手 放 せ な い の か
●「気が散る」仕組みの心理学・神経科学

◎3,500円　　ISBN978-4-571-21046-4　C0011

最新の心理学と神経科学の研究成果から，スマホやSNSにハマる仕組みとその影響を和らげる処方箋を紹介。

谷 淳 著／山形浩生 翻訳協力
ロ ボ ッ ト に 心 は 生 ま れ る か
●自己組織化する動的現象としての行動・シンボル・意識

◎7,200円　　ISBN978-4-571-21043-3　C3011

心はいかに生まれるのか？ 諸学の知見を基にロボット実験を行い，意識の萌芽の発生を確認する。

C.ホデント 著／山根信二 監訳／成田啓行 訳
は じ め て 学 ぶ
ビ デ オ ゲ ー ム の 心 理 学
●脳のはたらきとユーザー体験（UX）

◎2,200円　　ISBN978-4-571-21045-7　C3011

長年ゲームの開発に携わってきた心理学の専門家が，ゲームのおもしろさと心理学の関係をわかりやすく解説。

C.ナス・C.イェン 著／細馬宏通 監訳／成田啓行 訳
お 世 辞 を 言 う 機 械 は お 好 き？
●コンピューターから学ぶ対人関係の心理学

◎3,000円　　ISBN978-4-571-25050-7　C3011

人はコンピューターを人のように扱うとの法則をもとに，コンピューターを用いた実験で対人関係を分析する。

◎価格は本体価格です。